冶金原理

（第二版）

主　编◎周兰花

副主编◎曾富洪　朱奎松

丁满堂

重庆大学出版社

内容简介

本书根据全日制高等教育冶金工程专业教育计划的要求而编写。全书共11章,以物理化学原理为基础,有机结合黑色金属和有色金属冶金基本原理,包含热力学基础知识、动力学基础知识、冶金熔体的物理化学性质、金属氧化物的还原、粗金属氧化精炼、有色金属的湿法提纯、熔盐电解过程的特殊现象等内容。每章后均附有一定量的复习思考题。

本书可作为高等工科院校冶金工程专业、材料科学与工程、化工专业的参考用书,也可作为高职高专、成人高校相关专业的教材,还可供从事冶金的研究人员、工程技术及管理人员使用。

图书在版编目(CIP)数据

冶金原理 / 周兰花主编. --2版. -- 重庆 : 重庆大学出版社,2021.8(2022.9重印)
ISBN 978-7-5689-0171-0

Ⅰ.①冶　Ⅱ.①周…　Ⅲ.①冶金—高等学校—教材
Ⅳ.①TF01

中国版本图书馆CIP数据核字(2021)第157618号

冶金原理
(第二版)

主　编　周兰花
副主编　曾富洪　朱奎松　丁满堂
责任编辑:杨粮菊　版式设计:杨粮菊
责任校对:谢　芳　责任印制:张　策

*

重庆大学出版社出版发行
出版人:饶帮华
社址:重庆市沙坪坝区大学城西路21号
邮编:401331
电话:(023) 88617190　88617185(中小学)
传真:(023) 88617186　88617166
网址:http://www.cqup.com.cn
邮箱:fxk@cqup.com.cn (营销中心)
全国新华书店经销
POD:重庆新生代彩印技术有限公司

*

开本:787mm×1092mm　1/16　印张:18.25　字数:470千
2016年10月第1版　2021年8月第2版　2022年9月第3次印刷
ISBN 978-7-5689-0171-0　定价:59.00元

第二版前言

本教材自2016年10月出版以来，深受广大读者的欢迎和好评，经过多年的教学实践，证明本教材适应宽口径冶金工程类专业人才培养模式的课程要求，是一本实用性强的教材，得到了众多院校的支持，对本教材给予了充分的肯定，并提出了许多宝贵意见与修改建议，在此表示衷心的感谢。

随着冶金生产的转型升级，生产模式的改变，使得高等学校人才培养面临着新的挑战，冶金原理在培养冶金专业技术人才中发挥着越来越重要的作用，为此有必要对教材进行修订和调整。此次修订，听取了第一版教材内容的各方面意见，并结合近年来的学科发展变化进行修改和充实。

此次修订工作由攀枝花学院周兰花主持，攀枝花学院周兰花、丁满堂、曾富洪、朱奎松、孙艳等老师进行了具体修订，在修订过程中，得到了攀枝花学院钒钛学院的帮助与支持，在此谨致以衷心的感谢。

由于水平有限，书中难免存在一些错误和不妥之处，敬请读者批评指正。

编　者

2021年7月

第一版前言

冶金原理以普通化学、高等数学、物理化学等为基础，与物理化学相比，更接近于实际应用。它是冶金工程专业基础课程，是重要的核心课程，是衔接冶金工程专业的基础课与专业课的桥梁和纽带。通过该课程的学习，能了解冶金生产过程的基本方法、基本过程、基本理论和基本规律，进一步设计开发出冶金工艺流程，解决冶金生产问题等。

本书以冶金物理化学原理为基础，重点将热力学知识融入高温火法冶金、湿法冶金、电冶金中，涵盖了黑色金属和有色金属的冶金原理，形成了一个有机体系。内容编排上，本书以热力学基础知识、动力学基础知识、冶金熔体的物理化学性质、金属氧化物的还原、粗金属氧化精炼、有色金属的湿法提纯、熔盐电解过程的特殊现象为个体形成独立的章节。每个章节包含学习内容、学习要求、主体内容和课后复习四个部分，并穿插了部分例题，为读者知识和技能的提高提供了方便。

本书包含了钢铁冶金原理和有色金属冶金原理两大部分，共 12 章。第 1 章由周兰花编写，第 2 章由周兰花、刘松利、向国齐、苟淑云编写，第 3 章由周兰花、刘松利编写，第 4 章由周兰花、张士举、向国齐编写，第 5、6、7 章由周兰花编写，第 8 章由陈绿英、丁满堂编写，第 9 章由周兰花、孙艳编写，第 10 章由周兰花、陈绿英编写，第 11 章由周兰花、刘松利、朱奎松编写，第 12 章由冯向琴、丁虎标编写。全书由周兰花统一修改定稿。

本书的出版得到了攀枝花学院自编教材项目、攀枝花学院重点学科建设项目的资助。本书在编写过程中，参考了大量资料，作者在此表示衷心的感谢。由于作者水平有限，书中难免存在一些错误和不妥之处，敬请读者批评指正。

编　者

2016 年 7 月

目录

1 绪论

学习内容：

冶金方法，冶金用原料，冶金原理研究内容，学习冶金原理课程意义。

学习要求：

- 了解冶金方法、冶金用原料、提取冶金过程、学习冶金原理课程意义。
- 理解并掌握冶金原理研究内容。

1.1 提取冶金的含义、冶金用原料及其产品

从历史发展来看，广义的冶金可理解为金属矿物的勘探、开采、选矿、冶炼和有色金属及其合金、化合物的加工等过程，它与冶炼在内涵上有一定区别。冶炼是指从含有金属的物料（如矿石、精矿）或冶炼过程中间产物中提取纯金属或制取金属化合物，乃至生产合金的过程。狭义的冶金是指矿石或精矿的冶炼，即提取冶金。由于科学技术的进步和工业的发展，采矿、选矿和金属加工已各自形成独立的学科。

提取冶金研究从矿石中提取金属或金属化合物的生产过程，由于该过程伴有化学反应，故又称化学冶金。

从矿石和其他含有金属的产品中提炼出金属，除去杂质，并制成合金，以及经处理使之成为标准中间产物的工业，叫作冶金工业。

冶金工业使用的主要原料是矿石或精矿。矿石是矿物的集合体，一般是指在现代技术经济技术条件下能从中提取有用成分的岩石。矿物是指在地壳中具有固定化学组成和物理化学性质的天然化合物或天然元素。自然界中的矿物大部分是以化合物形式存在的。矿石一般由有用矿物和脉石组成，能够被经济有效地利用的矿物称为有用矿物，不能被利用的矿物称为脉石。由于地质成矿作用，有用矿物可以富集在一起，形成矿石堆积。在地壳内或地表上矿石大量积聚形成具有开采价值的区域叫作矿床。矿石可分为金属矿石和非金属矿石两类。按金属存在的化学状态分类，金属矿石可分为自然矿石、硫化矿石、氧化矿石和混合矿石。有用矿物是自然元素的金属矿石称为自然矿石，如自然金、银、铂等；有用矿物为硫化物的金属矿石称为硫化矿石，如黄铜矿、方铅矿等；有用矿物是氧化物的矿石称为氧化矿石，如磁铁矿、赤铁矿、赤

铜矿等。根据矿石中所含有用元素种类分类，矿石可分为单一矿石和复合矿石。复合矿石是指在现代技术经济条件下能够从中提出两种或两种以上有用化合物或金属的矿石，如钒钛磁铁矿石。为经济有效地提取矿石中有用成分，矿石中主要成分的品位（含量）应达到一定要求。自然界中品位高、能直接用于冶炼的富矿较少，品位低、不能用于直接冶炼的贫矿较多。直接用贫矿冶炼时，每吨金属的费用很高，为此需要通过选矿等方法提高贫矿品位，使其成为精矿。随着冶金工业的发展，高品位的富矿越来越少，精矿使用比例将越来越高。

冶炼的主要产品是金属。金属在强度、导电性、导热性、延展性等方面具有优良的性能。冶炼过程中，矿石中的一些氧化物能同时发生还原，因此得到的金属一般不是纯金属，往往含有一定量的杂质元素。现代工业习惯把金属分为黑色金属和有色金属两大类，含铁或铬或锰元素的金属属于黑色金属，其余的金属都属于有色金属。黑色金属中常见的有生铁和钢。生铁是指其中 C 元素的质量分数 $\geqslant 2\%$ 的铁基合金，钢是指其中 C 元素的质量分数 $<2\%$，并含有其他种类元素、能通过塑性加工成型的铁基合金。铁是现代工业中应用最广、产量最大的金属。有色金属又分为重金属、轻金属、贵金属和稀有金属四类。

重金属包括铜、铅、锌、锡、镍、钴等，密度很大，一般为 $7 \sim 11\ g/cm^3$。轻金属包括铝、镁、钙、钠和钡等，密度一般小于 $5\ g/cm^3$。贵金属包括金、银、铂以及铂族元素金属，这些金属在空气中不会被氧化，因此它们的价值比一般的金属高。稀有金属指那些发现较晚、在自然界中分布较分散以及在提炼方法上比较复杂、在工业上应用较迟、用途有限的金属，包括钛、钒、锆、锂、铈等。许多稀有金属在地壳中的含量很少，但含量少并不是稀有金属的共同特征，有一些稀有金属在地壳中的含量较普通金属的含量高得多。随着科学技术的发展，人们对稀有金属的研究、生产、应用日益增加，对某些稀有金属而言，“稀有”二字已失去了其原有的涵义，也有许多稀有金属被划入普通金属之列，如某些国家不将钛、钨列为稀有金属。

1.2 冶金方法与现代冶金生产过程

1.2.1 冶金方法

绝大多数矿石在自然状态下以固体形式存在，矿石中有用矿物和脉石性质不同。所有的金属除汞以外，在常温下都是以固体状态存在。使用矿石或精矿提炼金属时，一般先将矿中金属氧化物还原至金属，然后将还原得到的金属与其他脉石成分熔化为两个不相溶的相或转入两个不相溶的相中，前者往往需要高温，后者所需温度相对较低。根据上述冶炼特点以及高温获取方式，提取冶金的方法可分为三大类：火法冶金、湿法冶金和电冶金。

火法冶金是指矿石在高温下发生一系列物理化学变化，使其中的金属和杂质分开，获得较纯金属的过程。火法冶金过程所需的能源主要由燃料燃烧提供，个别的靠自身反应放热（如金属热还原）。火法冶金具有生产率高、流程短、设备简单及投资省的优点，但不利于处理成分结构复杂的矿石或贫矿。

湿法冶金是指在低温下（一般低于 100 ℃，现代湿法冶金开发的高温高压过程，其温度可达 200 ~ 300 ℃）用熔剂处理矿石或精矿，使所要提取的金属溶解于溶液中，而其他杂质不溶解，通过液固分离制得含金属的净化液，然后再从净化液中将金属提取和分离出来。湿法冶金主要包括的环节有:浸取、净化、金属制取(电解、置换等方法制取金属)。湿法冶金能弥补火法冶金的一些缺点,但其有流程较长、占地面积大、设备设施需要耐酸或耐碱材料等缺点。

电冶金是利用电能获得高温来提取、精炼金属。按电能转换形式不同,电冶金又可分为电热冶金和电化学冶金两类。电热冶金是利用电能转变为热能,在高温下提炼金属。电冶金与火法冶炼在冶炼过程中的物理反应相似,所不同的是冶金过程的热能来源不同。电化学冶金是利用电化学反应,使金属从含金属盐的溶液或熔体中析出。电化学冶金又分为水溶液电化学冶金和熔盐电化学冶金两类。水溶液电化学冶金是指在低温水溶液中进行电化反应,使金属从含金属盐类的溶液中析出的过程,如铅电解精炼。熔盐电化学冶金(也可称熔盐电解)是指在高温熔融体中进行电化反应,使金属从含金属盐类的熔体中析出的过程,如铝电解。熔盐电解中不仅需要利用电能转变为电化反应,而且也利用电能转变为热能,加热金属盐类使其成为熔体。

1.2.2 现代冶金生产过程

(1)火法冶金

火法冶金生产主要包括的环节有:原料准备(破碎、磨粉、筛分、配料等),原料冶炼前处理(干燥、煅烧、焙烧、烧结、造球或制球团等),熔炼(氧化、还原、造锍、卤化等),吹炼,蒸馏,熔盐电解,火法精炼等。图 1.1 为钢铁冶金主要生产过程。钢铁冶金多采用火法过程,主要包括 3 个工序:炼铁、炼钢、二次精炼。

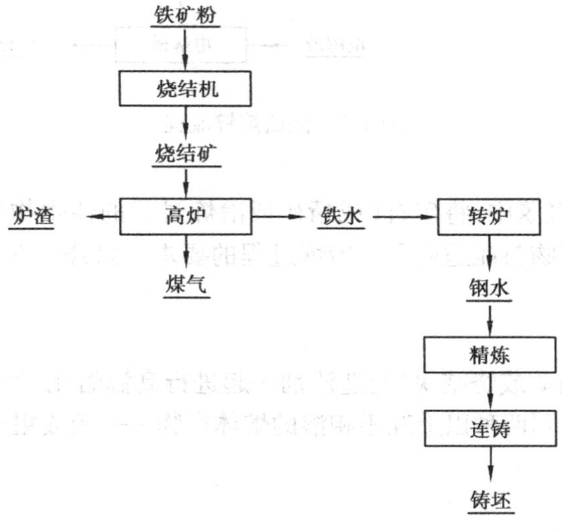

图 1.1 钢铁冶金流程

1)炼铁

炼铁是用还原剂(如 C)将矿石中铁氧化物还原至金属铁,溶入部分还原杂质元素,成为生铁,并熔化为液态铁,与未还原化合物组成的液态炉渣分离。生铁中含有较高的杂质成分和有害成分(如 S、P 等),可称为粗金属,一般作为炼钢原料,少部分用作铁合金或铸造生铁。

2)炼钢

炼钢是以粗金属-液态生铁为主要原料,利用氧化剂将液态生铁中过多的杂质元素通过氧化作用去除的过程。

3)二次精炼

二次精炼是将在常规炼钢炉中完成的精炼任务,如去除杂质(包括不需要的元素、气体和夹杂)、调整和均匀成分和温度的任务,部分或全部地移到真空、惰性气体或还原性气氛下的容器中进行,变一步炼钢为二步炼钢。炉外精炼可提高钢的质量,缩短冶炼时间,优化工艺流程。

(2)湿法冶金

湿法冶金生产主要包括的环节有:原料准备(破碎、磨粉、筛分、配料等),原料预处理(干燥、煅烧、焙烧等),浸出或溶出,净化,沉降,浓缩,过滤,洗涤,水溶液电解或水溶液电解沉积等。图1.2为湿法炼锌主要生产过程。

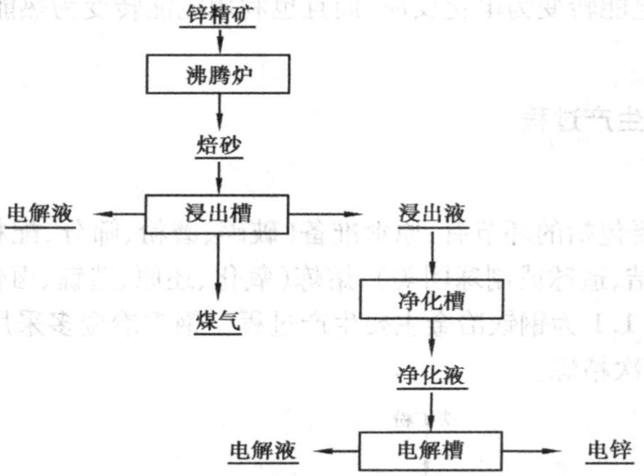

图1.2　湿法炼锌流程

1)焙烧

焙烧是指在一定的气氛中,将矿石(或精矿或冶炼过程的伴生物)加热到一定温度,使之发生物理化学变化,所产物料能适应下一冶炼过程的要求。焙烧一般是熔炼或浸出过程的准备作业。

2)熔炼

熔炼是将矿石(或精矿或烧结块)与造渣剂一起进行高温熔化,使物料中各组分发生一系列物理化学变化,结果得到两种以上互不相溶的熔体产物——锍或粗金属与炉渣,由于它们的密度不同而分离。

3)吹炼

吹炼的实质是氧化熔炼,将氧化剂吹入熔池,使粗金属中杂质成分发生氧化,转变为不溶解于金属熔体的物质进入炉渣,以降低金属中杂质成分含量。

4)蒸馏

蒸馏是指将冶炼的物料在间接加热的条件下利用在某一温度下各种物质挥发度不同的特点,使冶炼物料中某些组分分离的方法。

5)火法精炼

火法精炼是根据主体金属与其中杂质元素的物理化学性质,如溶解度、沸点等的不同,采用不同的方法(如熔析法、精馏法等),除去粗金属中的杂质元素。

6)浸出

浸出(有的也叫溶出)就是将固体物料(例如矿石、精矿等)加到液体溶剂中,使固体物料中的一种或几种有价金属溶解于溶液中,而脉石和某些非主体金属入渣,使提取金属与脉石和某些杂质分离。

7)净化

净化是用于处理浸出溶液或其他杂质超标的溶液,除去溶液中杂质至合标的过程。净化也是综合利用资源、提高经济效益、防止污染环境的有效方法。

8)水溶液电解

水溶液电解是在水溶液电解质中,插入两个电极——阴极与阳极,通入直流电,使水溶液电解质发生氧化-还原反应的过程。

水溶液电解时,因使用的阳极不同,有可溶阳极与不可溶阳极之分,前者称为电解精炼,后者叫作电解沉积。

9)熔盐电解

熔盐电解是用熔融盐作为电解质的电解过程。熔盐电解主要是用于提取轻金属,如铝、镁等。这是由于这些金属的化学活性很高,电解这些金属只能得到水溶液,得不到金属。为了使固态电解质成为熔融体,所以过程是在高温条件下进行的。

在现代金属生产工艺流程中,往往几种冶金方法联用,采用单一冶金方法的生产工艺流程越来越少,其中最常见的是火法与湿法联用,如利用硫化铜矿冶炼金属铜(见图1.3)。

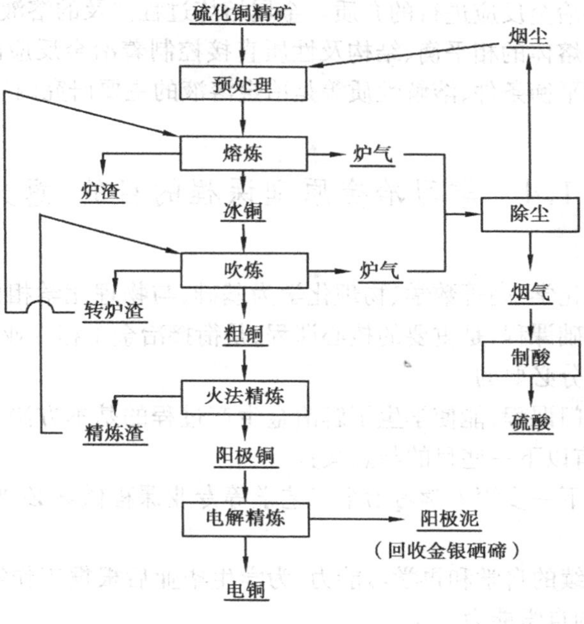

图1.3 硫化铜矿冶炼金属铜流程

1.3 冶金原理基本任务、研究内容

冶金原理就是应用物理化学的原理及研究方法去分析和探讨冶金过程的物理化学变化。冶金原理是冶金学的理论基础,是物理化学的一个分支,其基本任务是研究和确定各种冶金过程中所遵循的具有普遍意义的物理化学规律,从而为发展新工艺和改造老工艺以及有预见性地控制现有生产提供理论依据。

开展任何一个冶金生产过程均需解决以下三个基本问题:第一,冶金过程在热力学上能否进行;第二,冶金过程能以什么速度进行;第三,冶金过程何时停止或达到平衡。

冶金原理主要研究内容包括冶金过程热力学、冶金过程动力学、冶金溶液三大部分。

研究冶金反应和研究其他反应一样,首先必须研究在给定条件下,反应进行的可能性、方向和限度(平衡),影响反应平衡因素(如温度、浓度、压力、催化剂等)。如何利用影响因素创造条件使反应沿着预期的方向进行,达到预期的限度,这是冶金过程热力学的主要研究内容。

热力学只涉及判断反应进行的方向,而不探讨实现这种可能性所需的时间,即不涉及反应速度问题;热力学只注意始末态,而不管中途经历的具体步骤,即不涉及反应机理问题。冶金反应的机理、速率、速率限制环节、速率影响因素,以及如何创造条件加速反应的进行,这是冶金过程动力学的主要研究内容。

冶金溶液是许多冶金反应进行的介质。金属熔炼过程涉及的溶液有熔融合金、熔融炉渣、熔锍和熔盐等熔体。熔体的相平衡、结构及性质直接控制着冶金反应的进行。冶金熔体的结构、物理化学性质、相平衡条件、溶解性质等是冶金溶液的主要研究内容。

1.4 学习冶金原理课程的目的、意义

冶金原理以普通化学、高等数学、物理化学为基础,与物理化学相比,更接近于实际应用。它是冶金工程专业基础课程,是重要的核心课程,是衔接冶金工程专业的基础课与专业课的桥梁。学习这门课是十分必要的。

学习冶金原理这门课程,能使学生了解冶金生产过程的基本方法、基本过程、基本理论和基本规律,其次还具有以下一些目的与意义:

①能帮助学生为下一步深入学习冶金工艺学等专业课程做好必要的衔接和过渡,奠定必要的理论基础。

②能培养学生持续的自学和再学习能力,为学生毕业后根据工作需要进一步自学打下良好的基础,提高学生的自学能力。

③能培养学生理论联系实际的能力,以及分析和解决问题的能力。

④为毕业生在冶金企业中有效地控制生产工艺、改造旧工艺、发展新工艺、提高产品质量、改善技术经济指标、扩大产品种、增加产品产量等提供理论指导和技术帮助。

1.5 冶金原理的发展

冶金原理也可以说成是冶金物理化学。1920—1932 年,黑色冶金中引入物理化学理论,标志着冶金物理化学的开始。其后,国内外许多研究者进行了冶金物理化学方面的工作,促进了冶金原理的发展。在这方面作出重要贡献的代表人物有 J. Chipman、C. Wagner、S. Darken、李公达、魏寿昆、邹元爔、陈新民、周国治等。

冶金原理发展到目前还存在一些问题,主要有:

①不能将物理化学方面的成就完全应用于冶金反应的研究。

②应用热力学的方法研究系统的平衡状态较为广泛,但是,由于冶金反应多系高温作用下的多相系统,因而难于进行精确的实验。有些反应的热力学数据不够完全,特别是有色金属冶炼过程的反应。

③相界面的热力学研究不多,用动力学方法来讨论冶金问题则显得更加不够,距离广泛应用尚有一定距离。已经应用的方面,也多系定性分析,缺乏定量分析,数据还相当贫乏。

因此,冶金原理今后的任务有:进一步充实热力学资料;更详细地研究最重要的冶金反应机理;以及研究相界面的分子结构,特别是熔融体炉渣和金属分子相互作用的详细情况。

复习思考题

1. 解释冶金、冶炼、提取冶金、火法冶金。
2. 火法冶金有哪些特点?
3. 冶金原理基本内容有哪些?
4. 冶金原理基本任务是什么?
5. 学习冶金原理这门课程有何意义?
6. 确定化学反应在标准状态下究竟向哪个方向进行,需要(　　)。
   A. 计算出化学反应在标准状态下进行的吉布斯自由能变化
   B. 化学反应的标准摩尔焓变
   C. 化学反应的平衡常数
   D. 化学反应的标准摩尔熵变
7. 确定化学反应进行的限度,需要(　　)。
   A. 计算出化学反应在标准状态下进行的吉布斯自由能变化
   B. 化学反应的标准摩尔焓
   C. 化学反应的平衡常数
   D. 化学反应的标准摩尔熵变

2 溶液热力学基础

学习内容：

溶液中组元浓度表示方法，几种溶液及其热力学性质，活度与活度系数，冶金化学反应的标准吉布斯自由能计算方法，多组元溶液中组元活度系数计算方法，标准溶解吉布斯自由能。

学习要求：

- 了解冶金熔体类型及作用，溶液中组元浓度表示方法，标准溶解吉布斯自由能，多组元溶液中组元活度系数计算方法。
- 理解三种标准态下的活度与活度系数。
- 掌握炉渣（熔渣）在冶金过程中的作用，活度三种标准态及其转换关系，活度系数几种计算方法；冶金化学反应的标准吉布斯自由能几种计算方法。

2.1 溶液热力学性质

2.1.1 溶液组分的浓度的单位及其相互换算关系

(1)溶液定义

溶液是一个广泛的概念，它包括水溶液、金属熔体、熔渣、熔盐、熔锍等。广义地说，两种或两种以上的物质彼此以分子或离子状态均匀混合形成的均相体系称为溶液。按照物质聚集状态不同，溶液可分为气态溶液、固态溶液和液态溶液。根据溶液中溶质导电性不同，溶液又要分为电解质溶液和非电解质溶液。

通常将液态组分称为溶剂，气态或固态组分称为溶质。如果溶液的物质均为液态，则把含量较高的组分称为溶剂，含量较低的组分称为溶质。

(2)冶金熔体含义及分类

在高炉炼铁、转炉炼钢、硫化铜精矿的造锍熔炼等火法冶炼过程中，得到的是熔融状态产物或中间产品。在火法冶炼过程中，处于熔融状态的反应介质和反应产物（或中间产品）称为冶金熔体。冶金熔体中往往含有多种组成成分，根据其主要成分的不同，冶金熔体一般可分为金属熔体(金属液)、熔渣、熔盐和熔锍四种。

金属熔体是指液态的金属和合金,如高炉炼铁中的铁水、转炉炼钢中的钢水、火法炼铜中的铜液等。金属熔体中的组成是单质元素,一般由冶炼过程中氧化物经还原剂还原得到的产物熔合而成。它是火法冶炼过程的主要产品,也是冶炼过程中多相反应的参与者。

熔渣是指由各种氧化物熔合而成的熔体。在火法冶炼过程中,原料中的主金属一般以金属、合金或熔锍的形态产出,而其中的脉石、燃料中灰分与熔剂一起熔合成主要成分为氧化物的熔体,即为熔渣。炉渣组成往往非常复杂,除含 CaO、SiO_2、Al_2O_3、MgO、FeO 等氧化物外,还可能含有少量的氟化物、硫化物、氯化物等其他类型的化合物,有些还夹带少量的金属。钢铁冶金及有色金属冶金中常见炉渣的主要化学成分见表2.1。熔渣是金属冶炼过程的重要产物,在冶炼中起着重要的作用,在许多火法冶炼过程中是必不可少的物质。

表2.1 常见冶炉渣的主要化学成分(ω_B/%)

炉渣类别	CaO	SiO_2	Al_2O_3	MgO	FeO	MnO	其 他
高炉炼铁渣	35~50	30~40	10~20	5~10	<1	0.5~1	S1~2
转炉炼钢渣	37~59	9~20	0.1~2.5	0.6~8	5~20	1.3~10	$P_2O_5$1~6
电炉炼钢渣	20~65	10~25	0.7~8.3	0.6~2.5	0.5~35	0.3~11	
电渣重熔渣	0~20	0~10	0~30	0~15			$CaF_2$45~80
铜闪速炉熔炼渣	5~15	28~38	2~12	1~3	38~54		$Fe_3O_4$12~15 S0.2~0.4 Cu0.5~0.8
铅鼓风炉熔炼渣	0~20	19~35	3~5	3~5	28~40		Pb1~3.5
锡反射炉熔炼渣	1.5~6	19~24	8~10		45~50		Sn7~9

熔盐是指盐的熔融态,通常说的熔盐是指无机盐的熔融体。最常见的熔盐是由碱金属或碱土金属的卤化物、硝酸盐、碳酸盐及磷酸盐等组成。在冶金领域中,熔盐主要用于金属及其合金的电解生产与精炼。对于不能从水溶液中电解沉积出来的金属,熔盐电解往往是唯一或占主导地位的生产方法。

熔锍是多种金属硫化物(FeS、Cu_2S、Ni_3S_2、CoS、Sb_2S_3、PbS 等)的共熔体,同时往往含有少量金属氧化物及金属,工业生产中习惯称作冰铜。熔锍是铜、镍、钴等重金属硫化矿火法冶金过程的重要中间产物。几种工业熔锍的主要化学成分见表2.2。

表2.2 几种工业熔锍的主要化学成分(ω_B/%)

熔锍类别	Cu	Fe	Ni	S	Pb	Zn	Au①	Ag①
反射炉熔锍	43.6	26.7		24.8				
电炉熔锍	42.4	25.9		23.3				
闪速炉熔锍	59.3	16		22.8	0.59	0.57	28.4	243
诺兰达熔锍	72.4	3.5		21.8	1.8	0.7		
瓦纽科夫炉铜锍	40~52	20~27		23~24				

续表

熔锍类别	Cu	Fe	Ni	S	Pb	Zn	Au①	Ag①
三菱法铜锍	64.6	10.6		22				
低镍熔锍	6~8	47~49	13~16	23~28				
高镍熔锍	22~24	2~3	49~54	22~23				

表中①单位为 $g \cdot t^{-1}$

(3)溶液中组分 B 浓度的表示方法

溶液中组元浓度表示方法很多,常用的方法有质量分数、摩尔分数、物质的量浓度等。

1)质量分数

质量分数是指溶液中组元 B(也可称为组分 B)的质量与溶液中所有组分的质量总和之比,可用 ω_B 表示,其表达式可表示如下:

$$\omega_B = m_B / \sum m \times 100\% \tag{2.1}$$

式中,m_B 为溶液中组分 B 的质量,g 或 kg; $\sum m$ 为溶液中所有组分的质量总和,g 或 kg。

为了热力学公式表达方便,可引入质量分数的另一表示符号[%B]或 $\omega_{B\%}$,其值等于 ω_B 的 100 倍。如溶液中某一组分的质量分数 $\omega_B = 10\%$ 时,其[%B] $= \omega_{B\%} = 10$。

2)摩尔分数

摩尔分数是指溶液中组元 B 物质的量与溶液中所有组分物质的量总和之比,可用 x_B 表示,其表达式可表示如下:

$$x_B = n_B / \sum n \times 100\% \tag{2.2}$$

式中,n_B 为溶液中组分 B 物质的量,mol; $\sum n$ 为溶液中所有组分物质的量总和,mol。

3)物质的量浓度

物质的量浓度是指每升溶液中所含组元 B 的物质的量,可用 c_B 表示,单位为 mol/L 或 mol/m^3,其表达式可表示如下:

$$c_B = n_B / V \tag{2.3}$$

式中,V 为溶液的体积,L 或 m^3。

根据各浓度定义可得出溶液中组分 B 不同浓度之间的换算关系,其中最常用的 x_B 与 ω_B 之间换算关系如下:

100 g 多元系溶液中,

$$\omega_B = x_B M_B \sum n \tag{2.4}$$

式中,M_B 为溶液中组分 B 的摩尔质量,g/mol 或 kg/mol。

A-B 二元溶液中,

$$\omega_B = \frac{100}{\dfrac{M_A}{M_B} \times \dfrac{1}{x_B} + \left(1 - \dfrac{M_A}{M_B}\right)} \tag{2.5}$$

式中,M_A 为溶液中溶剂 A 的摩尔质量,g/mol 或 kg/mol。

$$x_B = \frac{100}{\frac{\omega_B}{M_B} + \frac{(1-\omega_B)}{M_A}} \tag{2.6}$$

A-B 二元稀溶液中,

$$x_B \approx \frac{M_A}{100M_B} \tag{2.7}$$

$$c_B = \frac{\omega_B}{100} \times \frac{\rho}{M_B} \tag{2.8}$$

式中,ρ 为溶液的密度,kg/m^3。

在溶液中浓度较高的组分称为溶剂,浓度较低的组分称为溶质,有不成文规定:用 A 表示溶剂组分,B 表示溶质组分。

2.1.2 拉乌尔定律和亨利定律

溶液中有两个重要定律——拉乌尔定律和亨利定律,它们描述的是特殊溶液中组元的浓度之间的关系式。这两个定律都是从经验中得到的,是溶液的基本物理化学定律。

(1)拉乌尔定律

"在一定温度和平衡状态下,溶液中溶剂的蒸气压等于纯溶剂的蒸气压乘以溶液中溶剂的摩尔分数。"此称为拉乌尔定律,其数学表达式为:

$$p_A = p_A^* x_A \tag{2.9}$$

式中,p_A^* 为纯溶剂 A 的蒸气压。

拉乌尔定律还可以描述为:在一定温度和平衡状态下,溶液中组分 A 浓度 $x_A \to 1$ 时,组分 A 蒸气压等于纯溶液 A 的饱和蒸气压乘以溶液中 A 的摩尔分数。

(2)亨利定律

"在一定温度和平衡状态下,挥发性溶质在气相中的平衡分压与溶质在溶液中的摩尔分数成正比",或"在一定温度和平衡状态下,气体在液相中的溶解度(摩尔分数)与该气体的在气相中的平衡分压成正比。"此称为亨利定律。亨利定律数学表达式为:

$$p_B = k_{H(x)} x_B \tag{2.10}$$

式中,$k_{H(x)}$ 为亨利系数,其值取决于温度、溶质和溶剂的性质。

亨利定律还可以描述为:在一定温度和平衡状态下,溶液中组分 B 浓度 $x_B \to 0$ 时,组分 B 蒸气压等于假想纯溶液 B 的蒸气压乘以溶液中 B 的摩尔分数。

对于二元稀溶液,当溶质 B 的浓度用物质的量浓度 c_B 或质量分数 $\omega_{B\%}$ 表示时,式(2.10)可转变为:

$$p_B = k_{H(c)} c_B \tag{2.11}$$

$$p_B = k_{H(\%)} \omega_{B\%} \tag{2.12}$$

在上述几式中,对于气体 B 的分压一般采用 p_B'(单位 Pa)或 p_B(量纲—压力),两者之间关系为:$p_B = \frac{p_B'}{p^\theta}$,其中,$p^\theta$ 为标准气压,等于 100 kPa。

$k_{H(x)}$、$k_{H(c)}$、$k_{H(\%)}$ 均可称为亨利常数,三者的数值是不同的,它们之间存在一定的关系,如:$k_{H(\%)} = k_{H(x)} \frac{M_A}{100M_B}$。此外,在使用亨利定律时需要注意溶质在气相和在溶液中的分子状态必须是相同的,如某一物质在气相中不电离而在水中能部分电离,该物质在水溶液中使用亨利定律时,该物质在水溶液中的浓度只能计算未电离的部分。

拉乌尔定律和亨利定律的适用范围为稀溶液,不同溶液适用的浓度范围不一样。只要溶液浓度足够稀,溶剂必然服从拉乌尔定律,溶质必服从亨利定律。溶液越稀,溶剂符合拉乌尔定律、溶质符合亨利定律的程度越高。

2.1.3 溶液—多组分系统的热力学

(1)溶液的偏摩尔量和化学势定义

不同组分混合形成溶液时,由于组分原子或分子产生了有异于混合前组分中的作用力,从而引起溶液发生焓(H)、熵(S)、吉布斯自由能(G)、体积(V)、内能(U)等广度性质的变化,这种变化与温度、压强、混合组分的性质、混合组分的浓度等因素有关。对于有 k 个组分的溶液,其广度性质 X 与上述因素间的关系用函数可表达如下:

$$X = X(T, p, n_1, n_2, \cdots, n_k)$$

全微分

$$dX = \left(\frac{\partial X}{\partial T}\right)_{p,n_B} dT + \left(\frac{\partial X}{\partial p}\right)_{T,n_B} dp + \sum_{B=1}^{k}\left(\frac{\partial X}{\partial n_B}\right)_{T,p,n_C(C\neq B)} dn_B \tag{2.13}$$

定义

$$\overline{X}_B = \left(\frac{\partial X}{\partial n_B}\right)_{T,p,n_C(C\neq B)} \tag{2.14}$$

则

$$dX = \left(\frac{\partial X}{\partial T}\right)_{p,n_B} dT + \left(\frac{\partial X}{\partial p}\right)_{T,n_B} dp + \sum_{B=1}^{k}\overline{X}_B dn_B \tag{2.15}$$

$\overline{X}_B$ 称为组分 B 某种广度性质的偏摩尔量。X 若是焓,则$\overline{H}_B$ 称为组分 B 的偏摩尔焓,其余依次类推。$\overline{X}_B$ 可理解为:在等温等压下,在大量的溶液中加入 1 mol B 组分所引起系统容量性质 X 的改变。这里"大量溶液"是指加入 1 mol B 组分时溶液中组成不发生改变。

若广度性质 X 为吉布斯自由能时,组分 B 的偏摩尔量称为化学势,用μ_B 或$\overline{G}_B$ 表示。化学势的意义和作用比偏摩尔吉布斯能深远和广泛得多。其定义式为:

$$\mu_B = \left(\frac{\partial G}{\partial n_B}\right)_{T,p,n_C(C\neq B)} \tag{2.16}$$

上式是化学势的一种定义,化学势还有另外的定义式:

$$\mu_B = \left(\frac{\partial U}{\partial n_B}\right)_{S,V,n_C(C\neq B)} = \left(\frac{\partial H}{\partial n_B}\right)_{S,p,n_C(C\neq B)}$$

容易证明偏摩尔量具有摩尔量类似的关系式,如:

$$\overline{H}_B = \overline{U}_B + p\,\overline{V}_B \tag{2.17}$$

$$\overline{G}_B = \overline{H}_B - T\,\overline{S}_B \tag{2.18}$$

$$\left(\frac{\partial\,\overline{G}_B}{\partial p}\right)_T = \overline{V}_B \tag{2.19}$$

$$\left(\frac{\partial(\overline{G}_B/T)}{\partial T}\right)_p = -\frac{\overline{H}_B}{T^2} \tag{2.20}$$

(2)偏摩尔量的几个重要公式

1)集合公式

在等温等压及保持溶液各组分的比例不变($dn_1: dn_2: \cdots: dn_k = n_1: n_2: \cdots: n_k$)条件下,由式(2.15)得:

$$dX = \sum_{B=1}^{k} \overline{X}_B dn_B \tag{2.21}$$

偏摩尔量属于强度性质与混合物的组成有关,与其总量无关。溶液组成不变,$\overline{X}_1, \overline{X}_2, \cdots, \overline{X}_k$ 不变,由积分式(2.21)得:

$$X = \overline{X}_1 n_1 + \overline{X}_2 n_2 + \cdots + \overline{X}_k n_k = \sum_{B=1}^{k} \overline{X}_B n_B \tag{2.22}$$

式(2.22)两边同除以溶液总物质的量 $\sum n$,可得:

$$X_m = \overline{X}_1 x_1 + \overline{X}_2 x_2 + \cdots + \overline{X}_k x_k = \sum_{B=1}^{k} \overline{X}_B x_B \tag{2.23}$$

式(2.23)中,X_m 可称为溶液的摩尔广度函数,如 X 为 G,则称为溶液的摩尔吉布斯自由能。

式(2.22)、式(2.23)称为偏摩尔量的集合公式,它表明系统的广度性质(或摩尔广度性质)等于各组分偏摩尔量与其物质的量(或摩尔分数)的乘积之和。

当 X 为吉布斯能 G 时,有:

$$G = \overline{G}_1 n_1 + \overline{G}_2 n_2 + \cdots + \overline{G}_k n_k = \sum_{B=1}^{k} \overline{G}_B n_B \tag{2.24}$$

$$G = \overline{G}_1 x_1 + \overline{G}_2 x_2 + \cdots + \overline{G}_k x_k = \sum_{B=1}^{k} \overline{G}_B x_B \tag{2.25}$$

2)吉布斯-杜亥母(Gibbs-Duhem)方程

对式(2.22)全微分得:

$$dX = \sum_{B=1}^{k} n_B d\overline{X}_B + \sum_{B=1}^{k} \overline{X}_B dn_B \tag{2.26}$$

在等温等压及保持溶液各组分的比例不变($dn_1: dn_2: \cdots: dn_k = n_1: n_2: \cdots: n_k$)条件下,式(2.26)减去式(2.21)得:

$$\sum_{B=1}^{k} n_B d\overline{X}_B = 0 \tag{2.27}$$

式(2.27)两边同除以溶液总物质的量 $\sum n$,可得:

$$\sum_{B=1}^{k} x_B d\overline{X}_B = 0 \tag{2.28}$$

当 X 为吉布斯能 G 时,有:

$$\sum_{B=1}^{k} x_B d\overline{G}_B = 0 \tag{2.29}$$

对于 A-B 二元溶液,同样有:

$$x_A d\overline{G}_A + x_B d\overline{G}_B = 0 \tag{2.30}$$

式(2.28)至式(2.30)均称为吉布斯-杜亥母(Gibbs-Duhem)方程,简称为 G-D 方程,它表明了广度性质所要遵循的关系式,它是分析溶液热力学性质的重要基础方程。

2.2 几种溶液

2.2.1 理想溶液

溶液中任一组元在全部浓度范围内均服从拉乌尔定律的溶液，称为理想溶液。从分子角度看，几个组分构成理想溶液需满足的条件有：各组分的分子体积相近，不同组分质点之间的作用力与同组分质点之间的作用力相近，形成溶液时也不发生离解、缔合等反应。实际上，具有理想溶液性质的体系很少，冶金中的 Fe-Mn、FeO-MnO 等溶液近似为理想溶液。理想溶液中，对任一组分 B 均满足关系式：$p_B = p_B^* \cdot x_B$，可用图 2.1 表示。

对于理想溶液，因符合拉乌尔定律，即有：$p_B = p_B^* \cdot x_B$，因此，理想溶液中组分 B 的活度 a_B^R 及其活度系数 r_B 为：$a_B^R = p_B/p_B^* = x_B$，$r_B = a_B^R/x_B = 1$；饱和溶液中，溶质 B 与纯溶质处于平衡状态，$p_B = p_B^*$，因此，$a_B^R = p_B/p_B^* = 1$，$r_B^* = a_B^R/x_B^* = 1/x_B^*$（其中，$r_B^*$、$x_B^*$ 分别为溶液中组分 B 饱和时的活度系数、溶解度）。

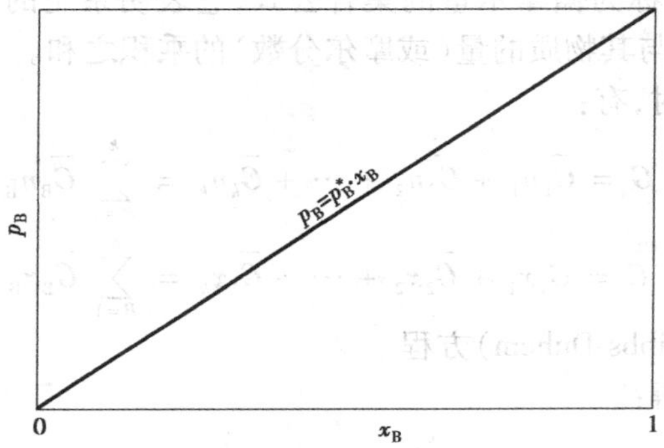

图 2.1 理想溶液中组元 B 的蒸气压与浓度关系

由拉乌尔定律可得到理想溶液中组分化学势的表达式，如下：

$$\mu_B = \mu_{B(R)(T,P)}^* + RT \ln x_B \tag{2.31}$$

式中，$\mu_{B(R)(T,P)}^* = \mu_{B(T)}^\theta + RT \ln(p_B^*/p^\theta)$ 为在一定温度（T）和压强（p）下纯组元 B 的化学势，与温度、压强有关。其中，$\mu_{B(T)}^\theta$ 是气体 B 在温度为 T 及 $p' = 100$ kPa 下的标准化学势。

由式(2.31)可进一步导出理想溶液的其他热力学函数：

$$\Delta \overline{G}_B = RT \ln x_B \tag{2.32}$$

$$\Delta \overline{G}_m = RT \sum x_B \ln x_B \tag{2.33}$$

$$\Delta \overline{S}_B = -R \ln x_B \tag{2.34}$$

$$\Delta S_m = -R \sum x_B \ln x_B \tag{2.35}$$

$$\Delta \overline{H}_B = -RT^2 \left[\frac{\partial \ln x_B}{\partial T}\right]_p \tag{2.36}$$

$$\Delta \overline{V}_B = \left(\frac{\partial \overline{G}_B}{\partial p}\right)_T = \left(\frac{\partial (RT \ln x_B)}{\partial p}\right)_T \tag{2.37}$$

因 x_B 与温度、压力无关，故 $\left[\dfrac{\partial \ln x_B}{\partial T}\right]_p=0$ 及 $\left(\dfrac{\partial \ln x_B}{\partial p}\right)_T=0$，则 $\Delta\overline{H}_B=0$，$\Delta\overline{V}_B=0$。即理想溶液具有无体积效应（纯组分混合在等温等压下形成理想溶液的体积不变，即混合前后体积无变化）、无热效应（纯组分混合在等温等压下形成理想溶液的总焓值不变，即混合前后焓值无变化）通性。

2.2.2 稀溶液

溶剂的蒸气压符合拉乌尔定律，溶质的蒸气压符合亨利定律的溶液称为稀溶液。对于稀溶液，溶质B的浓度 $x_B\to 0$，其蒸气压满足 $p_B=k_{H(x)}\cdot x_B$，可用图2.2表示。

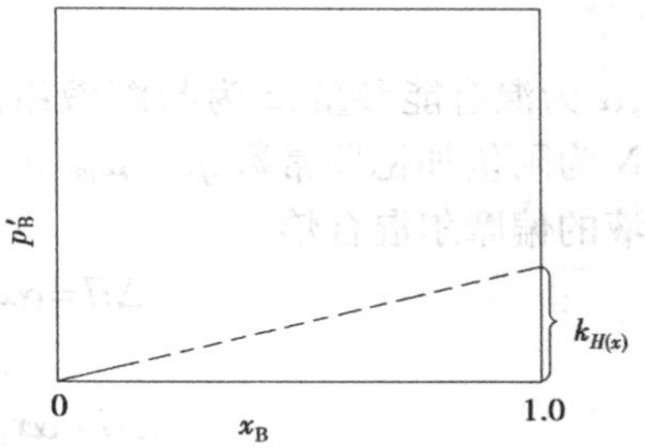

图2.2 稀溶液中组元B的蒸气压与浓度关系

对于稀溶液中的溶剂A，因 $p_A=p_A^*\cdot x_A$，则稀溶液中溶剂A的活度 a_A^R 及其活度系数 r_A 为：$a_A^R=p_A/p_A^*=x_A$，$r_A=a_A^R/x_A=1$；对于溶质B，因 $p_B=k_{H(x)}\cdot x_B$，则溶液中溶质B的活度 a_B^H 及其活度系数 f_B^H 为：$a_B^H=p_B/k_{H(x)}=x_B$，$f_B^H=a_B^H/x_A=1$。

稀溶液中溶剂符合拉乌尔定律，因此其中溶剂的化学势表达式与理想溶液的化学势的表达式有相同形式，类似可用式(2.31)表示。即 $\mu_A=\mu_{A(T,P)}^*+RT\ln x_A$。

对于溶质B可由其化学势与平衡气相中对应气体B化学势相同分析得出，平衡气相中气体化学势为：

$$\mu_B^g=\mu_{B(T)}^\theta+RT\ln p_B \tag{2.38}$$

则稀溶液中溶质B化学势为：

$$\mu_B=\mu_B^g=\mu_{B(T)}^\theta+RT\ln p_B \tag{2.39}$$

对于式(2.38)中 p_B 选用不同的标准态时，具有不同的表达式，因此，稀溶液中溶质B的化学势具有不同的表达式。

(1)假想纯物质为标准态

$$\begin{aligned}\mu_B&=\mu_{B(T)}^\theta+RT\ln(k_{H(x)}\cdot x_B)=\mu_{B(T)}^\theta+RT\ln k_{H(x)}+RT\ln x_B\\&=\mu_{B(H)(T,p)}^*+RT\ln x_B\end{aligned} \tag{2.40}$$

式中，$\mu_{B(H)(T,p)}^*=\mu_{B(T)}^\theta+RT\ln k_{H(x)}$，$\mu_{B(T)}^\theta$ 是气体B在温度为 T 及 $p'=100$ kPa下的标准化学势。

(2)假想1%溶液为标准态

$$\begin{aligned}\mu_B&=\mu_{B(T)}^\theta+RT\ln(k_{H(\%)}\cdot\omega_{B(\%)})=\mu_{B(T)}^\theta+RT\ln k_{H(\%)}+RT\ln\omega_{B(\%)}\\&=\mu_{B(\%)(T,p)}^*+RT\ln x_B\end{aligned} \tag{2.41}$$

式中，$\mu_{B(\%)(T,p)}^*=\mu_{B(T)}^\theta+RT\ln k_{H(\%)}$。

(3)纯物质为标准态

$$\begin{aligned}\mu_B&=\mu_{B(T)}^\theta+RT\ln(k_{H(x)}\cdot x_B)=\mu_{B(T)}^\theta+RT\ln(p_B^*r_B^0)+RT\ln x_B\\&=\mu_{B(R)(T,p)}^*+RT\ln x_B+RT\ln r_B^0\end{aligned} \tag{2.42}$$

式中，$\mu_{B(R)(T,p)}^*=\mu_{B(T)}^\theta+RT\ln p_B^*$。

2.2.3 正规溶液

正规溶液是指混合焓不为0,但混合熵等于理想溶液混合熵的溶液。这是较接近于实际溶液的一种模型。其热力学性质可用 $\Delta H \neq 0$、$\Delta S_m = \Delta S_{m(R)} = -R\sum x_B \ln x_B$ 表示。

对于二元系1-2正规溶液:

$$\alpha = \frac{zN}{2}(2\mu_{12} - \mu_{11} - \mu_{22})$$

$$\Delta H_m = \alpha x_1 x_2 \tag{2.43}$$

式中,α 为混合能参量;z 为与溶液组成无关的配位数(即某质点周围最近邻、等距离的质点数);N 为阿伏加德罗常数;μ_{11}、μ_{12}、μ_{22} 分别为二元溶液中原子对11、12、22的交互作用能;ΔH_m 为溶液的偏摩尔混合焓。

$$\Delta H = \alpha x_1 x_2 \quad \Delta H_1 = \alpha x_2^2 \quad \Delta H_2 = \alpha x_1^2 \tag{2.44}$$

$$\Delta S_i = R \ln x_i \tag{2.45}$$

$$\Delta G = \alpha x_1 x_2 + RT(x_1 \ln x_1 + x_2 \ln x_2)$$

$$\Delta G_1 = \alpha x_2^2 + RT \ln x_1 \quad \Delta G_2 = \alpha x_1^2 + RT \ln x_2 \tag{2.46}$$

对于多元系正规溶液,有:

$$RT \ln \gamma_i = \sum_{i \neq l}^{K} \alpha_{ij} x_i - \sum_{i=1}^{K-1} \sum_{j=i+1}^{K} \alpha_{ij} x_i x_j$$

由溶液的偏摩尔混合焓 ΔH_m 计算混合能参量 α,进一步可计算溶液的 ΔG。利用正规溶液可以处理高温下混合能参量比较小的实际溶液,如Cu、Si、Ti、Al等在铁液中的溶液。

2.2.4 实际溶液

许多实际溶液是很复杂的,由于同一组元、不同组元之间的相互作用,使其在全部浓度范围内既不服从拉乌尔定律,也不服从亨利定律,即 $p_B \neq p_B^* \cdot x_B$,$p_B \neq k_{H(x)} \cdot x_B$,与理想溶液有不同程度的偏差,如图2.3所示。$p_B/(p_B^* \cdot x_B) > 1$ 或 $p_B/(k_{H(x)} \cdot x_B) < 1$ 称为具有正偏差的溶液,反之称为具有负偏差的溶液。图2.3所示的溶液1为对拉乌尔定律或亨利定律具有正偏差的溶液;溶液2为对拉乌尔定律或亨利定律具有负偏差的溶液。为解决真实体系的热力学问题,往

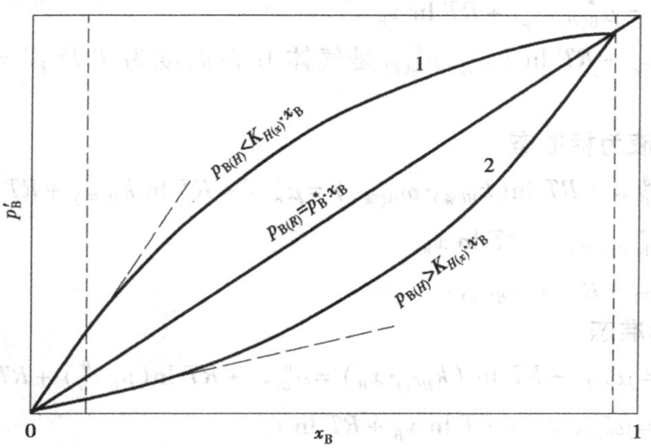

图2.3 实际溶液中组元B的蒸气压与浓度关系

往需要利用理想溶液的一些规律，对实际溶液的偏差进行修正。

采用拉乌尔定律或亨利定律处理实际溶液时，一般采用溶液的“有效浓度”或“作用浓度”以代替实际浓度。换句话说，用一个因数把溶液的实际浓度加以修正，使它能够适用于理想溶液的拉乌尔定律或亨利定律，其中修正因素称为“活度系数”，而修正后的“有效浓度”或实际显示的“作用浓度”称为“活度”。引入活度后，理想溶液的有关物理化学定律将适用于所有溶液。

引入活度、活度系数后，实际溶液中组分蒸气压满足拉乌尔定律或亨利定律式，即 $p_B = p_B^* \cdot a_B$ 或 $p_B = k_{H(x)} \cdot a_B$。

2.2.5　活度的标准态及活度的表示方法

活度含义中的“有效”是对拉乌尔定律或亨利定律有效，因此在计算溶液组分的活度时需要参照拉乌尔定律或亨利定律，指定一定的标准态，通常采用的标准态有纯物质、假想纯物质、假想质量1%溶液三种。

(1)纯物质标准态

它是以拉乌尔定律为基准，以纯物质为标准状态。一定温度下，溶液中组分实际蒸气压 p_B 与浓度 x_B 之间关系如图2.4所示。在图2.4中，曲线 *OAB* 代表溶液中组分B实际蒸气压与浓度 x_B 的关系线，纯物质标准态位于B点（$x_B = 1$）。

采用纯物质标准态时，溶液中组元B的活度用 a_B^R 表示，对应活度系数用 r_B 表示。若溶液中组分B的饱和蒸气压为 p_B^*（图2.4中B点蒸气压），当组分B的摩尔分数为 x_B 时的实际蒸气压为 p_B 时，由活度定义得 $p_B = p_B^* \cdot r_B x_B = p_B^* \cdot a_B^R$，则有：

$$a_B^R = p_B / p_B^* \tag{2.47}$$

$$r_B = p_B / (p_B^* x_B) = a_B^R / x_B \tag{2.48}$$

以纯物质为标准态时，组分B在给定成分 x_B 时，在物理意义上，其活度实质上为其蒸气压 p_B 与其饱和蒸气压 p_B^* 之比。r_B 反映了溶液与拉乌尔定律的偏差，r_B 与1差距越大，则偏差越大。$r_B > 1$ 的溶液称为具有正偏差的溶液，反之称为具有负偏差的溶液。

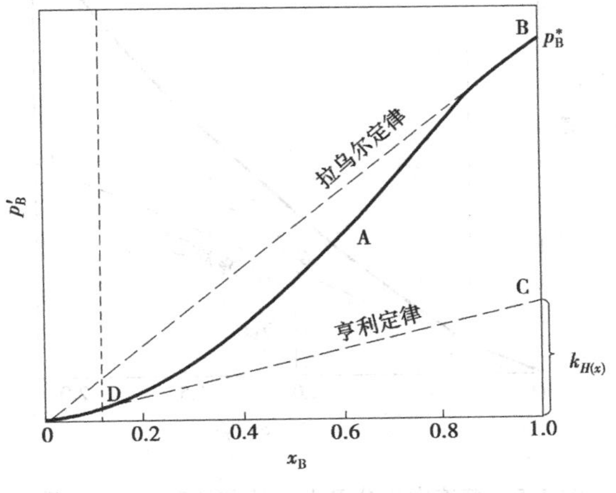

图2.4　溶液中组分B蒸气压与浓度 x_B 关系

稀溶液中，溶质B以纯物质为标准态时，其活度为：

$$a_B^R = p_B/p_B^* = k_{H(x)} \cdot x_B/p_B^* = r_B^0 \cdot x_B \tag{2.49}$$

式中,$r_B^0 = k_{H(x)}/p_B^*$ 称为稀溶液中溶质 B 以纯物质为标准态的活度系数,其值为常数,r_B^0 又表示稀溶液对理想溶液的偏差。

(2)**假想纯物质标准态**

它是以亨利定律为基准,以假想的纯物质为标准状态。这里"假想的纯物质"是指蒸气压服从亨利定律,且摩尔分数为 1 的状态物质。它与纯物质不同,它是不存在的,是假想的。在图 2.4 中,直线 OC 为通过 O 对曲线 OAB 作的切线,代表亨利定律,假想纯物质标准态在 C 点。由图 2.4 可见,亨利常数 $k_{H(x)}$ 与气压具有相同的单位,可以看作假想纯物质的蒸气压。

采用假想纯物质为标准态时,溶液中组元 B 的活度用 a_B^H 表示,对应活度系数用 f_B^H 表示。当溶液中组分 B 实际蒸气压为 p_B,服从亨利定律的 $x_B = 1$ 溶液中组分 B 的蒸气压为 $k_{H(x)}$(亨利常数)时,由活度定义得 $p_B = k_{H(x)} \cdot f_B^H x_B = k_{H(x)} \cdot a_B^H$,则有:

$$a_B^H = p_B/k_{H(x)} \tag{2.50}$$

$$f_B^H = p_B/(k_{H(x)} x_B) = a_B^H/x_B \tag{2.51}$$

式中,$k_{H(x)}$ 为亨利常数,也可以理解为假想纯物质蒸气压。因此,以假想纯物质为标准态时,对组分 B 给定成分 x_B 时,在物理意义上,其活度实质上为其蒸气压 p_B 与假想纯物质蒸气压 $k_{H(x)}$ 之比。f_B^H 也能反映溶液与亨利定律的偏差,f_B^H 与 1 差距越大,则偏差越大。$f_B^H < 1$ 的溶液称为具有正偏差的溶液,反之称为具有负偏差的溶液。

(3)**假想质量 1% 溶液标准态**

它是以亨利定律为基准,以假想 1% 的溶液为标准状态。这里"假想 1% 的溶液"是指服从亨利定律且组分质量百分浓度 $\omega_{B(\%)}$ 为 1 的溶液,它与 $\omega_{B(\%)} = 1$ 的实际溶液不同,它是根据亨利定律计算出来的,是不存在的,是假想的,可用图 2.5 中 G 点表示。图 2.5 中,曲线 OE 代表溶液中组分 B 实际蒸气压与浓度 $\omega_{B(\%)}$ 的关系线。由图 2.5 可见,亨利常数 $k_{H(\%)}$ 与气压同样具有相同的单位,可以看作假想 1% 溶液组分 B 的蒸气压。

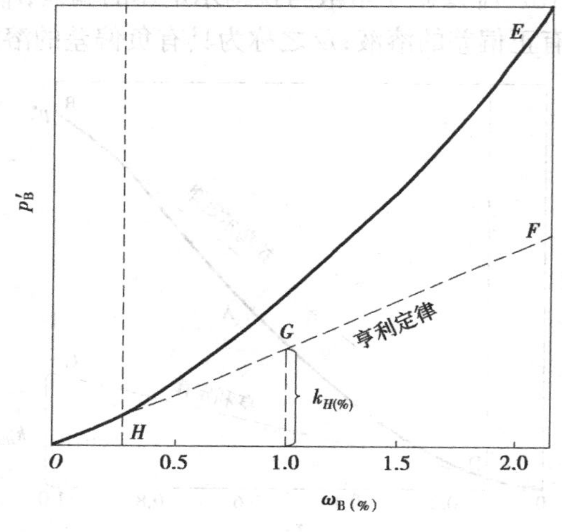

图 2.5 溶液中组分 B 蒸气压与浓度 $\omega_{B(\%)}$ 关系

采用假想 1% 溶液为标准态时,溶液中组元 B 的活度用 $a_B^{\%}$ 表示,对应活度系数用 $f_B^{\%}$ 表示。当溶液中组分 B 实际蒸气压为 p_B，服从亨利定律的 $\omega_{B(\%)}=1$ 溶液中组分 B 的蒸气压为 $k_{H(\%)}$（亨利常数）时，由活度定义得 $p_B=k_{H(\%)}\cdot f_B^{\%}\omega_{B(\%)}=k_{H(\%)}\cdot a_B^{\%}$，则有：

$$a_B^{\%}=p_B/k_{H(\%)} \tag{2.52}$$

$$f_B^{\%}=p_B/(k_{H(\%)}\omega_{B(\%)})=a_B^{\%}/\omega_{B(\%)} \tag{2.53}$$

以假想 1% 溶液为标准态时，对组分 B 给定成分 $\omega_{B(\%)}$ 时，在物理意义上，其活度实质上为其蒸气压 p_B 与质量 1% 溶液蒸气压 $k_{H(\%)}$ 之比。$f_B^{\%}$ 也能反映溶液与亨利定律的偏差，$f_B^{\%}$ 与 1 差距越大，则偏差越大。$f_B^{\%}<1$ 的溶液称为具有正偏差的溶液，反之称为具有负偏差的溶液。

（4）**活度标准态的选择**

对冶金生产中的一些溶液进行热力学分析与计算时，活度标准态可根据一些具体情况进行确定。

①溶液中的溶剂或浓度较高的组分可选纯物质作标准态，当其进入浓度较大的范围内时，其活度值接近于其浓度值。

②当溶液中组分的浓度比较低时，可选用假想纯物质或假想 1% 溶液作标准态，而进入浓度较小的范围内，其活度值接近其浓度值。

③在冶金过程中，作为溶剂的铁，其中元素的溶解量一般不高，则可视 $\omega_{Fe(\%)}\approx 100$，$x_{Fe}\approx 1$，以纯物质为标准态时，$a_{Fe}=1$，$r_{Fe}=1$。

（5）**不同活度标准态的转换**

在指定的多组元体系中，活度值将随所选的标准态不同而不同，但组元的蒸气压是定值，与所选的标准态无关，则有：

$$p_B=p_B^*\cdot a_B^R=k_{H(x)}\cdot a_B^H=k_{H(\%)}\cdot a_B^{\%} \tag{2.54}$$

$$p_B=p_B^*\cdot r_B x_B=k_{H(x)}\cdot f_B^H x_B=k_{H(\%)}\cdot f_B^{\%}\omega_{B(\%)} \tag{2.55}$$

依此可以建立不同标准态下活度之间的转换关系。

$$\frac{a_B^R}{a_B^H}=\frac{k_{H(x)}}{p_B^*}=\frac{r_B}{f_B}=r_B^0 \tag{2.56}$$

$$\frac{a_B^H}{a_B^{\%}}=\frac{k_{H(\%)}}{p_B^*}=\frac{M_A}{100M_B}\cdot\frac{k_{H(x)}}{p_B^*}=\frac{M_A}{100M_B}r_B^0 \tag{2.57}$$

$$\frac{a_B^R}{a_B^{\%}}=\frac{k_{H(\%)}}{k_{H(x)}}=\frac{M_A}{100M_B} \tag{2.58}$$

由式(2.44)、式(2.50)和式(2.52)可得溶液组分活度表示的通式为：

$$a_B=\frac{p_B}{p_{B(标)}} \tag{2.59}$$

式中，$p_{B(标)}$ 为溶液中组分 B 在标准态下的蒸气压。

对于以亨利定律为基础的活度，为了求标准态蒸气压（亨利常数），需要以稀溶液为参考。在 $x_B\to 0$ 时，$\lim\limits_{x_B\to 0}\dfrac{a_B^H}{x_B}=1$，$f_B^H=1$。在图 2.4 中，$x_B$ 低于 D 点浓度的溶液，符合上述关系。以这段溶液的蒸气压与浓度关系直线为参考，外推到 $x_B=1$，即可求出亨利常数 $k_{H(x)}$。$\omega_{B(\%)}\to 0$ 时，

$\lim\limits_{x_B \to 0} \dfrac{a_B^H}{\omega_{B(\%)}} = 1, f_B^{\%} = 1$。在图 2.5 中，$\omega_{B(\%)}$ 低于 H 点浓度的溶液，符合上述关系。以这段溶液的蒸气压与浓度关系直线为参考，外推到 $\omega_{B(\%)} = 1$，即可求出亨利常数 $k_{H(\%)}$。这是求亨利常数的一种方法。

由上述分析可以看出，选择不同的标准态，溶液组分 B 会有不同的活度值，也表明在计算活度时，一定要指明所选择的标准态，否则计算的活度无意义。

［例 2.1］ 已知 955 K 时纯镉的饱和蒸气压为 $p_{Cd}^* = 33.33$ kPa，Cd-Sn 合金中 Cd 的蒸气压见表 2.3。求表 2.3 中不同浓度下，分别以纯物质、假想 1% 溶液、假想纯物质为标准态时 Cd 的活度和活度系数。

表 2.3　955 K 下 Cd-Sn 二元系中 Cd 的蒸气压

浓度						
浓度	$\omega_{Cd(\%)}$	1	20	40	60	100
	x_{cd}	0.010 6	0.21	0.42	0.61	1
p'_{Cd}/kPa		0.8	14.66	24	30.66	33.33

解　1）以"纯物质"为标准态时 a_{Cd}^R、r_{Cd} 的计算

由 $a_{Cd}^R = p_{Cd}/p_{Cd}^*$、$r_{Cd} = a_{Cd}^R/x_{Cd}$ 及表 2.3 的相应数据得到 a_{Cd}^R、r_{Cd} 值，结果列入表 2.4 中。

2）以"假想 1% 溶液为标准态"时 $a_{Cd}^{\%}$、$f_{Cd}^{\%}$ 的计算

处理图 2.6 $p'_{Cd} - x_{Cd}$ 关系曲线得拟合方程为：$p'_{Cd} = 3.828\ 6x_{Cd}^3 - 48.282\ x_{Cd}^2 + 77.732\ x_{Cd} + 0.077\ 7$，对上述方程进行求导，得方程 $\dfrac{\mathrm{d}p'_{Cd}}{\mathrm{d}x_{Cd}} = 11.485\ 8x_{Cd}^2 - 96.564x_{Cd} + 77.732$，将 $x_{Cd} = 0$ 代入上式可得 $k_{H(x)} = 77.732$。

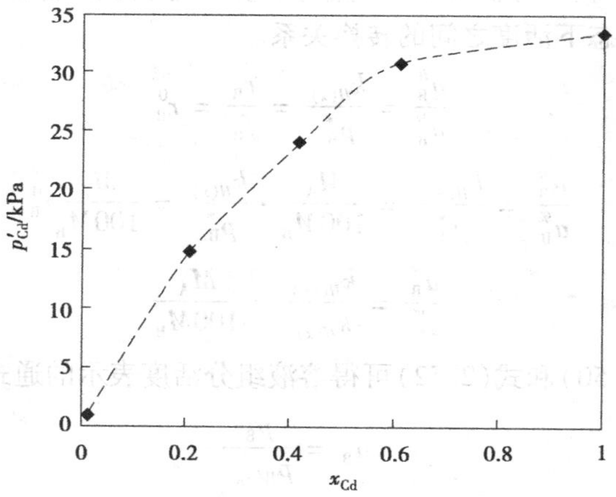

图 2.6　p'_{Cd} 与 x_{Cd} 关系

3）由 $\dfrac{a_B^h}{a_B^{\%}} = \dfrac{M_{sn}}{100M_{Cd}} = \dfrac{118.7}{11\ 200} = 0.01$ $f_{Cd}^{\%} = a_{Cd}^{\%}/\omega_{Cd(\%)}$、得 $a_{Cd}^{\%}$ $f_{Cd}^{\%}$，结果一并列入表 2.4 中。

表 2.4 955 K 下 Cd-Sn 二元系中不同标准态下 Cd 活度计算结果

浓度						
浓 度	$\omega_{Cd(\%)}$	1	20	40	60	100
	x_{Cd}	0.010 6	0.21	0.42	0.61	1.00
a_{Cd}^{R}		0.024	0.440	0.720	0.920	1.000
r_{Cd}		2.264	2.094	1.714	1.508	1.000
a_{Cd}^{H}		0.010	0.189	0.309	0.394	0.429
f_{Cd}^{H}		0.971	0.898	0.735	0.647	0.429
$a_{Cd}^{\%}$		1.029	18.860	30.875	39.443	42.878
$f_{Cd}^{\%}$		1.029	0.943	0.772	0.657	0.429

[例 2.2] 已知 1 873 K 下铁硅熔体中，$r_{Si}^{0}=0.001\ 3$，求含 $x_{Si}=0.000\ 2$ 的铁硅熔体中 Si 在不同标准态下的活度及活度系数。

解 溶液很稀，假设服从亨利定律，则活度系数 $f_{Si}^{H}=1$，故：

以假想纯物质为标准态时，$a_{Si}^{H}=f_{Si}^{H}\cdot x_{Si}=x_{Si}=0.000\ 2$

以纯物质为标准态时，$a_{Si}^{R}=r_{Si}^{0}a_{Si}^{H}=0.001\ 3\times0.000\ 2=2.6\times10^{-7}$，$r_{Si}=a_{Si}^{R}/x_{Si}=2.6\times10^{-7}/0.000\ 2=0.001\ 3$

以假想 1% 溶液为标准态时，$a_{Si}^{\%}=\dfrac{100M_{Si}}{M_{Fe}}a_{Si}^{H}=\dfrac{100\times28}{56}\times0.000\ 2=0.01$，

$f_{Si}^{\%}=a_{Si}^{\%}/\omega_{Si(\%)}=a_{Si}^{\%}/(100M_{Si}x_{Si}/M_{Fe})=0.01/(100\times28\times0.000\ 2/56)=1$

2.2.6 实际溶液的热力学函数

理想溶液和稀溶液中的组分的热力学函数可用拉乌尔定律和亨利定律来处理。对于实际溶液，由于对拉乌尔定律和亨利定律存在偏差，就不能直接用它们来处理。但当引入活度后，用活度代替含量时，实际溶液中组分的热力学函数就会具有与理想溶液或稀溶液组分的热力学函数相同的形式。

以纯物质为标准态时，溶液中组分 B 的化学势为：

$$\mu_B=\mu_{B(R)(T,p)}^{*}+RT\ln a_B \tag{2.60}$$

由纯物质混合形成实际溶液时，有：

$$\Delta\overline{G}_B=RT\ln a_B=RT\ln r_B+RT\ln x_B \tag{2.61}$$

$$\Delta G_m=RT\sum_{B=1}^{k}x_B\ln a_B \tag{2.62}$$

$$\Delta G=RT\sum_{B=1}^{k}n_B\ln a_B \tag{2.63}$$

式(2.60)至式(2.63)中，$\Delta\overline{G}_B$ 为溶液中组分 B 的偏摩尔吉布斯能变化；ΔG_m 为不同组分混合形成 1 mol 溶液的吉布斯能总变化；ΔG 为不同组分混合形成溶液的吉布斯能总变化。

以假想 1% 溶液或假想纯物质为标准态时，溶液中组分 B 的化学势为：

$$\mu_B=\mu_{B(\%)(T,p)}^{*}+RT\ln a_B^{\%}\ \text{或}\ \mu_B=\mu_{B(H)(T,p)}^{*}+RT\ln a_B^{H} \tag{2.64}$$

由式(2.61)得:

$$\Delta \overline{G}_B - RT\ln x_B = \Delta \overline{G}_B - \Delta \overline{G}_{B(R)} = RT\ln r_B \tag{2.65}$$

式(2.65)中,$RT\ln r_B$ 是组分混合形成实际溶液时的偏摩尔吉布斯自由能变化与组分混形成理想溶液的偏摩尔吉布斯自由能变化的差值,在一定温度下,$RT\ln r_B$ 决定于 r_B。由此可见,r_B 体现了实际溶液对理想溶液的偏差。

此外,实际溶液对理想溶液的偏差还可以用超额(过剩)函数来表示。超额函数是实际溶液的摩尔(或偏摩尔)热力学性质与理想溶液的摩尔(或偏摩尔)热力学性质的差值,用上标"ex"表示。

1 mol 溶液的超额吉布斯能为:$G_M^{ex} = G_M - G_M^{id}$

1 mol 溶液的超额焓为:$H_M^{ex} = H_M - H_M^{id}$

1 mol 溶液的超额熵为:$S_M^{ex} = S_M - S_M^{id}$

溶液中组分 B 的超额吉布斯自由能为:$\overline{G}_B^{ex} = \overline{G}_B - \overline{G}_B^{id}$

溶液中组分 B 的超额焓为:$\overline{H}_B^{ex} = \overline{H}_B - \overline{H}_B^{id}$

溶液中组分 B 的超额熵为:$\overline{S}_B^{ex} = \overline{S}_B - \overline{S}_B^{id}$

注:式中热力学函数右上角上出现的"id"表示为理想溶液。

实际溶液中的超额摩尔热力学性质为:

$$G_B^{ex} = \sum x_B \overline{G}_B^{ex} = RT\sum x_B \ln r_B \tag{2.66}$$

$$H_B^{ex} = \sum x_B \overline{H}_B^{ex} = \sum x_B - RT^2\left(\frac{\partial \ln r_B}{\partial T}\right)_{p,n_B} \tag{2.67}$$

$$S_B^{ex} = \sum x_B \overline{S}_B^{ex} = -R\sum x_B \ln r_B - RT\sum x_B\left(\frac{\partial \ln r_B}{\partial T}\right)_{p,n_B} \tag{2.68}$$

实际溶液中的超额偏摩尔热力学性质为:

$$\begin{aligned}\overline{G}_B^{ex} &= \overline{G}_B - \overline{G}_{B(R)} = (\mu^*_{B(R)(T,p)} + RT\ln a_B^R) - \\ &(\mu^*_{B(R)(T,p)} + RT\ln x_B) = RT\ln r_B\end{aligned} \tag{2.69}$$

$$\overline{G}_B = \mu^*_{B(R)(T,p)} + RT\ln x_B + RT\ln r_B \tag{2.70}$$

$$\begin{aligned}\overline{H}_B^{ex} &= \overline{H}_B - \overline{H}_B^{id} = \Delta \overline{H}_B - \Delta \overline{H}_B^{id} \\ &= -RT^2\left(\frac{\partial \ln r_B}{\partial T}\right)_{p,n_B}\end{aligned} \tag{2.71}$$

$$\begin{aligned}\overline{S}_B^{ex} &= \overline{S}_B - \overline{S}_B^{id} = \Delta \overline{S}_B - \Delta \overline{S}_B^{id} \\ &= R\ln r_B - RT^2\left(\frac{\partial \ln r_B}{\partial T}\right)_{p,n_B}\end{aligned} \tag{2.72}$$

2.3 含多组分稀溶液中组分活度相互作用系数

金属冶炼过程中的金属熔体、炉渣中含有多种杂质组分,这些溶液中因溶质之间的相互作用,溶质组分 B 的活度系数会受到溶液中其他组分的影响,从而使其不同于二元系溶液中组分的活度系数。活度相互作用系数是多元溶液中其他组分对某个组分 B 影响的一种体现。

在含有多种组分的稀溶液中,设溶质中除 B 组分外,还含有 2,3,4,…,j,…等组分。在实际溶液中，各溶质组分之间有相互作用，这时组分 B 的活度系数是其他各溶质组分浓度的函数，可写为：

$$\ln r_B = r(x_2, x_3, x_4, \cdots, x_j, \cdots) \tag{2.73}$$

在稀溶液($x_2 \to 0, x_3 \to 0, \cdots, x_j \to 0, \cdots$)内，组分 B 的增量为($x_2 \to 0, x_3 \to 0, \cdots, x_j \to 0, \cdots, x_A \to 1$)时，式(2.73)泰勒级数展开式为：

$$\ln r_B = \ln r_B^0 + \sum_{j=2}^{m} \frac{\partial \ln r_B}{\partial x_j} x_j + \sum_{j=2}^{m} \frac{1}{2} \frac{\partial^2 \ln r_B}{\partial x_j^2} x_j^2 + \sum_{j,k=2}^{m} \frac{\partial^2 \ln r_B}{\partial x_j \partial x_k} x_j \partial x_k + \cdots \tag{2.74}$$

令

$$\varepsilon_B^j = \left(\frac{\partial \ln r_B}{\partial x_j} \right)_{x_j \to 0} \tag{2.75}$$

$$r_B^j = \frac{1}{2} \left(\frac{\partial^2 \ln r_B}{\partial x_j^2} \right)_{x_j \to 0} \tag{2.76}$$

$$\rho_B^{j,k} = \frac{1}{2} \left(\frac{\partial^2 \ln r_B}{\partial x_j \partial x_k} \right)_{x_j, x_k \to 0} \tag{2.77}$$

式(2.75)至式(2.77)中，$\varepsilon_B^j = \left(\frac{\partial \ln r_B}{\partial x_j} \right)_{x_j \to 0}$、$r_B^j = \frac{1}{2} \left(\frac{\partial^2 \ln r_B}{\partial x_j^2} \right)_{x_j \to 0}$ 和 $\rho_B^{j,k} = \frac{1}{2} \left(\frac{\partial^2 \ln r_B}{\partial x_j \partial x_k} \right)_{x_j, x_k \to 0}$ 分别称为多元系溶液中，以纯物质为标准态下，组分 j 对组分 B 的一级相互作用系数，二级相互作用系数和组分 j、k 对组分 B 的二级交叉相互作用系数。

在稀溶液中，因溶质浓度($x_2, x_3, x_4, \cdots, x_j, \cdots$)很小，故高阶项值很小，可忽略不计，则式(2.74)可简化为：

$$\ln r_B = \ln r_B^0 + \sum_{j=2}^{m} \frac{\partial \ln r_B}{\partial x_j} x_j \tag{2.78}$$

式(2.75)可表示为：

$$\ln r_B = \ln r_B^0 + \varepsilon_B^2 x_2 + \cdots + \varepsilon_B^j x_j + \cdots \tag{2.79}$$

令

$\ln r_B^2 = \varepsilon_B^2 x_2, \ln r_B^3 = \varepsilon_B^3 x_3, \ln r_B^4 = \varepsilon_B^4 x_4, \ln r_B^j = \varepsilon_B^j x_j,$

则多元系中组分 B 在纯物质标准态下的活度系数可表示为：

$$\ln r_B = \ln r_B^0 + \ln r_B^2 + \ln r_B^3 + \ln r_B^4 + \cdots + \ln r_B^j + \cdots \tag{2.80}$$

$$r_B = r_B^0 r_B^2 r_B^3 r_B^4 \cdots r_B^j \cdots \tag{2.81}$$

如果溶液中组分浓度采用质量百分浓度，组分 B 的活度系数是其他各溶质组元浓度的函数，可写为：

$$\lg f_B = f(\omega_{2(\%)}, \omega_{3(\%)}, \omega_{4(\%)}, \cdots, \omega_{j(\%)}, \cdots) \tag{2.82}$$

在稀溶液($x_2 \to 0, x_3 \to 0, \cdots, x_j \to 0, \cdots$)内，组分 B 的增量为($\omega_{2(\%)} \to 0, \omega_{3(\%)} \to 0, \cdots, \omega_{j(\%)} \to 0, \cdots, \omega_{A(\%)} \to 100$)时，式(2.82)泰勒级数展开式为：

$$\lg f_B = \lg f_B^0 + \sum_{j=2}^{m} \frac{\partial \lg f_B}{\partial \omega_{j(\%)}} \omega_{j(\%)} + \sum_{j=2}^{m} \frac{1}{2} \frac{\partial^2 \lg f_B}{\partial \omega_{j(\%)}^2} \omega_{j(\%)}^2 + \sum_{j,k=2}^{m} \frac{\partial^2 \lg f_B}{\partial \omega_{j(\%)} \partial \omega_{k(\%)}} \omega_{j(\%)} \partial \omega_{k(\%)} + \cdots \tag{2.83}$$

在稀溶液中，溶质浓度($x_{2(\%)}, x_{3(\%)}, x_{4(\%)}, \cdots, x_{j(\%)}, \cdots$)很小，高阶项值也很小，可忽略不计，则式(2.83)可简化为：

$$\lg f_B = \lg f_B^0 + \sum_{j=2}^{m} \frac{\partial \lg f_B}{\partial \omega_{j(\%)}} \omega_{j(\%)}$$

定义 $e_B^j = \left(\dfrac{\partial \lg f_B}{\partial \omega_{j(\%)}}\right)_{\omega_{j(\%)} \to 0}$ 为多元系溶液中，假想 1% 溶液标准态下组分 j 对组分 B 的一级相互作用系数。

因此，多元系中组分 B 在假想 1% 溶液标准态下的活度系数可表示为：

$$\lg f_B = e_B^B \omega_{B(\%)} + e_B^1 \omega_{1(\%)} + e_B^2 \omega_{2(\%)} + \cdots + e_B^j \omega_{j(\%)} + \cdots \tag{2.84}$$

或

$$\lg f_B = \lg f_B^B + \lg f_B^1 + \lg f_B^2 + \cdots + \lg f_B^j + \cdots \tag{2.85}$$

$$f_B = f_B^B f_B^2 f_B^3 f_B^4 \cdots f_B^j \cdots \tag{2.86}$$

式(2.86)中，$\lg f_B^B = e_B^B \omega_{B(\%)}$，$\lg f_B^2 = e_B^2 \omega_{2(\%)}$，$\lg f_B^3 = e_B^3 \omega_{3(\%)}$，$\lg f_B^4 = e_B^4 \omega_{4(\%)}$。$\lg f_B^j = e_B^j \omega_{j(\%)}$。

式(2.86)具有重要的意义，可用于计算多组分熔体中某一组分的活度系数。在一定温度条件下，冶金熔体中溶质组分的一级相互作用系数 e_B^j 或 f_B^j 为常数，可通过实验测定，从而可采用一级相互作用系数计算多组分熔体中组分活度系数。

多元体系中，j 组分加入会引起组分 B 的活度变化，同样，B 组分加入会引起组分 j 的活度变化。因此，体系既有 $e_B^j(\varepsilon_B^j)$，也有 $e_j^B(\varepsilon_j^B)$，二者关系为：

$$\varepsilon_B^j = \varepsilon_j^B \tag{2.87}$$

$$\varepsilon_B^j = 230\frac{M_B}{M_A} e_B^j + \frac{M_A - M_j}{M_A} \quad 或 \quad \varepsilon_B^j = 230\frac{M_j}{M_A} e_B^j \tag{2.88}$$

$$e_B^j = \frac{M_B}{M_K} e_j^B + \frac{M_j - M_B}{230 M_B} \quad 或 \quad e_B^j = \frac{M_B}{M_K} e_j^B \tag{2.89}$$

表 2.5 为 1 600 ℃铁液中各种元素的实验测定的 e_B^j 值。图 2.7 为 1 600 ℃时铁液内某些元素对硫的活度系数的影响。

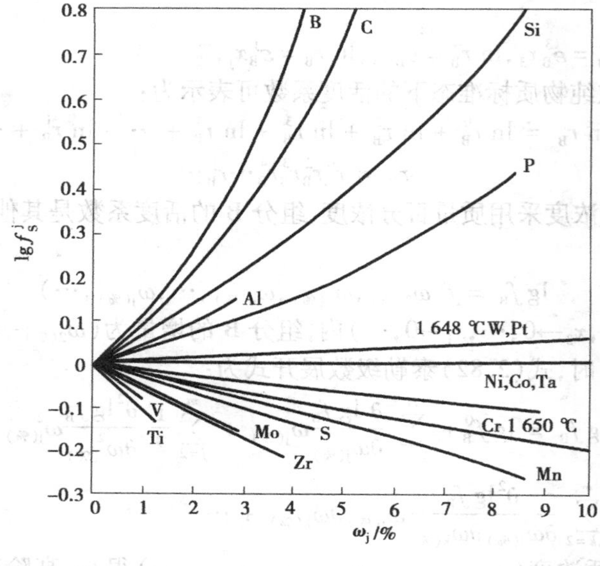

图 2.7　铁液内某些元素对硫的活度系数的影响(1 600 ℃)

表 2.5　1 600 ℃铁液内元素相互作用系数 e_B^j ($\times 10^2$)

B \ j	Al	B	C	Cr	Co	Cu	Mn	Mo	Ni	N	Nb	O	H	P	S	Si	Ti	V	W	Zr
Al	4.5		9.1			0.6				-5.3		660	24		3	0.56				
B		3.8	22				-0.09			7.4		-180	49		4.8	7.8				
C	4.3	24	14	-2.4	0.76	1.6	-1.2	-0.83	1.2	11	-6	-34	67	5.1	4.6	8		-7.7	-0.56	
Cr			-12	-0.03		1.6		0.18	0.02	-19		-14	-33	-5.3	-2	-0.43	5.9			
Co			2.1	-2.2	0.22		0.41			3.2		1.8	-14	0.37	0.11					
Cu			6.6	1.8		2.3				2.6		-6.5	-24	4.4	-2.1	2.7				
Mn		2.2	-7		-0.4					-9.1		-8.3	-31	-0.35	-4.8					
Mo			-9.7	-0.03			0.46			-10	0.35	-0.07	-20		-0.05					
Ni			4.2	-0.03			-0.8		0.09	2.8		1	-25	-0.35	-0.37	0.57				
N	-2.8	9.4	13	-4.7	1.1	0.9	-2.1	-1.1	1	0	-6	5		4.5	0.7	4.7	-53	-9.3	-0.15	-63
Nb			-49	-1.1			0.28			-42		-83	-61		-4.7					
O	-390	-260	-45	-4	0.8	-1.3	-2.1	0.35	0.6	5.7	-14	-20	-310	7	-13.3	-13.1	-60	-30	-0.85	44
H	1.3	5.8	6	-0.22	0.18	0.05	-0.14	0.22	0		-0.23	-19		1.1	0.8	2.7	-1.9	-0.74	0.48	
P	3.7		13	-3	0.4	2.4	0		0.02	9.4		13	21	6.2	2.8	12	-4			
S	3.5	13	11	-1.1	0.26	-0.84	-2.6	0.27	0	1	-1.3	-27	12	2.9	-2.8	6.3	-7.2	-1.6	1.1	-5.2
Si	5.8	20	18	-0.03		1.4	0.2		0.5	9		-23	64	11	5.6	11		2.5		
Ti			-16.5	5.5			0.43			-180		-180	-110	-0.64	-11	5	1.3			
V			-34							-35		-97	-59	-4.1	-2.8	4.2		1.5		
W			-15							-7.2		-5.2	8.8		3.5					
Zr	0.1									-410		253			-16					2.2

［例 2.3］ 试计算 1 600 ℃时，组成(ω_B)：0.05% S、1.1% Si、4.5% C、2.05% Mn 的生铁中 S 的活度系数。

解 本例题可采用以下两种方法计算 S 的活度系数 f_S。

1）利用一级相互作用系数 e_B^j 计算

由表 2.5 查得：$e_S^S = -0.002\ 8$、$e_S^{Si} = 0.063$、$e_S^C = 0.112$、$e_S^{Mn} = -0.002\ 6$。

代入 $\lg f_S = e_S^S \omega_{S(\%)} + e_S^{Si} \omega_{Si(\%)} + e_S^C \omega_{C(\%)} + e_S^{Mn} \omega_{Mn(\%)}$，得：

$$\lg f_S = -0.002\ 8 \times 0.05 + 0.063 \times 1.1 + 0.112 \times 4.5 - 0.002\ 6 \times 2.05 = 0.518\ 6$$

则 $f_S = 3.3$。

2）利用 f_B^j 计算

由图 2.6 查得：$\lg f_S^S = -0.000\ 14$、$\lg f_S^{Si} = 0.069\ 3$、$\lg f_S^C = 0.62$、$\lg f_S^{Mn} = -0.005\ 2$。

代入 $\lg f_S = \lg f_S^S + \lg f_S^{Si} + \lg f_S^C + \lg f_S^{Mn}$ 得：

$$\lg f_S = -0.000\ 14 + 0.069\ 3 + 0.62 - 0.005\ 2 = 0.68$$

则 $f_S = 6.797$。

2.4 化学反应的方向与限度(化学平衡)

冶金生产中往往要根据各种冶金产品的成分和组织、性能要求制定相应的冶炼工艺，也就是要制定冶炼过程中各阶段的温度、压力参数，物料的组织和添加方法，操作方法和步骤，冶炼时间控制等基数。制定冶炼工艺，除了考虑冶金过程中各元素的物理和化学性质、热力学和动力学性质外，最重要的是要考虑原料条件和设备条件。冶炼的目标是创造条件促进所希望的反应进行，抑制不需要的反应进行，并控制好时间节奏(反应速度)，最终达到优质、低耗、快速的目的。要“创造条件”，首先要满足有关反应的热力学条件，只有这样才可能达到控制冶炼过程朝着期望的方向进行。这就涉及化学反应进行的方向和限度问题，工艺过程中的主要化学反应可能发生，工艺过程才有可能实现。冶金过程的化学反应大多数要在等温等压下进行，根据热力学第二定律，对于这样的变化过程，常常采用吉布斯自由能这一状态函数的变化值来判断过程进行的方向和限度。

2.4.1 化学反应的标准吉布斯自由能

(1)理想气体的吉布斯自由能

1）吉布斯函数

定义

$$G = U + pV - TS$$
$$G = H - TS$$
$$G = A + pV \tag{2.90}$$

G 称为吉布斯函数或吉布斯自由能，它是由美国理论物理与化学家吉布斯最早提出并定义的。由于亥母霍兹函数 A、焓 H 和熵 S 的绝对值无法确定，因而吉布斯函数 G 的绝对值也无法确定。

2)理想气体吉布斯函数

理想气体的吉布斯可表示为:

$$G = G^{\theta} + RT\ln(p'/p^{\theta}) = G^{\theta} + RT\ln p \tag{2.91}$$

式中,G、G^{θ} 分别为气体在温度 T 及压力 p'、p^{θ} 的吉布斯自由能和标准吉布斯自由能(即 1 mol 气体在 100 kPa 及温度 T 条件下的吉布斯自由能);p^{θ} 为标准态压力,100 kPa;$p = p'/p^{\theta}$ 称为量纲一的压力。

理想混合气体中任一气体 B,有

$$G_B = G_B^{\theta} + RT\ln p_B \tag{2.92}$$

式中,p_B 为混合气体中组分 B 的量纲一的分压,$p_B = p_B'/p^{\theta}$;p_B'为组分 B 的分压,Pa。

(2)化学反应的等温方程

对于气体 $B_1, B_2, \cdots$等参与的化学反应:

$$\upsilon_1 B_1 + \upsilon_2 B_2 + \upsilon_3 B_3 = \upsilon_4 B_4 + \cdots + \upsilon_j B_j$$

吉布斯自由能变化(ΔG)

$$\Delta G = (\upsilon_4 G_{B_4} + \cdots + \upsilon_j G_{B_j}) - (\upsilon_1 G_{B_1} + \upsilon_2 G_{B_2} + \upsilon_3 G_{B_3}) = \sum \upsilon_B G_B \tag{2.93}$$

式中,υ_B 为化学反应中物质前配平化学计量数,产物的 υ_B 取正值,反应物的 υ_B 取负值。

而

$$G_B = G_B^{\theta} + RT\ln p_B$$

得

$$\sum \upsilon_B G_B = \sum \upsilon_B G_B^{\theta} + RT\sum \upsilon_B \ln p_B$$
$$= \sum \upsilon_B G_B^{\theta} + RT\sum \ln p_B^{\upsilon_B} \tag{2.94}$$

即有

$$\Delta G = \Delta G^{\theta} + RT\sum \ln p_B^{\upsilon_B} \tag{2.95}$$

由于分压的对数和等于分压积的对数,采用乘积的符号,则:

$$\Delta G = \Delta G^{\theta} + RT\ln \Pi p_B^{\upsilon_B} \tag{2.96}$$

式中,ΔG^{θ} 为各气体量纲一压力均为 1 时反应的标准吉布斯自由能变化。

当反应处于平衡状态时,其 $\Delta G = 0$,则

$$\Delta G^{\theta} = -RT\ln \Pi p_B^{\upsilon_B} \tag{2.97}$$

式子右边对数符号后的乘积用 K 表示,称为反应的平衡常数,即 $K = \Pi p_B^{\upsilon_B}$,则:

$$\Delta G^{\theta} = -RT\ln K \tag{2.98}$$

对于一定的化学反应,ΔG^{θ} 仅是温度的函数,所以 K 也仅与温度有关。如参加反应的各物质溶解于溶液中,则式(2.71)可变换为:

$$\Delta G = \Delta G^{\theta} + RT\ln \Pi a_B^{\upsilon_B} \tag{2.99}$$

$$\Delta G = \Delta G^{\theta} + RT\ln J_a \tag{2.100}$$

式(2.99)、式(2.100)称为化学反应等温方程式。其中,ΔG^{θ} 为各物质的活度为 1 时反应的标准吉布斯自由能变化;J_a 可称为活度商,$J_a = \Pi a_B^{\upsilon_B}$。

注意:在使用式(2.99)计算化学反应的 ΔG 时,若参与反应中的某物质为气态时,其活度用量纲一气压代替。

化学反应等温方程式,它表示化学反应按化学计量方程式从左向右每单位反应进度的吉

布斯自由能变化：

$$\frac{dG}{d\xi}=\sum \upsilon_B G_B=\Delta_r G_m \qquad (2.101)$$

式中，ξ 为化学反应的进度，mol。

冶金过程的化学反应大多是等温等压不做非体积功的过程，因此此过程可用化学反应的摩尔吉布斯自由能 $\Delta_r G_m$ 作判据。对于反应 $aA+bB=cC+dD$：

$$\Delta_r G_m\begin{cases}<0\text{ 时，反应自动向右进行，}\Delta_r G_m\text{ 值越负，反应向右进行的趋势越大。}\\=0\text{ 时，反应达到平衡，即反应达到了该条件下的限度。}\\>0\text{ 时，反应向右不能自动进行，而是向左自动进行。}\end{cases}$$

其意义可以表述为：在等温等压且没有非体积功的条件下，封闭系统中的过程总是自发地向吉布斯函数值减少的方向进行，直至达到在该条件下 G 值最小的平衡状态为止。在平衡状态时，系统的任何变化都一定是可逆过程，其 G 值不再改变。这就是吉布斯函数减少原理。

特殊地，当反应发生在等温等压不做非体积功且反应物质均处于标准状态（即活度均为1，气体物质的压力为标准气压 $p^\theta=100$ kPa）下时，对于反应 $aA+bB=cC+dD$：

$$\Delta_r G_m^\theta\begin{cases}<0\text{ 时，反应自动向右进行，}\Delta_r G_m^\theta\text{ 值越负，反应向右进行的趋势越大。}\\=0\text{ 时，反应达到平衡，即反应达到了该条件下的限度。}\\>0\text{ 时，反应向右不能自动进行，而是向左自动进行。}\end{cases}$$

$\Delta_r G_m$、$\Delta_r G_m^\theta$、K 物理意义：$\Delta_r G_m$ 是决定恒温、恒压下反应方向的物理量，由 $\Delta_r G_m^\theta$ 计算的 K 是决定反应在该温度能够完成的最大产率或反应的平衡浓度的物理量。$\Delta_r G_m^\theta$ 值越负，则 K^θ 值越大，反应正向进行得越完全；反之，$\Delta_r G_m^\theta$ 正值越大，则 K 值越小，反应正向进行得越不完全，或甚至不能进行。当 $|\Delta_r G_m^\theta|$ 值很大时，$\Delta_r G_m^\theta$ 值的正负号也决定了 $\Delta_r G_m$ 的正负号，此时可用 $\Delta_r G_m^\theta$ 粗略判断反应进行的方向。

在实际应用中，由于获取 $\Delta_r G_m$ 较困难，因此一般用 $\Delta_r G_m^\theta$ 近似代替 $\Delta_r G_m$，对反应进行的方向及其趋势大小作粗略的分析判断。但要准确分析反应的可能性与趋势，还是应该用 $\Delta_r G_m$，而不是 $\Delta_r G_m^\theta$。

(3)化学反应等温方程式的应用

1)气相反应的等温方程式和标准平衡常数

在恒温恒压条件下，对气体参与的反应：

$$aA_{(g)}+bB_{(g)}=dD_{(g)}+eE_{(g)}\qquad \Delta G^\theta=RT\ln K_p$$

其反应的等温方程式为：

$$\Delta_r G_m=\Delta_r G_m^\theta+RT\ln\frac{p_D^d p_E^e}{p_A^a p_B^b}=-RT\ln K_p+RT\ln J_p$$

平衡常数 $K_p=\left(\frac{p_D^d p_E^e}{p_A^a p_B^b}\right)_{\text{平衡}}$

压力商 $J_p=\frac{p_D^d p_E^e}{p_A^a p_B^b}$

2)液相反应的等温方程式和平衡常数

在恒温恒压条件下，对液体参与的反应：

$$aA_{(l)} + bB_{(l)} = dD_{(l)} + eE_{(l)} \qquad \Delta G^{\theta} = RT\ln K$$

其反应的等温方程式为：

$$\Delta_r G_m = \Delta_r G_m^{\theta} + RT\ln\frac{a_D^d a_E^e}{a_A^a a_B^b} = -RT\ln K + RT\ln J_a$$

平衡常数 $K = \left(\frac{a_D^d a_E^e}{a_A^a a_B^b}\right)_{平衡}$

活度商 $J_a = \frac{a_D^d a_E^e}{a_A^a a_B^b}$

3）多相反应的等温方程式和标准平衡常数

多相参与的反应，等温方程式和标准平衡常数书写用下面两例说明：

［例 2.4］ 写出 $2Fe_{(s)} + O_{2(g)} \xlongequal{} 2FeO_{(l)}$ 的等温方程式、平衡常数表达式。

解 $2Fe_{(s)} + O_{2(g)} \xlongequal{} 2FeO_{(l)}$ 等温方程式为：

$$\Delta_r G_m = \Delta_r G_m^{\theta} + RT\ln\frac{a_{FeO}^2}{a_{Fe}^2 p_{O_2}} = -RT\ln K_a^{\theta} + RT\ln\frac{a_{FeO}^2}{p_{O_2}}$$

平衡常数 $K_p = \left(\frac{a_{FeO}^2}{p_{O_2}}\right)_{平衡}$

［例 2.5］ 写出水煤气反应 $CO_{(g)} + H_2O_{(g)} \xlongequal{} H_{2(g)} + CO_{2(g)}$，$\Delta_r G_m^{\theta} \xlongequal{} -RT\ln K_p^{\theta}$ 的平衡常数表达式及反应进行的条件。

解 平衡常数 $K_p = \left(\frac{p_{H_2}p_{CO_2}}{p_{CO}p_{H_2O}}\right)_{平衡}$

压力商 $J_p = \frac{p_{H_2}p_{CO_2}}{p_{CO}p_{H_2O}}$

如果 $J_p < K_p$，则 $\Delta_r G_m < 0$，反应自发进行。

如果 $J_p > K_p$，则 $\Delta_r G_m > 0$，反应逆向进行。

如果 $J_p = K_p$，则 $\Delta_r G_m = 0$，反应达到平衡。

2.4.2 化学平衡移动

生产过程中达到平衡的反应当条件（浓度、温度、压力等）发生改变时，其平衡被破坏，反应发生改变。因此，一切平衡都是有条件的、相对的和暂时的。

（1）浓度对化学平衡的移动

对任一反应：$aA + bB = lL + mM$，$\Delta_r G_m^{\theta} = -RT\ln K$

$$\Delta_r G_m = \Delta_r G_m^{\theta} + RT\ln J = -RT\ln K + RT\ln J$$

$$\Delta_r G_m = RT\ln\frac{J}{K}$$

$$\Delta_r G_m = RT\ln\frac{J}{K}\begin{Bmatrix} < \\ = \\ > \end{Bmatrix}0 \text{ 时}, J\begin{Bmatrix} < \\ = \\ > \end{Bmatrix}K\begin{cases} \text{反应右向移动} \\ \text{平衡状态} \\ \text{反应左向移动} \end{cases}$$

上面的式子表明，在一定温度下，增大反应物浓度或降低反应物浓度使 J 增大，有利于反应向右进行；减少反应物浓度或增大反应产物浓度使 J 减少，不利于反应右向进行。

(2)压力对化学平衡的影响

对于有气体参加的反应,在恒温条件下,改变系统的压力,可能使气体组分的浓度或分压发生变化,从而引起化学平衡的移动。

①在等温下增加总压力,平衡向气体分子总数减小的方向移动;减小总压力,平衡向气体分子总数增加的方向移动;若反应前后气体分子总数不变,则改变总压力平衡不发生移动。

②若引入惰性气体(不参与反应的气体),对化学平衡的影响要视具体条件而定:定温定容下,对平衡无影响;定温定压下,惰性气体的引入使系统体积增大,各组分气体分压减小,平衡向气体分子总数增加的方向移动。

③压力对固体和液体状态的物质反应影响最小,因此压力的改变对液相和固相反应的平衡系统基本不发生影响。故在研究多相反应的化学平衡系统时,只需考虑气态物质反应前后分子数的变化即可。

(3)温度对化学平衡的影响

对于一定的化学反应,$\Delta_r G_m^\theta$ 及 K 是温度的函数,与温度的关系式可用等压方程式表示,如下:

$$\frac{\partial(\Delta_r G_m^\theta/T)}{\partial T} = \frac{-\Delta H_m^\theta}{T} \tag{2.102}$$

$$\frac{\partial K}{\partial T} = \frac{-\Delta H_m^\theta}{RT^2} \tag{2.103}$$

式(2.102)、式(2.103)称为范特霍夫方程式或等压方程,它可确定在等压条件下,温度对平衡移动的影响:

$\Delta H_m^\theta > 0$(吸热反应)时,$\frac{\partial K}{\partial T} > 0$,$K$ 随温度的上升而增大,即平衡向吸热方向移动;

$\Delta H_m^\theta < 0$(放热反应)时,$\frac{\partial K}{\partial T} < 0$,$K$ 随温度的上升而减小,即平衡向相反方向,亦即向放热方向移动;

$\Delta H_m^\theta = 0$(无热交换的反应体系)时,$\frac{\partial K}{\partial T} = 0$,$K$ 与温度无关即温度不能改变平衡状态。

因此,通过反应的 ΔH_m^θ 的特性,可确定温度对反应限度(K)的影响——提高温度,平衡向吸热方向移动。

综上所述,平衡移动具有普遍规律(吕·查德里原理):当系统达到平衡后,若改变平衡状态任一条件(浓度、压力、温度等),平衡就向着能减弱(或抵消)其改变的方向移动。催化剂不会影响化学平衡状态。

2.5 冶金反应标准吉布斯自由能变化($\Delta_r G_m^\theta$)

利用化学等温方程计算反应的 $\Delta_r G_m$ 时涉及计算 $\Delta_r G_m^\theta$。计算冶金反应标准吉布斯自由能变化($\Delta_r G_m^\theta$)的方法有:积分法、Φ 函数法(物质吉布斯自由焓函数法)、利用化合物的标准生成吉布斯值计算法、平衡常数法、电动势法和线性组合法等。其中,平衡常数法、电动势法是在实验基础上进行的计算，对于较复杂的反应且如果已知化合物的标准生成吉布斯值采用化合物的标准生成吉布斯值计算法求取复杂的反应的 $\Delta_r G_m^\theta$ 较为方便。

(1)**积分法**

这里的积分法计算反应的 $\Delta_r G_m^\theta$ 是基于 Gibbs-Helmholtz 方程和 Kirchhoff 方程而进行的。

Gibbs-Helmholtz 方程：

$$\mathrm{d}\left(\frac{\partial(\Delta_r G_m^\theta)}{\partial T}\right) = \frac{-\Delta H_m^\theta}{T^2}\mathrm{d}T \tag{2.104}$$

$$\frac{\Delta_r G_m^\theta}{T} = \int \frac{-\Delta H_m^\theta}{T^2}\mathrm{d}T \tag{2.105}$$

Kirchhoff 方程：

$$\frac{\partial(\Delta_r H_m^\theta)}{\partial T} = \Delta C_{p,m} \tag{2.106}$$

由积分式(2.106)可得：

$$\Delta_r H_m^\theta = \Delta_r H_{m(298\ \mathrm{K})}^\theta + \int_{298}^{T} \Delta C_{p,m}\mathrm{d}T \tag{2.107}$$

此外

$$\Delta_r S_m^\theta = \Delta_r S_{m(298\ \mathrm{K})}^\theta + \int_{298}^{T} \frac{\Delta C_{p,m}}{T}\mathrm{d}T \tag{2.108}$$

结合 $\Delta_r G_m^\theta = \Delta_r H_m^\theta - T\Delta_r S_m^\theta$，得：

$$\Delta_r G_m^\theta = \Delta_r H_{m(298\ \mathrm{K})}^\theta + \int_{298}^{T} \Delta C_{p,m}\mathrm{d}T - \Delta_r S_{m(298\mathrm{K})}^\theta - T\int_{298}^{T} \frac{\Delta C_{p,m}}{T}\mathrm{d}T \tag{2.109}$$

式(2.106)至式(2.109)中，$\Delta C_{p,m}$ 为化学反应生成物热容与反应物热容的差值，$C_{p,m} = f(T)$ 是温度的函数，取决于温度，可由一些资料查得；$\Delta_r H_{m(298\ \mathrm{K})}^\theta$ 为化学反应生成物标准焓变与反应物标准焓变的差值；$\Delta_r S_{m(298\ \mathrm{K})}^\theta$ 是化学反应生成物标准熵变与反应物标准熵变的差值，一些物质的标准焓、标准熵也可由一些资料查得。这样由式(2.109)可计算出冶金反应的 $\Delta_r G_m^\theta$ 值。

上面导出的 $\Delta_r G_m^\theta$ 为温度的函数，含温度多项式，但此温度多项式的 $\Delta_r G_m^\theta$ 与温度 T 近似为直线关系，因此一般 $\Delta_r G_m^\theta$ 的温度函数可用二项式：$\Delta_r G_m^\theta = A + BT$ 表示，式中 A、B 为常数分别相当于在此二项式适用的温度范围内的标准焓变及熵变的平均值。

(2)**Φ 函数法(物质吉布斯自由焓函数法)**

积分法求反应 $\Delta_r G_m^\theta$ 需使用 C_p、ΔH^θ、ΔS^θ、相变点和相变热等物质热力学基本数据，计算较繁杂。1955 年，Margrave 提出了物质吉布斯自由能(或自由焓)函数(Φ 函数)概念，1956 年出版了 92 种物质吉布斯自由焓函数；随后一些热力学专著上出现了若干物质的不完全 Φ 函数。

Φ 函数法计算化学反应标准吉布斯自由能变化值采用的数据是根据物质 $C_p = f(T)$、ΔH_{298}^θ、S_{298}^θ 以及相变点、相变热，从 298 K 起，每隔 100 K 直至克分子热容方程的最高适用温度或相变点以至相变点以后的最高适用温度为止的区间内计算 T、C_p、$H_T^\theta - H_{298}^\theta$、$S_{298}^\theta$ 和 $\Phi_T = \frac{G_T^\theta - H_{298}^\theta}{T}$。$\Phi$ 函数是在经典化学热力学的基础上导出的，导出过程中未作任何近似假设，因此，在理论上来说它是正确的，计算结果是准确可靠的。Φ 函数法把繁杂的经典计算转化为四则运算，计算过程较简捷，但使用 Φ 函数法计算化学反应的 ΔG^θ 时，必须有与之相配合的物质的热力学性质数据。

Φ 函数法计算化学反应的 ΔG^{θ} 原理是根据反应中各物质的基本热力学数据 H^{θ}_{298}、Φ_T，由下面计算公式求得反应的 ΔG^{θ}：

$$\Delta G^{\theta}_T = \Delta H^{\theta}_{298} - T\Delta\Phi_T \tag{2.110}$$

其中

$$\Delta\Phi_T = \sum(n_i\Phi_{i,T})_{\text{生成物}} - \sum(n_i\Phi_{i,T})_{\text{反应物}} \tag{2.111}$$

式(2.110)、式(2.111)中，ΔG^{θ}_T 为化学反应在温度为 T 时的标准吉布斯自由能变化值，J；T 为开尔文温度，K；ΔH^{θ}_{298} 为化学反应在温度为 T 时的标准焓变，J；$\Delta\Phi_T$ 为化学反应在温度为 T 时的吉布斯自由焓变，J/K；Φ_i 为在温度为 T 时化学反应中反应物质 i 的吉布斯自由焓，J/K；n_i 为化学反应前物质的化学计量数。

［例 2.6］ 采用 Φ 函数法计算反应：$2C + CO_2 === 2CO$ 的 ΔG^{θ}。

解 利用叶大伦主编的《无机物热力学数据手册》查找出反应：$C + CO_2 === 2CO$ 中各物质的 Φ、$\Delta H^{\theta}_{B(298)}$ 数值，列入表 2.6 中。

由表 2.6 中数据及 $\sum\Delta H^{\theta}_{298} = \sum(n_i\Delta H^{\theta}_{298,i})_{\text{生成物}} - \sum(n_i\Delta H^{\theta}_{298,i})_{\text{反应物}}$ 得：

$C + CO_2 === 2CO \quad \sum\Delta H^{\theta}_{298} = 172\ 423$，J

由表 2.6 中数据及 $\Delta\Phi_T = \sum(n_i\Phi_{i,T})_{\text{生成物}} - \sum(n_i\Phi_{i,T})_{\text{反应物}}$ 得 $C + CO_2 === 2CO$ 在不同温度下的 $\Delta\Phi_T$ 值，结果列入表 2.6 中。

将上述计算结果代入 $\Delta G_T{}^{\theta} = \Delta H^{\theta}_{298} - T\Delta\Phi_T$ 中，得 $C + CO_2 === 2CO$ 在不同温度下的 ΔG^{θ}_T 值，结果也列入表 2.6 中。

由表 2.6 作 ΔG^{θ}_T-T 关系图，如图 2.8 所示。由图 2.8 可见，ΔG^{θ}_T 与 T 线性关系明显（线性相关系数 $r^2 = 0.999\ 9$），线性回归得反应 $C + CO_2 === 2CO$ 的 ΔG^{θ}_T 与 T 二次项关系式为：

$$\Delta G^{\theta}_T = -171.47T + 166\ 565 \tag{2.112}$$

与黄希祜主编《钢铁冶金原理》提供（经典法）$C + CO_2 === 2CO$ 的 ΔG^{θ}_T 与 T 关系式：$\Delta G^{\theta}_T = -171T + 166\ 550$ 比较，见表 2.7。

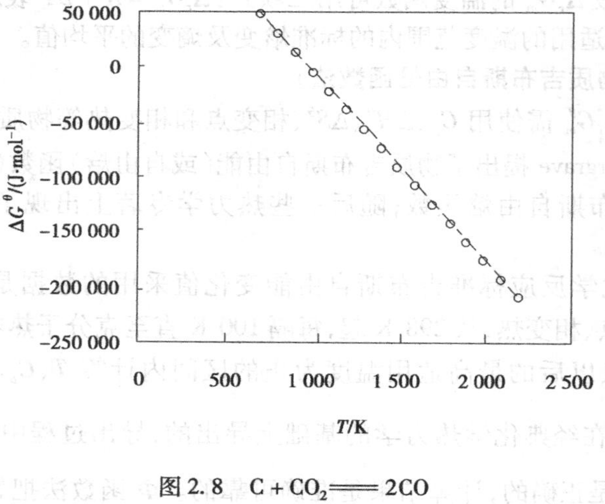

图 2.8 $C + CO_2 === 2CO$

表 2.6 Φ 函数法计算碳气化反应的 ΔG^θ 过程

温度/K	$\Delta H^\theta_{B(298)}$/(J·mol^{-1})	−110 541	0	−393 505	172 423	ΔG^θ_T/(J·mol^{-1})
	$\sum \Delta H^\theta_{298}$/(J·mol^{-1})	Φ'_{CO}/(J·mol^{-1}·K^{-1})	Φ'_C/(J·mol^{-1}·K^{-1})	Φ'_{CO_2}/(J·mol^{-1}·K^{-1})	$\Delta\Phi_T$/(J·mol^{-1}·K^{-1})	
800	172 423	208. 299	10. 294	229. 058	177. 246	30 626. 2
900		210. 635	11. 491	232. 568	177. 211	12 933. 1
1 000		212. 86	12. 68	235. 946	177. 094	−4 671
1 100		214. 977	13. 849	239. 187	176. 918	−22 186. 8
1 200		216. 99	14. 99	242. 292	176. 698	−39 614. 6
1 300		218. 907	16. 101	245. 268	176. 445	−56 955. 5
1 400		220. 735	17. 18	248. 124	176. 166	−74 209. 4
1 500		222. 483	18. 228	250. 867	175. 871	−91 383. 5
1 600		224. 156	19. 243	253. 507	175. 562	−108 476. 2
1 700		225. 76	20. 226	256. 05	175. 244	−125 491. 8
1 800		227. 302	21. 178	258. 504	174. 922	−142 436. 6
1 900		228. 787	22. 102	260. 876	174. 596	−159 309. 4
2 000		230. 218	22. 997	263. 171	174. 268	−176 113
2 100		231. 6	23. 865	265. 396	173. 939	−192 848. 9
2 200		232. 936	24. 707	267. 554	173. 611	−209 521. 2

表 2.7 Φ 函数法与经典法两种方法计算 $C + CO_2 == 2CO$ 的 ΔG^θ 值

温度/K	800	900	1 000	1 100	1 200	1 300	1 400	1 500
Φ 函数法计算的 ΔG^θ/(J·mol^{-1})	29 750	12 650	−4 450	−21 550	−38 650	−55 750	−72 850	−89 950
经典法计算的 ΔG^θ/(J·mol^{-1})	29 389	12 242	−4 905	−22 052	−39 199	−56 346	−73 493	−90 640
相对误差/%	1. 21	3. 23	10. 22	2. 33	1. 42	1. 07	0. 88	0. 77
温度/K	1 600	1 700	1 800	1 900	2 000	2 100	2 200	
Φ 函数法计算的 ΔG^θ/(J·mol^{-1})	−107 050	−124 150	−141 250	−158 350	−175 450	−192 550	−209 650	
经典法计算的 ΔG^θ/(J·mol^{-1})	−107 787	−124 934	−142 081	−159 228	−176 375	−193 522	−210 669	
相对误差/%	0. 69	0. 63	0. 59	0. 55	0. 53	0. 50	0. 49	

由表 2.7 可见，式(2.85)的计算值与经典法计算值的误差除 900 K、1 000 K、1 100 K 外均小于 2%，表明式(2.85)是正确的。

当参与反应各物质中有物质发生相变时，其计算过程应按相变点由低温至高温划分温度段进行。

(3)利用化合物的标准摩尔生成吉布斯值计算法

在给定温度及标准压强($P^\theta = 10^5$ Pa)下，由标准态的单质反应生成1 mol标准态下的该化合物时，反应的吉布斯自由能变化称为该化合物的标准摩尔生成吉布斯自由能变化，用$\Delta_f G_m^\theta$表示。在总压强一定的情况下，$\Delta_f G_m^\theta$与温度具有线性关系：$\Delta_f G_m^\theta = A + BT$($A$、$B$为系数)。一些科技工作者经过测定、分析总结，积累了大量的化合物$\Delta_f G_m^\theta$数据，为冶金过程提供重要原始热力学数据，作为使用者，可直接从一些数据手册中查找。

对于反应$\upsilon_1 B_1 + \upsilon_2 B_2 = \upsilon_3 B_3 + \upsilon_4 B_4$，若已知各物质的标准摩尔生成吉布斯自由能$\Delta_f G_{m(B,T)}^\theta$，则可通过下式计算上反应的$\Delta_r G_m^\theta$：

$$\Delta_r G_m^\theta = \sum \upsilon_B \cdot \Delta_f G_{m(B,T)}^\theta \tag{2.113}$$

式中，υ_B为化学反应中参与反应的物质的化学计量数，对生成物取正号，对反应物取负号。

[**例2.7**] 试利用化合物的标准摩尔生成吉布斯自由能求反应：$FeO_{(s)} + CO \longrightarrow Fe_{(s)} + CO_2$的$\Delta_r G_m^\theta$及平衡常数的温度关系式。

解 由黄希祜主编《钢铁冶金原理》中附录2提供的化合物标准摩尔生成吉布斯自由能查得：$\Delta_f G_{m(CO_2,T)}^\theta = -395\ 350 - 0.54T$、$\Delta_f G_{m(CO,T)}^\theta = -114\ 400 - 85.77T$、$\Delta_f G_{m(FeO,T)}^\theta = -264\ 000 + 64.59T$

代入式$\Delta_r G_m^\theta = \sum \upsilon_B \cdot \Delta_f G_{m(B,T)}^\theta$，得：

$$\Delta_r G_m^\theta = -395\ 350 - 0.54T - 114\ 400 - 85.77T - (-264\ 000 + 64.59T + 0)$$
$$= -245\ 750 + 20.64T$$

由$\Delta G^\theta = -RT \ln K^\theta$，得：

$$\ln K^\theta = 29\ 558.58/T - 2.48$$

(4)平衡常数法

它是基于化学等温方程中ΔG^θ与K^θ的关系来计算反应的$\Delta_r G_m^\theta$。

根据$\Delta G^\theta = -RT \ln K^\theta = A + BT$，得：

$$\ln K^\theta = -\frac{A}{RT} - \frac{B}{R} = A' + \frac{B'}{T} \tag{2.114}$$

在已知若干个不同温度下通过实验测出化学反应的平衡K^θ，然后作$\ln K^\theta$与$1/T$关系图，求出图中的直线截距和斜率，即得到在较大温度范围内的A'(＝直线截距)和B'(＝直线斜率)。再利用$B' = -\frac{A}{R}$和$A' = -\frac{B}{R}$计算A和B，进一步由式(2.114)得到反应$\Delta_r G_m^\theta$。

[**例2.8**] 在不同温度测得反应$FeO_{(s)} + CO \longrightarrow Fe_{(s)} + CO_2$的平衡常数值见表2.8，试计算上述反应的平衡常数及$\Delta_r G_m^\theta$的温度关系式。

表2.8 反应平衡常数的测定值

温度/℃	600	700	800	900	1 000	1 100
K^θ	0.818	0.667	0.515	0.429	0.351	0.333

解 对题中已知数据进行处理，汇入表2.9中。

表2.9 数据处理

温度/℃	600	700	800	900	1 000	1 100
T/K	873	973	1 073	1 173	1 273	1 373
$10^{-4}/T$	11.455	10.277	9.320	8.525	7.855	7.283
k^{θ}	0.818	0.667	0.515	0.429	0.351	0.333
$\ln k^{\theta}$	−0.201	−0.405	−0.664	−0.846	−1.047	−1.100

由表2.9数据作 $\ln K^{\theta}$ 与 $1/T$ 关系图，如图2.9所示。由图2.9可见，线性关系明显（线性相关系数 $R^2=0.991\ 5$）。

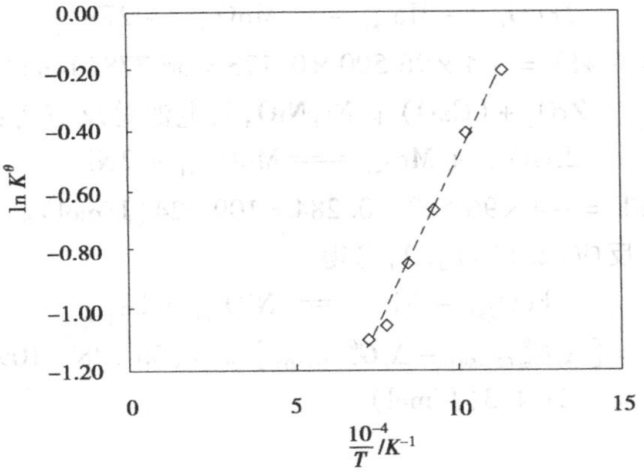

图2.9 实验测定 $FeO_{(s)}+CO \rule{1em}{0.4pt} Fe_{(s)}+CO_2$ 反应的 $\ln k^{\theta}$-$1/T$ 关系图

对 $\ln K^{\theta}$ 与 $1/T$ 之间关系进行线性回归分析得：$\ln k^{\theta}=2\ 282/T-2.791$。

代入式 $\Delta G^{\theta}=-RT\ln K^{\theta}$ 中得：

$$\Delta_r G_m^{\theta}=-18\ 972.5+23.205T(\text{J/mol})$$

(5)电动势法

它是利用固体电解质构成的固体电解质电池：$A、A_mO_n$ | 固体电解质 | $B、B_xO_y$ 产生的电动势测定氧化还原反应 $1/yB_xO_{y(s)}+m/nA_{(s)}=x/yB_{(s)}+1/nA_mO_{n(s)}$ 的 $\Delta_r G_m^{\theta}$。固体电解质电池中两极分别 $A+A_mO_n$ 和 $B+B_xO_y$ 混合物反应形成的氧分压（$1/nA_mO_{n(s)}=m/nA_{(s)}+O_2$、$1/yB_xO_{y(s)}=x/yB_{(s)}+O_2$）构成的氧电极。其中，一个是参比电极，一个是待测电极。

上述电池中，右边为正极，左边为负极，其电极反应为：

正极（右）　$1/yB_xO_{y(s)} \rule{1em}{0.4pt} x/yB_{(s)}+O_2$

$O_2+4e^- \rule{1em}{0.4pt} 2O^{2-}$

负极（左）　$m/nA_{(s)}+O_2 \rule{1em}{0.4pt} 1/nA_mO_{n(s)}$

$2O^{2-} \rule{1em}{0.4pt} O_2+4e^-$

总电极反应为：$1/yB_xO_{y(s)}+m/nA_{(s)}=x/yB_{(s)}+1/nA_mO_{n(s)}$

两电极接触电势之差称为电池的电动势，用一方向相反、数值相同的外电压测定这种电动势 E，若设电极反应中电子转移数设为 n，电池中的电极反应在标准条件下进行，则在可逆条件下，电池中化学反应的吉布斯函数变化 $\Delta_r G_m^{\theta}$ 全部转化为电功，而电功为 nFE，则有：

$$\Delta_r G_m^\theta = -nFE \quad (2.115)$$

式中，F 为法拉第常数(96 500 C/mol)。

在已知若干个不同温度下通过实验测出电池中电极反应产生的电动势 E，然后就能找出 $\Delta_r G_m^\theta$ 与温度关系。

[例 2.9]　在 1 073 K，下列电池

Mo，MoO_2 | ZrO_2 + (CaO) | Fe，FeO

Mo，MoO_2 | ZrO_2 + (CaO) | Ni，NiO

测得的电动势分别为 173 mV 和 284 mV，试计算下列反应的 $\Delta_r G_m^\theta$：

$FeO_{(s)} + Ni_{(s)} = NiO_{(s)} + Fe_{(s)}$

解　对于电池 Mo，MoO_2 | ZrO_2 + (CaO) | Fe，FeO，其电池总反应为：

$$2FeO_{(s)} + Mo_{(s)} = MoO_{2(s)} + 2Fe_{(s)} \quad (2.116)$$

上述反应的 $\Delta_r G_m^\theta = -4FE = -4 \times 96\,500 \times 0.173 = 66\,778$(J/mol)。

对于电池 Mo，MoO_2 | ZrO_2 + (CaO) | Ni，NiO，其电池总反应为：

$$2NiO_{(s)} + Mo_{(s)} = MoO_{2(s)} + 2Ni_{(s)} \quad (2.117)$$

上述反应的 $\Delta_r G_m^\theta = -4FE = -4 \times 96\,500 \times 0.284 = 109\,624$(J/mol)。

由[反应(2.117) − 反应(2.116)]/2，可得：

$$FeO_{(s)} + Ni_{(s)} = NiO_{(s)} + Fe_{(s)} \quad (2.118)$$

则反应(2.118)的 $\Delta_r G_m^\theta = [\Delta_r G_{m(2-59)}^\theta - \Delta_r G_{m(2-60)}^\theta]/2 = (66\,778 - 109\,624)/2$

$= -21\,423$(J/mol)

(6)线性组合法

冶金过程所发生的反应大多并不是简单单质生成化合物的反应，而是一些化合物之间的反应(可称为较复杂反应)，这些反应的 $\Delta_r G_m^\theta$ 难以采用平衡常数法、电动势法测算。如果这些反应可拆分成一些"简单的反应"($\Delta_r G_m^\theta$ 易于获得的反应)，此时这样的反应可考虑采用线性组合法。此外，由于物质吉布斯自由能 G 属于状态函数，同样 $\Delta_r G_m^\theta$ 属于状态函数，只与反应过程的始态和末态有关，因此这一类化合物之间的反应可通过一些中间反应("简单的反应")的线性组合而得到，进一步其 $\Delta_r G_m^\theta$ 可由一些中间反应按下式计算得出：

$$\Delta_r G_m^\theta = \sum m_B \Delta_r G_m^\theta(B) \quad (2.119)$$

式中，$\Delta_r G_m^\theta(B)$ 为线性组合过程中使用的组合反应 B 的 $\Delta_r G_m^\theta$；m_B 为线性组合过程中各组合反应的 $\Delta_r G_m^\theta$ 前所乘的系数。

[例 2.10]　利用线性组合法求反应 $Fe_2SiO_{4(s)} + 2C_{(石)} = 2Fe_{(s)} + SiO_{2(s)} + 2CO$ 的 $\Delta_r G_m^\theta$。

解　反应 $Fe_2SiO_{4(s)} + 2C_{(石)} = 2Fe_{(s)} + SiO_{2(s)} + 2CO$ 可拆分成以下一些反应：

$$C_{(石)} + 0.5O_2 = CO \qquad \Delta_r G_m^\theta = -114\,400 - 85.77T \quad (2.120)$$

$$Fe_{(s)} + 0.5O_2 = FeO_{(s)} \qquad \Delta_r G_m^\theta = -264\,000 + 64.35T \quad (2.121)$$

$$2FeO_{(s)} + SiO_{2(s)} = Fe_2SiO_{4(s)} \qquad \Delta_r G_m^\theta = -36\,200 + 21.09T \quad (2.122)$$

再由式 2×(2.120) − 2×(2.121) − (2.122)得到原反应，则得所求反应的 $\Delta_r G_m^\theta$ 为：

$\Delta_r G_m^\theta = 2 \times (-114\,400 - 85.77T) - 2 \times (-264\,000 + 64.35T) - (-36\,200 + 21.09T)$

$= 335\,400 - 321.33T$(J/mol)

在生产中，一个冶金反应过程的热力学条件确定相对较困难些，可按以下几个步骤进行：

①写出化学反应式。

②写出反应的平衡常数。

③由平衡常数写出分配比。其中分配比相关内容在后面一些章节中进行介绍。

④由分配比的表达式来讨论为提高分配比应采取的措施。

⑤根据讨论的结果，取得从热力学角度促进反应进行的条件，即热力学条件。

在确定热力学条件过程中，若要获得某一具体的参数，则需进行：反应开始的具体温度—转化温度，或所需的具体压力，或确定具体的组分浓度等计算。这类热力学参数的计算可根据反应热力学原理进行计算，即采用化学反应的等温方程式写出反应的 $\Delta_r G_m$ 计算式。使反应正向进行，要求反应 $\Delta_r G_m < 0$；使反应逆向进行，要求反应的 $\Delta_r G_m > 0$；反应达到平衡时，要求 $\Delta_r G_m = 0$。

2.6 溶液中组分活度测定与计算

2.6.1 溶液中组分活度测定

在冶金过程中，实际的熔体体系绝大部分为非理想体系，在计算热力学性质中须考虑以活度代替浓度，以便对体系的热力学行为进行准确的分析，因此建立一个活度数据库十分重要。早期的工作主要集中在实验测定方面，发展到目前，活度实验测定方法主要有蒸气压法、分配定律法、化学平衡常数法、电动势法等。

(1)蒸气压法

它是通过测定溶液中组分 B 的蒸气 p'_B，利用下式计算组分 B 的活度。

$$a_B = \frac{p_B}{p_{B(标)}} \tag{2.123}$$

式中，p_B 为组分 B 的蒸气压；$p_{B(标)}$ 为标准态下组分 B 的蒸气压。当选择纯物质为标准态时，$p_{B(标)}$ 等于 B 的饱和蒸气压；当选择假想纯物质为标准态时，$p_{B(标)}$ 等于亨利常数 $k_{H(x)}$；当选择假想 1% 溶液为标准态时，$p_{B(标)}$ 等于亨利常数 $k_{H(\%)}$。$k_{H(x)}$、$k_{H(\%)}$ 均可通过实验测定组分 B 的蒸气压 p_B 与组分 B 浓度之间的关系得出。

(2)分配定律法

计算依据：在一定条件下，同一组分溶解于不相溶的两个相中达到平衡时，在两个相中组分的活度之比为一常数，即

$$\frac{a_{B(\mathrm{II})}}{a_{B(\mathrm{I})}} = L_B \tag{2.124}$$

式中，L_B 为分配常数；$a_{B(\mathrm{I})}$、$a_{B(\mathrm{II})}$ 分别为组分 B 在Ⅰ、Ⅱ相中活度。

若已知组分 B 在一个相中的活度以及分配比，则可由式(2.124)计算出组分 B 在另一相中的活度。

$a_{B(\mathrm{I})}$、$a_{B(\mathrm{II})}$ 与标准态选择有关，若 $a_{B(\mathrm{I})}$ 和 $a_{B(\mathrm{II})}$ 两者选择的标准态相同时，$a_{B(\mathrm{I})} = a_{B(\mathrm{II})}$，$L_B = 1$；若 $a_{B(\mathrm{I})}$ 和 $a_{B(\mathrm{II})}$ 两者选择的标准态不同时，$a_{B(\mathrm{I})} \neq a_{B(\mathrm{II})}$，$L_B \neq 1$。

由式(2.124)得：

$$L_B = \frac{a_{B(\text{II})}}{a_{B(\text{I})}} = \frac{r_B x_{B(\text{II})}}{f_B x_{B(\text{I})}} = L'_B \frac{r_B}{f_B} \tag{2.125}$$

式中，L'_B可称为表观分配常数，是组分 B 在两相中的浓度之比。

当 $x_B \to 0$ 时，$r_B = f_B = 1$，$L_B = L'_B$，从而可由 $L_B = L'_B = \lim\limits_{x_B \to 0} \frac{x_{B(\text{II})}}{x_{B(\text{I})}}$ 计算 L_B，即：由$\frac{x_{B(\text{II})}}{x_{B(\text{I})}} - x_{B(\text{II})}$（或$\frac{x_{B(\text{II})}}{x_{B(\text{I})}} - x_{B(\text{I})}$）关系图计算 $x_{B(\text{II})} \to 0$（$x_{B(\text{I})} \to 0$）时$\frac{x_{B(\text{II})}}{x_{B(\text{I})}}$值，即得 L_B 值。

［例 2.11］ 某一温度下测得 Cr 在银和铁两金属液中的平衡浓度，见表 2.10。试求铁液中 Cr 的活度。

表 2.10 Cr 在银和铁两金属液中的平衡浓度

$x_{[\text{Cr}]\text{Ag}} / \times 10^4$	1.400	2.943	5.964	7.868	14.432	17.000	27.413	37.000	44.416	51.001
$x_{[\text{Cr}]\text{Fe}} / \times 10^2$	1.870	3.930	7.760	9.820	14.790	15.970	19.560	24.180	30.250	49.300

解 由表 2.10 可见，银液中 Cr 平衡浓度很低，位于稀溶液范围内，则可认为 $a_{[\text{Cr}]\text{Ag}} = x_{[\text{Cr}]\text{Ag}}$，因而

$$L_{\text{Cr}} = \frac{x_{[\text{Cr}]\text{Ag}}}{a_{[\text{Cr}]\text{Fe}}}$$

$$a_{[\text{Cr}]\text{Fe}} = \frac{x_{[\text{Cr}]\text{Ag}}}{L_{\text{Cr}}}$$

由表 2.11 得表观分配常数 $L'_{\text{Cr}} = \frac{x_{[\text{Cr}]\text{Ag}}}{x_{[\text{Cr}]\text{Fe}}}$，得 L'_{Cr}-$x_{[\text{Cr}]\text{Fe}}$ 关系图，如图 2.10 所示。由图2.10 得，$x_{[\text{Cr}]\text{Fe}} \to 0$ 时，$L'_{\text{Cr}} = 0.007\,487$，即得 $L_{\text{Cr}} = 0.007\,487$。

代入 $a_{[\text{Cr}]\text{Fe}} = \frac{x_{[\text{Cr}]\text{Ag}}}{L_{\text{Cr}}}$得出不同浓度下 Cr 在铁液中的活度 $a_{[\text{Cr}]\text{Fe}}$值，结果列入表 2.11 中。

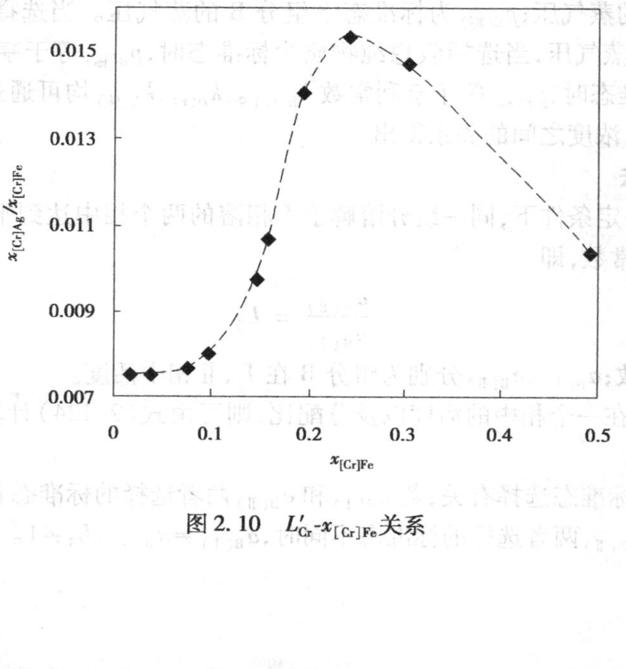

图 2.10 L'_{Cr}-$x_{[\text{Cr}]\text{Fe}}$关系

表 2.11 Cr 在铁液中的活度计算结果

$x_{[Cr]Ag}/\times 10^4$	1.400	2.943	5.964	7.868	14.432	17.000	27.413	37.000	44.416	51.001
$x_{[Cr]Fe}/\times 10^2$	1.870	3.930	7.760	9.820	14.790	15.970	19.560	24.180	30.250	49.300
$a_{[Cr]Fe}/\times 10^2$	1.870	3.931	7.966	10.509	19.276	22.706	36.614	49.419	59.324	68.119

［例 2.12］ 1 600 ℃时，与纯氧化铁渣平衡的铁液中氧的饱和溶解度与温度关系为 $\lg \omega_{[O]} = -6\ 320/T + 2.734$。与组成为 $\omega_{(CaO)} = 39.17\%$、$\omega_{(MgO)} = 2.56\%$、$\omega_{(SiO_2)} = 39.76\%$、$\omega_{(FeO)} = 18.57\%$ 的熔渣平衡的铁液中氧的质量分数 $\omega_{[O]} = 0.048\%$。试求熔渣中 FeO 的活度与活度系数。

解 1）计算熔渣 FeO 的活度 $a_{(FeO)}$

氧在渣和铁液中的分配反应为：(FeO) = [Fe] + [O]

渣中，FeO 以纯物质为标准态，铁液中氧浓度相对较低。假想 1% 溶液为标准态，则氧在铁液和渣中的分配比 L_O 表达为：

$$L_O = \frac{a_{[O]}^{\%}}{a_{(FeO)}^{R}}$$

由 $\lg \omega_{[O]} = -6\ 320/T + 2.734$ 得，1 600 ℃下，$\omega_{[O]} = 0.228\ 9\%$

1 600 ℃下，纯氧化铁渣中，$a_{(FeO)}^{R} = 1$。与纯氧化铁渣中平衡的铁液中氧的饱和溶解度为 0.228 9%，可将氧在铁液中形成的溶液看成是稀溶液，$a_{[O]}^{\%} = \omega_{[O]}$。据此，1 600 ℃下氧在铁液和纯氧化铁渣中的分配比 L_O 为：

$$L_O = \frac{a_{[O]}^{\%}}{a_{(FeO)}^{R}} = \frac{\omega_{[O]}}{1} = 0.228\ 9$$

L_O 值取决于温度，温度不变，L_O 值不变，则氧在氧溶解度为 0.048% 的铁液和熔渣中的分配比 $L_O = 0.228\ 9$。同时氧溶解度为 0.048% 的铁液，仍可将氧在铁液中形成的溶液看成是稀溶液，则 $a_{[O]}^{\%} = \omega_{[O]} = 0.048$。

由
$$L_O = \frac{a_{[O]}^{\%}}{a_{(FeO)}^{R}} = \frac{\omega_{[O]}}{a_{(FeO)}^{R}} = \frac{0.048}{a_{(FeO)}^{R}} = 0.228\ 9$$

得
$$a_{(FeO)}^{R} = 0.21$$

2）计算熔渣中 FeO 的活度系数 $r_{(FeO)}$

$x_{(FeO)}$ 根据 100 g 熔渣组分的物质的量计算得出：

$n_{(CaO)} = 39.17/56 = 0.699\ 5$　　$n_{(MgO)} = 2.56/40 = 0.064$

$n_{(SiO_2)} = 39.76/60 = 0.662\ 7$　　$n_{(FeO)} = 18.57/72 = 0.257\ 9$

$x_{(FeO)} = 0.257\ 9/(0.699\ 5 + 0.064 + 0.662\ 7 + 0.257\ 9) = 0.153\ 1$

由 $r_{(FeO)} = \dfrac{a_{(FeO)}^{R}}{x_{(FeO)}}$ 得：

$$r_{(FeO)} = 0.21/0.153\ 1 = 1.372$$

（3）化学平衡常数法

对于反应：A + *b*B = *d*D + *e*E，若已知其中 B、D、E 的活度或分压，则组分 A 的活度可由下式进行计算：

$$a_A = \frac{a_D^d E_E^e}{a_B^b K^\theta} \tag{2.126}$$

式中，a_B、a_C、a_D 分别代表组分的活度或量纲分压；b、c、d 代表反应式中 B、C、D 前的配平系数；K^θ 为反应标准平衡常数。

［例 2.13］ 反应 $H_2 + [S] == H_2S$ 在 1 600 ℃的平衡分压比（p_{H_2S}/p_{H_2}）及平衡的[S]的质量分数 $\omega_{[S]}$ 见表 2.12。试计算铁液中硫以假想 1%溶液为标准态的活度及其活度系数。

表 2.12 反应 $H_2 + [S] == H_2S$ 在 1 600 ℃的平衡分压比 p_{H_2S}/p_{H_2} 及平衡[S]的质量分数

$\omega_{[S]}/\%$	0.455	0.687	0.995	1.357	1.797
p_{H_2S}/p_{H_2}	1.180×10^{-3}	1.748×10^{-3}	2.520×10^{-3}	3.373×10^{-3}	4.400×10^{-3}

解 反应 $H_2 + [S] == H_2S$ 达平衡时，其标准平衡常数 K^θ 为：

$$K^\theta = \frac{p_{H_2S}}{p_{H_2}\cdot a_{[S]}}$$

铁液中硫以假想 1%溶液为标准态时，

$$K^\theta = \frac{p_{H_2S}}{p_{H_2}\cdot a_{[S]}^{\%}} = \frac{p_{H_2S}}{p_{H_2}\cdot f_{[S]}^{\%}\omega_{[S](\%)}} = \frac{p_{H_2S}}{p_{H_2}\cdot \omega_{[S](\%)}}\cdot\frac{1}{f_{[S]}^{\%}} = K'\cdot\frac{1}{f_{[S]}^{\%}}$$

（K'可称为表观平衡常数）

当 $\omega_{[S]}\to0$ 时，硫在铁液中形成稀溶液，$f_{[S]}^{\%}=1$，则有 $K^\theta = K'$。

即有

$$K^\theta = K' = \lim_{\omega_{[S]}\to0}\frac{p_{H_2S}}{p_{H_2}\omega_{[S](\%)}}$$

根据表 2.12 中数据计算各平衡硫的质量分数下的 $K'\times10^3$ 值，计算结果列入表 2.13 中。

由表 2.12 中数据作 $\frac{p_{H_2S}}{p_{H_2}\cdot\omega_{[S](\%)}}$-$\omega_{[S]\%}$ 关系图，如图 2.11 所示。对图 2.11 中点进行线性回归，得回归方程为：

$$K' = 2.641\,5\times10^{-3} - 0.641\,5\times10^{-3}\omega_{[S]\%}$$

将 $\omega_{[S]\%}=0$ 代入上回归方程，或将图 2.11 中的回归直线外推，可得 $K' = 2.641\,5\times10^{-3}$，即得 $K^\theta = 2.641\,5\times10^{-3}$。

由 $a_{[S]}^{\%} = \frac{p_{H_2S}}{p_{H_2}\cdot K^\theta}$ 与 $f_{[S]}^{\%} = \frac{a_{[S]}}{\omega_{[S](\%)}}$ 计算 $a_{[S]}^{\%}$ 与 $f_{[S]}^{\%}$，结果一并列入表 2.13 中。

表 2.13 计算各平衡硫的质量分数下的 K' 值

$\omega_{[S]}/\%$	0.455	0.687	0.995	1.357	1.797
K'	$2.593\,4\times10^{-3}$	$2.566\,8\times10^{-3}$	$2.532\,7\times10^{-3}$	$2.485\,6\times10^{-3}$	$2.448\,5\times10^{-3}$
$a_{[S]}^{\%}$	0.447	0.662	0.954	1.277	1.666
$f_{[S]}^{\%}$	0.982	0.972	0.959	0.941	0.927

（4）电动势法

它是将金属熔体或熔渣中的待测组分所参加的反应组装成原电池，通过测定电池中物质迁移产生的电动势，及已知电池反应的标准吉布斯能，从而计算出金属熔体或熔渣中的待测组分的活度。其中，电动势测定原理及方法类似于测化学反应 $\Delta_r G_m^\theta$ 的电动势法。

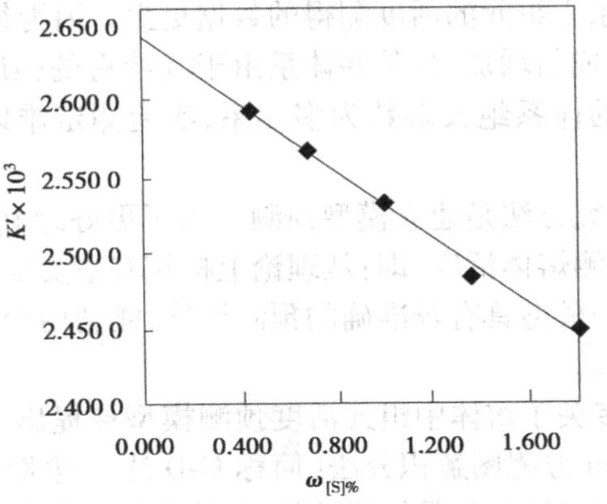

图 2.11　K'-$\omega_{[S]\%}$ 关系

钢铁冶金过程中，测定钢液中的氧活度（或浓度）使用的原电池（定氧探头）结构如图2.12所示，其电池结构可表示为：

$$[O]_{Fe}(p_{O_{2(1)}})\ |\ ZrO_2+(CaO)\ |\ Cr,Cr_2O_3(p_{O_{2(2)}})$$

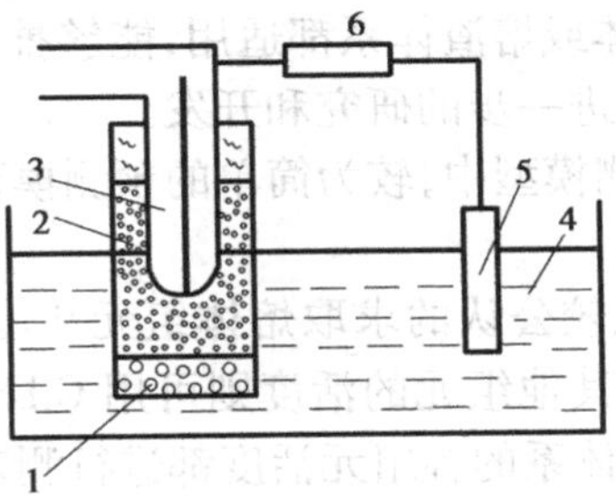

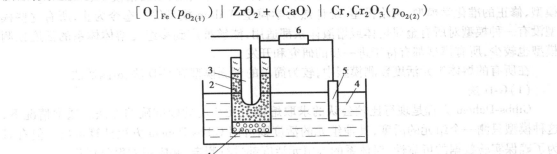

图 2.12　定氧探头结构示意图

1—$ZrO_2+(CaO)$固体电解质；2—参比电极（$Cr+Cr_2O_3$）；

3—热电偶；4—钢液；5—钼杆；6—电位差计

电极反应：

正极（右）　$1/3Cr_2O_{3(S)} = 1/2O_2 + 2/3\ Cr_{(S)}$

$1/2O_2 + 2e^- = O^{2-}$

负极（左）　$O^{2-} = [O] + 2e^-$

总电极反应　$1/3Cr_2O_{3(S)} = 2/3\ Cr_{(S)} + [O]$

电池中化学反应的吉布斯函数变化与电动势之间关系为：

$$\Delta_r G_m = -nFE \tag{2.127}$$

式中，E 为可逆电池中的电动势；F 为法拉第常数；n 为反应中电子转移数。

2.6.2　溶液中组分活度的计算法

熔体的活度可以通过实验测定获得，但在生产过程日益复杂、生产规模迅速扩大的今天，要实测所需熔体活度的全部数据难度很大，也是不现实的。仅就合金体系而言，Hultgren 等人精选了352个二元系，涉及70多种金属元素及合金，按照组合规律，应组成2 415个二元系，还可构成54 740个三元系、916 800个四元系、1.21×10^6个五元系。但真正实测的数量与此相比甚少，尤其是多元体系中组元的活度测得的数据更少。因为每增加一个组元，实验测定难度加大、精度下降、工作量成倍增加，且某些体系由于其特有的强腐蚀性或高挥发性而难于测定，而在实际生产中出现的体系绝大多数为多元系，实验测定难以满足工程设计研究的迫切需求。

熔体活度的另一种研究方法是建立模型预测。为了更好地利用有限的实验数据，人们提出在理论上建立模型去预测熔体活度，即：从理论上构筑有坚实物理基础的热力学模型描述这些关联数据，并希望构建的模型具有较准确的预测性能，能利用少量实验数据得到大量的本应通过实验直接测定的信息。

迄今为止，已经有许多关于熔体中组元活度预测模型被提出。关于金属熔体中组元活度预测模型的有Gibbs-Duhem方程图解积分法（简称G-D法）、达肯α函数法、邹元燨法、Wilson方程法、周国治法、经验数学模型、似晶格溶液模型、修正的似化学模型、共存理论、新一代溶液模型、分子相互作用体系模型（MIVM）等；关于熔渣中组元活度预测模型的有Toop-Samis模型、Flood-Knapp模型、Masson模型、准晶格模型、WSM模型、KMF模型、Gaskell模型、晶格模型、结构模型、化学键模型、中心原子模型、新聚合模型、共存模型、亚晶格模型、Hoch-Arpshofen模型、修正的准化学模型、网络模型、统计热力学模型、Wilson模型等。迄今为止，所有这些模型没有一种模型对所有金属熔体或熔渣体系都适用，能够推广到多组元熔体体系的活度预测模型也较少，所有模型都有待于进一步的研究和开发。

在所有的熔体组元活度预测模型中，较为简单的预测模型有G-D法、α函数法。

（1）**G-D法**

Gibbs-Duhem方程是现行比较公认的求取熔体组元活度的较准确的方法。通常情况下，这种模型只测一个组元的活度，其他组元的活度则可用Gibbs-Duhem方程计算得出。但有时为了确保实验数据的可靠性，对体系的各组元活度都进行测定，并应用方程分别验证。

G-D法求1-2二元熔体体系中组元1、2活度时主要依据为：

$$x_1 \mathrm{d}\Delta G_1 + x_2 \mathrm{d}\Delta G_2 = 0 \tag{2.128}$$

由式（2.128）得1-2二元熔体体系中组元1、2活度、活度系数计算公式：

$$x_1 \mathrm{d}\ln a_1 + x_2 \ln a_2 = 0 \tag{2.129}$$

$$x_1 \mathrm{d}\ln r_1 + x_2 \ln r_2 = 0 \tag{2.130}$$

求溶液中组元1活度时，从稀溶液（$x_2\to0, a_2\to0$，而$x_1\to1, a_1\to1$）到指定溶液（x_1, x_2）对式（2.129）积分：

$$\int_{x_1=1\text{的}\ln a_1}^{x_1=x_1\text{的}\ln a_1} \mathrm{d}\ln a_1 = -\int_{x_2=0\text{的}\ln a_2}^{x_2=x_2\text{的}\ln a_2} \frac{x_2}{x_1}\mathrm{d}\ln a_2 \tag{2.131}$$

$x_1=1$时，$a_1=1$，$\ln a_1=0$，代入式（2.131）得：

$$\ln a_1 = \int_{x_2=0\text{的}\ln a_2}^{x_2=x_2\text{的}\ln a_2} \frac{x_2}{x_1}\mathrm{d}(-\ln a_2) \tag{2.132}$$

求溶液中组元1活度系数时，从稀溶液（$x_2\to0, r_2\to0$，而$x_1\to1, r_1\to1$）到指定溶液（x_1, x_2）对式（2.130）积分：

$$\int_{x_1=1\text{的}\ln r_1}^{x_1=x_1\text{的}\ln r_1} \mathrm{d}\ln r_1 = -\int_{x_2=0\text{的}\ln r_2}^{x_2=x_2\text{的}\ln r_2} \frac{x_2}{x_1}\mathrm{d}\ln r_2 \tag{2.133}$$

$x_1=1$ 时，$r_1=1$，$\ln r_1=0$。$x_2\to 0$ 时，$r_2\to r_2^0$，代入式(2.133)得：

$$\ln r_1 = \int_{x_2=0\text{的}\ln r_2}^{x_2=x_2\text{的}\ln r_2}\frac{x_2}{x_1}\mathrm{d}(\ln r_2) \tag{2.134}$$

式(2.132)、式(2.134)为G-D法在1-2二元熔体中组元2活度已知条件下求组元1活度的计算公式。

利用式(2.132)、式(2.134)计算1-2二元熔体中组元1的活度 a_1 方法如下：

①由已知组元2在全部浓度围内的 a_2 值，作 x_2/x_1-$(-\ln a_1)$ 关系图，如图2.13所示。利用图解积分 $\int_{x_2=0\text{的}\ln a_2}^{x_2=x_2\text{的}\ln a_2}\frac{x_2}{x_1}\mathrm{d}(-\ln a_2)$，求出1-2二元熔体中组元1的 $\ln a_1$ 值，从而求出 a_1 值。

②由已知组元2在全部浓度围内的 r_2 值，作 x_2/x_1-$(-\ln r_1)$ 关系图，如图2.14所示。利用图解积分 $\int_{x_2=0\text{的}\ln r_2}^{x_2=x_2\text{的}\ln r_2}\frac{x_2}{x_1}\mathrm{d}(\ln r_2)$，求出1-2二元熔体中组元1的 $\ln r_1$，然后由 $a_1=r_1x_1$ 计算 a_1 值。

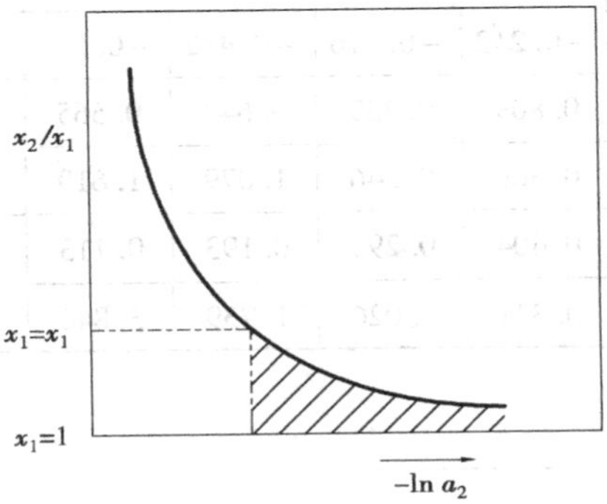

图2.13　x_2/x_1-$(-\ln a_1)$关系图

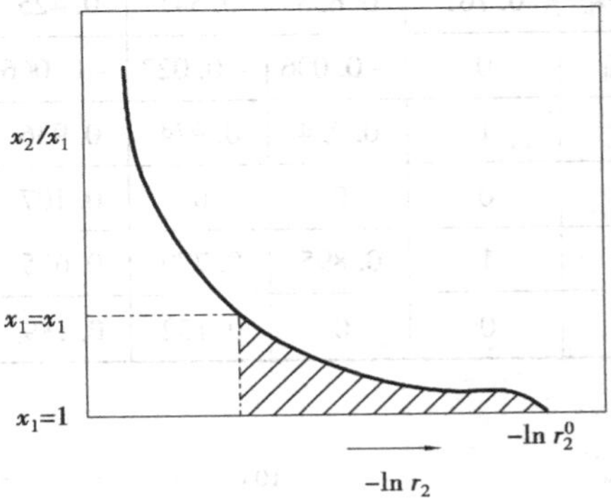

图2.14　x_2/x_1-$(-\ln r_1)$关系图

［例2.14］　已知773 K下，实验测定出Bi-Pb二元金属熔体中几个不同浓度下Pb、Bi的活度，见表2.14。试利用G-D法及Pb的活度求Bi的活度，并比较Bi的活度计算值与实验值差异。

表2.14　Bi-Pb二元金属熔体中Pb的活度

x_{Pb}	0	0.1	0.2	0.3	0.4	0.5	0.6	0.7	0.8	0.9	1
a_{Pb}	—	0.052	0.116	0.196	0.292	0.404	0.527	0.657	0.782	0.897	1
r_{Pb}	0.467	0.518	0.582	0.654	0.730	0.809	0.879	0.939	0.978	0.996	1
a_{Bi}	1	0.895	0.779	0.656	0.53	0.406	0.293	0.195	0.115	0.052	—
r_{Bi}	1	0.994	0.974	0.937	0.883	0.812	0.733	0.649	0.574 3	0.51 8	0.49

解　由表2.14中数据计算值 x_{Pb}/x_{Bi}、$\ln a_{Pb}$ 以及 $x_{Bi}=1-x_{Pb}$，结果列入表2.15中，并由表2.15绘制成图2.15。计算图2.15中曲线下的阴影线下 $x_{Bi}=1$ 到 $x_{Bi}=x_{Bi}$ 之间的面积，即得到 $\ln r_{Bi}$ 值，结果列入表2.15中。进一步由 $a_{Bi}=r_{Bi}\cdot x_{Bi}$ 计算 a_{Bi} 值，结果也列入表2.15中。r_{Bi} 计算值与实验值之间误差 w_1、a_{Bi} 计算值与实验值之间误差 w_2 分别按下两式计算得出，计算结果也一并列入表2.15中。

$$w_1 = \left| \frac{r_{Bi\text{-}cal} - r_{Bi\text{-}exp}}{r_{Bi\text{-}exp}} \right| \times 100\% \tag{2.135}$$

$$w_2 = \left| \frac{a_{Bi\text{-}cal} - a_{Bi\text{-}exp}}{a_{Bi\text{-}exp}} \right| \times 100\% \tag{2.136}$$

式(2.135)、式(2.136)中，$r_{Bi\text{-}cal}$、$r_{Bi\text{-}cal}$分别代表 Bi 活度系数的计算值、实验测定值；$a_{Bi\text{-}cal}$、$a_{Bi\text{-}cal}$分别代表 Bi 活度的计算值、实验测定值。

由此可见，Bi 活度、活度系数计算值与实验值相差很小，表明计算方法合理。

表 2.15　G-D 法下 Bi-Pb 二元金属熔体中 Pb 的活度

x_{Pb}	0	0.1	0.2	0.3	0.4	0.5	0.6	0.7	0.8	0.9
x_{Bi}	1	0.9	0.8	0.7	0.6	0.5	0.4	0.3	0.2	0.1
x_{Pb}/x_{Bi}	0.000	0.111	0.250	0.429	0.667	1.000	1.500	2.333	4.000	9.000
$-\ln r_{Pb}$	0.761	0.658	0.541	0.425	0.315	0.212	0.129	0.063	0.022	0.004
$\ln r_{Bi}$	0	−0.006	−0.027	−0.066	−0.127	−0.212	−0.316	−0.442	−0.571	−0.690
r_{Bi}	1	0.994	0.974	0.936	0.881	0.809	0.729	0.642	0.565	0.502
w_1	0	0	0	0.107	0.227	0.369	0.546	1.079	1.619	3.089
a_{Bi}	1	0.895	0.779	0.655	0.529	0.404	0.292	0.193	0.113	0.050
w_2	0	0	0.152	0.189	0.493	0.341	1.026	1.739	3.846	0.000

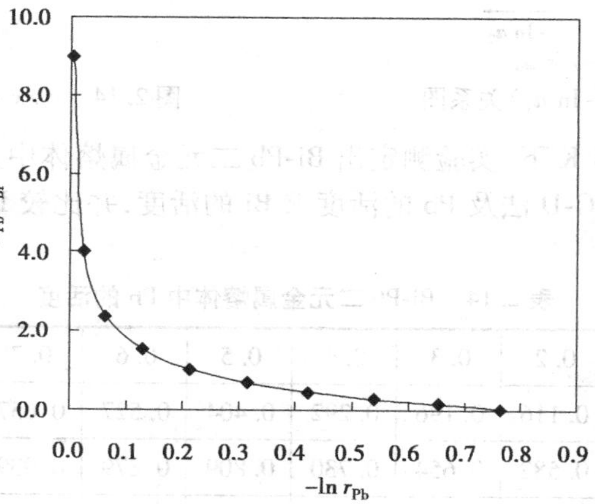

图 2.15　$\ln r_{Bi} = \int_{x_{Pb}=0的\ln r^0_{Pb}}^{x_{Pb}=x_{Pb}的\ln r_{Pb}} \frac{x_{Pb}}{x_{Bi}} d(-\ln r_{Pb})$ 的图解积分

采用 G-D 法计算熔体中组分的活度时，需要测定出其中一组分的活度。同时，若采用式(2.132)计算组分活度，所得曲线与坐标无交点，需要将与活度有关的曲线无限延长与坐标相交，这样不是很方便；若采用式(2.134)计算组分活度，尽管与活度系数有关的曲线与一坐标有交点，但需要获得已知组分的无限稀活度系数，这样也不是很方便。

(2)α 函数法

达肯(L. S. Daren)于 1950 年为解决 G-D 法计算溶液中组分活度存在的困难提出了 α 函数法。

α 函数的定义：

$$\alpha_1 = \frac{\ln r_1}{(1 - x_1)^2} = \frac{\ln r_1}{x_2^2} \tag{2.137}$$

$$\alpha_2 = \frac{\ln r_2}{(1 - x_2)^2} = \frac{\ln r_2}{x_1^2} \tag{2.138}$$

对式(2.134)采用分部积分法可得：

$$\ln r_1 = -\frac{x_2}{x_1}\ln r_2 + \int_{x_2=0}^{x_2=x_2} \ln r_2 \mathrm{d}\frac{x_2}{x_1} \tag{2.139}$$

将 α 函数代入式(2.139)得：

$$\ln r_1 = -\alpha_2 \cdot x_1 \cdot x_2 + \int_{x_2=0}^{x_2=x_2} \alpha_2 \mathrm{d}x_2 \tag{2.140}$$

或

$$\ln r_1 = -\alpha_2 \cdot x_1 \cdot x_2 + \int_{x_1=0}^{x_1=x_1} \alpha_2 \mathrm{d}x_1 \tag{2.141}$$

如果已知各种 x_2 浓度下的 r_2 值，则由 $\alpha_2 = \frac{\ln r_2}{(1-x_2)^2} = \frac{\ln r_2}{x_1^2}$ 知各种浓度下的 α_2 值，由此可作出如图 2.16 所示的 α_2 与 x_2 关系图，进一步计算图 2.16 中阴影部分的面积，代入式(2.141)可计算得到组分 1 在 x_2 浓度下的 r_1 值，最终由 $a_1 = r_1 x_1$ 计算出组分 1 的活度。

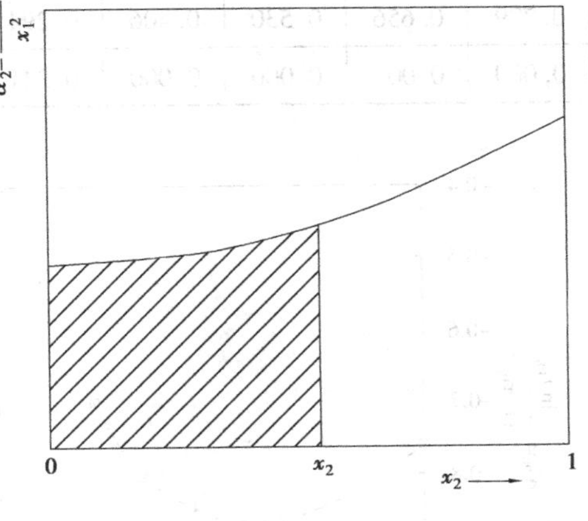

图 2.16　α 函数的图解积分

如需求 $x_1 \to 0$ 时的 r_1^0 值，其计算式为：

$$\ln r_1^0 = \int_{x_1=0}^{x_1=1} \alpha_2 \mathrm{d}x_2 \tag{2.142}$$

$\ln r_1^0$ 等于图 2.16 中 α_2 曲线下全部面积。

[例 2.15]　已知条件同[例 2.14]，试利用 α 函数法及 Pb 的活度求 Bi 的活度，并比较 Bi 的活度计算值与实验值差异。

解　由表 2.14 数据及 $\alpha_{Pb}=\dfrac{\ln r_{Pb}}{(1-x_{Pb})^2}$计算 α_{Pb}，结果列入表 2.16 中。

由表 2.16 中数据作 α_{Pb}-x_{Pb} 关系图，如图 2.17 所示。计算图 2.17 中曲线下 $x_{Pb}=0$ 到 $x_{Pb}=x_{Pb}$ 之间的面积，即得到 $S_1=\int_{x_2=0}^{x_2=x_2}\alpha_2 dx_2$ 值，结果列入表 2.16 中。由式 $\ln r_{Bi}=-\alpha_{Pb}\cdot x_{Bi}\cdot x_{Pb}+\int_{x_{Pb}=0}^{x_{Pb}=x_{Pb}}\alpha_{Pb}dx_{Pb}$ 计算得 $\ln r_{Bi}$ 值，结果列入表 2.16 中。进一步由 $a_{Bi}=r_{Bi}\cdot x_{Bi}$ 计算 a_{Bi} 值，结果也列入表 2.16 中。

计算 r_{Bi} 计算值与实验值之间误差 w_1、a_{Bi} 计算值与实验值之间误差 w_2，结果也一并列入表 2.16 中。

由表 2.16 计算结果可见，Bi 活度、活度系数计算值与实验值相差很小，表明计算方法合理。

表 2.16　α 函数法下 Bi-Pb 二元金属熔体中 Pb 的活度

x_{Pb}	0	0.1	0.2	0.3	0.4	0.5	0.6	0.7	0.8	0.9
x_{Bi}	1	0.9	0.8	0.7	0.6	0.5	0.4	0.3	0.2	0.1
α_{Pb}	−0.761	−0.812	−0.846	−0.867	−0.874	−0.848	−0.806	−0.699	−0.556	−0.401
S_1	−0.079	−0.162	−0.247	−0.334	−0.420	−0.503	−0.578	−0.641	−0.689	−0.079
$\ln r_{Bi}$	0	−0.006	−0.026	−0.065	−0.124	−0.208	−0.310	−0.431	−0.552	−0.653
r_{Bi}	1	0.994	0.974	0.937	0.883	0.812	0.734	0.650	0.576	0.521
w_1	0	0.000	0.000	0.000	0.000	0.000	0.136	0.154	0.296	0.579
a_{Bi}	1	0.895	0.779	0.656	0.530	0.406	0.294	0.195	0.115	0.052
w_2	0	0.000	0.000	0.000	0.000	0.000	0.341	0.000	0.000	0.000

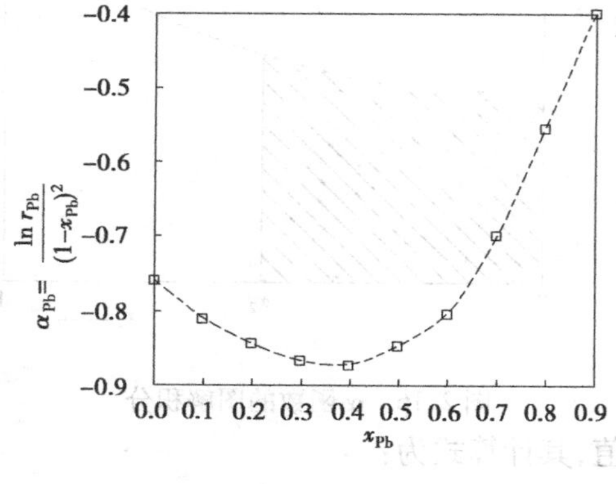

图 2.17　α_{Pb}-x_{Pb} 关系图

α 函数法能够弥补 G-D 法求活度的一些缺陷，并能比较准确地计算出组元的无限稀活度系数。但在计算中需测定其中一组元的活度，且在对二元液态合金组元活度系数的测量中，负偏差和混合偏差效果相对较差，因此此方法也有其一定的局限性。

2.7 标准溶解吉布斯自由能

有溶液参加的化学反应,计算反应吉布斯自由能变化时,涉及计算标准溶解吉布斯能变化。物质的标准溶解吉布斯自由能变化是指纯物质溶解入溶液中形成标准态溶液过程的吉布斯自由能变化,这里“标准态溶液”可指纯组分溶液,或假想纯物质溶液,或假想1%溶液等溶液。标准溶解吉布斯自由能一般用 $\Delta_s G_m^\theta$ 表示。物质在溶解前为纯态,其标准态是纯物质。

对于溶解反应:B = [B]

$$\begin{aligned}\Delta_s G_m^\theta &= \mu_{[\mathrm{B}]}^\theta - \mu_\mathrm{B}^\theta = (\mu_{\mathrm{B}(T)}^\theta + RT\ln p_{[\mathrm{B}]}) - (\mu_{\mathrm{B}(T)}^\theta + RT\ln p_\mathrm{B}^*) \\ &= RT\ln p_{[\mathrm{B}]} - RT\ln p_\mathrm{B}^* \end{aligned} \tag{2.143}$$

式中,$p_{[\mathrm{B}]}$ 与选择标准态有关。

(1)纯物质标准态下的标准溶解吉布斯自由能

当溶液中溶解组分 B 以纯物质为标准态时,$p_{[\mathrm{B}]} = p_\mathrm{B}^* a_\mathrm{B}^R$,代入式(2.115)中得:$\Delta_s G_m^\theta = RT\ln a_\mathrm{B}^R$。如组分 B 溶解入溶液中形成纯物质标准态溶液,则 $a_\mathrm{B}^R = 1$,有:$\Delta_s G_m^\theta = RT\ln a_B^R = RT\ln 1 = 0$。

(2)假想纯物质标准态下的标准溶解吉布斯自由能

当溶液中溶解组分 B 以假想纯物质为标准态时,$p_{[\mathrm{B}]} = k_{H(x)} a_\mathrm{B}^H$,代入式(2.143)中得:$\Delta_s G_m^\theta = RT\ln \dfrac{k_{H(x)}}{p_\mathrm{B}^*} a_\mathrm{B}^H$。如组分 B 溶解入溶液中形成假想纯物质标准态溶液,则 $a_\mathrm{B}^H = 1$,有:

$$\Delta_s G_m^\theta = RT\ln \frac{k_{H(x)}}{p_\mathrm{B}^*} a_\mathrm{B}^H = RT\ln r_\mathrm{B}^0 \tag{2.144}$$

(3)假想1%溶液标准态下的标准溶解吉布斯自由能

溶液中溶解组分 B 以1%溶液为标准态时,$p_{[\mathrm{B}]} = k_{H(\%)} a_{\mathrm{B}(\%)}$,代入式(2.115)中得:$\Delta_s G_m^\theta = RT\ln\left(r_\mathrm{B}^0 \dfrac{M_\mathrm{A}}{100M_\mathrm{B}} a_\mathrm{B}^\%\right)$。如组分 B 溶解入溶液中形成假想纯物质标准态溶液,则 $a_\mathrm{B}^\% = 1$,有:

$$\Delta_s G_m^\theta = RT\ln\left(r_\mathrm{B}^0 \frac{M_\mathrm{A}}{100M_\mathrm{B}} a_\mathrm{B}^\%\right) = RT\ln\left(r_\mathrm{B}^0 \frac{M_\mathrm{A}}{100M_\mathrm{B}}\right) \tag{2.145}$$

式(2.145)可改写成:

$$\Delta_s G_m^\theta = RT\ln r_\mathrm{B}^0 + RT\ln \frac{M_\mathrm{A}}{100M_\mathrm{B}} \tag{2.146}$$

与 $\Delta G_m^\theta = \Delta H_\mathrm{B}^\theta - T\Delta S_\mathrm{B}^\theta$ 比较可得:

$$\Delta H_m^\theta = RT\ln r_\mathrm{B}^0 \qquad \Delta S_\mathrm{B}^\theta = -R\ln \frac{M_\mathrm{A}}{100M_\mathrm{B}} \tag{2.147}$$

由式(2.147)可知,只要测定出某一温度下的 r_B^0,则任意温度下的 $\Delta H_m^\theta = RT\ln r_\mathrm{B}^0$ 即被确定,不随温度变化而变化。一些资料给出了实验测得的元素于 1 600 ℃溶解于铁液中的 r_B^0,见表 2.17。用此数据可计算一些元素在铁液内的标准溶解吉布斯自由能。

表 2.17　1 975 K 下元素在铁液中的 r_B^0（质量 1% 溶液标准态）

元素溶解反应	r_B^0	元素溶解反应	r_B^0	元素溶解反应	r_B^0
Ag(l) = [Ag]	200	Mg(g) = [Mg]	91	$1/2S_2$ = [S]	—
Al(l) = [Al]	0.029	Mn(l) = [Mn]	1.3,1	Si(l) = [Si]	0.001 3
B(s) = [B]	0.022	Mo(l) = [Mo]	1	Ti(l) = [Ti]	0.074
$C_{(石)}$ = [C]	0.57	Mo(s) = [Mo]	1.86	Ti(s) = [Ti]	0.077
Ca(g) = [Ca]	2 240	$1/2N_2$ = [N]	—	V(l) = [V]	0.08
Ce(l) = [Ce]	0.032	Nb(l) = [Nb]	1	V(s) = [V]	0.1
Co(l) = [Co]	1.07	Nb(s) = [Nb]	1.4	W(l) = [W]	1
Cr(l) = [Cr]	1.0	Ni(l) = [Ni]	0.66	W(s) = [W]	1.2
Cr(s) = [Cr]	1.14	$1/2O_2$ = [O]	—	Zr(l) = [Zr]	0.014
Cu(l) = [Cu]	8.6	$1/2P_2$ = [P]	—	Zr(s) = [Zr]	0.016
$1/2H_2$ = [H]	—	Pb(l) = [Pb]	1 400		

表 2.17 中的 r_B^0 按照数值特征，可分为以下几类：

①$r_B^0=1$，元素在铁液中形成溶液可近似理想溶液，如 Mn、Co、Cr、Nb、W 等。

②$r_B^0\gg1$，元素在铁液中溶解度很小，在高温下挥发能力很大，如 Ca、Mg、Cr、Nb、W 等。

③$r_B^0\ll1$，元素与铁原子形成稳定的化合物，如 Al、B、Si、Ti、V 等。

④r_B^0 无值，元素溶解前为气态。

⑤以固态溶解的元素的 r_B^0 比液态溶解的 r_B^0 要高，因为前者包含熔化过程的标准吉布斯自由能。

[例 2.16]　液体 Cu 于 1 600 ℃形成质量 1% 溶液标准态时，测得 $r_B^0=8.6$，试求固体 Cu 在铁液中的标准溶解吉布斯自由能与温度关系、1 600 ℃下固体 Cu 在铁液中的标准溶解吉布斯自由能。

解　固体 Cu 在铁液中的溶解过程可表示为：$Cu_{(s)}\rightarrow Cu_{(l)}\rightarrow[Cu]$，其溶解过程由固体铜熔化 $Cu_{(s)}\rightarrow Cu_{(l)}$ 和液态铜溶解于铁液 $Cu_{(l)}\rightarrow[Cu]$ 两个过程组成，其标准溶解吉布斯自由能等于上述两个过程的吉布斯自由能变化之和。

1) $Cu_{(s)}\rightarrow Cu_{(l)}$ 的 $\Delta_{fus}G^{\theta}_{m(Cu,s)}$

铜的熔化温度为 1 357 K，熔化焓为 13 260 J/mol，则有：

$Cu_{(s)}\rightarrow Cu_{(l)}$

$$\begin{aligned}\Delta_{fus}G^{\theta}_{m(Cu,s)} &= \Delta_{fus}H^{\theta}_{m(Cu,s)}-\frac{\Delta_{fus}H^{\theta}_{m(Cu,s)}}{T_m}T\\ &=13\ 260-\frac{13\ 260}{1\ 357}T\\ &=13\ 260-9.77T(\text{J/mol})\end{aligned}$$

2)以假想1%溶液为标准态下$Cu_{(l)} \to [Cu]$过程的$\Delta_s G_m^\theta$

$$\Delta_s G_m^\theta = RT\ln r_{Cu}^0 + RT\ln\frac{M_{Fe}}{100M_{Cu}} = 8.314 \times 1\ 873 \times \ln 8.6 + 8.314T\ln\frac{56}{100\times 64}$$
$$= 33\ 507.50 - 39.40T(J/mol)$$

则固体Cu在铁液中的溶解过程的ΔG为:

$$\Delta G = \Delta_{fus}G_{m(Cu,s)}^\theta + \Delta_s G_m^\theta = 13\ 260 - 9.77T + 33\ 507.50 - 39.40T$$
$$= 46\ 767.5 - 49.17T(J/mol)$$

在1 600 ℃下,固体Cu在铁液中的溶解过程的ΔG为:

$$\Delta G = 46\ 767.5 - 49.17 \times 1\ 873 = -45\ 327.91(J/mol)$$

2.8 有溶液组分参与的反应的$\Delta_r G_m^\theta$及ΔG计算

冶金过程高温熔池内发生的反应中,不仅有纯物质(包括纯固态物质和纯液态物质),同时往往有熔体中的组分,这属于溶液组分参与的反应。这类反应可以看作是纯物质的反应与物质溶解于溶液的反应组合而成。因此,有溶液组分参与的反应标准吉布斯自由能变化$\Delta_r G_m^\theta$可通过纯物质反应的$\Delta_r G_m^\theta$与物质溶解于溶液的反应的标准溶解吉布斯自由能$\Delta_s G_m^\theta$采用线性组合法计算得到。进一步采用化学等温方程可计算出有溶液组分参与的反应的ΔG。

冶金过程中的有溶液组分参与的反应可表示如下:

$$[A] + B_{(s)} = (C) + D_{(g)} \tag{2.148}$$

式中,“[ ]”表示金属液相;“( )”表示熔渣相;“[A]”读作溶解在金属液相的A;“(C)”表示溶解于熔渣相的组分C。

在计算反应的$\Delta_r G_m^\theta$时,反应式中的物质一定要标明所处状态。

由于有溶液组分参与的反应中有部分组分处于溶液中,计算ΔG时涉及组分活度计算,同时涉及标准溶解吉布斯自由能计算,两方面的计算均需要指明标准态,否则计算混乱、计算无意义。尽管选择不同标准态计算有溶液组分参与的反应$\Delta_r G_m^\theta$与ΔG,由于在一定条件下,物质的化学势具有一定值,而与标准态选择无关,因此,最终由不同标准态计算得到的ΔG是相同的。

[**例2.17**] 在1 873 K时,铁液中的硅被O_2氧化:$[Si] + O_2 = SiO_{2(s)}$,铁液中硅的浓度为$x_{Si} = 0.15$,$r_{Si} = 0.02$,试计算上述硅氧化反应的ΔG。($r_{Si}^0 = 0.001\ 3$)

解 查黄希祜主编《钢铁冶金原理》附表2得:

$$Si_{(s)} + O_2 = SiO_{2(s)} \quad \Delta_r G_m^\theta = -907\ 100 + 173.38T(J/mol) \tag{2.149}$$

Si的熔化温度及其熔化焓分别为:$T_m = 1\ 685$ K,$\Delta H_m^\theta = 50\ 210$ J/mol,则:

$$Si_{(s)} = Si_{(l)} \tag{2.150}$$

$$\Delta_r G_m^\theta = \Delta H_m^\theta - \Delta H_m^\theta T/T_m = 50\ 210 - 50\ 210T/1\ 685$$
$$= 50\ 210 - 29.80T$$

由

$$Si_{(s)} = Si_{(l)} \tag{2.151}$$
$$Si_{(l)} = [Si] \tag{2.152}$$
$$Si_{(s)} + O_2 = SiO_{2(s)} \tag{2.153}$$

得：$$[Si]+O_2 = SiO_{2(s)} \tag{2.154}$$

1）纯物质为标准态

$Si_{(l)} = [Si]$ $\quad \Delta_s G^\theta_{m(2.152)}=0$

铁液中硅活度 $a^R_{Si}=r_{Si}\cdot x_{Si}=0.02\times 0.15=0.003$，则反应式(2.154)的 $\Delta_r G^\theta_{m(2.154)}$ 为：

$$\begin{aligned}\Delta_r G^\theta_{m(2.154)} &= \Delta_r G^\theta_{m(2.153)}-\Delta_r G^\theta_{m(2.152)}-\Delta_r G^\theta_{m(2.151)}\\ &= -907\ 100+173.38\times 1\ 873-(50\ 210-29.80\times 1\ 873)-0\\ &= -576\ 753.86(\text{J/mol})\end{aligned}$$

$$\begin{aligned}\Delta G_{(2.154)} &= \Delta_r G^\theta_{m(2.153)}+RT\ln\frac{a_{siO_2}}{a^R_{Si}p_{O_2}}=\Delta_r G^\theta_{m(2.154)}+RT\ln\frac{1}{a^R_{Si}}\\ &= -576\ 753.86+8.314\times 1\ 873\ln(1/0.003)\\ &= -486\ 293(\text{J/mol})\end{aligned}$$

2）假想纯物质为标准态

$Si_{(l)} = [Si]$

$\Delta_s G^\theta_{m(2.152)}=RT\ln r^0_{Si}=8.314\times 1\ 873\times\ln 0.001\ 3=-103\ 483.25(\text{J/mol})$

铁液中硅活度 $a^H_{Si}=a^R_{Si}/r^0_{Si}=0.003/0.001\ 3=2.31$，则反应式(2.154)的 $\Delta_r G^\theta_{m(2.154)}$ 为：

$$\begin{aligned}\Delta_r G^\theta_{m(2.154)} &= \Delta_r G^\theta_{m(2.153)}-\Delta_r G^\theta_{m(2.152)}-\Delta_r G^\theta_{m(2.151)}\\ &= -907\ 100+173.38\times 1\ 873-(50\ 210-29.80\times 1\ 873)-(-103\ 483.25)\\ &= -473\ 271(\text{J/mol})\end{aligned}$$

$$\begin{aligned}\Delta G_{(2.154)} &= \Delta_r G^\theta_{m(2.154)}+RT\ln\frac{a_{SiO_2}}{a^H_{Si}p_{O_2}}=\Delta_r G^\theta_{m(2.154)}+RT\ln\frac{1}{a^H_{Si}}\\ &= -473\ 271+8.314\times 1\ 873\ \ln\ (1/2.31)\\ &= -486\ 309(\text{J/mol})\end{aligned}$$

3）假想1%溶液为标准态

$Si_{(l)} = [Si]$

$$\begin{aligned}\Delta_s G^\theta_{m(2.152)} &= RT\ln r^0_{Si}+RT\ln\frac{M_{Fe}}{100M_{si}}\\ &= 8.314\times 1\ 873\ln 0.001\ 3+8.314\times 1\ 873\ln[55.8/(100\times 28)]\\ &= -164\ 457.05(\text{J/mol})\end{aligned}$$

铁液中硅活度 $a^{\%}_{Si}=a^R_{Si}/\left(\frac{M_{Fe}}{100M_{Si}}r^0_{Si}\right)=0.003/[55.8\times 0.001\ 3/(100\times 28)]=115.8$，则反应式(2.154)的 $\Delta_r G^\theta_{m(2.154)}$ 为：

$$\begin{aligned}\Delta_r G^\theta_{m(2.154)} &= \Delta_r G^\theta_{m(2.153)}-\Delta_r G^\theta_{m(2.152)}-\Delta_r G^\theta_{m(2.151)}\\ &= -907\ 100+173.38\times 1\ 873-(50\ 210-29.80\times 1\ 873)-(-103\ 482.84-\\ &\quad 32.55\times 1\ 873)\\ &= -853\ 827.16+235.73T\\ &= -412\ 304.87(\text{J/mol})\end{aligned}$$

$$\Delta G_{(2.154)}=\Delta_r G^\theta_{m(2.154)}+RT\ln\frac{a_{SiO_2}}{a^{\%}_{Si}p_{O_2}}=\Delta_r G^\theta_{m(2.154)}+RT\ln\frac{1}{a^{\%}_{Si}}$$

$= -853\ 827.16 + 235.73 \times 1\ 873 + 8.314 \times 1\ 873 \ln(1/115.8)$

$= -486\ 307.1(\text{J/mol})$

复习思考题

1. 解释理想溶液、稀溶液、正规溶液、化学势 μ_B、活度、活度系数、无限稀活度系数 r_B^0、一级活度相互作用系数 e_B^j、一级活度相互作用系数 ε_i^j、标准溶解吉布斯自由能 $\Delta_S G_B^\theta$。

2. 写出拉乌尔定律、亨利定律内容及其表达式。

3. 写出 x_B、ω_B、c_B 之间的关系式。

4. 钢铁冶金过程中，测定钢液中的氧活度（或浓度）使用的原电池（定氧探头）结构如图 2.18 所示，其电池结构可表示为：$[O]_{Fe}(p_{O_{2(1)}})$ | $ZrO_2 + (CaO)$ | $Cr, Cr_2O_3(p_{O_{2(2)}})$。试写出其电极反应、电池反应及计算钢液中[O]活度计算式。

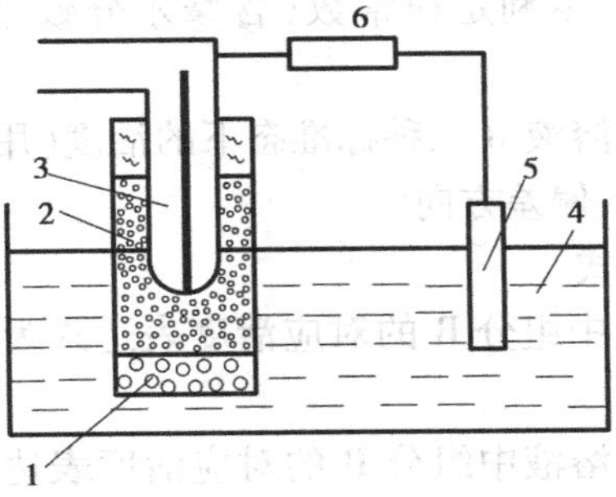

图 2.18 定氧探头结构示意图

1—ZrO_2 + (CaO)固体电解质；2—参比电极（$Cr + Cr_2O_3$）；

3—热电偶；4—钢液；5—钼杆；6—电位差计

5. 已知体系温度 $T = 1\ 873$ K，氧分压 $P'_{O_2} = 100$ kPa，铁液中 $\omega_{[V]} = 0.08\%$，$r_V^0 = 0.1$，铁液中 V 形成稀溶液。对于反应：

$$2[V] + 3/2O_2 = V_2O_{3(s)} \quad \Delta G_1^\theta$$

(1)[V]以纯物质为标准态，计算该反应的平衡常数 K、ΔG 及平衡氧分压 P_{O_2}。

(2)[V]以质量 1% 溶液为标准态，计算该反应的平衡常数 K、ΔG 及平衡氧分压 P_{O_2}。

(3)分析上述计算结果，说明什么问题。

6. 已知某溶质在一定温度下的蒸气压 p 与其质量分数 x 的关系符合经验公式 $p = 4.5 \times 10^4(x + 4x^2)$ Pa。试以纯物质、符合亨利定律的假想的纯物质和 1% 质量浓度的溶液为标准态，分别计算该溶质的质量分数为 0.2 的溶液中的溶质的活度系数。

7. 证明稀溶液中溶质服从亨利定律（$a_B = r_B^0 x_B$），溶剂服从拉乌尔定律（$a_A = x_A$）。

8. 图 2.19 中，实线为实际溶液中某组分 B 的蒸气压 p_B 与其在溶液中浓度（摩尔分数浓度 x_B 或质量百分数浓度 $\omega[B]$）的关系曲线。

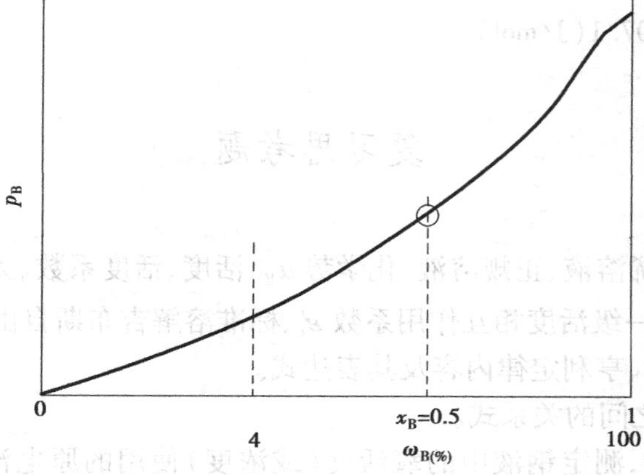

图 2.19　溶液中组分 B 的 p_B 与 x_B，$\omega_{B(\%)}$ 的关系图

(1)请在图中分别描绘出拉乌尔定律线、亨利定律线。

(2)确定拉乌尔定律常数、亨利定律常数(含摩尔分数、质量百分数浓度表示的亨利定律)。

(3)计算 $x_B = 0.5$ 时，实际溶液 B 三种标准态下的活度(用线段表示)；$x_B = 0.5$ 时，相对理想溶液与稀溶液，分别呈现什么偏差方向？

9. 不同标准态下活度表达式

(1)纯物质标准态下，溶液中组分 B 的对应活度表达式为(　　　　)，活度系数表达式为(　　　　)。

(2)假想纯物质标准态下，溶液中组分 B 的对应活度表达式为(　　　　)，活度系数表达式为(　　　　)。

(3)假想质量 1% 标准态下，溶液中组分 B 的对应活度表达式为(　　　　)，活度系数表达式为(　　　　)。

10. 活度测定方法有(　　　　)、(　　　　)、(　　　　)、(　　　　)和(　　　　)等。

3 冶金过程动力学

学习内容：

冶金反应机理(组成环节)，化学反应速率表示，扩散速率表示，反应速率限制环节确定方法，气固(液)相反应动力学基础，液-液相反应动力学基础，结晶过程动力学基础。

学习要求：

- 了解冶金反应过程机理、基元反应及其几类基元反应速率表达式、反应限制环节判断方法、多相反应基本理论、金属熔炼过程金属结晶的动力学。
- 理解冶金反应组成环节及冶金反应各环节速率表示方法、收缩核模型下气固相反应特点、双膜理论下的液-液相反应特点。
- 掌握气-固相反应组成环节及其控制环节速率特征、液-液相反应组成环节及其控制环节速率特征。

冶金热力学研究冶金反应的方向、反应能达到的最大限度、外界条件对反应平衡的影响，它只能预测反应的可能性，但无法解决反应能否发生、反应的速率、反应机理等问题。这些问题需要动力学来解决。反应的速率、机理(历程)，温度、压力、催化剂、溶剂及其他外界因素对反应速率的影响是动力学的研究内容。

冶金过程通常是在高温、多相存在和有流体流动下的物理化学过程。反应速度除了受温度、压力和化学组成及结构等因素的影响外，还受反应器(如冶金炉等)的形状和物料的流动状况以及热源等因素的影响。当反应的条件发生变化时，反应进行的途径(步骤)即反应机理也要发生变化。从分子理论角度微观地研究反应速率和机理称为微观动力学。一般情况下，物理化学中的化学动力学属于微观动力学范畴；结合反应装置在有流体流动、传质及传热条件下宏观地研究反应速度和机理称为宏观动力学。冶金过程动力学即属于宏观动力学范畴。

冶金过程发生的反应中，参与反应的物质可以处于均匀相中，也可以处于不同的相中。据此，可将冶金反应分为均相反应和非均相反应(多相反应)两类。根据参与物质所处相的性质，非均相反应中又可分为：

①气-固相反应。如：高炉炼铁过程中，低温下氧化物的还原反应。

②液-固相反应。如：湿法冶金中矿物的浸出反应。

③气-液相反应。如：钢液的转炉吹炼中，金属液中元素的一些氧化反应。

④液-液相反应。如：溶剂的萃取反应。

⑤固-固相反应。如：铁矿粉烧结过程中的烧结反应。

实际生产中，大多数的冶金反应属于非均相反应且发生于相界面上，即发生于不相溶的几个相之间的交界面上。界面反应机理（组成环节）一般由以下几个环节串联组成：

①反应物扩散到反应界面上；

②在反应界面上进行化学反应（发生界面化学反应）；

③反应产物离开反应界面向相内扩散。

反应过程的总速率与这些组成环节的速率或其内出现的阻力有关，其中速率最小或阻力最大的环节为整个反应过程的速率限制环节。反应速率常数的倒数 $1/k$ 相当于界面反应这一步骤的阻力。对于传质步骤，传质系数 β 的倒数 $1/\beta$ 相当于扩散环节的阻力。对于任意一个复杂反应过程，若是由前后相接的步骤串联组成的串联反应，则总阻力等于各步骤阻力之和。若任意一个复杂反应包括两个或多个平行的途径组成的步骤，则这一步骤阻力的倒数等于两个平行反应阻力倒数之和。

从大的方面看，界面反应可看成是由扩散和界面反应组成，因此，反应速率限制可分为扩散限制和界面反应限制。当界面反应为限制环节时，称反应处于动力学范围；当扩散为限制环节时，称反应处于扩散范围。当反应处于动力学范围时，扩散快于界面反应，冶金反应总速率只取决于界面反应，改善界面反应的一切措施均有利于提高反应总速率。当反应处于扩散范围时，界面反应快于扩散，冶金反应总速率只取决于扩散，改善扩散环节的一切措施均有利于提高反应总速率。

研究反应速率的目的是弄清各种条件下反应进行的各种步骤，即反应的机理，找出它的限制环节，并导出在给定条件下反应进行的速率方程式，以便用来控制和改进实际操作。

3.1 化学反应动力学基础

3.1.1 化学反应的速率表示方法

化学反应速率通常用单位时间内反应物浓度的减少或生成物浓度的增加表示，但反应式中物质的计量数不同时，则各物质表示的反应速率量不同，使用不太方便，为此，反应速率出现了不同的表示方法，如反应速率 $\dot{\xi}$、反应速率 v 等。

反应进度 ξ 定义为：

$$\xi = \frac{n_i - n_i^{\circ}}{v_i} \tag{3.1}$$

式中，n_i°、n_i 分别为初始和某一时刻 i 的物质的量；v_i 为化学反应式中物质 i 的化学计量数，对反应物 v_i 取负值；对产物 v_i 取正值。

对于反应：$aA + bB = cC + dD$，$\xi_A = \xi_B = \xi_C = \xi_D$。采用反应进度 ξ 这个物理量后，反应进行到任意时刻，都可以用反应中任一反应物或反应产物的物质的量表示反应进行的程度，所得的值都相等。

对于反应：$aA + bB = cC + dD$，其反应速率 $\dot{\xi}$ 定义式为：

$$\dot{\xi} = \frac{d\xi}{dt} = \frac{1}{\nu_i}\frac{dn_i}{dt} \tag{3.2}$$

当反应过程中体积 V 保持不变，则另一反应速率可用 v 表示，其定义式为：

$$v = \frac{\dot{\xi}}{V} = \frac{1}{\nu_i} \cdot \frac{d(n_i/V)}{dt} = \frac{1}{\nu_i} \cdot \frac{dc_i}{dt} \tag{3.3}$$

同样对于反应：$aA + bB = cC + dD$，$v_A = v_B = v_C = v_D$，即采用反应式中不同的物质，计算的化学反应速率 v 是相等的。因此，对于同一反应，可采用任一物质来表示化学反应速率。

3.1.2 反应速率方程和反应级数

表示反应速率和参加反应的物质的浓度、温度等参数间关系或浓度等参数与时间关系的数学表达式称为化学反应的速率方程，或称为动力学方程。

19 世纪中期，G. M. 古德贝格和 P. 瓦格给出了化学反应速率与反应物浓度之间的具体关系式，即质量作用定律，其主要内容为：在一定温度下，对于一个基元反应 $aA + bB = cC + dD$，其反应速率与各反应物浓度幂指数的乘积成正比，即：

$$v = kc_A^a c_B^b \tag{3.4}$$

式中，k 为反应速度常数；$(a+b)$ 称为反应级数。

当反应物浓度均为 1 时，反应速率与速率常数相等，这时可用速率常数来表示反应速率。

反应物分子相互碰撞直接转化为产物分子的反应称为基元反应，它是一步完成的，反应级数与方程式的计量数一致，服从质量作用定律。但大多数反应为复合反应，即需要经过两个或多个基元反应才能得到最后的生成物。复合反应的反应级数不与方程式的计量数一致，应由实验测出，但往往难以测定，故习惯上常用式(3.4)近似表达。

3.1.3 反应速率积分式及其特征

式(3.4)为反应速率微分式，若基元反应的级数确定时，通过数学方法处理可得到基元反应的速率积分式。若对于基元反应 $nA \rightarrow$ 产物，当反应级数为 n 时，其速率微分式可表示为：

$$v = -\frac{dc_A}{n dt} = kc_A^n \tag{3.5}$$

对于一确定反应，n 为常数，则式(3.5)可变为：

$$v' = \frac{dc_A}{dt} = k' c_A^n \tag{3.6}$$

由式(3.6)得：

$$\int_{c_{A0}}^{c_A} \frac{dc_A}{c_A^n} = k' \int_0^t dt$$

$$\frac{c_A^{-n+1}}{-n+1} - \frac{c_{A0}^{-n+1}}{-n+1} = k't \tag{3.7}$$

式中，c_{A0}、c_A 分别为反应物 A 在 0、t 时刻的物质的量浓度。

由式(3.7)可知，n 级基元反应的特征为：c_A^{-n+1} 与时间 t 呈线性关系。

类似求得反应级数为0、1、2几种基元反应的速率积分式及其特征，结果列入表3.1中。

表3.1　三种级数反应的速率式及特征

级　数	反应式	初始浓度	微分式	积分式	c-t 关系图
0	aA→产物	c_{A0}	$-\frac{dc_A}{dt}=k$	$c_A=-kt+c_{A0}$	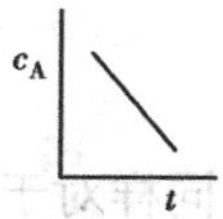
1	aA→产物	c_{A0}	$-\frac{dc_A}{dt}=kc_A$	$\ln c_A=-kt+\ln c_{A0}$	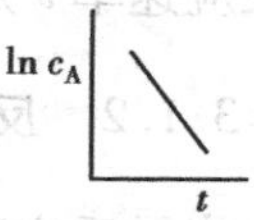
2	2aA→产物	c_{A0}	$-\frac{dc_A}{dt}=kc_A^2$	$\frac{1}{c_A}=kt+\frac{1}{c_{A0}}$	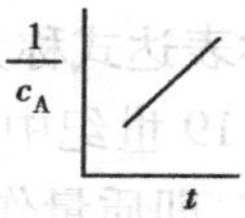
	aA + bB→产物	c_{A0}、c_{B0}	$-\frac{dc_A}{dt}=kc_Ac_B$	$\ln\frac{c_A}{c_B}=(c_{B0}-c_{A0})kt+\ln\frac{c_{A0}}{c_{B0}}$	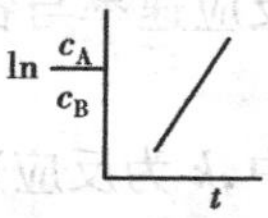

表3.1表明，不同反应级数的反应有不同的速率式，只要知道基元反应的级数，就可写出对应的速率式；反过来讲，若知道反应速率式，就可判定出反应级数，从而获得反应机理。

对于较简单的反应，可通过试验分析获得反应级数、速率常数。其方法为：先测定一定温度下，不同反应时间的反应物（或生成物）浓度，然后分别代入不同反应级数的速率积分式中，求出 k。若 k 为常数，则该式对应的级数为所求的反应级数，k 为所求的速率常数。或作出 c_A-t、$\ln c_A$-t、$1/c_A$-t 等关系图，呈直线关系的，对应的级数为所求的反应级数，然后对图中点进行线性回归，再由回归方程进一步求得速率常数。

3.1.4　反应速率常数与温度的关系式

对于一定的反应，速率常数与温度符合阿累尼乌斯公式：

$$k = k_0 e^{-\frac{E_a}{RT}} \tag{3.8}$$

$$\ln k = \ln k_0 - \frac{E_a}{RT} \tag{3.9}$$

式中，k_0 为指前系数，E_a 为反应活化能。

反应活化能是指完成一化学反应，使物质变为活化分子所需要的平均能量。对于一确定的反应，E_a 可以看作与温度关系不大的常数，但反应不同，E_a 可能不同。活化能大的反应，升高温度，k 值增加显著；活化能值小的反应，升高温度，k 值增加得不显著。对于同一反应，温度升高，反应速率常数增大。动力学上，提高温度有利于加快反应速率。

式(3.9)表明，$\ln k$ 与 $1/T$ 呈线性关系。对于较为简单的反应，在采用试验分析法获得反应级数、速率常数的基础上，可进一步通过类似的试验，测出若干不同温度下对应不同的速度常数，然后对 $\ln k$-$1/T$ 进行线性回归，由线性方程斜率可求出反应的活化能。

3.1.5　可逆反应速率式

当反应可逆时，其总速率应考虑可逆反应对速率的影响。对于可逆基元反应：$a\mathrm{A}+b\mathrm{B}\Leftrightarrow d\mathrm{D}+e\mathrm{E}$，其净反应速率为：

$$v = k_+ c_\mathrm{A}^a c_\mathrm{B}^b - k_- c_\mathrm{D}^d c_\mathrm{E}^e \tag{3.10}$$

式中，k_+、k_- 分别为正、逆反应的速率常数。

当反应达平衡时，$v=0$，则 $k_+ c_\mathrm{A}^a c_\mathrm{B}^b - k_- c_\mathrm{D}^d c_\mathrm{E}^e = 0$，即得

$$\frac{k_+}{k_-}=\frac{c_\mathrm{D}^d c_\mathrm{E}^e}{c_\mathrm{A}^a c_\mathrm{B}^b}=K$$

式中，K 为反应平衡常数。

则：

$$v = k_+ (c_\mathrm{A}^a c_\mathrm{B}^b - c_\mathrm{D}^d c_\mathrm{E}^e/K) \tag{3.11}$$

对于一级可逆基元反应：$\mathrm{A_{(g)}}+\mathrm{B_{(s)}}\Leftrightarrow \mathrm{D_{(g)}}+\mathrm{E_{(s)}}$。设 t 时刻气相中气体 A 的浓度为 c，反应达到平衡时的气相中气体 A 的浓度为 $c_平$，设随反应进行固相物的浓度保持不变。当界面反应为限制环节时，气体扩散很快，界面上气体浓度与气相中气体浓度相等，则基元反应 $\mathrm{A_{(g)}}+\mathrm{B_{(s)}}\Leftrightarrow \mathrm{D_{(g)}}+\mathrm{E_{(s)}}$ 用 c、$c_{(平)}$ 表示的速率式为：

$$v = k_+ (1+1/K)(c-c_平) = k(c-c_平) \tag{3.12}$$

推导如下：

由可逆反应速率可得：$v = k_+ (c_\mathrm{A} - c_\mathrm{D}/K)$ 在反应中，气体 A 消失浓度等于气体 D 生成浓度，故 $c_\mathrm{A} + c_\mathrm{D} = \mathrm{const} = \sum c$，即有：

$$c + c_\mathrm{D} = \mathrm{const} = \sum c$$

$$v = k_+ \left[c - \left(\sum c - c\right)/K\right] = k_+ \left[(1+1/K)c - \sum c/K\right]$$

平衡时，$v=0$，则 $(1+1/K)c_平 - \sum c/K = 0$，得：

$$\sum c/K = (1+1/K)c_平$$

故：

$$v = k_+ (1+1/K)(c-c_平)$$

上式中，c、$c_平$ 分别为反应进行到 t 时刻和达到平衡时，反应物气体 A 的物质的量浓度。

3.1.6　多相反应速率式

多相反应发生于体系的相界面上，引入相界面面积 A、体系体积 V 时，一级多相基元反应的速率式为：

$$v = k\frac{A}{V}\Delta c \tag{3.13}$$

式(3.18)中，对于可逆反应 $\Delta c = c - c_{(平)}$、不可逆反应 $\Delta c = c$。

3.2 扩散动力学基础

扩散是体系中物质自动迁移、浓度变均匀的过程。扩散可分为分子扩散和对流扩散。物质依靠分子运动从浓度高的地方转移到浓度低的地方，称为分子扩散，如空气中的氧气在静止钢水中的溶解，它是一相内部有浓度差异的条件下，由分子的无规则热运动而造成的物质传递现象。分子扩散在静止或呈层流流动的流体中进行，又可分为自扩散（本征扩散）和互扩散（化学扩散）。

纯物质体系中，同位素的浓度不同，熵变化时发生的扩散称为自扩散（本征扩散）。当溶液中有浓度梯度存在时，一种原子在其他作为基体原子中的相对扩散称为互扩散（化学扩散）。

对流扩散发生于流动体系中，它是由分子扩散和流体的分子集团的整体运动（即对流运动）使其内的物质发生迁移的现象。

单位时间内，通过垂直于扩散方向单位截面积的某物质的量称为该物质的扩散通量，一般用 J 表示，定义式为：$J = -dn/(Adt)$（式中负号表示扩散方向与浓度梯度方向相反，扩散沿着浓度降低的方向进行），单位为 $mol/(m^2 \cdot s)$，扩散通量能用来表示组分的扩散速率。

3.2.1 分子扩散

（1）稳定态扩散与菲克定律

体系中组分发生稳定态扩散主要特点为：扩散方向上组分浓度梯度为常数；任何垂直于扩散方向的扩散通量为常量；扩散体系中任何一点的浓度不随时间变化。

菲克（Fick）在 1856 年总结大量实验结果得出，在稳定态扩散条件下，扩散通量与扩散组元的浓度梯度间存在如下关系式（菲克第一定律式）：

$$J = -D\frac{dc}{dx} = -D\frac{\Delta c}{\Delta x} = -D\frac{c - c^0}{\Delta x} \tag{3.14}$$

式中，A 为扩散截面积；dn 为 dt 时间内扩散组分的物质的量的变化量；dc/dx 为扩散组分在 x 扩散方向上的浓度梯度；D 为扩散系数，指单位浓度梯度下的扩散通量；c^0、c 分别为组分在扩散层两端的浓度。

（2）非稳定态扩散与菲克定律

体系中组分发生非稳定态扩散主要特点为：扩散方向上组分浓度梯度不为常数；任何垂直于扩散方向的扩散通量不为常量；扩散体系中任何一点的浓度随时间发生变化。

非稳定态扩散规律可用 Fick 第二定律来描述。当体系中的组分在一维方向上发生非稳定态分子扩散时，单位体积单位时间组分浓度的变化等于在该方向上通量（单位时间通过单位面积的摩尔量）的变化，这既是菲克第二定律，其表示式为：

$$\frac{\partial c}{\partial t} = \frac{\partial}{\partial x}\left(D \cdot \frac{\partial c}{\partial x}\right) = D\frac{\partial^2 c}{\partial x^2} \tag{3.15}$$

若在 x-y-z 三维空间中，菲克第二定律可表示为：

$$\frac{\partial c}{\partial t} = D\left(\frac{\partial^2 c}{\partial x^2} + \frac{\partial^2 c}{\partial y^2} + \frac{\partial^2 c}{\partial z^2}\right)$$

严格来说，非克定律只适用于稀溶液，因为它未能考虑许多因素对扩散系数的影响，如组织结构、晶体缺陷和化学反应等。

(3) **扩散系数 D**

物质的分子扩散系数能表示它的扩散能力，是物质的物理性质之一。根据非克定律，扩散系数是沿扩散方向，在单位时间单位浓度梯度的条件下，垂直通过单位面积所扩散某物质的量。扩散系数的大小主要取决于扩散物质和扩散介质的种类及其温度和压力。扩散系数一般要由实验测定。由于液体中分子间的作用力强烈地束缚了分子活动的自由程，分子移动的自由度缩小，使液相质中的扩散，如气体吸收，溶剂萃取以及蒸馏操作等的 D 比气相质扩散的 D 低。气体扩散系数 D 为 $10^{-5} \sim 10^{-4}\,m^2/s$，液体扩散系数 D 为 $10^{-10} \sim 10^{-9}\,m^2/s$。

扩散系数与温度基本关系式为：

$$D = D_0 \cdot e^{-\frac{E_D}{RT}} \tag{3.16}$$

式中，D_0 为指前系数；E_D 为扩散活化能；T 为开尔文温度；R 为理想气体常数。

由式(3.16)得：

$$\ln D = \ln D_0 - \frac{E_D}{RT} \tag{3.17}$$

式(3.17)表明，对于一定的体系，扩散组分的 $\ln D$ 与 $1/T$ 呈线性关系，据此可通过实验测定系列温度下的扩散系数，然后线性回归出 $\ln D$ 与 $1/T$ 关系式，求得扩散组分的活化能用 E_D。

对于 A、B 两组分组成的混合气体，$c_A + c_B =$ 常数 $= P/(RT)$，则 $dc_A/dx = -dc_B/dx$，$J_A = -J_B$。

根据非克定律可得：

$$-D_{AB}\frac{dc_A}{dx} = D_{BA}\frac{dc_B}{dx}$$

$$D_{AB} = D_{BA} \tag{3.18}$$

式中，D_{AB}、D_{BA}分别为 A-B 二元系中 A 和 B 的扩散系数(或互扩散指系数)。

式(3.18)表明，由 A、B 两种气体所构成的混合物中，A 与 B 的扩散系数相等。

气体扩散系数的计算较成熟，对于 A-B 二元混合气体中，A 与 B 之间的分子扩散系数可按 Fuller 等人提出下述经验式进行估算。

$$D_{AB} = \frac{10^{-7}T^{1.75}}{P(V_A^{1/3} + V_B^{1/3})^2} \times \left(\frac{1}{M_A} + \frac{1}{M_B}\right)^{1/2} \tag{3.19}$$

式中，P 为总压强；M_A、M_B 分别为气体 A、B 的摩尔质量；V_A、V_B 分别为气体 A、B 的摩尔体积。

按式(3.19)，扩散系数 D 与气体的浓度无直接关系，它随气体温度的升高及总压强的下降而加大。这可以用气体的分子运动论来解释。随着气体温度升高，气体分子的平均运动动能增大，故扩散加快，而随着气体压强的升高，分子间的平均自由行程减小，故扩散就减弱。按状态方程，浓度与压力、温度是相互关联的，所以扩散系数与浓度是有关的。

混合液体的扩散系数以及气-固、液-固之间的扩散系数，比气体之间的扩散系数要复杂得多，只有用实验来确定。

液体扩散系数与组分的性质、温度、黏度以及浓度有关。液体扩散系数的估算不如气体成熟可靠，当溶液中扩散原子或质点的尺寸比介质质点尺寸大很多时，其扩散系数可表示为(斯托克-爱因斯坦公式)：

$$D = \frac{kT}{6\pi\eta r} \tag{3.20}$$

式中，k 为玻尔兹曼常数；η 为溶液黏度；r 为扩散原子半径。

分子扩散传质不只是在气相和液相内进行，同样可在固相内存在，如渗碳炼钢、材料的提纯等。在固相中的扩散系数比在液相中低大约一个数量级。

气体在多孔介质孔隙中发生扩散时，若气体分子的平均自由程比孔隙的直径大很多时，气体分子直接与孔隙碰撞的机会比分子之间的相互碰撞机会大得多，此时发生的扩散可称为克努生(Knudsen)扩散，其扩散系数可表示为：

$$D = \frac{2}{3}r\left(\frac{8RT}{\pi M}\right)^{1/2} = 3.068\sqrt{\frac{T}{M}} \tag{3.21}$$

式中，r 为孔隙半径；M 为扩散气体的摩尔质量。

当多孔介质的孔隙分布复杂时，分子扩散曲折，扩散路径更长，其扩散系数应进行修正。修正的扩散系数称为有效扩散系数 De，De 与扩散系数 D 关系式为：

$$De = D\varepsilon\xi \tag{3.22}$$

式中，ε 为多孔介质的孔隙率；ξ 为迷宫系数或称为拉比伦斯系数，可表示为 ε 的直线关系。它是两点距离对曲折距离之比。对于未固结散料，ξ 为 0.5 ~ 0.7；对于压实坯料，ξ 为 0.1 ~ 0.2。

3.2.2 对流扩散

对流扩散是指流动着的流体与界面之间或两个有限互溶的流动流体之间发生的传质。对流扩散时，分子扩散和流体对流运动同时发生，使物质从一个地区迁移到另一地区。

物质发生对流扩散时，设流体在 x 方向上由对流运动引起的物质扩散的速率分量为 u_x，对流扩散速率可表示为：

$$J = -D\frac{\mathrm{d}c}{\mathrm{d}x} + u_x c \tag{3.23}$$

式中，J 为扩散能量，或传质通量；c 为扩散组分的浓度；x 为距离。

在有对流运动的体系中，如果流体在凝聚相的表面附近流动，流体中某组分向此凝聚相的表面扩散(或凝聚相表面的物质向流体中扩散)，流体中组分的扩散速率可表示为：

$$J = -\beta(c - c^*) \tag{3.24}$$

式中，β 为传质系数；c 为扩散组分流体中的浓度；c^* 为扩散组分到达凝聚相表面的浓度。

3.3 多相反应基本理论

3.3.1 边界层理论

如图 3.1 所示，流体流过相界面时，在贴近相界面一层，由于流体的黏滞作用，在靠近相界面处产生很大的速度梯度。流体在相界面($y=0$)上速度为 0，离开相界面处，垂直于流动方向上的流体流速逐渐增加，达到主流速度(u)后，速度梯度为 0。在贴近相界面且有速度梯度出现的流体薄层称为边界层，或称为速度边界层，由普朗特于 1904 年发现。实际生产中，流体流过气-固相、气-液相、液固界面存在着边界层现象。

在流体流动的过程中，若扩散组元浓度在本体中的浓度为 c，而在相界面上的浓度保持为 c^*，如图 3.1 所示。在相界面附近存在浓度梯度，在本体和相界面之间存在一个浓度逐渐变化的区域，该区域称为浓度边界层或扩散边界层。

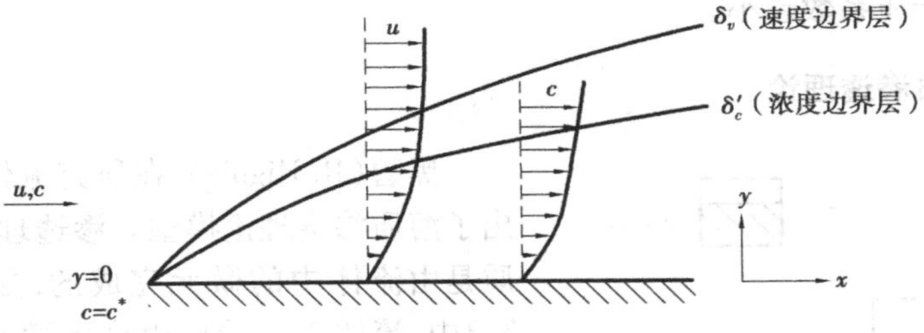

图 3.1 流体流过平板形成的速度边界层和浓度边界层
v—主流体流速；c—边界层外流体的浓度；
c^*—流体在相界面上的浓度；δ_c'—浓度边界层厚；δ_v—速度边界层厚

在边界层中浓度、速度发生急剧变化，边界层不存在明显的界限，使得数学处理上很不方便。为了处理问题方便，一般将从流体流速为主流速度的 99% 到流体流速为 0（即 $u_x = 0.99u$ 到 $u_x = 0$）之间的区域厚度定为速度边界层厚度，而从流体浓度为主流浓度到界面浓度（即 99% $c_x = 0.99c$ 到 $c_x = c^*$）之间的区域厚度定为浓度边界层厚度。在非常贴近相界面处，浓度分布成直线，因此在界面处（即 $x=0$）沿着直线对浓度分布曲线引一切线（如图 3.2 所示），此切线与浓度边界层外流体内部的浓度 c 的延长线相交，通过交点（E）作一条与界面平行的平面，此平面与界面之间的区域叫作有效边界层，用 δ_c' 表示。

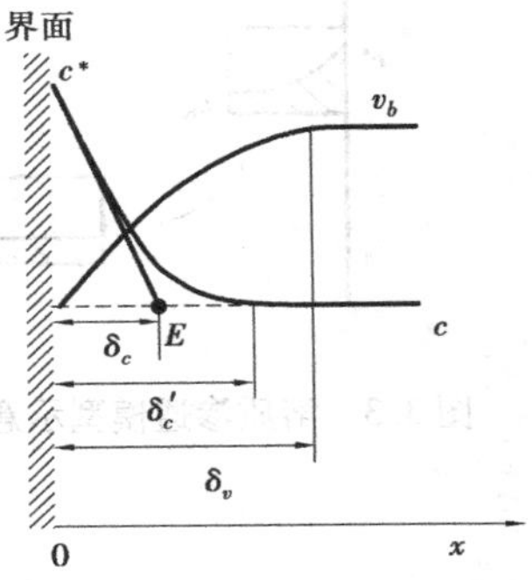

图 3.2 平板表面上的有效浓度边界层

由图 3.2 可以看出，在界面处的浓度梯度即为直线的斜率：

$$\left(\frac{\partial c}{\partial y}\right)_{y=0} = \frac{c_b - c_s}{\delta'} \tag{3.25}$$

瓦格纳（C. Wagner）定义有效边界层 δ_c'：

$$\delta_c' = \frac{c_b - c_s}{\left(\frac{\partial c}{\partial y}\right)_{y=0}} \tag{3.26}$$

在界面处（$x=0$），液体流速 $u_{x=0}=0$，假设在浓度边界层内传质是以分子扩散一种方式进行，稳态下，服从菲克第一定律，则垂直于界面方向上的扩散通量 J 为：

$$J = -D\left(\frac{\partial c}{\partial y}\right)_{x=0} \tag{3.27}$$

将式（3.26）代入式（3.27），得：

$$J = -\frac{D}{\delta_c'}(c_b - c_s) \tag{3.28}$$

式（3.28）与式（3.24）比较，得到传质系数 β 与有效边界层的厚度 δ_c' 关系为：

$$\beta = \frac{D}{\delta_c'} \tag{3.29}$$

用上式可计算有效边界层厚度。

对流传质的传质阻力全部集中在边界层内,层内的传质形式为分子扩散。边界层越厚,则扩散阻力越大,传质系数越小。

3.3.2 溶质渗透理论

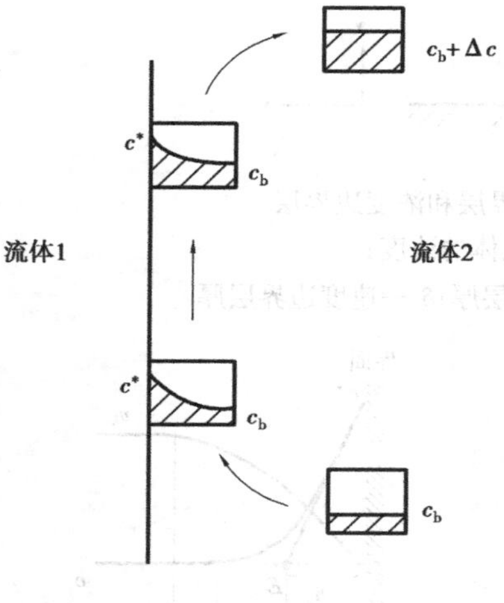

图 3.3 溶质渗透模型示意图

黑碧(R. Higbie)在研究流体间传质过程中提出了溶质渗透理论模型。渗透理论认为,相间的传质是由流体中的微元完成的,如图 3.3 所示。图 3.3中,流体 2 可看作由许多微元组成。每个微元内某组元的浓度为 c_b,由于自然流动或湍流,若某微元被带到界面与另一流体(流体 1)相接触,如流体 1 中某组元的浓度大于流体 2 相平衡的浓度,则该组元从流体 1 向流体 2 微元中迁移。微元在界面停留很短的时间,以 t_e 表示。经 t_e 时间后,微元又进入流体 2 内。此时,微元内的浓度增加到 $c_b+\Delta c$。由于微元在界面处的停留时间很短,组元渗透到微元中的深度小于微元的厚度,微观上该传质过程看作非稳态的一维半无限体扩散过程。

半无限体扩散的初始条件和边界条件为:

$$t=0, x\geqslant 0, c=c_b$$

$$0<t\leqslant t_e, x=0, c=c^*; x=\infty, c=c_b$$

对半无限体扩散时,菲克第二定律的解为:

$$\frac{c-c_b}{c^*-c_b}=1-\mathrm{erf}\left(\frac{x}{2\sqrt{Dt}}\right) \tag{3.30}$$

则:

$$c=c^*-(c^*-c_b)-\mathrm{erf}\left(\frac{x}{2\sqrt{Dt}}\right)$$

在 $x=0$ 处(即界面上),组元的扩散流密度为:

$$J=-D\left(\frac{\partial c}{\partial x}\right)_{x=0}=D(c^*-c_b)\left[\frac{\partial}{\partial x}\left(\mathrm{erf}\frac{x}{2\sqrt{Dt}}\right)\right]_{x=0}=D(c^*-c_b)\frac{1}{\sqrt{\pi Dt}}=\sqrt{\frac{D}{\pi t}}(c^*-c_b)$$

在 t_e 时间内的平均扩散流密度为:

$$J=\frac{1}{t_0}\int_0^{t_e}\sqrt{\frac{D}{\pi t}}(c^*-c_b)\mathrm{d}t=2\sqrt{\frac{D}{\pi t_e}}(c^*-c_b)$$

根据传质系数的定义 $J=\beta(c^*-c_b)$,得到黑碧的溶质渗透理论的传质系数公式为:

$$\beta=2\sqrt{\frac{D}{\pi t_e}} \tag{3.31}$$

应强调溶质渗透理论认为:流体 2 的各微元与流体 1 接触时间 t_e 是一定的,t_e 即代表平均寿命;此外,传质为非稳态传质。

3.3.3 表面更新理论

丹克沃茨(P. V. Danckwerts)认为流体 2 的各微元与流体 1 接触时间即寿命各不相同，而是按 0 ~ ∞ 分布，服从统计分布规律。

设 Φ 表示流体微元在界面上的停留时间分布函数，其单位为[s^{-1}]，则 Φ 与微元停留时间的关系可用图 3.4 表示。

$$\int_0^\infty \Phi(t)\,\mathrm{d}t = 1$$

上式的物理意义是：界面上不同停留时间的微元面积的总和为 1，即停留时间为 t 的微元面积占微元总面积的分数为 $\Phi(t)/1$。

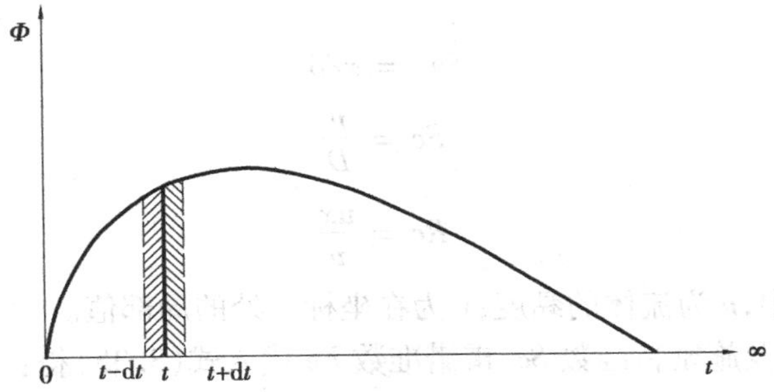

图 3.4 流体微元在界面上的停留时间分布函数

以 S 表示表面更新率，即单位时间内更新的表面积与在界面上总表面积的比例。

在 t 到 $t+\mathrm{d}t$ 的时间间隔内，在界面上停留时间为 t 的微元面积为 $\Phi_t\mathrm{d}t$。

在 t 到 $t+\mathrm{d}t$ 的时间间隔内，更新的微元面积为 $\Phi_t\mathrm{d}t(S\mathrm{d}t)$，因此，在 t 到 $t+\mathrm{d}t$ 时间间隔内，未被更新的面积为 $\Phi_t\mathrm{d}t(1-S\mathrm{d}t)$，此数值应等于停留时间为 $t+\mathrm{d}t$ 的微元面积 $\Phi_{t+\mathrm{d}t}\mathrm{d}t$，因此

$$\Phi_t\mathrm{d}t(1-S\mathrm{d}t) = \Phi_{t+\mathrm{d}t}\mathrm{d}t$$

$$\Phi_{t+\mathrm{d}t} - \Phi_t = -\Phi_t S\mathrm{d}t$$

$$\mathrm{d}\Phi_t/\Phi_t = -S\mathrm{d}t$$

设 S 为一常数，则

$$\Phi = A\mathrm{e}^{-St} \tag{3.32}$$

式中 A 为积分常数。由式(3.32)得

$$\int_0^\infty A\mathrm{e}^{-St}\mathrm{d}t = 1$$

$$\frac{A}{S}\int_0^\infty \mathrm{e}^{-St}\mathrm{d}t = \frac{A}{S} = 1$$

故 $A=S$，得：

$$\Phi(t) = S\mathrm{e}^{-St}$$

对于构成全部表面积的所有各种寿命微元的总扩散通量 J 为：

$$J = \int_0^\infty J_t\Phi(t)\,\mathrm{d}t = \int_0^\infty \sqrt{\frac{D}{\pi t}}(c^* - c_b)S\mathrm{e}^{-St}\mathrm{d}t = \sqrt{DS}(c^* - c_b)$$

根据传质系数的定义 $J=\beta(c^{*}-c_{\mathrm{b}})$,得

$$\beta = \sqrt{DS} \tag{3.33}$$

边界层理论、溶质渗透理论和表面更新理论可用来计算传质系数,但由于流体流动情况的复杂性、反应物的几何形状不规则等,使传质系数通过公式计算比较困难。于是需要考虑采用其他方法去计算传质系数,如根据相似原理设计特定的实验,通过总结实验结果建立起有关的无因次数群的关系,从而计算传质系数。

舍伍德数 Sh_x 定义为:

$$Sh_x = \frac{\beta x}{D} \tag{3.34}$$

结合 $\beta=\dfrac{D}{\delta_c}$,得:

$$Sh_x = x/\delta_c \tag{3.35}$$

$$Sc = \frac{\nu}{D} \tag{3.36}$$

$$Re = \frac{ux}{\nu} \tag{3.37}$$

式(3.36)、式(3.37)中,ν 为流体的黏度;x 为在坐标 x 处的局部值。

将 $J=\beta(c^{*}-c_{\mathrm{b}})$ 及施密特准数 Sc、雷诺准数 Re 代入式(3.35)得:

$$Sh_x = 0.324\, Re_x^{1/2}\, Sc^{1/3} \tag{3.38}$$

由式(3.34)、式(3.38)得:

$$\beta_x = \frac{D}{\delta_c} = \frac{D}{x}(0.324 Re_x^{1/2} Sc^{1/3}) \tag{3.39}$$

若平板长为 L,在 $x=0\sim L$ 范围内,β_x 的平均值为:

$$\begin{aligned}\bar{\beta} &= \frac{1}{L}\int_0^L \beta_x \mathrm{d}x = 0.324\,\frac{D}{L}\left(\frac{u}{\nu}\right)^{1/2}\left(\frac{\nu}{D}\right)^{1/3}\int_0^L x^{-1/2}\mathrm{d}x \\ &= 0.647\,\frac{D}{L}\left(\frac{uL}{\nu}\right)^{1/2}\left(\frac{\nu}{D}\right)^{1/3}\end{aligned} \tag{3.40}$$

整理得

$$\frac{\bar{\beta}L}{D} = 0.647(Re)^{1/2}(Sc)^{1/3} \tag{3.41}$$

即

$$Sh = 0.647(Re)^{1/2}(Sc)^{1/3} \tag{3.42}$$

式(3.40)至式(3.42)适用于流体以层流状态流过平板表面的传质过程。

当流体流动为湍流时,传质系数的计算公式为:

$$\frac{\bar{\beta}L}{D} = 0.647(Re)^{0.8}(Sc)^{1/3}$$

3.4 稳定态或准稳定态原理

所谓稳定态,是指反应速率不随时间而变化的状态。准稳定态是指反应速率随时间变化很小的状态。稳定态或准稳定原理是动力学研究的重要方法,用于复杂串联反应的动力学分析。

在敞开体系(与环境有能量及物质交换)内,某一组分的质量在某时间的变化是由内部的化学反应及参加反应的物质经过体系-环境界面转移促成的。当组分引入量与其消耗量达到相等时,反应过程即处于稳定状态。过程处于稳定态时各环节速率相等,反应速率不随时间而变化。对于反应:$A \xrightarrow{v_A} B \xrightarrow{v_B} C \xrightarrow{v_C} \cdots$,稳定态或准稳定态下:$v_A = v_B = v_c = \cdots = \text{const}$。

采用稳定态或准稳定原理,可建立多个速率方程,由方程可消去中间一些较难得到的参数量(或实际很难测算的参数量),从而能得到用一些已知参数量(或实际易测算的参数量)表示的动力学方程。这些应用见下面的冶金动力学模型相关内容。

3.5 冶金动力学模型

3.5.1 未反应核模型

假设:①完整的气/固反应式为:$aA_{(g)} + bB_{(s)} = gG_{(g)} + eE_{(s)}$(注意:对于具体的气-固相反应过程可能会缺少A、B、G、E一项,但至少应包括一个固相和一个气相);②固体反应物B是致密的或无孔隙的,固体产物层是多孔的,固体反应物和固体产物层之间有明显的界面,反应发生于此界面上,即具有界面化学反应特征。随着反应的进行,产物层厚度不断增加,而固体反应物核心不断减小,直到最后消失。基于这一考虑建立起来的预测气/固反应速率的模型称为缩小的未反应核模型,或简称为未反应核模型。这种沿固内部相界面附近区域发展的化学反应又称为区域化学反应。大量的实验结果证明了这个模型可广泛应用于如氧化矿的气体还原、金属及合金的氧化、碳酸盐的分解、硫化物焙烧等气/固反应。

气-固反应模型可用图3.5示意。在固体反应物$B_{(s)}$的外层生成一层固体$E_{(s)}$。按照边界层理论,气体反应物A向固体产物层内扩散过程中,形成一气体边界层,也可称为气膜层。边界层外为气流层。

未反应核模型下的气-固相反应主要包括:气体在固体物外的外扩散,气体与固体在界面上发生化学反应,气体在固相产物层扩散等几个步骤。

上述步骤中,每一步都有一定的阻力。对于传质步骤,传质系数的倒数$1/\beta$相当于这一步骤的阻力。界面化学反应步骤中,反应速率常数的倒数$1/k$,相当于该步骤的阻力。对于由前后相接的步骤串联组成的串联反应,则总阻力等于各步骤阻力之和。若反应包括两个或多个平行的途径组成的步骤,如上述第一步骤、第三步骤中各有两种进行途径,则这些步骤阻力的倒数等于各自的两个平行反应阻力倒数之和。总阻力的计算与电路中总电阻的计算十分相似，串联反应相当于电阻串联，并联反应相当于电阻并联。

未反应核模型下的气-固相反应速率随时间变化规律如图3.6所示。由图3.6可见，气-固相反应速率随时间变化可分三个时期：诱导期、自动催化期和反应界面缩小期。诱导期产生原因：反应在表面的活化中心进行，活化中心面积（反应面积）很小；自动催化期产生原因：反应面积不断增加，反应速度也不断增加；反应界面缩小期产生原因：每个活化中心反应界面相交，称为反应面的前沿汇合。此时反应速率最大，之后，由于反应面积减小，反应速率降低。

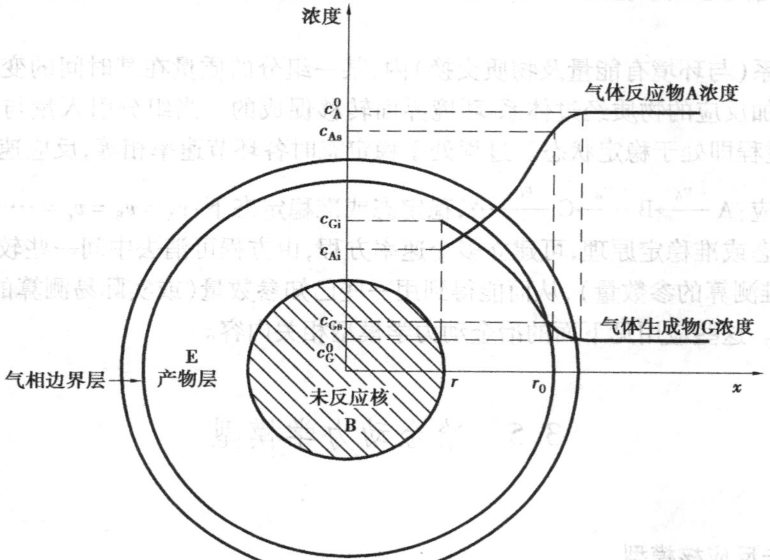

图3.5　气-固相反应模型示意图

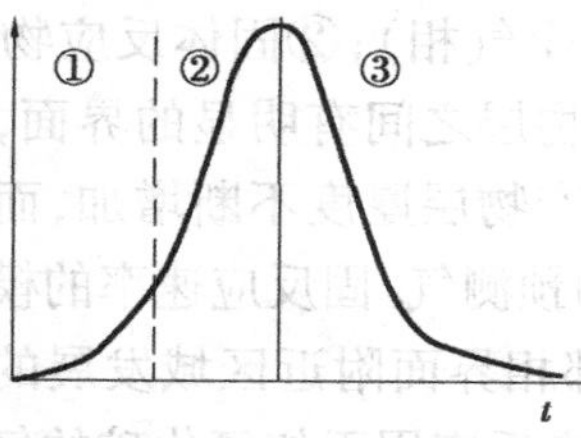

图3.6　未反应核模型气-固相反应速率变化特征

未反应核模型动力学内容同样也适用于液-固相反应。下面分别分析这三种不同类型的步骤的特点，推导其速率的表达式及由它们单独控速时，反应时间与反应率的关系。

(1)未反应核模型速率式

单位体积的体系中，对一级可逆界面基元化学反应 $A_{(g)} + B_{(g)} = E_{(s)} + D_{(g)}$ 反应速率可表示为：

$$v_g = 4\pi r^2 k(c - c_{平}) \tag{3.43}$$

式中，c 为 t 时刻气体反应物在未反应固体物表面上的浓度；r 为 t 时刻未反应固体物半径；k 为界面反应速率常数。

气体在固体产物层内的扩散速率（扩散通量）可表示为：

$$J = -D_e A\frac{dc}{dr} = -4\pi r^2 D_e \frac{dc}{dr} \tag{3.44}$$

式(3.44)中，D_e 为反应物气体在固体产物层内有效扩散系数。

在稳定态下，J 为常量，由式(3.44)可得：

$$-\int_{c^0}^{c} dc = \frac{J}{4\pi D_e}\int_{r_0}^{r}\frac{1}{r^2}dr$$

$$J = 4\pi D_e\left(\frac{r_0 r}{r_0 - r}\right) \times (c^0 - c) \tag{3.45}$$

稳定下，$v_g = J$，则：

$$4\pi r^2 k(c - c_{平}) = 4\pi D_e\left(\frac{r_0 r}{r_0 - r}\right) \times (c^0 - c)$$

得：

$$c = \frac{D_e r_0 c^0 + k c_{平}(r_0 r - r^2)}{D_e r_0 + k(r_0 r - r^2)}$$

即得气-固相反应微分表达式：

$$v = \frac{4\pi r^2 r_0 (c^0 - c_{平})}{r_0/k + (r_0 r - r^2)/D_e} \tag{3.46}$$

式(3.46)中，$c^0 - c_{平}$ 可称为反应驱动力，分母可称为反应总阻力，$\frac{1}{k}$称为界面反应阻力，$\frac{1}{D_e}$称为反应物在边界层内扩散阻力。

对式(3.46)未反应核模型速率微分式讨论：

①$\frac{1}{k} \gg \frac{1}{D_e}$时，界面化学反应为限制环节（或处于动力学范围），$c = c^0$

$$v = 4\pi r^2 k(c^0 - c_{平}) \tag{3.47}$$

②$\frac{1}{k} \ll \frac{1}{D_e}$时，内扩散为限制环节（处于扩散范围），$c = c_{平}$

$$v = 4\pi D_e (c^0 - c_{平}) \times \frac{r_0 r}{r_0 - r} \tag{3.48}$$

③$\frac{1}{k} = \frac{1}{D_e}$时，内扩散和界面化学反应混合限制

$$v = \frac{4\pi r^2 r_0 (c^0 - c_{平})}{r_0/k + (r_0 r - r^2)/D_e} \tag{3.49}$$

(2)气-固相反应未反应核模型速率积分式

对一级可逆界面化学反应 $A_{(s)} + B_{(g)} = C_{(s)} + D_{(g)}$，反应速率用固体反应物 A 表示为：

$$v_A = -\frac{dn_A}{dt} = -\frac{dn_A}{dr}\frac{dr}{dt} = -\frac{d}{dr}\left(\frac{4}{3}\pi r^3 \rho\right)\frac{dr}{dt} = -4\pi r^2 \rho \frac{dr}{dt} \tag{3.50}$$

式(3.50)中，ρ 为固体反应物的物质的量密度，$mol \cdot m^{-3}$。

结合式(3.46)，稳定态下，$v_A = v$，则：

$$\frac{k D_e r_0 (c^0 - c_{平})}{\rho} dt = -[k(r_0 r - r^2) + D_e r_0] dr$$

对上式积分得：

$$\frac{r_0 (c^0 - c_{平})}{\rho} t = \frac{1}{6D_e}(r_0^3 + 2r^3 - 3r_0 r^2) - \frac{1}{k}(r_0 r - r_0^2) \tag{3.51}$$

对式(3.51)讨论：

①$\frac{1}{k} \gg \frac{1}{D_e}$时，界面化学反应为限制环节（处于动力学范围），$c = c^0$

$$r_0 - r = \frac{k(c^0 - c_{平})}{\rho}t \tag{3.52}$$

上式表明,若界面化学反应为限制环节(处于动力学范围)时,$r_0 - r$ 与 t 呈直线关系;反之,若 $r_0 - r$ 与 t 呈直线关系,则气-固相反应整个过程由界面化学反应限制。

②$\frac{1}{k} \ll \frac{1}{D_e}$时,内扩散为限制环节(处于扩散范围),$c = c_{平}$

$$r_0^3 + 2r^3 - 3r_0r^2 = \frac{6D_e r_0(c^0 - c_{平})}{\rho}t \tag{3.53}$$

上式表明,若内扩散为限制环节(处于内扩散范围)时,$r_0^3 + 2r^3 - 3r_0r^2$ 与 t 呈直线关系;反之,若 $r_0^3 + 2r^3 - 3r_0r^2$ 与 t 呈直线关系,则气-固相反应整个过程由界面化学反应限制。

③$\frac{1}{k} = \frac{1}{D_e}$时,内扩散和界面化学反应混合限制

$$\frac{r_0(c^0 - c_{平})}{\rho}t = \frac{1}{6D_e}(r_0^3 + 2r^3 - 3r_0r^2) - \frac{1}{k}(r_0r - r_0^2) \tag{3.54}$$

(3)用固体反应物的反应度(转化率)R、反应穿透度 f 表示的速率积分式

固体反应物的反应度(转化率)R 与未反应核半径关系式为:

$$r = r_0(1 - R)^{1/3} \tag{3.55}$$

反应穿透度 f 与未反应核半径关系式为:

$$f = \frac{r_0 - r}{r_0} \quad 或 \quad r = r_0(1 - f) \tag{3.56}$$

将 $r = r_0(1 - R)^{1/3}$ 代入分式(3.51),整理得:

$$\frac{(c^0 - c_{平})}{r_0^2\rho}t = \frac{1}{6D_e}[3 - 2R - 3(1 - R)^{2/3}] + \frac{1}{k}[1 - (1 - R)^{1/3}] \tag{3.57}$$

讨论式(3.57):

①$\frac{1}{k} \gg \frac{1}{D_e}$时,界面化学反应为限制环节(处于动力学范围),$c = c^0$

$$1 - (1 - R)^{1/3} = \frac{k(c^0 - c_{平})}{r_0^2\rho}t \tag{3.58}$$

式(3.58)表明,界面化学反应为限制环节(处于动力学范围)时,$1 - (1 - R)^{1/3}$ 与 t 呈直线关系;反之,若 $1 - (1 - R)^{1/3}$ 与 t 呈直线关系,则气-固相反应整个过程由界面化学反应限制。

②$\frac{1}{k} \ll \frac{1}{D_e}$时,内扩散为限制环节(处于扩散范围),$c = c_{平}$

$$3 - 2R - 3(1 - R)^{2/3} = \frac{6D_e(c^0 - c_{平})}{r_0^2\rho}t \tag{3.59}$$

式(3.59)表明,扩散为限制环节(处于扩散范围)时,$3 - 2R - 3(1 - R)^{2/3}$ 与 t 呈直线关系;反之,若 $3 - 2R - 3(1 - R)^{2/3}$ 与 t 呈直线关系,则气-固相反应整个过程由扩散限制。

③$\frac{1}{k} = \frac{1}{D_e}$时,内扩散和界面化学反应混合限制

$$\frac{(c^0 - c_{平})}{r_0^2\rho}t = \frac{1}{6D_e}[3 - 2R - 3(1 - R)^{2/3}] + \frac{1}{k}[1 - (1 - R)^{1/3}] \tag{3.60}$$

[**例 3.1**]　某人欲研究黄铁矿浸出的动力学,请你帮他推导出表面化学反应控制时的动

力学方程式。已知所用黄铁矿为致密的颗粒，且颗粒各处的化学反应活性相等，所用颗粒为单一粒度的边长为 a_0 的立方体，使用了大大过量的浸出剂，搅拌强度很高。

解 黄铁矿浸出界面反应为限制环节时，其他环节阻力很小，浸出剂扩散到固体黄铁矿反应界面浓度 C 与其本体内的浓度 C_0 相等，即有 $C=C_0$，其速率可表示为：

$$v = 6r^2kC_0^n \tag{3.61}$$

式中，r 为 t 时刻黄铁矿未反应核边长；k 为反应速率常数；n 为界面反应级数。

界面上铜黄铁矿反应速率可表示为：

$$v_S = -\frac{dn_S}{dt} = -\frac{d(r^3\rho)}{dr}\frac{dr}{dt} = -3r^2\rho\frac{dr}{dt} \tag{3.62}$$

稳定态下，$v=v_S$，则得：

$$6r^2kC_0^n = 3r^2\rho\frac{dr}{dt}, \int_{a_0}^{r} dr = -\frac{2kC_0^n}{\rho}\int_0^t dt$$

$$a_0 - r = \frac{\rho}{2kC_0^n}t \tag{3.63}$$

由反应分数 R 定义式：$R=\dfrac{m_0-m}{m_0}=\dfrac{a_0^3-r^3}{a_0^3}$，可得：$r=a_0(1-R)^{1/3}$。

将 $r=a_0(1-R)^{1/3}$ 代入式(3.63)中并整理得：

$$1-(1-R)^{\frac{1}{3}} = \frac{2kC_0^n}{a_0\rho}t$$

3.5.2 双膜理论

双膜传质理论是刘易斯(W. K. Lewis)和惠特曼(W. Whitman)于1924年提出的。双膜理论在两个流体相界面两侧的传质中应用。

假设：

①在两个流动相(气体/液体、液体/液体)的相界面两侧，都有一个边界薄膜(气膜、液膜等)。物质从一个相进入另一个相的传质过程的阻力集中在界面两侧膜内。

②在界面上，物质的交换处于动态平衡。

③在每相的区域内，被传输的组元的物质流密度(J)，对液体来说与该组元在液体内和界面处的浓度差 (c_l-c_i) 成正比；对于气体来说，与该组元在气体界面处及气体体内分压差(p_i-p_g)成正比。

④对流体1/流体2组成的体系中，两个薄膜中流体是静止不动的，不受流体内流动状态的影响。各相中的传质被看作是独立进行的，互不影响。

若传质方向是由一个液相进入另一个气相，则各相传质的物质流的密度 J 可以表示为：

$$J_l = k_l(c_i - c_i^*) \tag{3.64}$$

$$J_g = k_g(P_i - P_i^*) \tag{3.65}$$

式(3.64)、式(3.65)中，k_l、k_g 分别为组元在液体、气体中的传质系数；c_i、c_i^* 分别为组元 i 在液体内、相界面的浓度；p_i、p_i^* 分别为组元 i 在气体内、相界面的分压。

在冶金过程中，单相反应不多见，而气/液反应、液/液反应等异相反应相当多。前者如铜锍的吹炼、钢液的脱碳；后者如钢中锰、硅的氧化等钢渣反应。虽然经典的双膜理论有诸多不足之处，但在两流体间反应过程动力学研究中，界面两侧有双重传质阻力的概念至今仍有一定的应用价值。

改进了的双膜理论实际上是有效边界层在两个流体相界面两侧传质中的应用。界面两侧各有一边界层，考虑了在这个边界层中流体运动对质量传输的影响；所在扩散边界层内，同时考虑在径向和切向方向的对流扩散和分子扩散；边界层的厚度不仅与流体的性质和流速有关，而且与扩散组元的性质有关。

双膜理论适用于液-液相/气-液相反应，如：[Mn] + (FeO) = (MnO) + [Fe]，(FeO) = [FeO]等。

在物性不同或流速有差别的两不同液相中，相界面的两侧存在着表征传质阻力的边界层。如图3.7所示，Ⅰ相内浓度为 c_{I} 的组分，到达相界面上，其浓度下降为 c_{I}^*，在此通过界面化学反应转变为浓度为 c_{II}^* 的生成物，然后再向Ⅱ相内扩散，其浓度下降到Ⅱ相的内部浓度 c_{II}，整个化学反应过程主要由反应物在Ⅰ相内的扩散、界面化学反应、反应产物在Ⅱ相内的扩散三个环节组成。

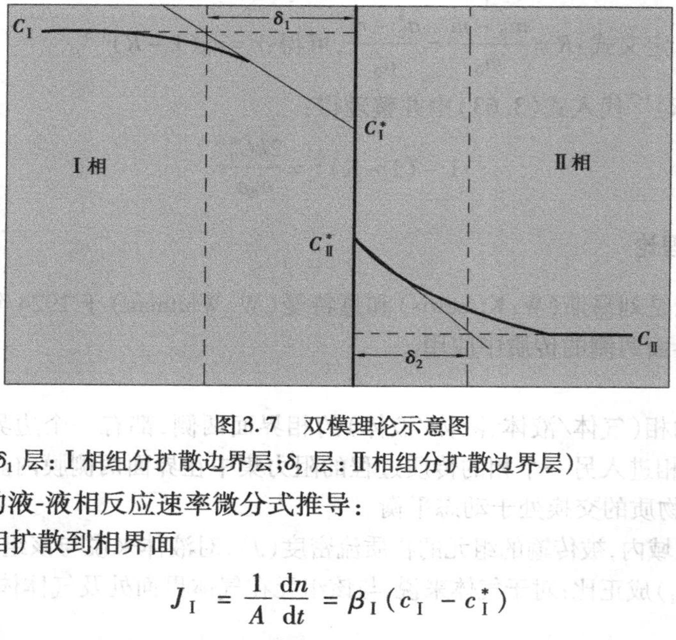

图3.7 双模理论示意图

(δ_1 层：Ⅰ相组分扩散边界层；δ_2 层：Ⅱ相组分扩散边界层)

双膜理论下的液-液相反应速率微分式推导：

1) 物质在Ⅰ相扩散到相界面

$$J_{\mathrm{I}} = \frac{1}{A}\frac{\mathrm{d}n}{\mathrm{d}t} = \beta_{\mathrm{I}}(c_{\mathrm{I}} - c_{\mathrm{I}}^*) \tag{3.66}$$

2) 物质在边界层发生化学反应(1级可逆基元反应)

$$v = -\frac{1}{A}\frac{\mathrm{d}n}{\mathrm{d}t} = k_+\left(c_{\mathrm{I}}^* - \frac{c_{\mathrm{II}}^*}{K}\right) \tag{3.67}$$

3) 生成物离开反应界面扩散到Ⅱ相

$$J_{\mathrm{II}} = \frac{1}{A}\frac{\mathrm{d}n}{\mathrm{d}t} = \beta_{\mathrm{II}}(c_{\mathrm{II}}^* - c_{\mathrm{II}}) \tag{3.68}$$

由稳定态原理得 $J_{\mathrm{I}} = v_c = J_{\mathrm{II}}$，则

$$\frac{J_{\mathrm{I}}}{\beta_1} = c_{\mathrm{I}} - c_{\mathrm{I}}^*, \frac{v_c}{k_+} = c_{\mathrm{I}} - \frac{c_{\mathrm{II}}^*}{K}, \frac{J_{\mathrm{II}}}{\beta_2 K} = \frac{c_{\mathrm{II}}^*}{K} - \frac{c_{\mathrm{II}}}{K}$$

消去界面浓度(未知参数)，得双膜理论下液-液相反应总速率式：

$$v=\frac{c_{\mathrm{I}}\frac{c_{\mathrm{II}}}{K}}{\frac{1}{\beta_{\mathrm{I}}}+\frac{1}{K\beta_{\mathrm{II}}}+\frac{1}{k_{+}}}\tag{3.69}$$

式(3.69)中,分子可称为反应驱动力,分母可称为反应总阻力。$\frac{1}{k_{+}}$称为界面反应阻力,$\frac{1}{\beta_{\mathrm{I}}}$称为反应物在边界层内扩散阻力,$\frac{1}{\beta_{\mathrm{II}}}$、$\frac{1}{\beta_{\mathrm{I}}}$称为反应产物在边界层内扩散阻力。

双膜理论下的液-液相反应速率微分式讨论:

1)界面反应为限制环节(液-液相反应处于动力学范围)

界面反应为限制环节时,$\frac{1}{k_{+}}\gg\frac{1}{\beta_{\mathrm{I}}}+\frac{1}{K\beta_{\mathrm{II}}}$。

由液-液相反应总速率微分式处理得到界面反应为限制环节时,液-液相反应速率式为:

$$v=k_{+}\left(c_{\mathrm{I}}-\frac{c_{\mathrm{II}}}{K}\right)\tag{3.70}$$

2)双膜理论下扩散为限制环节(液-液相反应处于扩散范围)

扩散为限制环节时,$\frac{1}{\beta_{\mathrm{I}}}+\frac{1}{K\beta_{\mathrm{II}}}\gg\frac{1}{k_{+}}$。

由液-液相反应总速率处理得到扩散为限制环节时,液-液相反应速率式为:

$$v=\frac{c_{\mathrm{I}}-\frac{c_{\mathrm{II}}}{K}}{\frac{1}{\beta_{\mathrm{I}}}+\frac{1}{K\beta_{\mathrm{II}}}}\tag{3.71}$$

3)反应物在边界层 δ_1 内扩散为限制环节

$$\frac{1}{\beta_{\mathrm{I}}}\gg\frac{1}{K\beta_{\mathrm{II}}}+\frac{1}{k_{+}}$$

则对应速率式为:

$$v=\beta_{\mathrm{I}}\left(c_{\mathrm{I}}-\frac{c_{\mathrm{II}}}{K}\right)\tag{3.72}$$

4)反应产物在边界层 δ_2 内扩散为限制环节

$$\frac{1}{K\beta_{\mathrm{II}}}\gg\frac{1}{\beta_{\mathrm{I}}}+\frac{1}{k_{+}}$$

则对应速率式为:

$$v=K\beta_{\mathrm{II}}\left(c_{\mathrm{I}}-\frac{c_{\mathrm{II}}}{K}\right)\tag{3.73}$$

3.6 速率限制环节的确定方法

(1)利用测定的活化能估计法

反应物浓度均为1时,

$$v=A\cdot\exp\left(-\frac{E}{RT}\right)\tag{3.74}$$

实验测定系列温度下对应的反应速率 v，并作 $\ln v$ 对 $1/T$ 作图，得图 3.8 所示关系线。由图中直线的斜率求得的活化能就是限制环节的活化能。

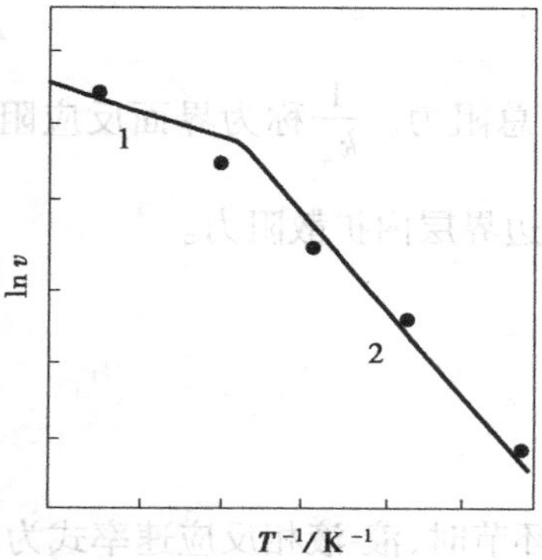

图 3.8　$\ln v$ 与 $1/T$ 关系

如果直线在某温度发生转折，说明限制环节通过该温度后有改变。一般来说，若反应为 2 级，活化能又很大，界面反应是限制环节。若反应为 1 级，活化能又比较小，扩散是限制环节。

（2）搅拌强度改变法

当一个反应的速率受温度的影响不大，而增加流体的搅拌强度能使反应速率迅速增加，扩散是限制环节。进一步改变影响各组分扩散速率的其他条件，确定哪一个组分的扩散是限制者。

（3）假设的最大速率法

分别计算界面反应和参加反应的各物质扩散的最大速率（即在所有其他环节不呈现阻力时，该环节的速率即最大），其中速率最小者，是总反应过程的限制环节。

3.7　反应过程速率的影响因素

影响反应过程的因素包括温度、反应物性质、搅拌强度、反应物浓度等。

（1）温度的影响

由 $k = k_0 e^{-E_a/(RT)}$、$D = D_0 e^{-E_D/(RT)}$ 可得图 3.9。由图 3.9 可知，随温度升高，速率常数、扩散系数均增加，反应速率增加。低温下，界面反应是限制环节；在高温下，扩散是限制环节。

（2）固相物孔隙度的影响

固体反应物的孔隙度高，孔隙又是开口的，构成了贯穿于固体整个体积内的细微通道网络，气体能沿这些通道扩散，使反应成体积性的发展。固相生成物的孔隙特性直接影响气-固相反应的有效扩散系数。

（3）固相物的粒度及形状的影响

在一般条件下，随固相反应粒度的增加而减少，但对于致密固相反应物，随粒度减少，界面成为限制环节，但随反应进行，内扩散成为限制环节；固相物为多孔结构、粒度较小时，或反应初期，反应的限制环节是宏观表面和内部孔隙表面共同参与的界面化学反应，仅当粒度超过一定粒度时，才能转入扩散限制。

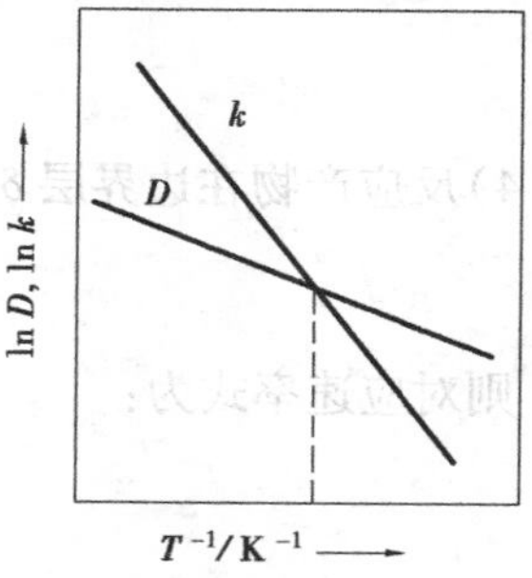

图 3.9　D、k 与 T 关系

（4）流体的流速

在对流运动的体系内，传质系数随着流体的流速而增加；在扩散范围，流速增加能使扩散环节速率增大，从而使整个过程的速率加快；流速增加对界面化学反应成为限制环节的过程的速率没有影响。

3.8　金属液结晶过程动力学

这里的结晶是指热的饱和溶液冷却后，溶质以晶体的形式析出的过程。根据热力学原理，当熔体过冷至熔点温度以下时，就会出现结晶现象。首先，在熔体中会形成许多大小不等、与固相结构相同的基元团，叫晶胚。晶胚再靠凝聚熔体中的溶质原子而不断长大，形成具有一定临界大小的晶核，继而发育成完整的晶体。整个结晶的过程就是形成晶核和晶核不断长大的过程。晶体成核在新相和母相之间有比较清晰的相界面。晶核形成以后就会立刻长大，晶核长大的实质就是液态金属原子向晶核表面堆砌的过程，也是固液界面向液体中迁移的过程。

液态金属在结晶时，其形核方式一般认为主要有两种：均相形核（又称均质形核）和非均相形核（又称异质形核）。若体系中的空间各点出现新核的概率相同，则在晶核形成的涨落过程中不考虑外来杂质或基底存在的影响，这种过程称为均相成核。在相界表面上，诸如在外来质点、容器壁以及原有的晶体表面形成晶核，称为非均相成核。

冶金反应过程中，生成的产物一般要进行结晶，它们也是动力学的组成环节，在一定条件下，结晶的速率也有可能成为整个反应速率的限制环节。

过饱和状态是溶液能发生结晶作用的先决条件，过饱和度是结晶过程的推动力。

过饱和度 Δc、过饱和系数 Σ^* 可表示为：

$$\Delta c = c_{\Sigma} - c_0$$

$$\Sigma^* = c_{\Sigma}/c_0 \tag{3.75}$$

式中，c_{Σ}/c_0 分别为过饱和液中物质的摩尔浓度、饱和液中物质的摩尔浓度。

溶液中物质溶解度与温度关系如图 3.10 所示。

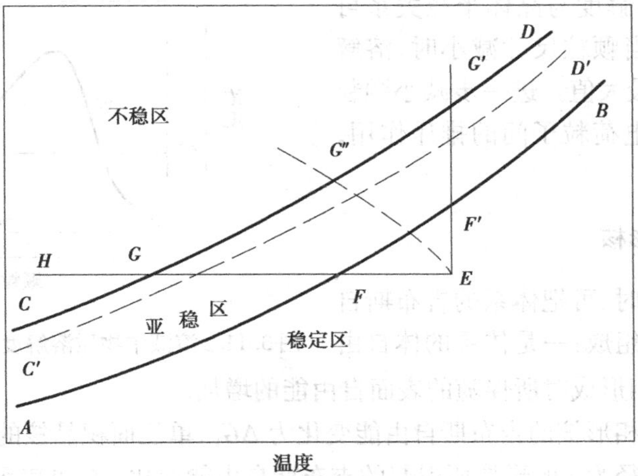

图 3.10　溶液中物质溶解度与温度关系

图 3.10 中，过饱和溶液在热力学上是不稳定的，而溶液在溶解度曲线 AB 以上的整个过饱和区不同位置上的不稳定程度是不相同的。体系点靠近饱和曲线 AB 就比较稳定，离 AB 曲线越远就越不稳定。

稳定区即不饱和区，处于该区内的溶液始终保持稳定，不可能发生结晶作用。

不稳定区溶液处于不稳定的过饱和状态，能立即自发成核析出固相，体系内固-液共存。

亚稳区介于上述两区之间。该区内溶液虽呈过饱和状态有结晶能力，但不会立即析晶，能在该状态下持续相当长时间，溶液处于亚稳状态。

亚稳区的稳定性由物质的化学组分、溶解度、温度、搅拌程度以及杂质等确定。

物质溶解度与温度、晶体的半径等有关系。

在固液两相平衡条件下，温度对物质溶解度的影响关系为：

$$\ln\frac{c_2}{c_m} = -\frac{\Delta H}{R}\left(\frac{1}{T_2}-\frac{1}{T_m}\right) \tag{3.76}$$

式中，c 为晶体的溶解度；ΔH 为相变焓；T_m 为晶体的熔点；T_2 为操作温度；R 为理想气体常数。

对于溶解时吸热的大多数晶体，ΔH 为正值，故温度越高，溶解度越大；在相同操作温度下，则熔点越高的晶体，溶解度越小。

Ostwald 从热力学观点出发，假设晶粒是球形的，两种粒径不同的晶体的半径分别为 r_1 和 r_2，则溶解度与晶粒尺寸关系的表达式为：

$$\ln\frac{c_1}{c_2} = \frac{2M\sigma}{RT\rho}\left(\frac{1}{r_1}-\frac{1}{r_2}\right) \tag{3.77}$$

式中，c_1、c_2 分别为粒径 r_1 和 r_2 的球形晶粒的溶解度；M 为溶液中晶体的分子量；σ 为固-液相界面自由能；ρ 为晶体的密度；R 为气体常数；T 为开尔文温度。

假设大颗粒球形晶体的粒径 $r\to\infty$，与之相平衡的浓度为 C^*，则得 Ostwald-Freundich 方程为：

$$\ln\frac{c_r}{c^*} = \frac{2M\sigma}{RT\rho r} \tag{3.78}$$

溶液中物质溶解度与晶体半径关系可用图 3.11 示意。当颗粒尺寸减小时，溶解度增加，直至达到最大值。进一步减小颗粒尺寸时，则由于带电荷粒子间的排斥作用，反使溶解度下降。

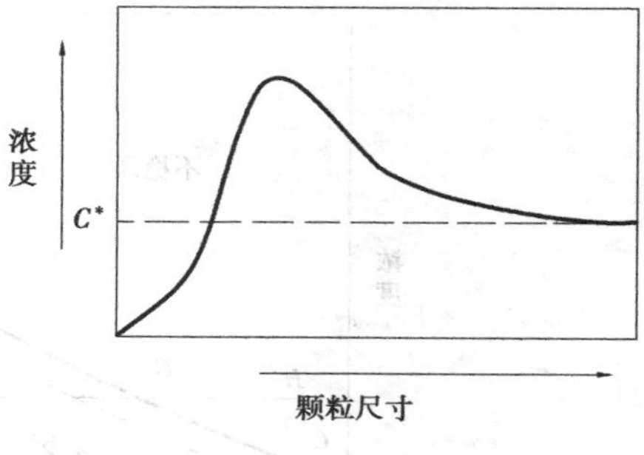

图 3.11　溶液中物质溶解度与晶体半径关系示意图

3.8.1　均相形核

晶体均相形核时，可把体系的吉布斯自由能看成是由两项组成：一是体系的体自由能的减少；二是新相形成时所伴随的表面自由能的增加。

若单位体积新相形核的吉布斯自由能变化为 ΔG_V，单位面积晶核的比表面自由能为 σ，则在液相形成一个半径为 r 的形核所引起的吉布斯自由能变化 ΔG 可表示为：

$$\Delta G = V\cdot\Delta G_v + A\cdot\sigma \tag{3.79}$$

式中，V 为形成的晶核体积；A 为形成的晶核面积。

当核为球形（设核半径为 r）时，形核过程的 ΔG 可为：

$$\Delta G = \frac{4}{3}\pi r^3\cdot\Delta G_v + 4\pi r^2\cdot\sigma \tag{3.80}$$

由式(3.80)可得新相形核过程 ΔG 与形核半径 r 的关系图,如图 3.12 所示。新相形核过程中,$\Delta G_V<0$,$A\cdot\sigma>0$,两者综合结果,随形核半径 r 增大,ΔG 先增大,达到极大值后,ΔG 减小。ΔG 达到极大值时的形核半径 r^* 称为临界半径,对应的 ΔG^* 称为临界形核吉布斯自由能变化。

由 $d\Delta G/dr=0$,得

$$r^*=-2\sigma/\Delta G_v$$

$$\Delta G^*=16\pi\sigma^3/3\Delta G_v^2=16\pi\sigma^3[T_m/(\Delta H_m\cdot\Delta T)]=4/3\pi r^{*2}\sigma=1/3A^{*2}\sigma \quad (3.81)$$

临界形核功 ΔG^* 的大小为临界晶核表面能的三分之一,它是均质形核所必须克服的能量障碍,形核功由熔体中的“能量起伏”提供。因此,过冷熔体中形成的晶核是“成分起伏”“温度起伏”及“结构起伏”的共同产物。$\Delta G<0$ 时,新相形核能自发形成。因此,新相形核半径需高于临界半径 r^* 才有可能发生。

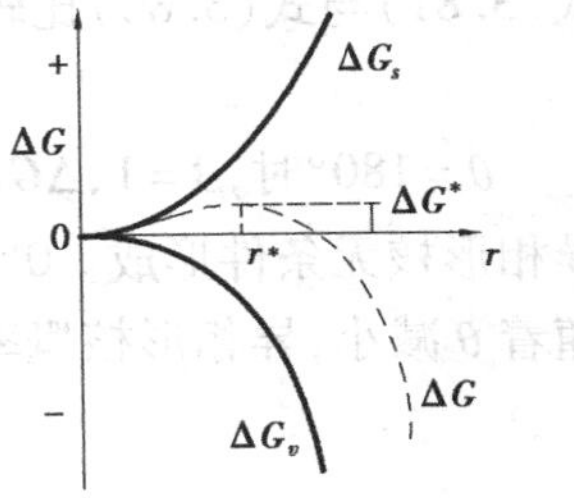

图 3.12 形核的吉布斯自由能变化与核半径关系

单位体积中、单位时间内形成的晶核数目称为形核率(I)。

$$I=A\exp(-\Delta G_A/RT)\exp(-\Delta G^*/RT) \quad (3.82)$$

式中,ΔG_A 为扩散激活能;ΔG^* 是临界形核功。

$\Delta T\to 0$ 时,$\Delta G^*\to\infty$,$I\to 0$;

ΔT 增大,ΔG^* 下降,I 上升。

对于一般金属,温度降到某一程度,达到临界过冷度(ΔT^*),形核率迅速上升。实验表明:$\Delta T^*\sim 0.2T_m$。

通过增大冷却速率,在大的过冷度下形核;利用浇注过程的液流冲击造成型壁上形成的晶粒脱落;采用机械振动、电磁搅拌、超声振动等措施使已经形成的树枝状晶粒破碎,获得大量的结晶核心,最终形成细小的等轴晶组织;添加晶粒细化剂(如形核剂),促进异质形核等方法可控制形核。

均匀成核有一定的局限性:

①把宏观热力学量应用于微观体系。

②新相晶核尺寸很小,故在不透明的体系中,测定新相晶核的存在非常困难。

③很难排除非均匀成核。

④成核过程与生长过程难以分开。

3.8.2 非均相形核

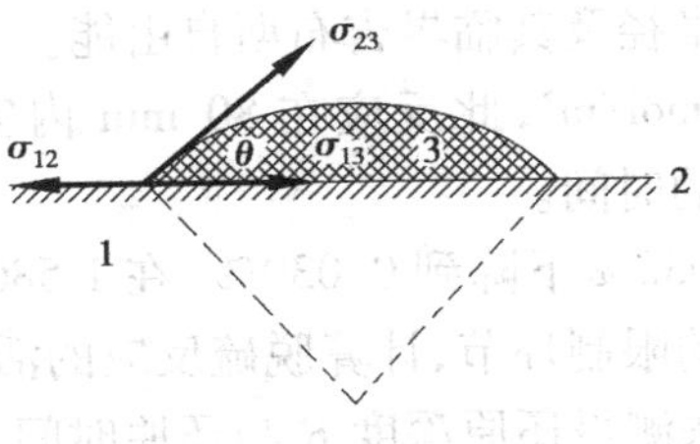

图 3.13 固相的界面上的形核(异相形核)

1 固相的界面 2 上形成的球冠形核 3,如图 3.13 所示。

球冠状晶核的界面能必须满足力学平衡的条件:

$$\sigma_{23}\cos\theta=\sigma_{12}-\sigma_{13} \quad (3.83)$$

球冠状晶核在界面上形成后,体系的 ΔG 为:

$$\Delta G=V\cdot\Delta G_v+A\cdot\sigma=V\cdot\Delta G_v(A_{13}\cdot\sigma_{13}+A_{23}\cdot\sigma_{23}-A_{12}\cdot\sigma_{12}) \quad (3.84)$$

$$A_{23}=A_{12}$$

由 $d\Delta G/dr=0$、$\sigma_{23}\cos\theta=\sigma_{12}-\sigma_{13}$ 得

$$r_{13}^{*}=-2\sigma_{13}/\Delta G_{v} \tag{3.85}$$

在相同相变驱动力的条件下，对于在自由空间所产生的球状晶核和在外来基底平面上产生的晶核相比，两者的临界晶核半径相等。

$$\Delta G^{*}=1/3\ A^{*}\cdot\sigma=1/3(A_{13}^{*}\cdot\sigma_{13}+A_{23}^{*}\cdot\sigma_{23}-A_{12}^{*}\cdot\sigma_{12})=1/3\sigma_{13}(A_{13}^{*}-A_{23}^{*}\cos\theta)$$
$$=4\pi\sigma_{13}^{3}(2-3\cos\theta+\cos^{3}\theta)/(3\Delta G_{v}^{2}) \tag{3.86}$$

式(3.81)与式(3.86)比较得

$$\Delta G_{异}^{*}/\Delta G_{均}^{*}=(2-\cos\theta+\cos^{3}\theta)/4=\beta$$

$\theta=180°$时，$\beta=1$，$\Delta G_{异}^{*}=\Delta G_{均}^{*}$，表明异相形核有相同条件。$\theta=0°$时，$\beta=0$，$\Delta G_{异}^{*}=0$，表明异相形核无条件形成。$0°<\theta<180°$时，则$\beta<1$，$\Delta G_{异}^{*}<\Delta G_{均}^{*}$，表明异相形核比均相形核容易。随着$\theta$减小，异相形核概率不断增大，到$\theta=0°$时为最大。

复习思考题

1. 解释：基元反应、速率限制环节、扩散通量、浓度边界层、稳定态、均相形核、异相形核、反应活化能。

2. 反应进度、化学反应速率有何区别？引入反应进度有何作用？

3. 写出质量作用定律，并注明各符号意义。

4. 写出速率常数、扩散系数与温度关系式（阿累尼乌斯公式），活化能和温度对速率常数、扩散系数的影响。

5. 写出冶金多相反应一般的组成环节以及各环节速率微分表达式。

6. 写出多相反应总速率方程建立采用的稳定态原理内容。

7. 什么是未反应核模型？写出气-固相反应未反应核模型下的组成环节，讨论各速率限制环节的速率。

8. 什么是未反应核模型下气固反应的反应度 R？讨论用反应度 R 表示和的各速率限制环节的速率。

9. 写出双膜理论内容。推导双膜理论下关于液液相反应的各限制环节下的速率式。

10. 速率限制环节有哪些方法？

11. 写出均相形核过程的吉布斯能变化，推导其临界半径及其临界吉布斯自由能。

12. 一个一级反应的反应物初始浓度为 $0.4\times10^{-3}\ mol/m^{3}$，此反应在 80 min 内完成了 30%，计算：(1)反应的速率常数；(2)反应完成 60% 所需的时间。

13. 在电炉冶炼的还原期内，测得钢液的硫含量从 0.035% 下降到 0.030%，在 1 580 ℃时需要 60 min，在 1 600 ℃时需要 50 min，脱硫反应是过程的限制环节，计算脱硫反应的活化能。

14. 铁钒精矿球团在 1 123 K 用 CO 还原。通过减重法测得还原深度 R 与还原时间 t 的关系如下表，试判断还原反应的速率限制步骤。

t /min	10	20	30	40	50	60	70
R /%	12	23	32	40	46	52	59

15. 关于 $CaCO_3$ 分解的动力学。简述下列问题：

(1)写出碳酸钙分解反应的化学反应方程式。

(2)碳酸钙分解服从什么动力学模型？

(3)当内扩散及界面反应是限制环节的时候，分解速度的积分式为：

$$\frac{k_+ D_e\left(1-\frac{P^0_{CO_2}}{K}\right)}{r_0^2 \rho RT}t=\frac{k_+}{6K}\left[3-2R'-3(1-R')^{\frac{2}{3}}\right]+\frac{D_e}{r_0}\left[1-(1-R')^{\frac{1}{3}}\right]$$

①说明符号 k_+、K、D_e、R'、r_0、$P^0_{CO_2}$ 的含义。

②当过程处于动力学范围时，写出速率积分式，导出完全分解所需要的时间，分析影响分解时间的因素。

③当过程处于内扩散限制范围时，写出速率积分式，导出完全分解所需要的时间，分析影响分解时间的因素。

16. 如果颗粒为单一粒度正立方体，气体大大过量以致反应过程中浓度几乎不变，那么在表面化学反应控制和气体生成物扩散控制条件下的动力学方程是什么？

17. 分析 H_2 气体还原 FeO 矿球，其反应式为：

$FeO_{(s)}+H_{2(g)}=Fe_{(s)}+H_2O_{(g)}$　　$\Delta G^\circ=23\ 430-16.16T$, J/mol

假设反应物致密，而产物多孔，还原反应前后体积基本不变。

(1)该反应为直接还原反应，还是间接还原反应？

(2)如何得到针对该反应的优势区示意图(气相组成与温度的关系)？图中该反应的平衡曲线是倾斜向上还是倾斜向下？

(3)说明利用氧势图求上述还原反应开始温度的方法。

(4)若需分析该反应过程动力学，一般用哪种动力学模型处理该过程较为合理？请说明该动力学过程的主要组成环节。

(5)若该反应物矿球原始半径为 r_0，当铁矿石还原率为 R 时，请写出相应的未还原矿球的半径 r 的计算式。

如果利用上述模型得到的总速率积分式为：

$$\frac{C_0-C_e}{\rho_0 r_0}t=\frac{R}{3\beta}+\frac{r_0}{6D_e}\left[1-3(1-R)^{2/3}+2(1-R)\right]+\frac{K}{k_+(1+K)}\left[1-(1-R)^{1/3}\right]$$

式中，C_0、C_e 分别为反应气体的初始浓度与平衡浓度，ρ_0 为矿球的氧摩尔密度，t 为矿球还原时间，β 为气体在气相边界层的扩散系数，D_e 为产物层内气体的有效扩散系数，k_+ 为正反应的速率常数，K 为可逆反应的平衡常数。

①求矿球完全还原所需的时间。

②若界面化学反应为限制性环节，速率式形式如何？

18. 有人实验测得 $FeCl_3$ 浸出黄铜矿时的表观反应活化能为 87 kJ/mol，而浸出闪锌矿的表观反应活化能为 63 kJ/mol。据此，某同学说因为浸出闪锌矿的活化能数值小，所以其速度较快。此结论正确否？

19. 有一批金属废料需要采用硫酸浸出的方法回收，这批料都是边长为 a 的正方体颗粒，请你：

(1)设计一个原则的动力学方案，以获得有关动力学参数。

(2)推导出表面化学控制条件下的动力学方程。

20. 试分析可以采取哪些措施强化浸出过程。

4 冶金熔体相图

学习内容：

相律，浓度三角形，三元系相图（初晶面，划分三角形，平衡线、平衡点的性质，冷却过程分析，等温截面图）等。

学习要求：

● 了解相律，三元系相图中点、线、面（如初晶面、液相面、界线、无变点等）性质，等温截面图。

● 理解并能分析与应用二元相图、浓度三角形表示方法；冷却（结晶）过程分析。

● 掌握三元系相图物系点组元浓度的读取、冷却（结晶）过程分析。

4.1 相图基础知识

相图又称热力学状态图（或热力学平衡图），是用几何图形表示平衡体系的温度、压力和组成之间的关系，或者是凝聚相（不含气体或气体可忽略的体系）内物相平衡状态与热力学参数（温度、压强、组分浓度）之间的关系图。按含有的组元数量，相图可划分为二元、三元等相图。

相图是研究和解决相平衡的重要工具，可用来指导冶金、材料、化工等生产过程；能确定炉渣、合金的熔化温度，为制定钢液连铸生产的过热度、制备炼钢保护渣等提供依据；能确定体系中不同组分间的相互反应、产生的不同组分、产生的不同组分数量，从而为选择满足一定冶炼要求的体系组分和成分提供依据。

相图一般由一定组成的体系在冷却或加热过程中，借助热分析、XRD 射线衍射和金相法等手段，分析体系中的相状态，绘制成图。

随着科学技术的发展，实验相图的范围不断扩大。随着计算机技术的发展与应用，相图计算已发展为一个新兴的学科分支。相图能为冶金、化工、材料和陶瓷等领域提供必要的信息，应用极为广泛。

对于冶金熔体的研究，常用的热力学状态图是组成-温度相图。

为弄清并利用好相图，需要了解相图的制作方法、相图一些规律原理以及一些相图特征等知识。

4.1.1 相图的制作

相图绘制步骤和方法如下：

(1)查明体系物质的种类及其热力学性质

体系物质的种类及其热力学性质是相图的基础，这些数据准确可靠，才有可能得到正确的相图。体系物质的种类及其热力学性质通过查阅资料和开展实验获取，然后进行加工，去伪存真，选取可靠的。

(2)相律分析

相律是多相平衡体系中最基本的定律，它描述的是体系的自由度数与独立组分数、相数以及外界影响因素之间的一般关系。相律是确定一个体系相图中应有何种坐标的依据；研究一个体系冷却或加热过程中的平衡相变规律，相律是一个有效的和经常使用的工具。

相律可用下式表达：

$$f = C - \phi + 2 \tag{4.1}$$

式中：

f为自由度数，它是指在温度、压强、组分浓度等可能影响平衡体系的诸多变量中，可以在一定范围内任意改变而不会引起旧相消失或新相产生的独立变量的数目。

C为独立组分数，它是指构成平衡物系所有各相组成所需要的最少组分数。独立组分是指可独立变化而不影响体系其他性质的组元。

ϕ为相数。这里的“相”是指系统中物理性质和化学性质完全均匀的一部分。在多相系统中，相与相之间有着明显的界面，越过此界面，性质发生突变。相的存在与物质的量的多少无关，如1 kg液态水和0.1 g液态水，它们都是同一个相。相与物态不同，物态是物质的聚集态，一般分为气态、液态和固态3种。对于气相来说，当压力不高时，任何气体均能无限均匀混合，所以系统内不论有多少种气体都只有一个气相。液相按其互溶程度不同通常是一相、两相或三相共存。对于固体，如果系统中不同种固体达到了分子程度的均匀混合，就形成了“固溶体”，一种固溶体是一个相。如果系统中不同种固体物质没有形成固溶体，则不论这些固体研磨得多么细，系统中有多少种固体物质，就有多少个相。

2是指温度和压强这两个影响体系平衡的外界因素。

对冶金过程而言，所研究的体系一般都是由凝聚相组成，压力的影响很小，其相律可简化为：

$$f = C - \phi + 1 \tag{4.2}$$

应用相律式(4.2)可知，能方便地确定平衡体系的可变因素数目，即自由度数，也能方便地确定平衡体系可能平衡存在的最多相数。对于二元凝聚体系，$C=2$，其$f=3-\phi$，当$f_{min}=0$时，$\phi_{max}=3$，即二元凝聚平衡体系中，可能存在的平衡共存的相数最多为3；当$\phi_{min}=1$时，$f_{max}=2$时，即二元凝聚平衡体系中，最大自由度数为2。这两个自由度数是指温度和两个组分中任意一个组分浓度。因此，二元相图是由温度和两个组分中任意一个组分浓度两坐标组成的二维图形。

同样由式(4.2)可知，对于三元凝聚体系，$C=3$，其$f=4-\phi$，当$f_{min}=0$时，$\phi_{max}=4$，即三元凝聚平衡体系中，可能存在的平衡共存的相数最多为4；当$\phi_{min}=1$时，$f_{max}=3$，即三元凝聚平衡体系中，最大自由度数为3。这3个自由度数是指温度和3个组分中任意两个组分浓度。因此，三元相图是由温度和3个组分中任意两个组分浓度三坐标组成的三维图形。其中，实现用两个坐标刻画出3个组分中任意两个组分浓度发生改变，而3个组分浓度之和又等于100%这一要求的图形是浓度三角形。在三元立体相图中，底面为浓度三角形，垂直于底面的坐标表示温度。

相律除能确定出体系自由变量（相图的坐标参量）外，还能确定出相图中面、平衡线、平衡线上交点能稳定存在的凝聚态化合物个数。反过来，通过相律的计算能检验由实验制作得到的相图是否正确。

（3）确定有效反应

根据体系中物种及不同物种间可能存在的转变，确定出有效的反应，并查出反应的热力学数据。如在火法冶炼温度范围内，碳酸盐的生成-分解反应体系中能存在的物种有 $MeCO_{3(S)}$、$MeO_{(S)}$ 和 CO_2，有效反应为 $MeCO_{3(S)} = MeO_{(S)} + CO_2$。

（4）热力学计算

根据上述查明的反应热力学数据，计算相图中一些坐标中所需的值。如在绘制碳酸盐的生成-分解反应的相图（热力学平衡图）时，根据碳酸盐的生成-分解反应体系中各有效反应的 $\Delta_r G_m^{\theta}$，然后求出 P_{CO_2} 与 T 的关系。

（5）根据计算结果绘制平衡图

根据热力学计算结果，由第一步确定得到的坐标图中绘制出具体的面、平衡线、平衡点。如碳酸盐的生成-分解反应的相图（热力学平衡图）。

4.1.2 连续原理

当决定体系状态的参数连续发生变化时，在新相不出现、旧相不消失的情况下，体系中各相的性质及整个体系的性质也连续变化。如果体系的相数发生变化，自由度数变了，体系各相的性质以及整个体系的性质都要发生跃变。

4.1.3 相应原理

在一给定的热力学体系中，任何互成平衡的相或相组成在相图中都有一定的几何元素（点、线、面、体）与之对应。

连续原理、相应原理在相图中物系冷却过程中物相变化有着很重要的作用。如一高温液相物系在降温冷却过程，当无新相产生、也无旧相消失时，根据连续原理可知，液相物系组成保持不变，只是温度不断降低，在相图中液相物系位置点必沿垂直于组成线的方向往下移动。

4.1.4 杠杆规则（直线规则）

如图4.1所示，一体系下降到某一温度时，两个物系 M、N 合成一个新物系 O 时，那么在相图中，新物系 O 的组成点必位于原两物系 M、N 的组成点的连线上，其位置可由物系 M、N 的质量 m_M、m_N 按杠杆原理确定，即：

$$\frac{OM}{ON} = \frac{m_N}{m_M} \quad \frac{\overline{OM}}{\overline{MN}} = \frac{m_M + m_N}{m_M} \quad \frac{\overline{ON}}{\overline{MN}} = \frac{m_M + m_N}{m_N} \tag{4.3}$$

式中，OM、ON 是线段长度。新物系的质量 m_O 由下式确定：

$$m_O = m_M + m_N \tag{4.4}$$

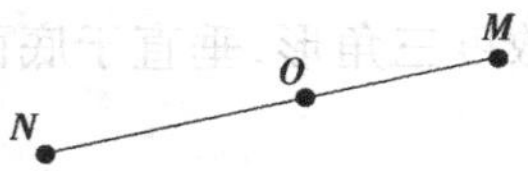

图 4.1　杠杆规则

杠杆规则也适用于由一个物系 O 转变成两个新物系 M、N 情况。一个物系 O 转变成两个新物系 M、N，新物系 M、N 与原物系在相图中的组成点位于一条直线上，3 点位置符合杠杆原理，即式(4.3)；物系 M、N、O 三者质量符合式(4.4)。

在分析相图时，若体系在冷却过程中，由一个原物系 O 和转变成的一个新物系 M(O、M 组成点)确定，原物系 O 转变成的另一新物系 N 在相图中的位置点及其质量就可以由杠杆规则确定了。

4.2　二元相图

4.2.1　二元相图的特征

二元相图是指由二元体系中一个组分的浓度和温度构成的状态图。它由若干条曲线、水平线、垂直线以及曲线、水平线、垂直线将图分隔形成的若干个单相区和多相区组成。曲线、水平线、垂直线示出了二元体系中所发生的溶解、熔化、晶型转变、共晶转变、包晶转变、化合物的分解与合成等变化以及化合物的稳定性等。

二元相图中的曲线能表示固相熔化转为液相，它是单相区和两相区的分界线，如果是部分固体熔化为液体的曲线，称为固溶线；如果是固体全部熔化为液相的曲线，称为液相线(又称为熔化温度线)。如 CaO-SiO_2 二元相图(见图 4.2)中位置最高的线为液相线。

二元相图中出现的垂直线表示二组元合成了一个化合物，这种化合物又分为稳定化合物和不稳定化合物。稳定化合物也可称为一致熔融化合物，是指固相和熔化成液相时的组成一样的化合物。不稳定化合物也可称为不一致熔融化合物，是指固相和熔化成液相时组成发生改变的化合物。因此在相图中，从常温到熔化温度的垂直线是连续的化合物 CaO 以及 SiO_2 为稳定化合物，否则为不稳定化合物。稳定化合物的稳定程度视其垂直线顶点两侧的液相线弯曲程度不同而不同，弯曲程度越大，化合物越稳定；反之，越不稳定。在图 4.2 中，Ca_2SiO_4(C_2S)、$CaSiO_3$(CS)、CaO 以及 SiO_2 为稳定化合物，Ca_2SiO_4 稳定性高于 $CaSiO_3$；Ca_3SiO_5(C_3S)、$Ca_3Si_2O_7$(C_3S_2)为不稳定化合物。利用稳定化合物的垂直线可将复杂的二元相图划分为几个简单的二元相图。在图中，由 Ca_2SiO_4、$CaSiO_3$ 两个稳定化合物可将原来复杂的 CaO-SiO_2 二元相图划分为 CaO-Ca_2SiO_4、Ca_2SiO_4-$CaSiO_3$ 和 $CaSiO_4$.-SiO_2 3 个简单的二元相图，通过这样的划分，便于相图的分析和讨论。

晶型转变是指在一定温度下，一物质由一种晶型转变为另一种晶型的变化，相图中其表现特征为：水平线的上下方各有一相区，此两相区内各有一物相的分子式相同，但晶型不同，晶型转变平衡反应可用 S1 = S2 表示，可用图 4.3(a)示意。若物相 S1、S2 确定，晶型转变温度(T_0)是恒定的。如图 4.2 所示，α 石英(SiO_2) = α 鳞石英(SiO_2)晶型转变温度为 870 ℃。

在相图中，出现一条水平线与一条垂直线相交，即呈“┴”或“┬”字形，特征可简化为图 4.3(b)，它表示的是化合物分解或合成反应。对于“┬”字形，表示体系随温度升高到“┬”字形水平线温度时，体系发生的是分解反应，即垂直线上对应的物相分解为水平线两端点上对应的两个物相；也可表示体系随温度降低到“┬”字形水平线温度时，体系发生的是合成反应，即“┬”字形水平线两端点上对应的物相合成垂直线上对应的物相。“┴”字形上的变化与“┬”字形的变化相反。如果“┬”字形的垂直线上对应的物相用 S1 表示、水平线两端点对应物相用 S2 和 S3 表示，那么，“┬”字形上发生的变化可用反应式表示为：$S1 \overset{T_0}{=\!=\!=} S2+S3$。在图 4.2 中，1 250 ℃、1 900 ℃水平线表明的就是化合物分解反应或合成反应。

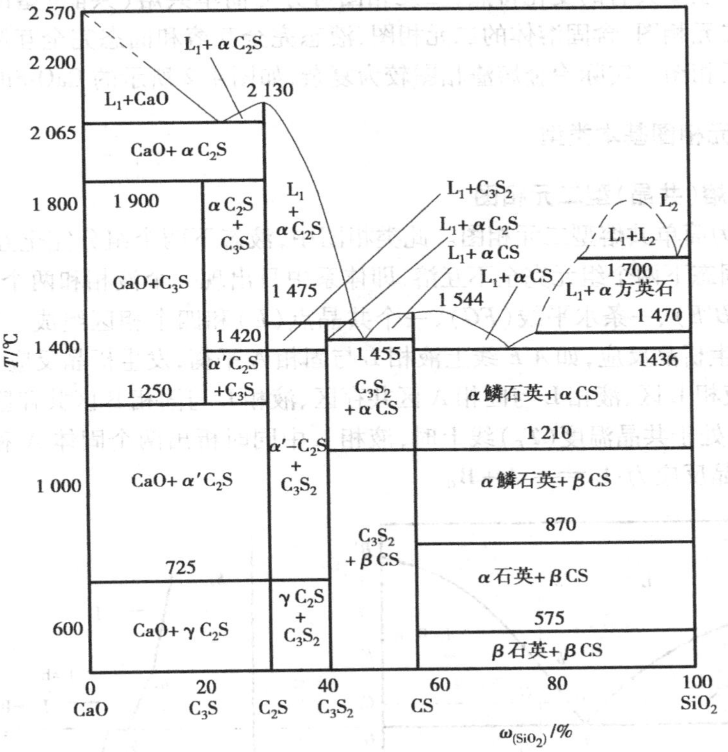

图 4.2　$CaO\text{-}SiO_2$ 二元相图

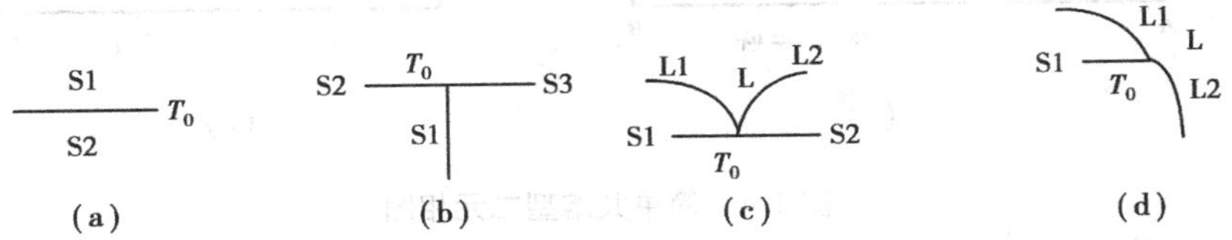

图 4.3　二元相图中主要变化特征示意图

在相图中，出现一条水平线与两条液相线交于一点，且两条液相线位于水平线之上，其特征可简化为图 4.3(c)，它表示的是共晶转变线，其中，水平线表示共晶转变温度点。共晶转变是指体系降温至某一温度时，一个液相同时析出两个固相的变化。若液相用 L 表示、析出的两个固相用 S1、S2 表示，温度处于共晶转变中水平线上的温度时，共晶转变反应可表示为：$L \overset{T_0}{=\!=\!=} S1+S2$。在图 4.2 中，2 065 ℃、1 455 ℃和 1 436 ℃水平线表明的就是共晶转变。

在相图中，出现一条水平线与两条液相线交于一点，且两条液相线分别位于水平线上下两侧以及三线交点位于水平线一端，其特征可简化为图4.3(d)。它表明的是包晶转变，其中水平线表示包晶转变温度点。包晶转变是指体系降温至某一温度时，一个液相吸收一个固体再析出另一个固相的变化。若液相用L表示、吸收的固相S1表示、析出的固相用S2表示，温度处于包晶转变中水平线上的温度时，对应的包晶转变反应可表示为：$L + S1 \xlongequal{T_0} S2$。在图4.2中，1 475 ℃、1 470 ℃水平线上表明的就是包晶转变。

根据相图中主要具有的变化特点，二元相图可分为简单共熔（共晶）型的二元相图、生成中间化合物的二元相图、含固溶体的二元相图、液态完全互溶和固态完全互溶的二元相图、液态部分互溶二元相图。实际冶金熔渣相图较为复杂，如图4.2所示的$CaO\text{-}SiO_2$二元系相图。

4.2.2 二元相图基本类型

(1)简单共熔(共晶)型二元相图

图4.4(a)为简单共熔型二元相图。此类相图中，液态下两个组分完全互溶（两个组分的液态混合物），固态下两个组元完全不互溶，即体系中只出现一个液相和两个固相。相图由两条液相线（$A'E$、$B'E$）、一条水平线（FG）、一个共晶点（E）和四个相区组成。液相线上固相与液相平衡，即发生析晶反应，如$A'E$线上液相L与固相A平衡，发生析晶反应为：$L \xlongequal{} A$。四个相区分别为液相L区、液相L与固相A区共存区、液相L与固相B区共存区、固相A与固相B共存区。温度处于共晶温度（T_E）线上时，液相L中同时析出两个固体A和B，即液相L与两固相平衡，共晶反应为：$L \xlongequal{} A + B$。

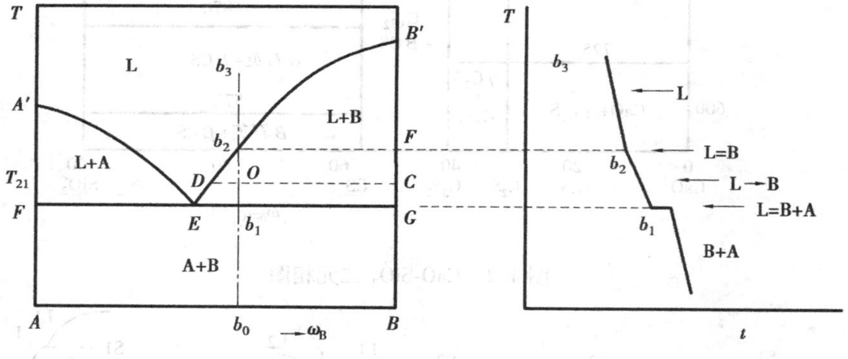

(a)　　　　　　　　(b)

图4.4　简单共熔型二元相图

了解共熔（共晶）型二元相图特点后，此类相图的体系中，组成一定的物系其冷却曲线可采用垂直线穿越过的点、区域分析得到。下面分析图4.4(a)中组分B的浓度$\omega_B(\%) = b$的物系b_3，由高温T_{b_3}降至室温过程的变化：

1) T_{b_3}至T_{b2}的过程

温度由T_{b_3}降至T_{b2}前的过程，根据连续原理可知，体系中只有液相，体系自由度$f = C - \phi + 1 = 2 - 1 + 1 = 2$，当温度和组分成分确定时，物系点的状态随之确定，即液相L位置沿垂直于水平线（成分线）方向由b_3移至b_2点。

2)温度降至 T_{b2} 时

此时液相中开始析出纯固相 B,液相位置保持在 b_2 点,直至达到平衡,平衡反应为:L ══ B,体系自由度 $f=C-\phi+1=2-2+1=1$,体系的温度和组分成分只能改变其中一个,温度一定时,液相、固相的成分即被确定,因此,液相组成沿液相线 b_2E 移动,固体沿 FG 线移动。

3) T_{b_2} 至 T_{b_1} 的过程

温度低于 T_{b2} 后,由液相继续析出纯固相 B,对应反应为:L→B,体系自由度 $f=C-\phi+1=2-2+1=1$,随温度降低,液相数量不断减少,纯固相 B 数量不断增多。此过程中,纯固相 B 始终处于 BB' 线上,只要温度确定,固相 B 位置由温度和 BB' 线交点就能确定。降至某一定温度时,液相的位置、数量及其固相 B 的数量可采用杠杆规则得到。如在 T_{21} 温度时,固相 B 处于 C 点,由杠杆规则、连续原理能确定液相位于 D 点,若原液相质量为 m_0,则 C 点固相 B 的质量 m_{CS} 及 D 点液相的质量 m_l 可由

$$\frac{OD}{OC}=\frac{m_{\mathrm{CS}}}{m_l}$$

$$m_0=m_{\mathrm{CS}}+m_l$$

联立的两方程求得。其中,OD、OC 值可由图中线段量出。

4) T_{b_1} 至 T_{b0} 的过程

温度降至 T_{b1} 时,体系中发生共晶反应 L = A + B。此过程中,体系自由度 $f=C-\phi+1=2-3+1=0$,即温度和组成均为定值,液相中同时析出纯固相 A 和纯固相 B,直至液相全部消失,完全转变为固相 A 和 B。液相刚好全部消失时,产生的固相 A 和 B 数量达到最大,固相 A 和 B 质量同样可采用杠杆规则得到。

温度由 T_{b1} 降至 T_{b0} 的过程中,体系中共存有固相 A 和固相 B,且两者数量保持不变。

将物系 b_3 上述的冷却过程分析结果绘制成图 4.4(b)曲线,此曲线称为冷却曲线,它能很直观地看出物系冷却过程中的物相变化。

(2)生成中间化合物的二元相图

其包括生成一致熔融化合物和不一致熔融化合物中间化合物的二元相图,如图 4.5 所示。

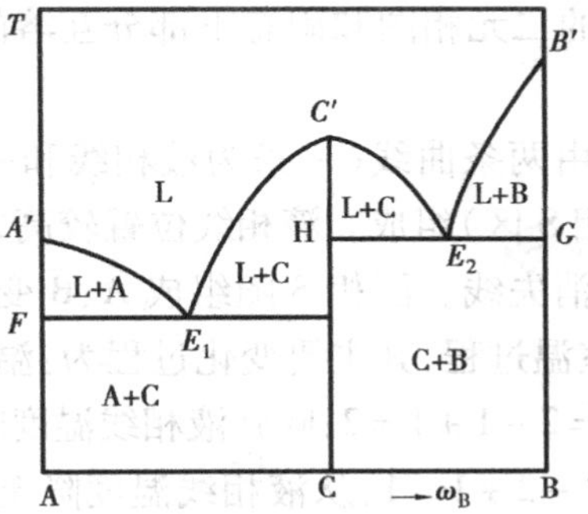

(a)生成一致熔融化合物的二元相图

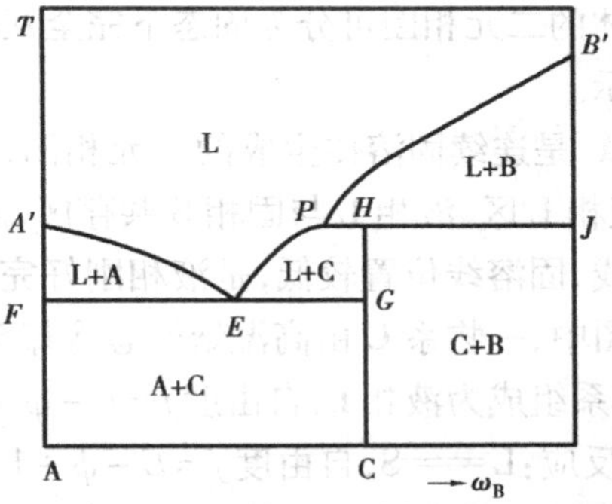

(b)生成不一致熔融化合物的二元相图

图 4.5 生成中间化合物的二元相图

生成一致熔融化合物的图 4.5(a)二元相图中,有两个共晶点 E_1 和 E_2,该相图可分为 A-C 和 C-B 两个简单共熔(共晶)型二元相图。因此,此类相图可由 A-C 和 C-B 两个简单共熔(共

晶)型二元相图进行分析。图中化合物 C 为稳定化合物,其稳定程度可通过化合物 C 组成点处的液相线 E_1C' 与 $C'E_2$ 的形状(平滑程度)近似地推断。若化合物 C 组成点处的液相线 E_1C' 与 $C'E_2$ 出现尖锐的高峰形,则该化合物 C 是非常稳定的化合物,很难分解,甚至在熔融时也不会发生分解,尖锐程度越大,化合物 C 越稳定;反之,化合物 C 组成点处的液相线 E_1C' 与 $C'E_2$ 较平滑,则该化合物稳定性较差,在熔融时会发生部分分解,平滑程度越大,则化合物越不稳定,分解程度越高。

生成不一致熔融化合物的图 4.6(a)相图中,P 点左半部分与简单共熔(共晶)型二元相图相当,从 P 点开始的右半部分由一条液相线 PB'、一个包晶点 P(也可称为转熔点)、一水平线 PJ、一垂直线 HGC(对应的 C 为不稳定化合物)和四个区(液相 L 区、液相 L 与固相 B 共存区、液相 L 与固相 C 共存区和固相 B 和固相 C 共存区)组成。当体系组成位于 P 点右半部分(如 a_0 点)时,由高温熔融体冷却至转熔点 P(水平线 PJ)温度时,将发生包晶反应:L + B ══ C,相当于发生液相与固相 B 生成固相 C 的一种合成反应,其余过程的变化可类似于简单共熔(共晶)型二元相图分析得到,此过程略,物系 a_0 冷却结晶曲线如图 4.6(b)所示。

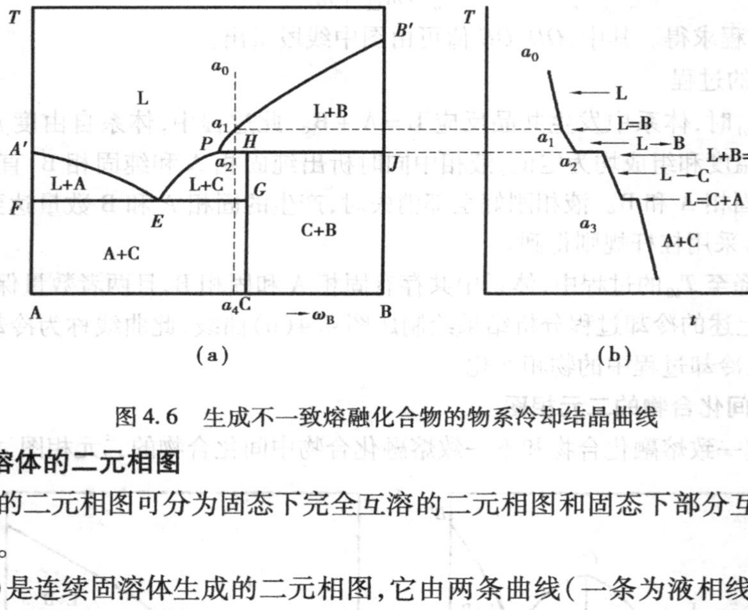

图 4.6　生成不一致熔融化合物的物系冷却结晶曲线

(3)含固溶体的二元相图

含固溶体的二元相图可分为固态下完全互溶的二元相图和固态下部分互溶的二元相图,如图 4.7 所示。

图 4.7(a)是连续固溶体生成的二元相图,它由两条曲线(一条为液相线和一条固溶线)和三个区(液相 L 区、液相 L 与固相 S 共存区、固相 S 区)组成。液相线位置较高,是固相析出固体 S 开始线,固溶线位置较低,是液相刚好完全消失线。固相 S 随组成 A、B 变化连续均匀地变化。相图中,一物系 C 由高温熔融态冷却至室温过程,其主要变化过程为:温度降到液相线温度前,体系组成为液相 L,自由度 $f = C - \phi + 1 = 2 - 1 + 1 = 2$;降到液相线温度时,液相中析出固溶体 S,反应:L ══ S,自由度 $f = C - \phi + 1 = 2 - 2 + 1 = 1$;从液相线温度降至固溶线上温度过程中,液相中不断析出固溶体 S,反应:L→S,液相数量不断减少,固相数量不断增加,直到在固溶线温度下全部转变为固相,液相消失 S,自由度 $f = C - \phi + 1 = 2 - 2 + 1 = 1$;固溶线下,体系中成为一固溶体,自由度 $f = C - \phi + 1 = 2 - 1 + 1 = 2$。这类二元相图被应用于研究区域熔炼法提纯金属。

图 4.7(b)为含有一最高点的连续固溶体的二元相图,由二条曲线(一条为液相线、一条为

固溶线)和3条曲线分成的4个区(一个液相L区、两个液相L和固相S共存区、一个固相S区),且在最高点M液相线与固相线相切。此类相图通过M点可以分成两个简单的连续固溶体生成的二元相图。

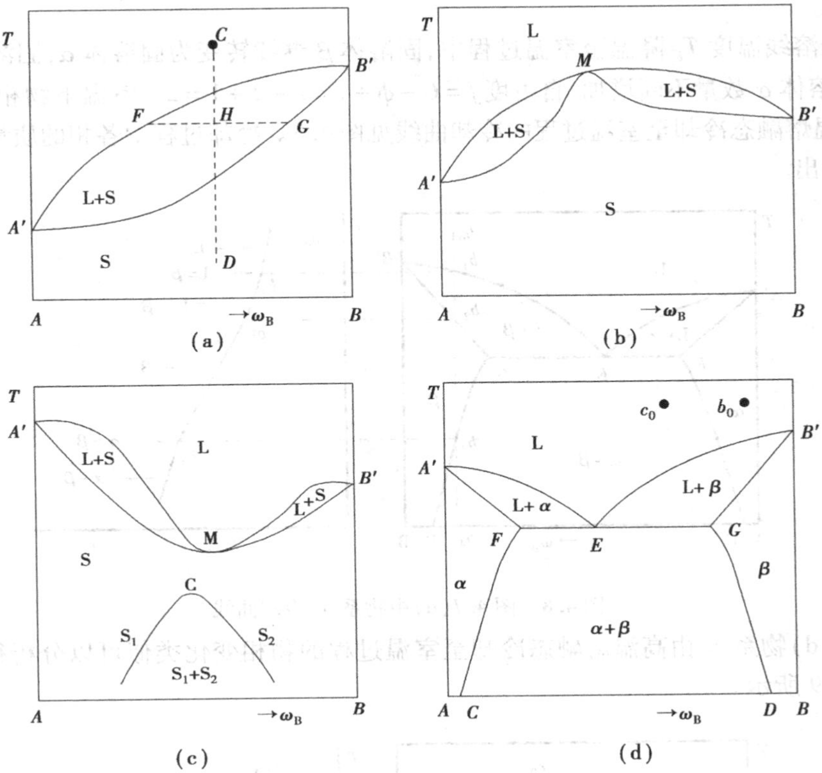

图4.7 含固溶体的二元相图

图4.7(c)为含有一最低点的连续固溶体的二元相图。相图中,温度高于T_c上半部分与图4.7(b)相似,不同之处在于一个是最高点、一个是最低点。平衡物相分析类同于图4.7(b)。温度低于T_c后,体系中将出现分层两固溶体S_1和S_2。

图4.7(d)为两端带有固溶体的二元相图,也是液态下完全互溶固态下部分互溶的二元相图。相图中,在富含A的一端形成一个含少量B的固溶体,在富含B的一端形成一个含少量A的固溶体。相图由两条液相线($A'E$、$B'E$)、两条固溶线($A'F$、$B'G$)、共晶点或共熔点(E)、两固相(α、β)平衡线(CF、DG)和6个物相平衡区(液相L区、液相L和固溶体α共存区、液相L和固溶体β共存区、固溶体α区、固溶体β区、固溶体α和β共存区)组成。

图4.7(d)物系b_0由高温熔融态冷却至室温过程,其主要变化过程为:

①温度降至液相线温度T_{b_1}前,体系中物相为液相L,自由度$f=C-\phi+1=2-1+1=2$。

②降温液相线温度T_{b_1}时,液相中析出固溶体β,平衡反应为:$L \Longrightarrow \beta$,自由度$f=C-\phi+1=2-1+1=2$。

③从液相线温度T_{b_1}降温至固溶线温度T_{b_2}过程中,液相中继续不断析出固溶体β,即发生反应$L\rightarrow\beta$,自由度$f=C-\phi+1=2-1+1=2$,体系中液相数量不断减少,固溶体β数量不断增加,直到在固溶线温度T_{b_2}下全部转变为固溶体β,液相消失。

④从固溶线温度 T_{b_2} 降温至固溶线温度 T_{b_3} 前,体系中物相为固溶体 β,自由度 $f=C-\phi+1=2-1+1=2$。

⑤在固溶线温度 T_{b_3} 时,固溶体 β 转变为固溶体,平衡反应为:$\beta \xlongequal{} \alpha$,自由度 $f=C-\phi+1=2-1+1=2$。

⑥从固溶线温度 T_{b_3} 降温至室温过程中,固溶体 β 继续转变为固溶体 α,固溶体 β 数量不断减少,固溶体 α 数量不断增加,自由度 $f=C-\phi+1=2-2+1=2$。室温下物相为 $\beta+\alpha$。物系 b_0 由高温熔融态冷却至室温过程的冷却曲线见图 4.8。冷却过程中各相的质量可根据杠杆规则计算得出。

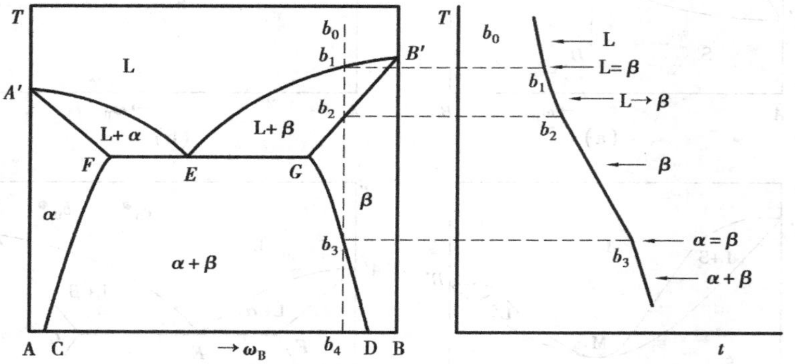

图 4.8　图 4.7(d) 中物系 b_0 冷却曲线

图 4.7(d) 物系 c_0 由高温熔融态冷却至室温过程的物相变化类似可以分析得到,其冷却曲线如图 4.9 所示。

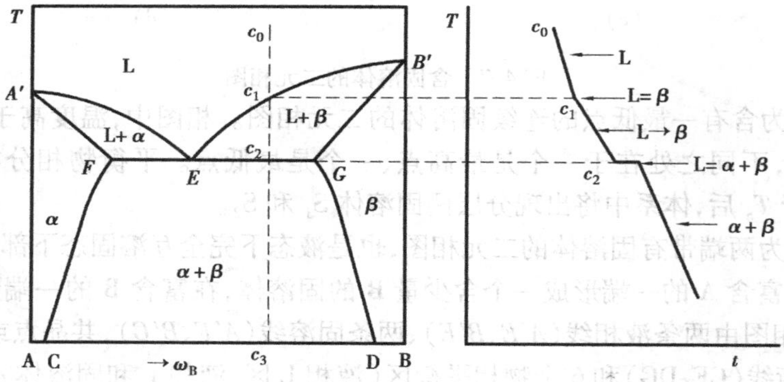

图 4.9　图 4.7(d) 中物系 c_0 冷却曲线

(4) 液态部分互溶——形成偏晶型的二元相图

图 4.10 为液态部分互溶——形成偏晶型的二元相图。图 4.10 中,上半部分有两个液相部分互溶区(液相 L_1 区、液相 L_2 区)及一个液相分层区(液相 L_1 与液相 L_2 分层的 GFP 区)、包晶点或转熔点 P、伪共晶点 G,此外图中还包括一个共晶点或共熔点 E、四个物相平衡区(L_1+A 区、L_2+A 区、$A+B$ 区、L_2+B 区)。具有此类相图的体系,体系中组分 B 浓度处于 GP 线范围时,温度降到 T_P 时,发生偏晶反应:$L_1 \xlongequal{} L_2+A$。

图4.10中，右半部分与具有简单共熔（共晶）型二元相图相似，可类似于简单共熔（共晶）型二元相图分析。

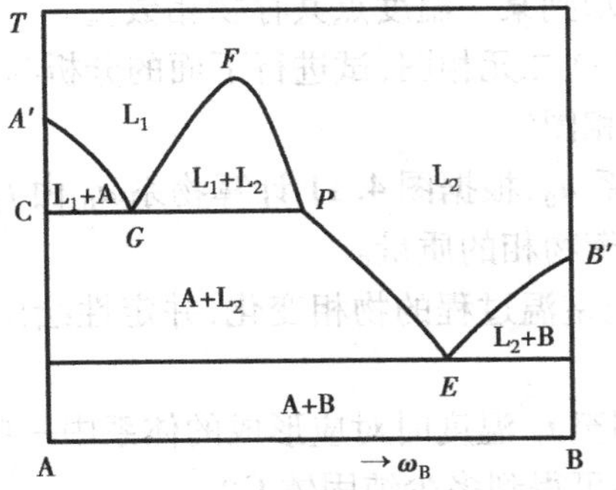

图4.10　液态部分互溶的二元相图

4.2.3　二元相图分析

二元相图分析目的如下：

①确定化合物的性质。确定化合物是否为稳定化合物及其稳定性如何。

②分析相变反应性质。相变反应包括析晶反应、共晶反应、偏晶反应、包晶反应、晶型转变、化合物分解-合成反应、不同固溶体之间的转变反应等。

③确定一定组成的物系的液相线温度。

④分析不同温度下相平衡关系或冷却过程相变化情况。

为全面了解相图，一般要对相图做如下工作：

1）复杂A-B二元系相图划分成几个简单子二元相图

方法：由两个相邻的稳定化合物划分为一个子二元相图。若相图中出现一个稳定化合物C，则由稳定化合物C及原来两端的组分A、B将原来相图可划分为A-C、C-B两个简单子相图；若相图中出现两个稳定化合物C、D，由两个稳定化合物C、D及原来两端的组分A、B将原来相图可划分为A-C、C-D、D-B 3个简单子相图；其余依此类推。

2）确定各个简单二元系相图类型

根据相图中曲线、点等特点，确定各简单子相图的类型。

3）确定各个区间平衡物相

首先应确定出区间最左、最右两端线或点的物相，最左、最右两端线或点的物相构成为区间内的平衡物相。如图4.10中区间$A'CG$物相确定：因区间$A'CG$最左端的物相为固相A、最右端的物相为液相L_1，因此，区间$A'CG$平衡物相为固相A＋液相L_1。

4）分析冷却结晶过程的物相变化及绘制冷却结晶曲线

可采用垂直线法进行分析，即由初始物系点引垂直于组分浓度的线，然后由垂直线穿越的曲线、区间、水平线确定出各区段的物相变化。注意经过曲线、区间、水平线不同时，物相会发生新的变化。

冷却结晶曲线是指在温度-时间坐标图中绘制的物系，在降温过程中的物相变化状态曲线。利用相图，绘制冷却结晶曲线时，首先应分析出物系在各区段中发生的物相变化，然后再结合各区段自由度。区段中的自由度为0时，温度保持不变，冷却结晶曲线上表现为平台。如

图4.4(a)、图4.6(a)、图4.8和图4.9所示。

5)冷却到某一温度点共存物相数量计算

可采用杠杆规则计算冷却到某一温度点共存物相数量。

[例4.1] 图4.11为F-Q二元相图,试进行下面的分析与计算:

①该相图属于哪一类型相图?

②20gF和80gQ组成物系a_0,根据图4.11计算物系a_0由t_1分别降温至t_2、t_3时形成的体系自由度数以及产生的各平衡物相的质量。

③分析物系a_0由t_1降至室温过程的物相变化,并定性绘出a_0点对应的混合物降温过程的冷却曲线。

④试计算物系a_0降温刚至t_P温度时对应形成的体系中一些物相质量。

⑤该物系a_0冷却时最多可得到多少纯固体C?

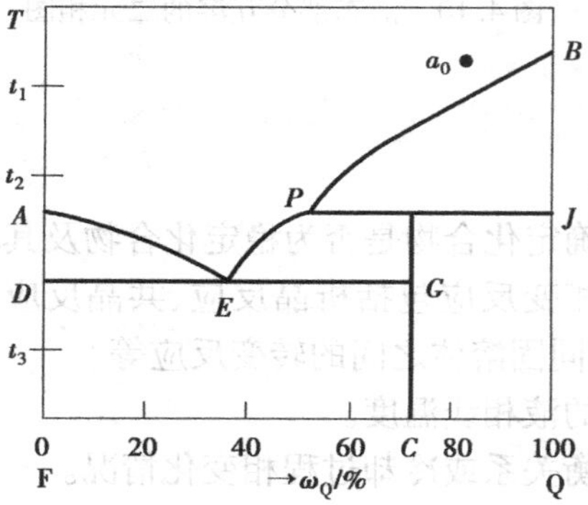

图4.11 F-Q二组分凝聚系统相图

解 ①图4.11属于生成一个不稳定中间化合物的二元相图。

②物系a_0中组分Q质量分数$\omega_Q = 80 \times 100\%/(20+80) = 80\%$。在$t_1$温度下,$f = C - \phi + 1 = 2 - 1 + 1 = 2$,温度、组成两个量都已确定,因此物系$a_0$的状态确定,见图4.12中$a_0$点。物系$a_0$由$t_1$降温至$t_2$时,体系的独立组分数$C=2$,相数$\phi=2$,则自由度数$f = C - \phi + 1 = 2 - 2 + 1 = 1$。物系$a_0$由$t_1$降温至$t_3$时,体系的独立组分数$C=2$,相数$\phi=2$,则自由度数$f = C - \phi + 1 = 2 - 2 + 1 = 1$。

③根据区间最左、最右端线的物相,可确定出相图中各区域的物相,结果列入图4.12中。物系a_0的冷却过程分析如下:

a.温度在a_0到a_1范围内降低时,物相为液相L,自由度$f = C - \phi + 1 = 2 - 1 + 1 = 2$,温度、组成两个量确定时,体系的状态即确定,即体系只能沿a_0a_1线段移动。

b.温度降为a_1点温度时,液相中开始析出固体Q,即发生平衡反应:L = Q,自由度$f = C - \phi + 1 = 2 - 2 + 1 = 1$,体系的温度和各相的组成只能改变其中一个。

c.温度继续下降,液相中不断析出固体Q,液相中组分Q的含量不断降低,组分F的含量不断增加,因此,液相组成沿a_1P线移动。当温度降至t_2时,液相变为L_2,此时体系中仍是液相和固相Q,且$m_L/m_S = \overline{a_2S_2}/\overline{a_2L_2}$,$f = C - \phi + 1 = 2 - 2 + 1 = 1$,一定的温度就有一定的液相组成。自由度即体系只能沿a_1a_3线段移动。

d.温度降为a_3点温度时,液相移至P点,体系落在a_3,液相中组分F饱和,液相吸收固相发生包晶反应，即 L + Q = C，三相平衡，$f = C - \phi + 1 = 2 - 3 + 1 = 0$，即温度和组成均为定值。当包晶反应结束时，温度才能继续下降。

e. 温度低于包晶温度时，体系进入固相 C 和 Q 共存区，$f = C - \phi + 1 = 2 - 2 + 1 = 1$。

根据上述结晶过程分析，绘制出物系 a_0 的结晶曲线，如图 4.12 所示。

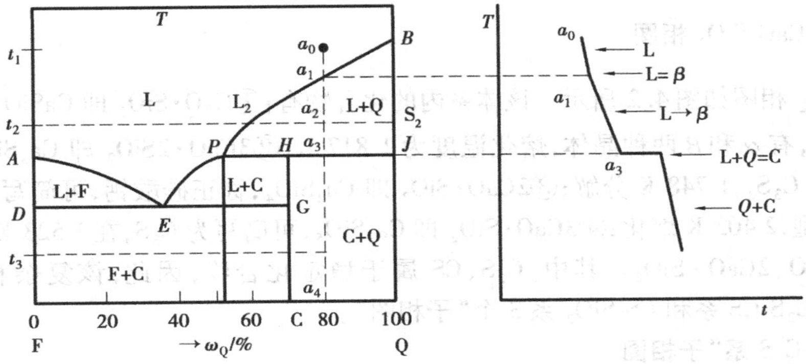

图 4.12　F-Q 二组分凝聚系统相图

④物系 a_0 降温刚至 t_P 温度，体系中的物相为液相和固相 Q，设液相、固相质量分别为 m_{L1}、m_{S1}。

根据杠杆规则得：

$$\frac{m_{L1}}{m_{S1}} = \frac{\overline{a_3J}}{\overline{a_3P}} = \frac{20}{28}$$

其中，"20""28"分别为 a_3J、a_3P 线段长。

由题知体系总质量 = 20 + 80 = 100 g，则有

$$m_{L1} + m_{S1} = 100$$

联立上述两方程得：$m_{L1} = 41.67$ g，$m_{S1} = 58.33$ g

因此，物系 a_0 降温刚至 t_P 温度时对应形成液相、固相 Q 质量分别为 41.67 g、58.33 g。

⑤物系 a_0 冷却过程中刚到达 t_P 温度时，发生包晶反应：L + Q = C，即开始产生固体 C；当液相全部被消耗完毕时，发生反应：Q = C，继续降温，体系中保持固相 Q、C，且两者数量比保持不变，因此，物系 a_0 冷却至当液相全部被消耗完毕时产生的纯固体 C 最多。

包晶反应：L + Q = C 中液相全部被消耗完毕时即物系 a_0 降温刚离开 t_P 温度，体系中只有固相 Q、固相 C，设其质量分别为 m_{S2}、m_{S3}。

根据杠杆规则得：

$$\frac{m_{S2}}{m_{S3}} = \frac{\overline{a_3H}}{\overline{a_3J}} = \frac{10}{20}$$

其中，"10""20"分别为 a_3H、a_3J 线段长。

由题知体系总质量 = 20 + 80 = 100 g，则有：

$$m_{S2} + m_{S3} = 100$$

联立上述两方程，得 $m_{S2} = 33.33$ g，$m_{S3} = 66.67$ g。

因此，物系 a_0 冷却时最多可得到 66.67 g 纯固体 C。

4.3 主要二元渣系相图

4.3.1 $CaO-SiO_2$ 相图

$CaO-SiO_2$ 相图如图4.2所示。该体系内的化合物有：①$CaO \cdot SiO_2$ 即 $CaSiO_3$，称偏硅酸钙，可简写为CS，有 α 和 β 两种晶体，熔化温度为1 817 K；②$3CaO \cdot 2SiO_2$ 即 $Ca_3Si_2O_7$，称焦硅酸钙，可简写为 C_3S_2，1 748 K分解；③$2CaO \cdot SiO_2$ 即 Ca_2SiO_4，称正硅酸钙，可简写为 C_2S，有 γ、β 和 α 三种晶型，2 403 K熔化；④$3CaO \cdot SiO_2$ 即 Ca_3SiO_5，可简写为 C_3S，在1 523 K形成，2 173 K能分解为CaO、$2CaO \cdot SiO_2$。其中，C_2S、CS属于稳定化合物，因此，该复杂相图可划分为 $CaO-C_2S$ 系、C_2S-CS系和CS-SiO_2 系3个“子相图”。

(1) $CaO-C_2S$ 系“子相图”

可划为简单共熔(共晶)型二元相图。

图中CaO为碱性氧化物，化学名为氧化钙，矿物学名为石灰，其熔点达2 843 K。随 SiO_2 的溶入，体系的熔点降低。CS与CaO在2 338 K时形成共晶体。

相图内的垂直线代表 C_3S，仅在1 250～1 900 ℃内以固相稳定存在的，高于或低于此温度范围，C_3S 均不能存在，将分解为 $C_3S = CaO + C_2S$。只有在1 250 ℃以下急冷淬火可把 C_3S 保持到常温，C_3S 有水硬性，是水泥熟料组分。

相图中固相区内的水平线为 C_2S 的多晶型转变线，C_2S 有4种晶型：α、α'、β、γ，晶型转变过程如下：

$$\gamma C_2S \xleftrightarrow{725\ ℃} \alpha' C_2S \xleftrightarrow{1\ 420\ ℃} \alpha C_2S \xrightarrow{2\ 130\ ℃} C_2S_{(1)}$$

$$\alpha' C_2S \xleftrightarrow{675\ ℃} \beta C_2S$$

其中，$\alpha' C_2S \rightarrow \gamma C_2S$ 时，密度由3.28 kg/m^3 降到2.97 kg/m^3，体积将增大约10%。此种转变使得煅烧不好的水泥熔块、碱性硅酸盐渣及制备不好的白云石耐火材料、高碱度烧结矿等易产生粉化现象。

βC_2S 具有良好的水硬性，成为水泥的有益组成物。γC_2S 则几乎无水硬性，所以是水泥的有害成分。因此，当水泥熟料烧成后要采用急冷措施，使之保住 α' 晶型或转变成 β 型。此外，加入约 $\omega(P_2O_5) = 1\%$ 的 P_2O_5(磷酸钙)或 B_2O_3、Cr_2O_3 等，与 SiO_2 形成固溶体，可起到稳定 $a' C_2S$ 晶格的作用，则可将 $\alpha' \rightarrow \beta$ 型转变温度降低几十度，而且阻止 $\beta \rightarrow \gamma$ 型的转变。

(2) C_2S-CS 系“子相图”

可划为生成中间化合物(不稳定化合物)(C_3S_2)的二元相图。

当温度下降至1 748 K时，C_3S_2 由包晶(转熔)反应：$L + C_2S = C_3S_2$ 形成。

当温度下降至1 733 K时，体系内产生CS-C_3S_2 共晶体，即发生共晶反应：$L = CS + C_3S_2$。

相图中固相区内的水平线为CS的多晶型转变线，CS有两种晶型：αCS(假硅灰石)与

βCS,1 483 K 时将发生晶型转变。

(3)$CS-SiO_2$ 系**“子相图”**

SiO_2 为酸性氧化物,化学名为二氧化硅,矿物学名为石英,其熔点为 2 043 K。

1 973 K 以上,由于液相时组分的溶解度有限,出现两液相分层(两液相共存)现象,在互为饱和的二液相中,L_1 是 SiO_2 在 CS 相内的饱和熔体;L_2 是 CS 在 SiO_2 相内的饱和熔体,它们的平衡成分分别由两条虚线表出,称为分溶曲线。

1 973 K 时有一伪晶(偏晶)反应:$L_2 = L_1 + SiO_2$ 出现。

温度低于 1 973 K 时,L_2 消失,但 L_1 存在,随着温度的下降,将不断析出 SiO_2。

当温度冷却到 1 436 ℃时,有 $L_1 = CS + SiO_2$ 共晶体形成。

相图中固相区内的水平线是 SiO_2 和 CS 的多晶型转变线。

SiO_2 在下列温度下发生晶型转变:

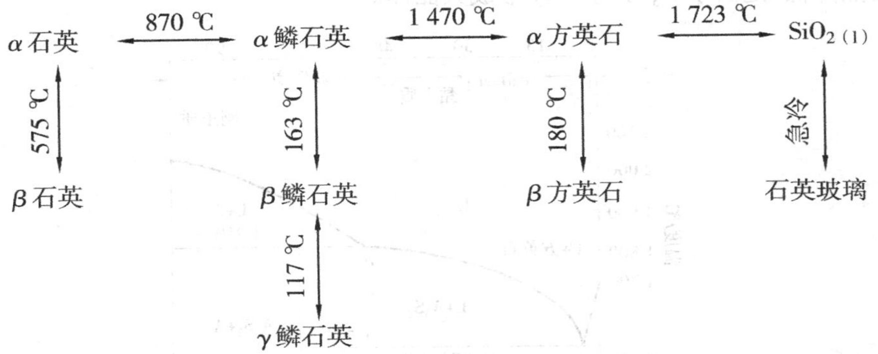

变化分为两大类:第一类是横向,彼此间的转变很慢,发生在缓慢的加热或冷却的条件下。第二类(纵向)是上述 3 种晶型的亚种——α、β、γ 型的转变。它们的晶型结构相同。它们的变化出现在迅速加热或冷却的条件下。相图是在缓慢加热或冷却的条件下测定的,所以其中不出现 SiO_2 各晶型的亚种变化。

SiO_2 的三类晶型转变时,会发生体积的变化。冶金生产使用的硅砖中,SiO_2 含量很高,所以在使用前需在 800 ℃以下进行缓慢加热、烘烤,以消除体积的突变,从而避免在使用中出现破裂。

$CaO-SiO_2$ 系对碱性熔渣来说是最重要的二元系。从图 4.2 可见,各种硅酸钙盐的熔化温度都很高,熔点低于 1 873 K 的硅酸钙位于含 CaO 32% ~59% 的狭窄组成范围内,而且如在含 CaO 59% 时再增加 CaO 则熔点将急剧升高。所以纯石灰质的硅酸盐在熔化温度上就不适于用作有色金属冶炼渣。但 CaO 能使炉渣的密度降低,且石灰质硅酸盐溶解重金属硫化物的能力比较小,所以作为一个造渣成分,还是有其有利的一面。

4.3.2 $Al_2O_3-SiO_2$ 相图

图 4.13 为 $Al_2O_3-SiO_2$ 二元系相图,可划为不稳定化合物($3Al_2O_3 \cdot 2SiO_2$,简化分子式为 A_3S_2)的二元相图。

当温度下降至 2 083 K 时,A_3S_2 由包晶(转熔)反应:$L + A_2S = A_3S_2$ 形成。

该体系降温至 1 886 K 时产生 SiO_2 与 A_3S_2 的共晶体,即发生共晶反应:$L = SiO_2 +$

A_3S_2。

相图中固相区内的水平线为 SiO_2 的多晶型转变线，即在 1 743 K 时，发生晶型转变：鳞石英 = 方英石。

Al_2O_3 是两性氧化物，能在酸性氧化物存在时，显示碱性，故能与强酸性氧化物 SiO_2 生成化合物（A_3S_2），称为莫来石。

有两种不同结构的莫来石：一种认为莫来石是异分熔化化合物，这是在非密闭条件下测定出的。另一种认为莫来石是同分熔化化合物，其内溶解了微量 Al_2O_3（其 $\omega(Al_2O_3)$ 从 71. 8% 扩大到 78%）的固溶体，具有一定的熔点（1 850 ℃），这是用高纯度试样并在密闭条件下测定的。但在工业生产和一般实验条件下，把 A_3S_2 视为异分熔化化合物处理更为适宜。

Al_2O_3-SiO_2 系在耐火材料和熔渣体系中有重要的作用，一般根据 Al_2O_3 含量的不同，可将此系按耐火材料分类为：刚玉质、高铝质、黏土质、半硅质、硅质等。随着 SiO_2 含量的增加，高铝质的熔点降低，是由于 A_3S_2 与 SiO_2 形成共晶体。

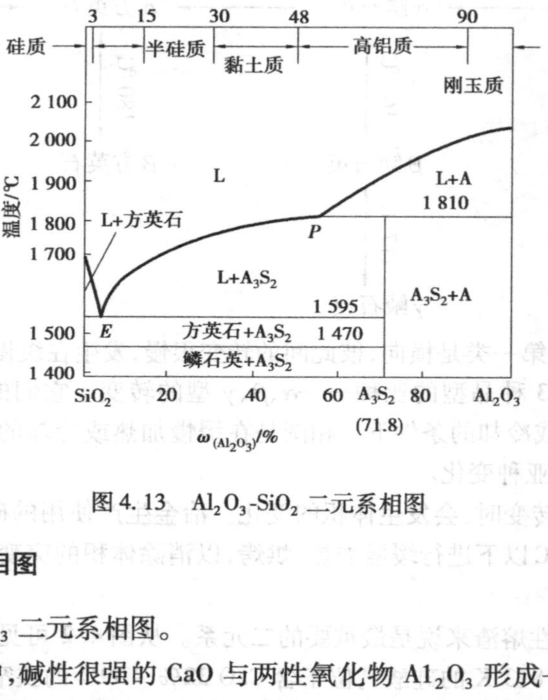

图 4. 13　Al_2O_3-SiO_2 二元系相图

4. 3. 3　CaO-Al_2O_3 相图

图 4. 14 为 CaO-Al_2O_3 二元系相图。

在 CaO-Al_2O_3 体系中，碱性很强的 CaO 与两性氧化物 $A1_2O_3$ 形成一系列复杂化合物，图 4. 14 中出现：$CaO \cdot 6Al_2O_3$（CA_6）、$3CaO \cdot Al_2O_3$（C_3A）、$12CaO \cdot 7Al_2O_3$（$C_{12}A_7$）、$CaO \cdot Al_2O_3$（CA）和 $CaO \cdot 2Al_2O_3$（CA_2），前两者为不稳定化合物（异分熔化化合物），其余为稳定化合物（同分熔化化合物）。据此，CaO-Al_2O_3 二元系相图可划分为 CaO-$C_{12}A_7$ 系、$C_{12}A_7$-CA 系、CA-CA_2 系和 CA_2-Al_2O_3 系 4 个子二元相图，CaO-$C_{12}A_7$ 系与 CA_2-Al_2O_3 系子二元相图可划为生成不稳定化合物的二元相图，$C_{12}A_7$-CA 系和 CA-CA_2 系子二元相图可划为简单共熔（共晶）型二元相图。

$C_{12}A_7$ 的熔点为 1 728 K 在 $C_{12}A_7$ 附近出现低温液相区。即体系的成分在 W(CaO) = 45% ~52% 范围内，温度为 1 450 ~ 1 550 ℃。因此以此渣系配制炉外合成渣时，常选择这个成分范围。在连铸生产中，为了防止钢水中 Al_2O_3 夹杂堵塞水口，可以通过喷粉、喂线等措施生成 $12CaO \cdot 7Al_2O_3$ 加以解决。

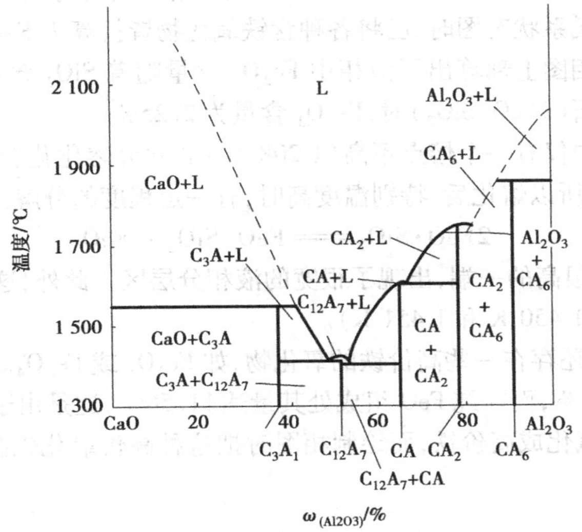

图 4.14　CaO-Al_2O_3 二元系相图

4.3.4　FeO-SiO_2 二元系

图 4.15 是 FeO-SiO_2 二元系相图。严格说来，这不是一个真正的二元系。因为 FeO 并不

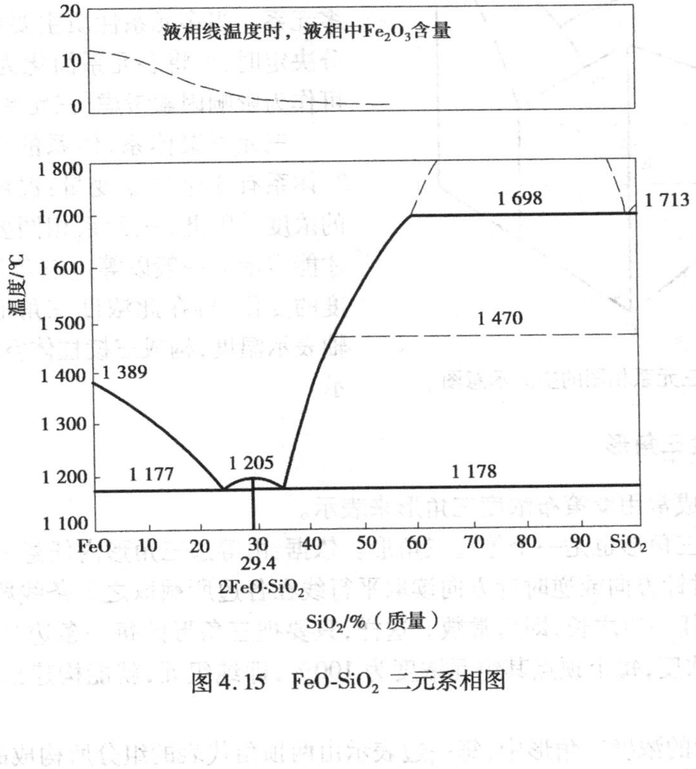

图 4.15　FeO-SiO_2 二元系相图

是一个固定组成的化合物，而是溶解有 Fe_3O_4 的固熔体，将 Fe_3O_4 看成 $FeO \cdot Fe_2O_3$，因而有一部分 Fe 系以 Fe_2O_3 形态存在。此外，FeO 的硅酸盐在熔化后易分解，FeO 也容易被氧化成高价氧化物。在作该二元系状态图时，已将各种含铁氧化物皆折算为 FeO，因而此图实际上是一个假二元系状态图。相图上部算出了液相中 Fe_2O_3 含量随着 SiO_2 含量而改变的曲线。当液相成分接近于铁橄榄石（$2FeO \cdot SiO_2$）时，Fe_2O_3 含量为 2.25%。

在此体系的相图中仅有一个熔点不高（1 208 ℃）的同分熔化化合物 $2FeO \cdot SiO_2$。它的液相线最高点是平滑的，所以熔化后，特别温度高时，有一定程度的分解：

$$2FeO \cdot SiO_2 = FeO \cdot SiO_2 + FeO$$

在靠近 SiO_2 浓度很高的一端，出现了很宽的液相分层区。此外，这个二元系有两个共晶，其共晶温度几乎相等（1 450 K 和 1 451 K）。

另外，此二元系中还存在一些高价铁的氧化物，如 Fe_2O_3 或 Fe_3O_4。例如，在 $2FeO \cdot SiO_2$ 组成处，$\omega(Fe_2O_3) = 2.25\%$，而在纯 FeO 组成处其量达 11.56%，这是由于在实验过程中，试样中的低价铁可能被空气氧化成高价铁，而绘制相图时把这种高价氧化铁折算成低价铁的氧化物（FeO）了。

4.4 三元系相图

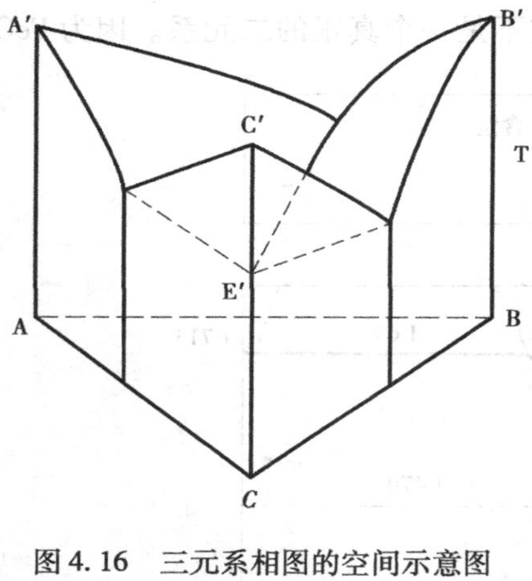

图 4.16 三元系相图的空间示意图

在冶金、化工、材料等研究领域和生产过程中常遇到的合金、熔渣、熔盐、熔锍等熔体，多为多元系。当多元系性质主要由其中 3 个主要组分决定时，可将多元系简化为三元系，其他组分可作为影响因素考虑，三元系是多元系的基础。

三元凝聚体系，体系的自由度数 f 最大为 3，体系有 3 个独立变量：温度和任意两个组分的浓度。因此，三元系相图要用三维空间图形才能表示。一般以等边三角形表示 3 个组分浓度的变化，再在此浓度三角形上竖立垂直坐标轴表示温度，构成三棱柱体空间图，如图 4.16 所示。

4.4.1 浓度三角形

三元系的组成常用罗策布浓度三角形来表示。

罗策布浓度三角形也是一个等边三角形。依据：由等边三角形内任意一点，分别向 3 条边作平行线，按顺时针方向或逆时针方向读取平行线在各边所截取之 3 条线段，3 条线段之和等于该等边三角形任一边之长，即为常数。这样，只要把三角形的每一条边分为 100 等份，每一等份即代表 1% 浓度，每个顶点其组元浓度为 100%，即纯组元，就能构建出浓度三角形，如图 4.17所示。

图 4.17 所示的浓度三角形中，每一边表示由两顶角代表的组分所构成的二元系的浓度坐

标线，三角形内的点则表示由3顶角代表的组分所构成的三元系的浓度值。

浓度三角形的组分的浓度可用质量分数、摩尔分数或摩尔百分数来表示。

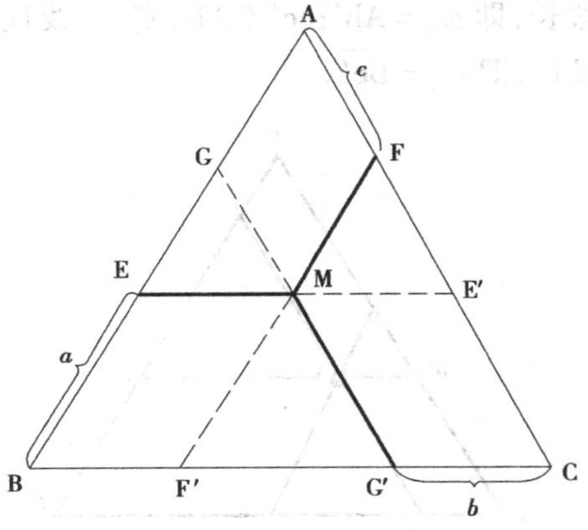

图4.17 浓度三角形示意图

(1)三元系浓度三角形内读取某点组成浓度的方法

1)平行线法

通过等边三角形内任一物系点作3根平行于各边的直线，其在边上所截线段之长分别代表该平行线所对应顶角组分的浓度，而在三边上所截线段长度之和等于三角形的边长(100%)。如在图4.17中，由物系M引浓度三角形ABC 3条边BC、AC、AB对应的平行线EE′、FF′和GG′，所截线段长分别为a、b、c，则物系M中组分A、B、C的浓度分别为a、b、c。

2)垂直线法

由等边三角形内任意点向三边作垂线，如图4.18所示，每根垂线之长代表它所指向的该顶角组分的浓度，如垂线c长度值为三元系物系O中组分C的浓度值，其余依次类推。

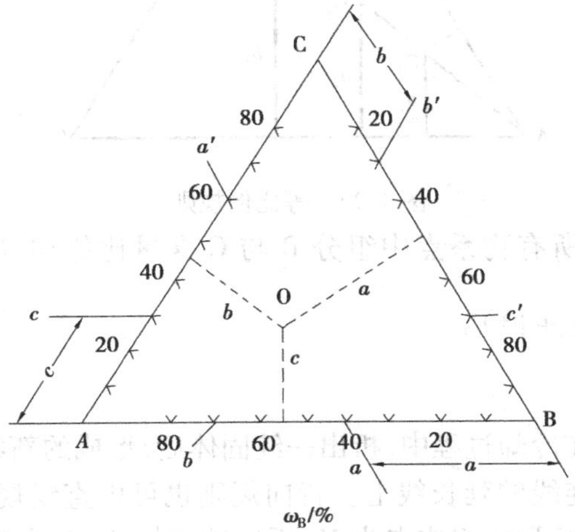

图4.18 浓度三角形内物系点组成垂直线读法示意图

(2)浓度三角形的性质

1)等含量规则

如图4.19所示，浓度三角形中，平行某一边的直线中所有物系点中，所含平行的直线对应的顶点组元的浓度都相等。如浓度△ABC 中,aa′∥BC,则 aa′线任意一物系点(如 P)含组分 A 浓度均相等,均等于 Ca′线段长,即 $\omega_A=\overline{Ca'}$;bb′∥AC,则 bb′线任意一物系点(如 P)含组分 B 浓度均相等,均等于 Ab′线段长,即 $\omega_B=\overline{Ab'}$;cc′∥AB,则 cc′线任意一物系点(如 P)含组分 C 浓度均相等,均等于 Bc′线段长,即 $\omega_C=\overline{Bc'}$。

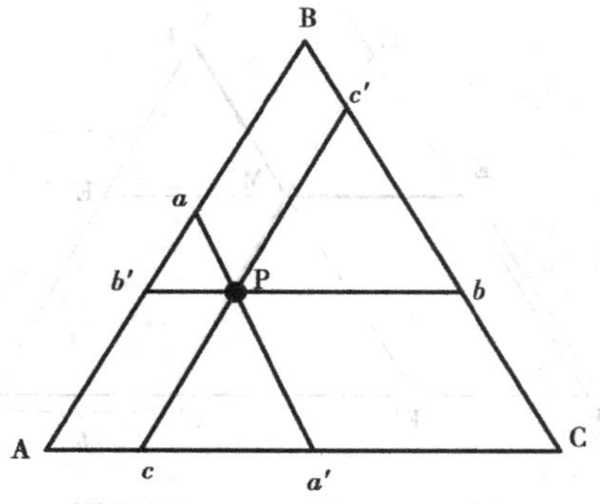

图 4.19　等含量规则

2)等比例规则

如图 4.20 所示,在浓度三角形中,通过任一顶角点向对边引一直线,则此直线上各物系点的组成中,其两旁顶角组分的浓度比均相同。

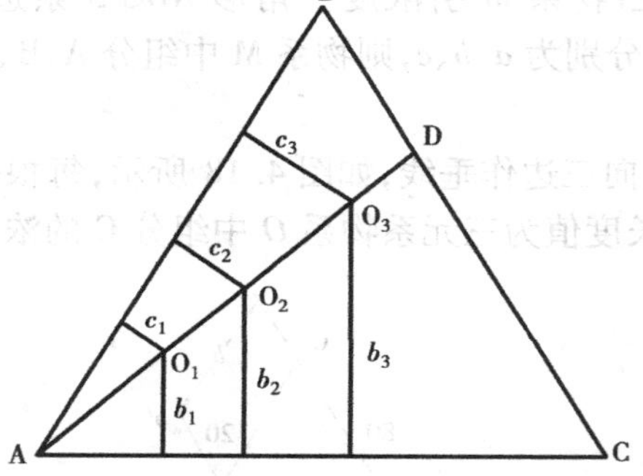

图 4.20　等比例规则

图 4.20 中,AD 线上,所有物系点中组分 B 与 C 含量比值相等,即有 $b_1/c_1(O_1)=b_2/c_2(O_2)=b_3/c_3(O_3)=\dfrac{\overline{CD}}{\overline{BD}}=k$(定值)。

(3)背向规则

组成确定的熔体物系在冷却过程中,析出一纯固体后,形成的新物系在浓度三角形内必位于原物系点与固体组成点连线的延长线上。背向规则也可由直线规则分析得出。如图 4.21 所示,熔体物系设在浓度三角形内组成点为 M,析出纯固体 A,在浓度三角形内组成点位于顶点 A,则形成的新物系必位于 A 与 M 连线延长线上,如 N 点。背向规则在物相冷却过程分析中经常用到。

(4)直线规则

此规则内容已在 4.1.4 中介绍。

(5)**重心规则**

如图 4.22 所示，在浓度三角形中，组成为 M_1、M_2、M_3 的 3 个物系，其质量分别为优 m_1、m_2、m_3，混合形成一质量为 m_0 的新物系点 O 时，此新物系点则必位于此 3 个原物系点连成的 $\triangle M_1M_2M_3$ 内的重心位上（物理中心），并且满足下列关系式：

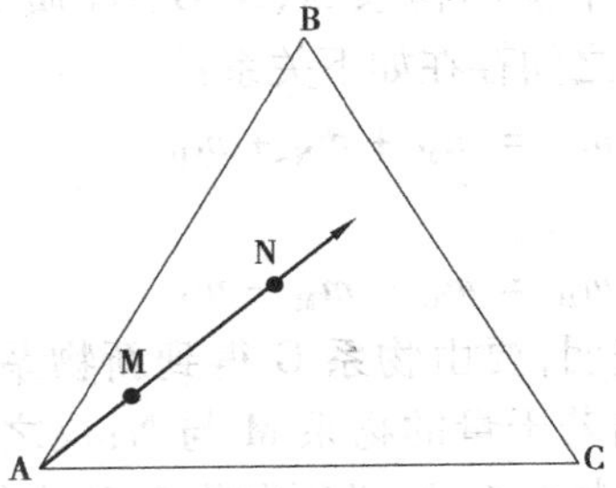

图 4.21 背向规则

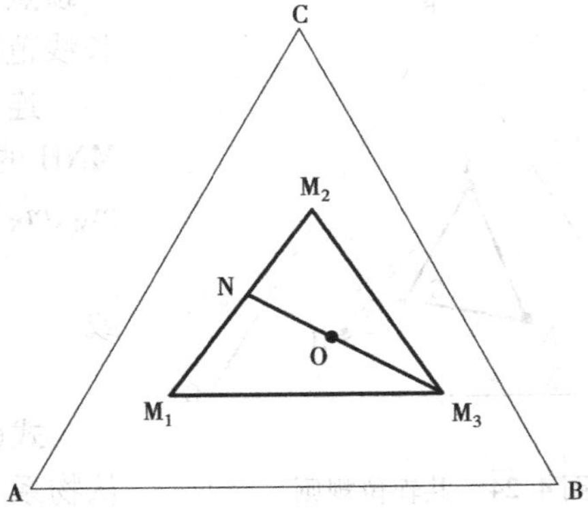

图 4.22 重心规则

$$m_O = m_1 + m_2 + m_3 \tag{4.5}$$

$$\frac{m_3}{m_1 + m_2} = \frac{\overline{NO}}{\overline{M_3O}} \tag{4.6}$$

O 点的位置可根据杠杆原理采用作图法确定，即由杠杆原理先求出 M_1M_2 线上的 N 点，再利用杠杆原理求出 NM_3 线上的 O 点，即两次利用杠杆原理求得 O 点，即为 $\triangle M_1M_2M_3$ 内的重心位。

(6)**交叉位规则**

如图 4.23 所示，设处于平衡的四个物系组成点分别为 M、N、G、H，H 点位于三角形 MNG 一条边(MN)的外侧，且在另两条边(GM、GN)的延长线范围内，H 点所处的这种位置叫交叉位。

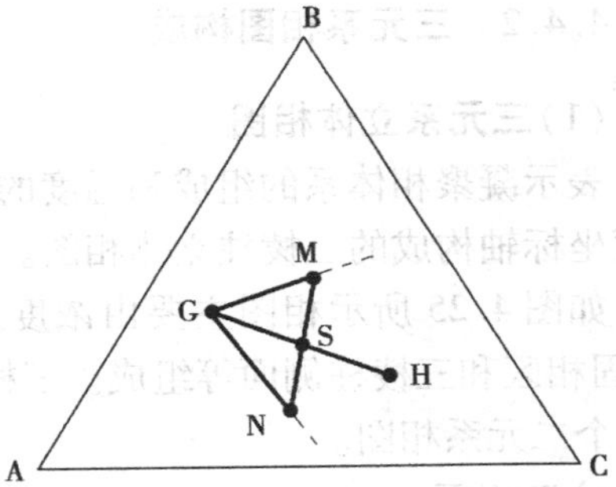

图 4.23 交叉位规则

连接 GH 交 MN 于 S 点，平衡四物系 M、N、G、H（质量分别为 m_M、m_N、m_G、m_H）与 S 物系（质量分别为 m_S）之间存在下列关系：

$$m_M + m_N = m_S \qquad m_G + m_H = m_S \tag{4.7}$$

$$m_M + m_N = m_G + m_H \tag{4.8}$$

或

$$m_H = m_M + m_N + m_G \tag{4.9}$$

式(4.9)表明，当由物系 M 与 N 混合成新物系 H 时，必须从 M 与 N 混合物中取出若干量的物系 G；反之，若想从物系 H 中分离出物系 M 与 N，则必须向物系 H 中加入一定量的物系 G，这就是交叉位规则。

根据交叉位规则，若在浓度三角形中物系 M、N、G 和 H 构成四边形，则一对角上的物系必生成另一对角线上的两个物系，这一规则在三元转熔反应的冷却过程分析用到，也可用以证明三元转熔反应的物相分析正确与否。

(7)共轭位规则

如图4.24所示，设处于平衡的四个物系组成点分别为M、N、G、H，H点位于三角形MNG一顶点(如G点)的外侧，即在通过该顶点两条边的延长线范围内，H点所处的这种位置叫共轭位。

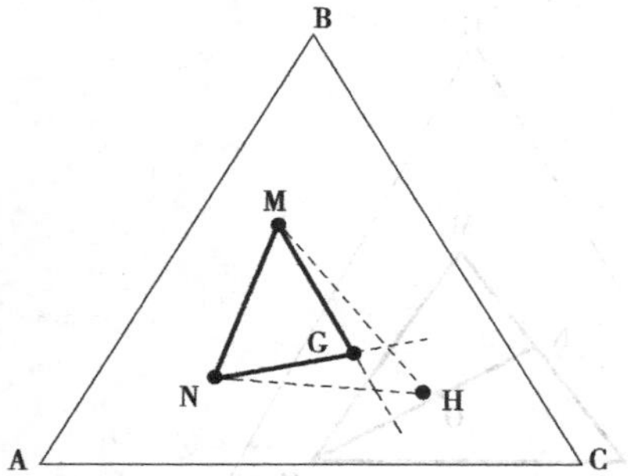

图4.24　共轭位规则

连接M、N、H构成△MNH，则G点物系三角形MNH的重心位，平衡四物系M、N、G、H(质量分别为m_M、m_N、m_G、m_H)之间存在如下关系：

$$m_G = m_M + m_N + m_H \tag{4.10}$$

或

$$m_H = m_G - m_M - m_N \tag{4.11}$$

式(4.11)表明，要由物系G得到新物系H，必须从物系G中取出若干量的物系M与N；反之，若想从物系H中分离出物系G，则必须向物系H中加入一定量的物系M与N，这就是共轭位规则。

根据共轭位规则，若在浓度三角形中物系M、N、G和H构成共轭位关系，且H处于共轭位置点，则物系G必位于物系三角形MNH的重心位。这一规则在三元共熔反应的冷却过程分析用到，也可以用以证明三元共熔反应物相分析正确与否。

4.4.2　三元系相图构成

(1)三元系立体相图

表示凝聚相体系的组成和温度的相平衡关系的三元系立体相图，是在浓度三角形上竖立温度坐标轴构成的三棱柱立体相图。具有简单三元共晶体的立体相图如图4.25所示。

如图4.25所示相图主要由浓度三角形(△ABC)、液相面、界线(相界线)、无变点、固相面、固相区和三棱柱侧面等组成。三棱柱侧面分别是具有共晶点e_1的A-B、e_2的B-C、e_3的A-C三个二元系相图。

1)液相面

液相面又称为初晶面，它是由3个二元系的液相线向三角形内扩展连在一起形成的曲面。当有第3组分加入到二元系构成的熔体中时，可使此二元系的液相线温度降低，因此，两相邻二元系相图的液相线向三角形内扩展，为液相面。

液相面是组分从液相开始析出固相的面，体系处于液相面上，固液两相平衡共存，即发生反应L══S。图4.25中，曲面$A'e_1'E'e_3'A'$、$B'e_1'E'e_2'B'$、$C'e_2'E'e_3'C'$均为液相面(分别可称为A的液相面、B的液相面、C的液相面)，对应固液平衡反应分别为：L══A、L══B和L══C。体系自由度数为$f=3-2+1=2$，表明：体系的温度和一个组分的浓度可以自由改变，只要温度和一个组分的浓度确定，体系的状态随之确定。

2)界线

界线又称为相界线，它是两液相面相交形成的线。界线可分为二元共熔线、二元转熔线。二元共熔线是指两个固相组分同时从液相结晶析出的界线，它是二元系的二元共晶点因第3

组分的加入，其凝固点不断降低的结果，对应相平衡反应：L ══ S1 + S2。二元转熔线是指液相吸收一个固相析出另一个新的固体的界线，对应相平衡反应可表示为：L + S1 ══S2。界线上的自由度数为$f=3-3+1=1$，表明：只要温度确定，体系的状态随之确定。图 4.25 中的$e_1'E$、$e_2'E$、$e_3'E$均为二元共熔线，对应的平衡反应分别为：L ══ A + B、L ══ B + C、L ══ A + C。

在不同的相图中，具体的界线属于哪一类型，可采用“切线规则”（见 4.4.3 节）确定。

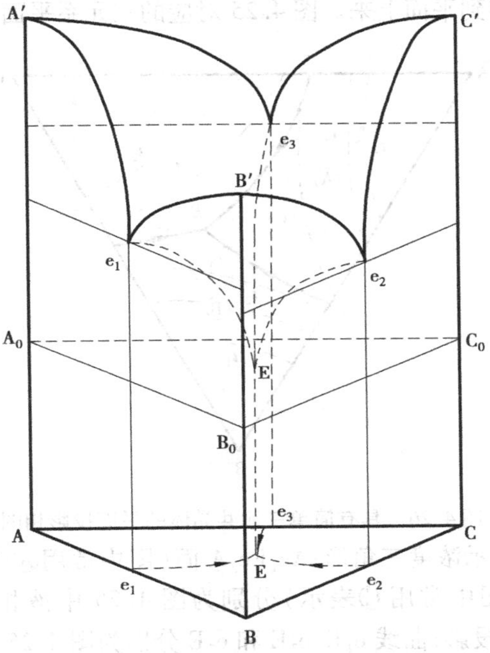

图 4.25　具有简单三元共晶体的立体相图

3）无变点

由 3 界线相交形成的点，如图 4.25 中的 E′点，称为无变点，它是体系的最后凝固点，可分为三元共熔点（又可称为三元共晶点）、三元转熔点（又可称为三元包晶点）。三元共熔点是 3 条二元共熔线相交形成的点，体系温度降至三元共熔点时，液相中同时析出 3 个固体，对应平衡反应可表示为：L ══S1 + S2 + S3。三元转熔点由两条共熔线与一条转熔线或一条共熔线与两条转熔线相交形成的点，对应平衡反应可表示为：L + S1 + S2 ══S3，或 L + S1 ══S2 + S3。无变点上的自由度数为$f=3-4+1=0$，表明：只要三元体系确定，无变点的位置是确定的。如图 4.25 中的 E′点属于三元共熔点，对应平衡反应为：L ══A + B + C。在不同的相图中，无变点属于哪一类型，可采用“无变点性质确定法”（见 4.4.3 节）确定。

4）固相面、固相区、结晶空间

在 3 个液相面上部的空间为熔体的单相区，自由度数为$f=3-1+1=3$。

通过三元无变点 E 且平行于底面浓度三角形的平面称为固相面，如图 4.25 中的$A_0B_0C_0$面。在固相面以下的空间称为固相区，此区域内三固相处于平衡状态，自由度数为$f=3-3+1=1$。

在液相面与固相面之间的空间为液相与固相平衡共存的区域，称为结晶空间。结晶空间不是一个整体，它是由几个一次结晶空间和二次结晶空间构成。在一次结晶空间中，液相与一个固相平衡，自由度数为$f=3-2+1=2$，液相组成点在液相面上，与液相平衡的固相组成点在浓度三角形对应的顶点上，如与液相面$A'e_1'E'e_3'A'$上液相平衡的固相组成为A，处于浓度三角形顶点A上，其余可依次类推。

(2)**三元系平面投影图**

三元系立体相图能直观完整地示出三元系的相平衡关系，但不便于实际应用。为此，常将三元系立体图中结构单元向其底面浓度三角形垂直投影成平面图，即成为三元系平面投影图，使空间的相平衡关系转移到平面上来。图4.25对应的三元系平面投影图如4.26所示。

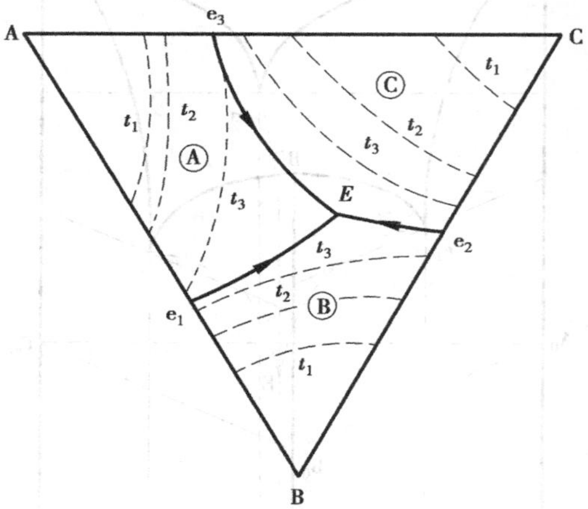

图4.26　具有简单三元共晶体的平面投影相图

图4.26中，△ABC表示浓度三角形；Ae_1Ee_3A面(图中常用Ⓐ表示)、Be_1Ee_2B面(图中常用Ⓑ表示)、Ce_2Ee_3C面(图中常用Ⓒ表示)分别为图4.25中液相面(初晶面)$A'e_1'E'e_3'A'$、$B'e_1'E'e_2'B'$、$C'e_2'E'e_3'C'$的投影；曲线e_1E、e_2E和e_3E分别为图4.25中界线$e_1'E$、$e_2'E$和$e_3'E$的投影；E点为图4.25中无变点E′的投影。图中界线上箭头指向表示温度降低方向。

为使空间的温度坐标也能在投影图上表示出来，可用一系列间隔相同、平行于底面的等温平面去截割立体相图，再把这些等温面与立体相图中的液相面、共晶线等的交线或交点投影到浓度三角面上。这种标示有温度的投影曲线称为等温线，常用虚线示出。

等温线的作用可说明液相面、二元共晶线等温度变化的状态。这些等温线的位置越靠近顶角，表示的温度就越高，而等温线之间相距越近，则该处的液相面的温度变化率也越大。

三元系平面投影图是垂直投影图，只能表示液相面上的有关投影，所以对于液相面以下部分，如固相中的转变关系就无法表出。这就需要等温截面和多温截面来加以说明。

(3)**等温截面图**

用平行于底面浓度三角形的平面去截三元相图的立体图，得到的截面在底面上的投影，即连接三元系平面投影图中温度相同的等温线形成的图称为等温截面图，如图4.27所示。

等温平面t_1，与A、B、C组分的液相面相交，分别得到3条等温液相线，它们与各自析出的固相组分，形成3个扇形状的二相平衡区(L+A，L+B，L+C)；其中，绘有从各顶角发出的射线，表示固相组分与液相平衡共存的结线。3条等温线之间的面区是液相区；其中绘有3条二元共晶线及三元共晶点的投影，表示它们出现在此t_1温度之下。

等温面t_2，低于等温面t_1，而恰在A-B二元共晶点处，因此，A、B组分液相面的等温线与

A-B 二元系的共晶点相交；等温面 t_2 与 3 个液相面相交，同样形成了 3 个扇形状的二相平衡区；但在此温度，相图的剩余液相区比 t_1 的液相区有所缩小。

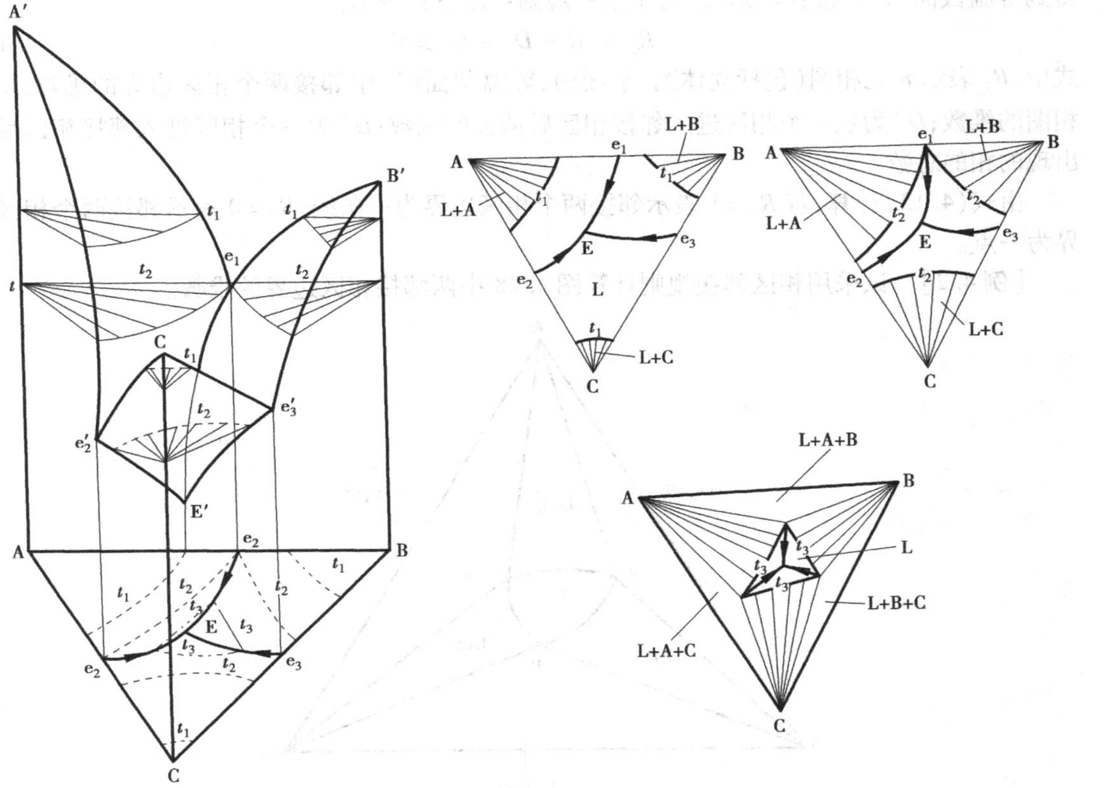

图 4.27 等温截面图

等温面 t_3，低于等温面 t_2，它不仅与 3 个液相面相交，而且也与 3 根二元共晶线相交，交线与相应的顶角构成二相区，用结线表示；等温面与二元共晶线的交点和其两旁相邻的两顶角（固相组分）构成三相区（L + A + C，L + A + B，L + B + C），用三角形表示；等温线围成区则是剩余的液相区；其内有部分二元共晶线及三元共晶点的投影，它们出现在 t_3 温度以下。

如果有了等温截面图，结合三元系基本类型特点，就能推测出对应三元系相图具体构造，这在后面学习三元系基本类型后通过例题将加以应用。

（4）等温截面图的“接界规则”

等温截面图中，液相区与二相区的接界是曲线，液相区与三相区的接界是点，二相区与三相区的接界是直线，且相邻相区的相数相差为一个，这就是接界规则。

使用等温截面图可以了解指定温度下，体系所处的相态及组成改变时体系相态的变化，从而可对熔渣的状态及性质进行控制；另一方面，利用等温截面图及接界规则可反推得到相图。

4.4.3 三元系相图的基本规则

在进行相图，尤其是复杂相图的研究与分析时，除浓度三角形的规则外，还需遵循以下规则。

(1)相区邻接规则

只有相数相差为1的相区才能直接毗邻，这就是相区邻接规则。由相区邻接规则可证明得到等温截面图的“接界规则”。对于这一规则可用下式表示：

$$R_1 = R - D^- - D^+ \geqslant 0 \tag{4.12}$$

式中，R_1 表示 n 元相图(包括立体图、平面图、等温截面图)中邻接两个相区边界的维数；R 为相图的维数；D^- 为从一个相区进入邻接相区后消失的相数；D^+ 为一个相区进入邻接相区后新出现的相的总数。

由式(4.12)计算，若 $R_1 = 1$ 表示邻接两个相区边界为一条线，$R_1 = 0$ 表示邻接两个相区边界为一点。

[例4.2] 试采用相区邻接规则计算图4.28中两邻接相区边界的维数。

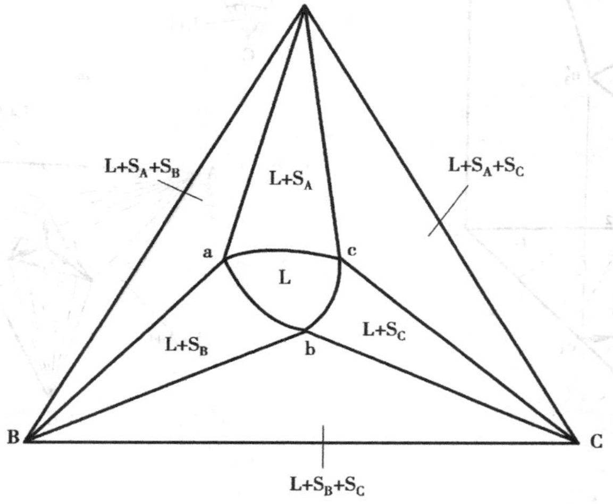

图4.28 A-B-C 三元相图

解 ①相区ABa与相区Aac、ABa与相区Bab及相区Aac与相区Cbc形成的边界维数计算：

从相区ABa进入相区Aac，固相B消失，没有新相产生，即有 $D^- = 1, D^+ = 0$，则两相区的边界维数 $R_1 = R - D^- - D^+ = 2 - 1 - 0 = 1$，表明：相区ABa进入相区Aac边界是一维的，即有一条线。

同样可得相区ABa与相区Bab、相区Aac与相区Cbc边界均是一维的，为一条线。

②相区ABa与相区abc、ABa与相区abc及相区Aac与相区abc形成的边界维数计算：

从相区ABa进入相区abc，固相B及固相A消失，没有新相产生，即有 $D^- = 2, D^+ = 0$，则两相区的边界维数 $R_1 = R - D^- - D^+ = 2 - 2 - 0 = 0$，表明：相区ABa进入相区abc边界是0维的，为一个点。

同样可得相区ABa与相区Bab、相区Aac与相区Cbc边界均是0维的，为一点。

③相区Aac与相区abc、相区Bab与相区abc及相区Cbc与相区abc形成的边界维数计算：

从相区Aac进入相区abc，固相A消失，没有新相产生，即有 $D^- = 1, D^+ = 0$，则两相区的边界维数 $R_1 = R - D^- - D^+ = 2 - 1 - 0 = 1$，表明：相区Aac进入相区abc边界是一维的，为一条线。

同样可得相区 Bab 与相区 abc 及相区 Cbc 与相区 abc 边界均是一维的,为一条线。

若将相区邻接规则应用于有零变反应(自由度为 0 的反应)的相图区域时,应将零变相区视为退化相区,分别由体、面、线退化为面、线、点。相区邻接规则可得出如下一些推论:

①两个单相区毗邻的界线只能是一个点,接触点落在极点上,同时两个单相区一定是被包含这两个单相的两相区所分开。

②单相区与零变线只能相交于特殊点,两个零变线必然被它们所共有的两相区分开。

③两个两相区或被单相区隔开,或被零变线隔开,不能直接毗邻。

(2)相界线构筑规则

在三元系中,单相区与两相区邻接的界线的延长线必须同时进入两个两相区,或同时进入三相区。二元系中,单相区与两相区邻接的界线延长线必须进入两相区,不能进入单相区,单相区两条边线的交角小于 180°。这就是相界线构筑规则。

相区邻接规则及其推论、相界线构筑规则在制作相图时有重要应用,也可用以验证相图的正确性。

(3)相界线性质判断规则(切线规则)

切线规则:过界线上的某一点作切线与相应的"连线"相交,如果交点在连线内,则此界线在该处具有共熔性特性;如果交点在连线的延长线上,则表示该界线具有转熔性质,远离交点的晶相被回吸。若界线上所有点具有共熔性质,则此界线为二元共熔线。若界线上所有点具有转熔性质,则此界线为二元转熔线。

注意:并不是所有界线为纯二元共熔线或纯二元转熔线,而有时,同一界线上可能有部分段具有共熔性,另有部分段具有转熔性,对于同一界线必须要全面采用切线规则分析;为了区分二元共熔线与二元转熔线,在相图中,一般可以用单箭头指示二元共熔线温度降低方向,用双箭头指示二元转熔线温度降低方向。

切线规则中提到的连线(也称为 Alkemade 线)是指连接与界线上的液相平衡的两个固相组成点形成的直线。如图 4.25 中,与界线 $e_1'E$(e_1E)的液相平衡的两固相为纯固体 A、纯固体 B,则连接组成点 A、B,即 AB 线为界线 $e_1'E$(e_1E)的连线。依此类推,BC 线为界线 $e_2'E$(e_2E)的连线、AC 线为界线 $e_3'E$(e_3E)的连线。

(4)阿尔克马德规则(罗策布规则)

在三元系中,连接平衡共存两个相的成分点的连线或其延长线,与划分这两个相的界线或其延长线相交,那么该交点就是界线上的最高温度点(也可称为"鞍心点",如图 4.29 中的 m_1、m_2 点)。或者说,当温度下降时液相成分点的变化方向总是沿着界线,向着离开共存线的方向。

阿尔克马德规则在三元系相图液相变化路径、复杂三元系相图特殊一些界线温度方向分析中有重要应用。这在后面具体相图类型中有应用。

(5)复杂三元系相图划分规则

含有二元或三元化合物的三元系相图称为复杂三元系相图。为便于相图分析,对于复杂三元系相图往往要划分成若干个简单三元系相图,其划分规则为:在相图中,将与无变点中平衡 3 个固相对应的组成点连接起来构成一个子三角形,一个无变点对应一个子三角形,有 n 个无变点,对应有 n 个子三角形。一个子三角形对应为一个子三元系相图,因此,n 个无变点可将复杂三元系相图分为 n 个简单子三元系相图。

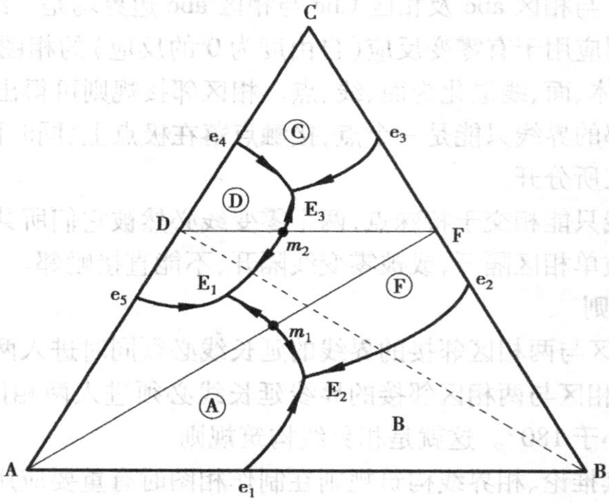

图 4.29　含有两个同分熔点化合物的三元系相图

如果复杂三元系相图中存在两个或两个以上化合物时，复杂三元系相图划分时应注意如下问题：

①连接界线两侧固相成分代表点的直线彼此不能相交。

②三元系中任意 4 个固相代表点构成的四边形，只有一条对角线上的两相固相可平衡共存。这也是“四边形对角线不相溶原理”。图 4.29 中，在四边形 ABFD 中，只有连线 AF 上和两固相 A 和 F 可平衡共存，而 BD 线上固相 B 和 D 是不能平衡共存的，BD 连线是错误的。

③高温熔体冷却结晶终点位为其组成点所处的子三角形对应的无变点位。这对高温熔体冷却结晶过程分析很重要。

(6)无变点性质判断规则

相图中，相交于一点的三条界线的温度降低方向（箭头）均指向交点，则交点为三元共熔点，其发生的共熔反应为一个液相同时析出 3 条界线周围出现的 3 个固相，图 4.30(a) 中 E 点为三元共熔点，三元共熔反应为：$L \!=\!=\!= A + B + C$。图 4.29 中的 E_1、E_2、E_3 3 个无变点均为三元共熔点。

相图中，相交于一点的 3 条界线中有一条或两条界线温度降低方向背离此交点，则此交点为三元转熔点。其中，3 条界线中有一条界线温度降低方向背离此交点，则此交点为双升型转熔点，而三条界线中有两条界线温度降低方向背离此交点，则此交点为双降型转熔点。图4.30(b) 中 p 为双升型无变点，其上的转熔反应为：$L + A = B + C$。液相组成点位于其相应子三角形的交叉位置上。

图 4.30(c) 中 p 为双降型无变点，其上的转熔反应为：$L + A + B = C$。在双降型转熔点，液相组成点位于其相应子三角形的共轭位置上。

4.4.4　三元系相图类型

根据组分间形成的化合物的性质（同分熔化化合物或异分熔化化合物）及组分在液相特别是固相中溶解情况的不同（完全不互溶、部分及完全互溶等），可将三元系相图分为多种基本类型。这些基本类型的相图相互组合,就构成了实际体系中复杂的三元系相图。冶金中常见的几种基本类型的三元系相图有:简单共熔型三元系相图,生成一个稳定二元化合物三元系相图,生成稳定三元化合物三元系相图,生成不稳定二元化合物三元系相图和具有一个液相分层区三元系相图等。

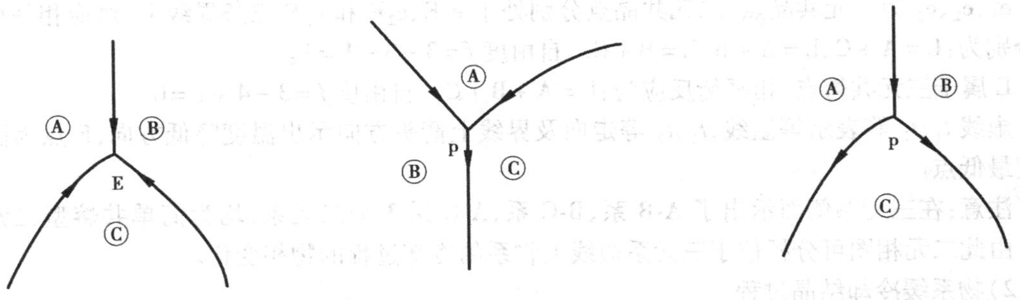

图 4.30　含有两个同分熔点化合物的三元系相图

(1)简单共熔型三元系相图

1)相图组成

图 4.31 为简单共熔型三元系相图,它是三组分中两两形成二元共晶体构成的三元系相图。三组分在液相时完全互溶,而在固态时完全不互溶,形成了具有一定熔点及组成的三元共熔体。

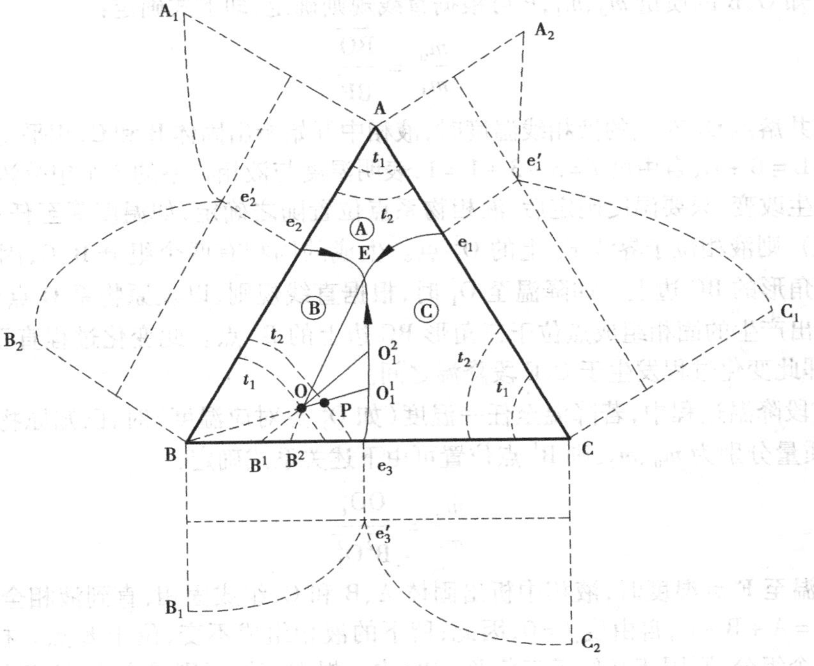

图 4.31　简单共熔型三元系相图

曲面 Ae_1Ee_2A、Ce_2Ee_3C 和 Be_1Ee_3B 分别为 A、B、C 的初晶面，图 4.31 中分别用Ⓐ、Ⓑ、Ⓒ示出。液相面上存在相平衡反应：L = A、L = B、L = C。自由度 $f=3-2+1=2$。

e_1E、e_2E 和 e_3E 均为二元共熔线，界线上相平衡反应对应：$L=A+C(e_1E)$、$L=A+B(e_2E)$、$L=B+C(e_3E)$。自由度 $f=3-3+1=1$。

e_1、e_2、e_3 为二元共晶点，二元共晶点分别处于 e_1E、e_2E 和 e_3E 三条界线上，对应相平衡反应分别为：L = A + C、L = A + B、L = B + C。自由度 $f=3-3+1=1$。

E 属于三元共熔点，相平衡反应为：L = A + B + C。自由度 $f=3-4+1=0$。

虚线 t_1、t_2 等表示等温线，t_1、t_2 等走向及界线上箭头方向示出温度降低方向，E 点为图中温度最低点。

注意：在三元系侧面示出了 A-B 系、B-C 系、A-C 系 3 个二元系，均为简单共熔型二元相图。由此二元相图可分析位于三元系边线上物系的冷却过程的物相变化。

2）物系缓冷却结晶过程

简单共熔型三元系相图 4.31 中物系 O，当温度高于物系 O 的熔化温度 t_1 时，物系处于均匀的液相状态。

当体系温度降至物系 O 的熔化温度 t_1 时，液相中开始析出固体，存在平衡反应 L ═══ B。根据物系所在液相区，可确定此时液相中析出固体 B，析出的固体组成点位于三角形 ABC 中顶点 B。液相组成点仍位于 O 点。

体系继续降温，未离开固相Ⓑ区时，液相中不断析出固体 B，析出的固相组成点仍位于顶点 B。此期间，冷却析出固体 B 后留下的液相组成点位置根据背向规则可确定出，如温度降为 t_2，留下的液相组成点位于 P 点。此过程保持降温至 B 与 O 连线延长线与界线 E_{e3} 交点（O_1^1）温度。如已知 O、B 的质量 m_0、m_1，P 可根据直线规则确定，即下式确定：

$$\frac{m_0}{m_1}=\frac{\overline{BO}}{\overline{BP}}$$

降温至二元共熔点 O_1^1 对应的液相线温度时，液相中开始析出固体 B 和 C，相平衡反应（二元共熔反应）为：L = B + C，自由度 $f=3-3+1=1$，表明温度与液相物系的 3 个组分浓度中，只有一个因素能发生改变，只要温度确定后，液相物系点位置随之确定，如温度降至任一温度（如 O_1^2 点对应温度），则液相位于界线 E_{e3} 上的 O_1^2 点。生成的固相有两个组分 B、C，因此，固相组成点必位于三角形的 BC 边上。如降温至 O_1^2 时，根据直线规则，以及原物系 O 点位、新液相 O_1^2 点位可确定出产生的固相组成点位于三角形 BC 边上的 B^1 点。此变化过程直至降温至 E 点温度结束，即此变化过程发生于 O_1^1E 段降温之间。

在 O_1^1E 段降温过程中，若降温至任一温度（如 O_1^2 点对应温度）时，已知原物系 O、新液相物系 O_1^2 的质量分别为 m_0、m_2，则 B^1 点位置可由下述关系式确定：

$$\frac{m_0}{m_2}=\frac{\overline{OO_1^2}}{\overline{B^2O_1^2}}$$

体系降温至 E 点温度时，液相中析出固体 A、B 和 C，组成固相，直到液相全部消失，相平衡反应为：L = A + B + C，自由度 $f=0$，因此，留下的液相组成不变，位于 E 点。析出的固相含 A、B 和 C 三个组分，则固相必位于三角形 ABC 内。根据直线规则确定出：刚开始发生液相中析出固体 A、B 和 C 时，固相位于 B^2 位；液相刚好全部消失时产生的固相组成位于 O 点；刚析出 A、B 和 C 至液相刚好全部消失的过程中，留下的液相位于 B^2 与 O 点连线之上。

体系自 E 点降至室温的过程，体系中保持 A、B、C 三个固体。

上述熔体 O 冷却过程液相点、固相点的变化及其之间的关联情况可表示为：

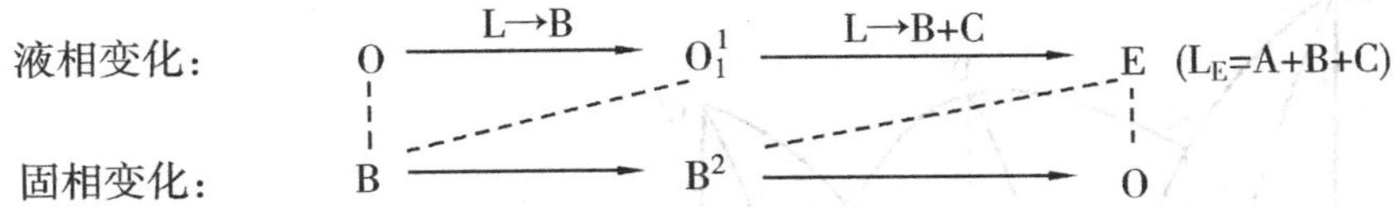

熔体 O 冷却过程对应的冷却曲线可用图 4.32 表示。

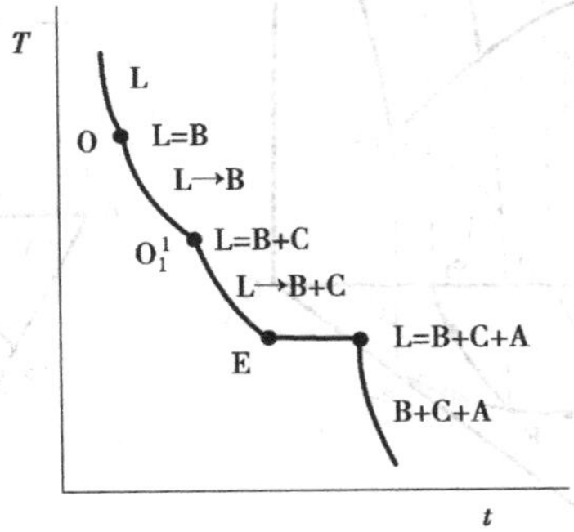

图 4.32　简单共熔型三元系相图中物系 M 冷却曲线

(2)生成一个稳定二元化合物(同分熔化化合物、或一致熔融化合物)的三元系相图

这里的稳定化合物又称为同分熔化化合物或一致熔融化合物，熔化时其组成与固相时组成一样，熔化前不发生任何分解。图 4.33 为生成一个稳定二元化合物 D 的 A-B-C 三元系相图，图 4.33(a)为其立体相图，图 4.33(b)为其平面相图。图 4.33 中的三角形 AC 边上形成了一个稳定的二元化合物，用 D 表示其组成点。稳定的二元化合物 D 是体系的相组成的组分之一，形成了两个相邻的二元共晶体分相图，即 A-D 系和 C-D 系。相图中化合物 D 具有确定的熔化温度，其组成点在其初晶区内，是稳定化合物在相图中的特点。根据这一特点，在三元系相图能直观地判断出化合物是否为稳定化合物。

相图的主要构成为：

$Ae_5E_2e_4A$、$Be_5E_2E_1e_2B$、$Ce_2E_1e_1C$ 和 $e_1E_1E_2e_4e_1$ 四个液相面，对应为 A、B、C、D 的初晶区，并分别用Ⓐ、Ⓑ、Ⓒ、Ⓓ示出。液相面上存在相平衡反应分别为：L = A、L = B、L = C 和 L = D。自由度 $f=3-2+1=2$。

e_5E_2、E_2e_3、e_3E_1、e_2E_1、e_1E_1、e_4E_2 六条界线，根据切线规则能确定出界线均为二元共低熔线。e_3 为鞍心点，是界线 E_2E_1 上温度最高处。界线上箭头示出了温度降低方向。界线上的相平衡反应为：L = A + B(e_5E_2)、L = D + B(E_2e_3)、L = D + B(e_3E_1)、L = B + C(e_2E_1)、L = D + C(e_1E_1)和 L = D + A(e_4E_2)。自由度 $f=3-3+1=1$。

根据无变点性质确定规则可定出 E_1、E_2 均为三元共熔点，对应相平衡反应分别为：L = A + B + D(E_1 点)、L = B + C + D(E_1 点)。自由度 $f=3-4+1=0$。

根据复杂三元系相图划分规则及相图中 E_1、E_2 无变点上相平衡反应，可将图 4.33(b)划分为 A-B-D、B-C-D 两个子三元系相图，两个子三元系相图都属于简单共熔型三元系相图。因此，图 4.33 中高温熔体的冷却过程可根据熔体组成点所在的子三元系相图类似于简单共熔型相图分析。值得说明的是，E_1 点为 A-B-D 三元系相图中温度最低点，位于 A-B-D 三元系中高温熔体冷却中，最终液相组成点消失于 E_1 点；E_2 点为 B-C-D 三元系相图中温度最低点，位于 B-C-D 三元系中高温熔体冷却中，最终液相组成点消失于 E_2 点。具体分析过程略。

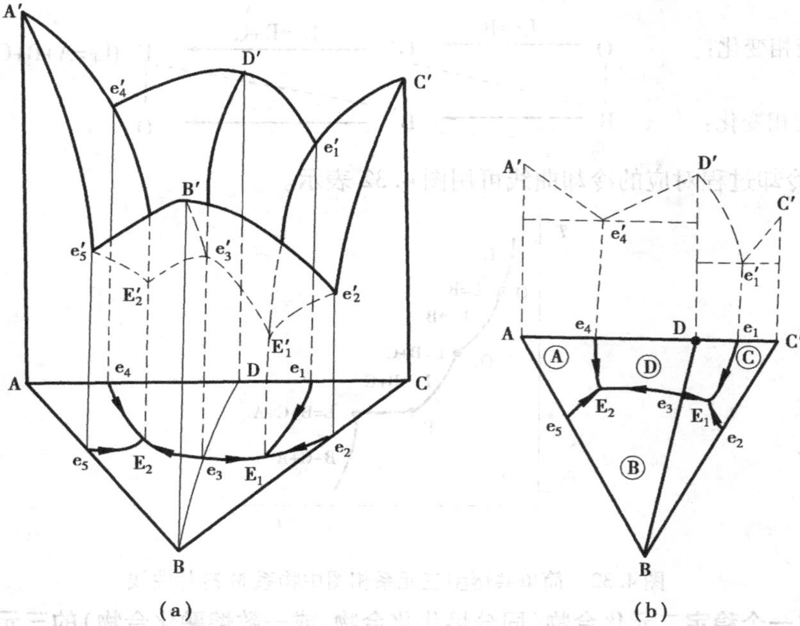

图 4.33　生成一个稳定二元化合物（同分熔化化合物）的三元系相图

（3）生成两个稳定二元化合物的三元系相图

图 4.34 为生成两个稳定二元化合物的三元系相图。图中的三角形 AC 边上形成了一个稳定的二元化合物，用 D 表示其组成点；三角形 BC 边上形成了一个稳定的二元化合物，用 F 表示其组成点。稳定的二元化合物 D、F 是体系的相组成的组分之一，分别形成了 A-D 系和 C-D系两个相邻的二元共晶体分相图、B-F 系和 C-F 系两个相邻的二元共晶体分相图。相图中化合物 D、F 具有确定的熔化温度，组成点分别在各自的初晶区内。

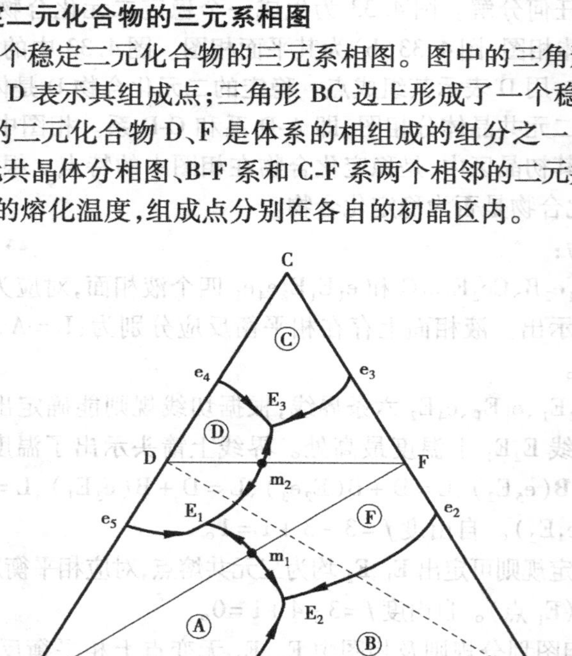

图 4.34　生成两个稳定二元化合物的三元系相图

图 4.34 中，曲面 $Ae_1E_2m_1E_1e_5A$、$Be_2E_2e_1B$、$Ce_3E_3e_4C$、$e_5E_1E_3e_4e_5$、$e_2E_2E_1E_3e_3e_2$ 分别为 A、B、C、D、F 的初晶面，分别用Ⓐ、Ⓑ、Ⓒ、Ⓓ、Ⓕ表示。E_1、E_2、E_3 为三元共熔点，e_1、e_2、e_3、e_4、e_5、m_1、m_2 均为二元共晶点，其中 m_1、m_2 又可称为鞍心点，为对应所在界线上温度最高点。曲线 e_5E_1、E_1E_3、e_4E_3、e_3E_3、e_2E_2、e_1E_2、E_1E_2 为二元共晶线。

根据复杂三元系划分规则，结合图中 E_1、E_2、E_3 为三元共熔点，可将 A-B-C 三元相图划分成 3 个简单共熔型的子三元系相图：A-F-D 系、A-B-F 系、C-D-F 系。据此，相图中某一熔体冷却过程分析，首先定出熔体组成点所在的子三元系相图，然后类同于简单共熔型相图中熔体的冷却过程分析，此过程略，读者可自行分析。

(4) **生成稳定三元化合物的相图**

图 4.35 为生成一个稳定三元化合物的三元系相图，稳定三元化合物位于三角形内，用 D 表示其组成点，位于其初晶区内。稳定三元化合物是此三元系的相组成的组分，和任意两组分形成 3 个三元共晶体，也和任一组分形成 3 个二元共晶体。

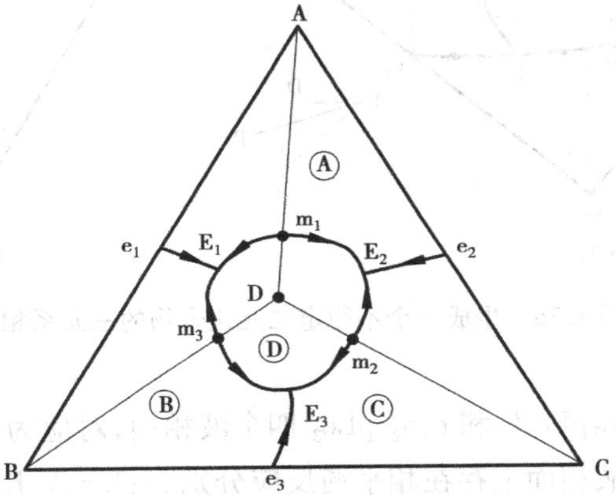

图 4.35　生成一个稳定三元化合物的三元系相图

图 4.35 中，曲面 $e_2E_2m_1E_1e_1Ae_2$、$e_2E_2m_2E_3e_3Ce_2$、$e_3E_3m_3E_1e_1Be_3$、$E_1m_1E_2m_2\ E_3m_3E_1$ 分别为 A、C、B、D 的初晶面，分别用Ⓐ、Ⓒ、Ⓑ、Ⓓ表示。E_1、E_2、E_3 为三元共熔点，e_1、e_2、e_3、m_1、m_2、m_3 均为二元共晶点，其中，m_1、m_2、m_3 又可称为鞍心点，为对应所在界线上温度最高点。曲线 e_1E_1、e_2E_2、e_3E_3、$m_1E_2m_2$、$m_2E_3m_3$、$m_3E_3m_1$ 为二元共晶线。

根据复杂三元系划分规则，结合图中 E_1、E_2、E_3 为三元共熔点，可将A-B-C三元相图划分为 A-C-D 系、B-C-D 系、B-A-D 系 3 个简单共熔型的子三元系相图。据此，相图中某一熔体冷却过程分析，首先定出熔体组成点所在的子三元系相图，然后类同于简单共熔型相图中熔体的冷却过程分析，此过程略，读者可自行分析。

(5) **生成不稳定二元化合物的三元系相图**

1) 相图组成

这里的不稳定化合物又称为异分熔化化合物或不一致熔融化合物，熔化时其组成与固相时组成不一样，熔化前已转变为其他组分。图 4.36 为生成一个不稳定二元化合物 D 的 A-B-C 三元系相图，其中，左图为其立体相图，右图为其平面相图。图 4.36 中的三角形 AB 边上有一个不稳定的二元化合物，用 D 表示其组成点，形成了一个生成中间化合物的二元相图，即 A-B 系二元系相图。

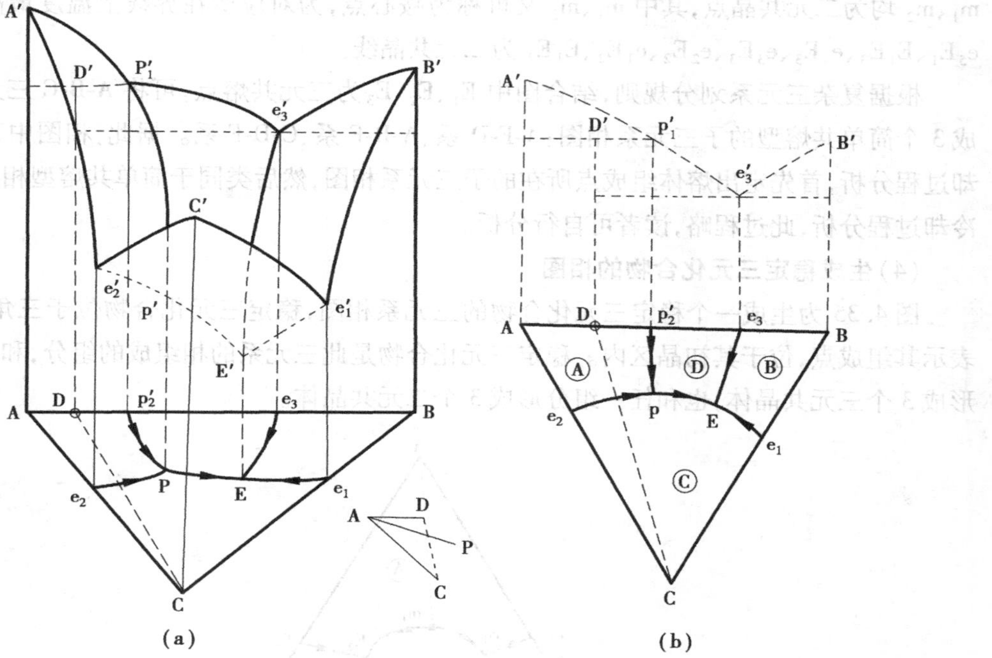

图 4.36　生成一个不稳定二元化合物的三元系相图

相图的主要构成为：

$Ae_2pp_2'A$、Be_1Ee_3B、Ce_2pEe_1C 和 $e_3p_2'pEe_3$ 四个液相面，对应为 A、B、C、D 的初晶区，并分别用Ⓐ、Ⓑ、Ⓒ、Ⓓ示出。液相面上存在相平衡反应分别为：L = A、L = B、L = C 和 L = D。液相面内体系的自由度 $f = 3 - 2 + 1 = 2$。

根据切线规则能确定 e_2p、pE、e_3E、e_1E 和 pp_2' 五条界线中，除 pp_2' 为二元转熔线外，其余均为二元共熔线。界线上箭头示出了温度降低方向。界线上的相平衡反应为：L = A + C(e_2p)、L = D + C(pE)、L = D + B(e_3E)、L = B + C(e_1E) 和 L + A = D(pp_2')。注意：对于 pp_2' 界线上的平衡反应，液相吸收的固相为反应中可能出现的两固相最早从液相中析出者。界线上体系的自由度 $f = 3 - 3 + 1 = 1$。

根据无变点性质确定规则可定出 E 为三元共熔点，p 为双升型三元转熔点。对应相平衡反应分别为：L = C + B + D(E 点)、L + A = C + D(p 点)。无变点体系自由度 $f = 3 - 4 + 1 = 0$。

根据复杂三元系相图划分规则及相图中 E、p 两个无变点上相平衡反应，可将图 4.36(b) 划分为 A-C-D、B-C-D 两个子三元系相图，其中，B-C-D 子三元系相图属于简单共熔型三元系相图。

2）物系缓冷却结晶过程

在图 4.3(a) 中 A-B 二元系内，当组成点位于 Ap_2' 段内时，液相冷却到液相线 $A'p_1'$ 时，开始析出 A；温度继续下降，液相成分沿 $A'p_1'$ 线达到 p_1' 时，先析出的 A 在此温度与组成为 p_1' 的剩余液相进行二元转熔反应：$Lp_1' + A = D$，形成了 D。p_1'点为二元转熔点。

当有第三组分如 C 加入，并且其量不断增加时，此二元转熔点将不断下降，变为二元转熔线 $p_1'P'$。在此线上是两固相与液相平衡共存，自由度数为 1。当达到 $p_1'p'$线与二元共晶线 $e_2'E'$的交点 p'时，出现三元转熔反应：$Lp'1 + A = D + C$，即组成为 P'的液相与先析出的组分 A 反应，形成固相化合物 D 及组分 C。

因为 P'点位于△ADC 外的交叉位上，它们的相平衡关系服从交叉位规则。P'称为三元转熔点，是 4 相共存，自由度数为零，故是无变量点。$p_1'p'$线的投影线是 $p_1'p$，也称二元转熔线，p'的投影则是 p 点，乃平面三元系相图中的三元转熔点。

在图 4.3(a) 中 A-B 二元相图中，当体系的组成点位于 $p_2'B$ 段内的液相冷却时：

液相线 $p_1'e_3'$上将直接析出 D，这是因为在此温度下此化合物能稳定存在，故冷却后能直接从液相中生成并析出。

液相线 $B'e_3'$上析出 B，剩余液相在共晶温度形成二元共晶体 D-B。

当有第 3 组分加入时，$p_1'e_3'$及 $B'e_3'$液相线分别扩展为 D 及 B 组分的液相面 $p_2'PEe_3$ 及 e_3Ee_1B（投影面），而 e_3E 线为二元共晶点 e_3'扩展的 $e_3'E'$二元共晶线的投影线。E 为三元共晶点 E'的投影点，其三元共晶反应为 $L_E = B + D + C$。

由于化合物 D 是异分熔化化合物，当加热未达到其熔点之前就分解了，所以在液相中不能存在。因此，不能作为体系相组成的组分，规定 D 点与其对应顶角组分不用实线，而用虚线连接，以示原三角形不能划分为两个独立的三角形或分相图。

由于 D 的液相面低于 D 存在的最高温度，所以不稳定化合物 D 组成点就位于其初晶区之外。这是不稳定二元化合物存在的三元系相图特点。

图 4.36(a) 中 P'点的位置高于 E'点，所以三角形中三元转熔点 P'就高于三元共晶点 E'，而 PE 线上的指示温度下降的箭头应指向 E 点。

位于△ADC 内的物系点应在 P 点最后凝固，结晶产物是 A + D + C，因为经过转熔反应后，液相无剩余。

位于△BDC 内的物系点，经过转熔反应后，液相有剩余，将经过 D 的初晶区，继续析出 D，最后在 E 点凝固。

生成一个不稳定二元化合物相图中熔体冷却结晶过程较为复杂，尤其是相图中 $Ae_2pp_2'A$、$e_3p_2'pEe_3$ 两个区域内的熔体冷却结晶过程更是如此。

为了对熔体结晶过程有一个全面认识，下面对图 4.37 中熔体冷却过程进行分析。图4.37 中 12 个熔体冷却过程的物相变化走向描述如图 4.38 所示。

O_1 点：位于 A 的初晶区，在△ADC（对应无变点为 p）之内。液相冷却后，沿 $O_1O_1^1$ 段析出 A，到达 e_2P 线的 O_1^1，开始析出二元共晶体 A + C，而后再沿 O_1^1P 段向 P 点移动，不断析出 A + C，最后在 P 点进行转熔反应：$L_P + A = D + C$，析出 D + C，而结晶在 P 点结束，最终组成的相为 A + D + C。熔体 O_1 冷却过程液相点、固相点的变化可表示如下：

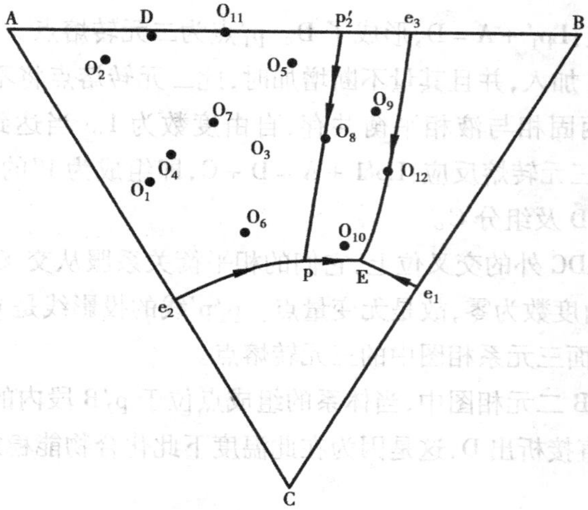

图 4.37 A-B-C 三元相图

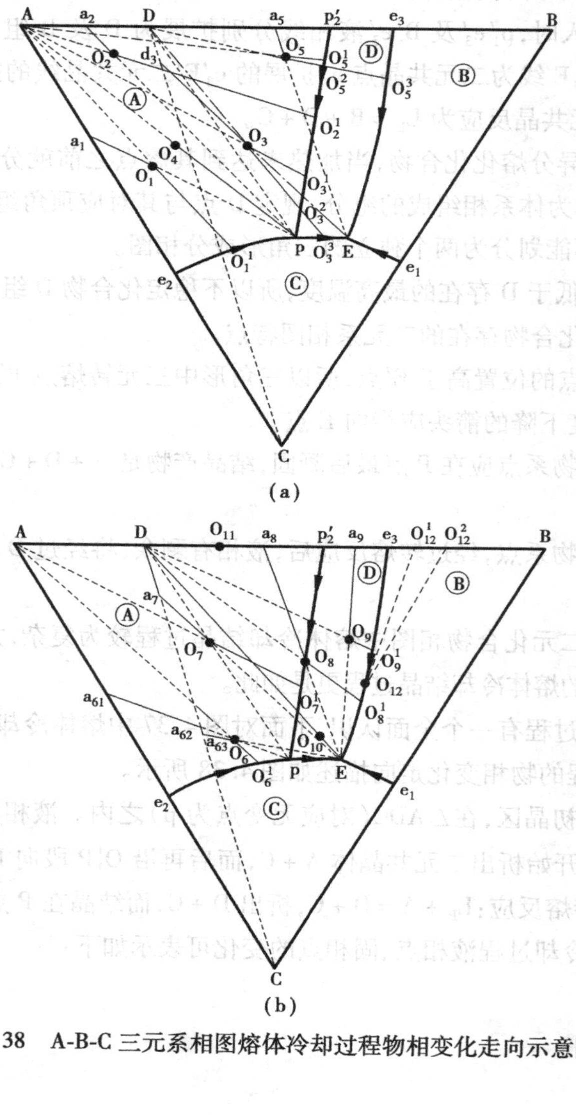

图 4.38 A-B-C 三元系相图熔体冷却过程物相变化走向示意图

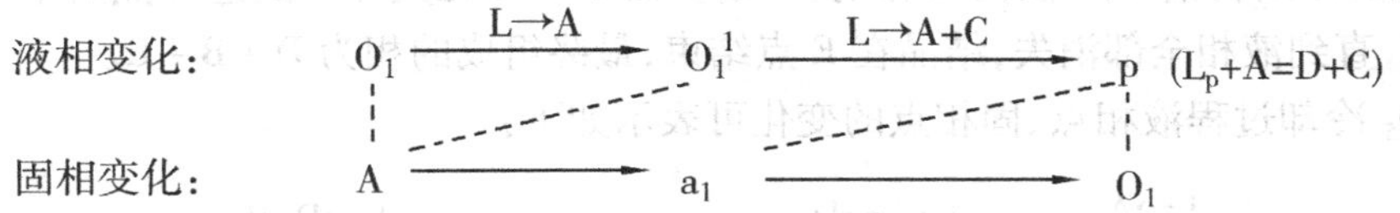

O_2 点:位于 A 的初晶区,在△ADC 之内。液相冷却后,沿 $O_2O_2^1$ 段析出 A,到达 $p_2'p$ 线的 O_2^1,开始吸收 A 发生转熔变化,产生 D,而后再沿 $p_2'p$ 段向 P 点移动,不断消耗 A 析出 D,最后在 P 点进行转熔反应:$L_P + A = D + C$,析出 D + C,而结晶在 P 点结束,最终组成的相为 A + D + C。熔体 O_2 冷却过程液相点、固相点的变化可表示如下:

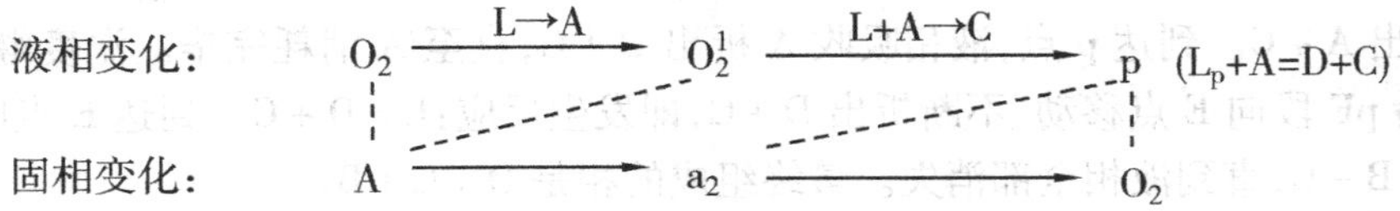

O_3 点:位于 A 的初晶区内,但却在△ADC 右的△DCB 内。液相冷却后沿 $O_3O_3^1$ 段向 O_3^1 移动不断析出 A,到达 $p_2'p$ 线上 O_3^1 时,开始发生转熔反应:L + A = D,消耗 A 析出 D。由于 O_3 点位于△DCB 内,其内 A/B 浓度比小于 D 内的 A/B 浓度比,所以然后只能在 $O_3^1O_3^2$ 段内进行转熔完毕,先析出的 A 被消耗完,而液相却有剩余。此剩余的液相在温度下降时,应不断析出 D,即发生反应:L→D,因而液相将沿 DO_3 连线在 D 的初晶区内的延长线(由 D 点作的 B/C 的等比例线)移动。液相移 O_3^3 时,析出二元共晶体 D-C,然后再沿 O_3^3E 段向 E 点移动,不断析出二元共晶体 D-C,即发生反应:L = D + C,到达 E 点析出三元共晶体 D-B-C,直到液相全部消失。最终组成的相是 D + C + B。

熔体 O_3 冷却过程液相点、固相点的变化可表示如下:

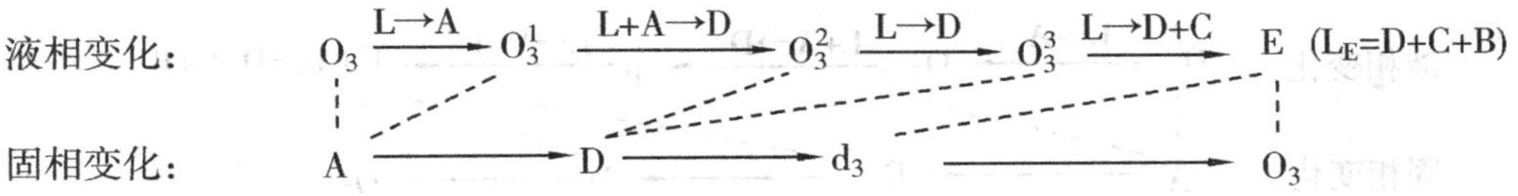

O_4 点:位于 A 与 p 的连线上、A 的初晶区,以及在△ADC 之内。液相冷却后,沿 O_4p 线段向 p 点移动,不断析出 A。到达 P 点,发生转熔反应:$L_P + A = D + C$,不断消耗 A 析出 D + C,结晶在 P 点结束,最终组成的相为 A + D + C。熔体 O_4 冷却过程液相点、固相点的变化可表示如下:

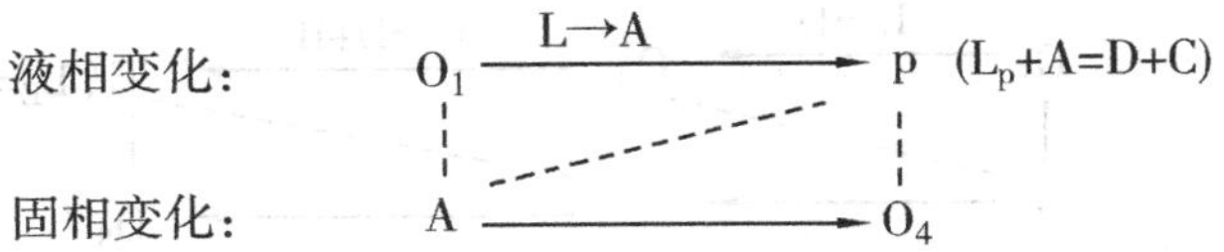

O_5 点:位于 A 的初晶区内,在子三角形△DCB 内。液相冷却后沿 $O_5O_5^1$ 段向 O_5^1 移动不断析出 A,到达 $p_2'p$ 线上 O_5^1 时,开始吸收 A 发生转熔变化:L + A = D,消耗 A 析出 D,而后沿 $O_5^1O_5^2$ 段向 O_5^2 点移动,消耗 A 析出 D,直到 A 消耗完毕,即到达 O_5^2 点。然后沿 $O_5^2O_5^3$ 段向 O_5^3 移动,不断析出 D,即发生变化:L + A = D,液相穿越 D 初晶区,到达 O_5^3 点,液相中开始析出

D-B二元共晶，之后再沿 O_5^3E 段向 E 移动，不断析出 D-B 二元共晶。到达 E 点后不断析出三元共晶 D-B-C，直到液相全部消失，结晶在 E 点结束，最终组成的相为 D + B + C。

熔体 O_5 冷却过程液相点、固相点的变化可表示如下：

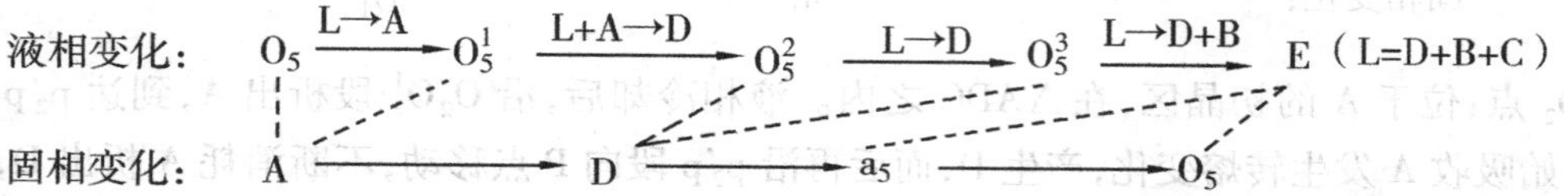

O_6 点：位于 A 的初晶区内，在子三角形△DCB 内。液相冷却后沿 $O_6O_6^1$ 段向 O_6^1 移动不断析出 A，到达 e_2p 线上 O_6^1 时，开始发生二元共熔反应：L = A + C，然后在 O_6^1p 段内液相向 p 移动，不断析出 A + C。到达 p 点，液相吸收 A 析出 D + C，直至 A 消耗完毕。温度继续下降，剩余的液相沿 pE 段向 E 点移动，不断析出 D + C，即发生反应：L = D + C。到达 E 点时析出三元共晶体 D – B – C，直到液相全部消失。最终组成的相是 D + C + B。

熔体 O_6 冷却过程液相点、固相点的变化可表示如下：

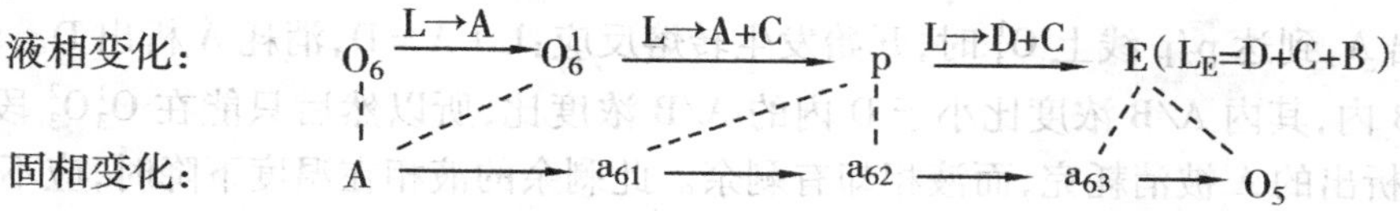

O_7 点：位于 D 与 p 连线上、A 的初晶区，以及在△DBC 之内。液相冷却后，沿 $O_7O_7^1$ 段析出 A，到达 $p_2'p$ 线的 O_7^1，开始吸收 A 发生转熔变化，产生 D，而后再沿 $p_2'p$ 段向 p 点移动，不断消耗 A 析出 D，直到 P 点 A 全部消耗完毕。之后沿 pE 段向 E 点移动，进行二元共熔反应：L = D + C，析出 D + C，到达 E 点后发生三元共晶转变：L_E = D + C + B，在 P 点结束，最终组成的相为 A + D + C。熔体 O_7 冷却过程液相点、固相点的变化可表示如下：

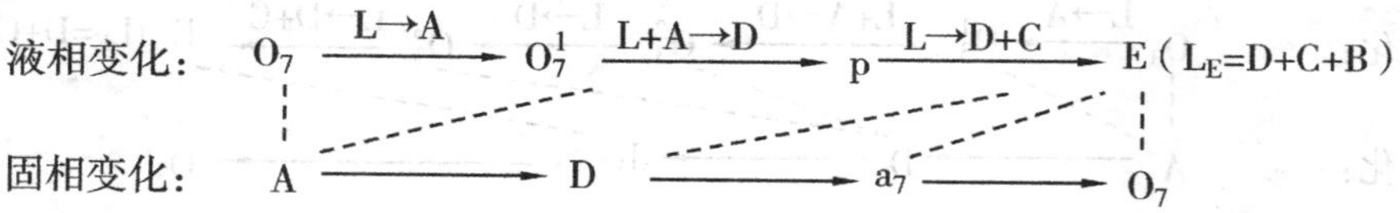

O_8 点：位于 p_2'与 p 连线上以及△DBC 之内。液相冷却后，沿 $O_8O_8^1$ 段移动析出 D，到达 e_3E 线的 O_8^1 之后析出二元共晶体 D-B，而后再沿 O_8^1E 段向 E 点移动，不断析出 D + B。到达 E 点后三元共熔反应：L_E = D + B + C，析出 D + B + C，结晶在 P 点结束，最终组成的相为 D + B + C。熔体 O_8 冷却过程液相点、固相点的变化可表示如下：

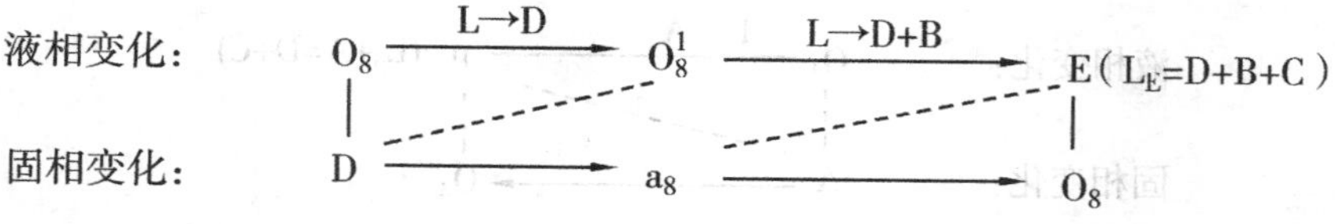

O_9 点：位于 D 的初晶区以及△DBC 之内。液相冷却后，沿 $O_9O_9^1$ 段移动析出 D，到达 e_3E 线的 O_9^1 之后析出二元共晶体 D-B，而后再沿 O_9^1E 段向 E 点移动，不断析出 D + B，到达 E 点后发生三元共熔反应：L_E = D + B + C，析出 D + B + C，结晶在 P 点结束，最终组成的相为 D + B + C。熔体 O_9 冷却过程液相点、固相点的变化可表示如下：

液相变化：$O_9 \xrightarrow{L\to D} O_9^1 \xrightarrow{L\to D+B} E(L_E=D+B+C)$

固相变化：$D \longrightarrow a_9 \longrightarrow O_9$

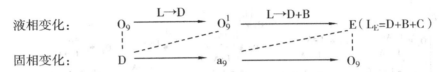

O_{10}点：位于 D 与 E 连线上、D 的初晶区以及△DBC 之内。液相冷却后，沿 $O_{10}E$ 段移动析出 D，到达 E 点后发生三元共熔反应：$L_E = D + B + C$，析出 D + B + C。结晶在 P 点结束，最终组成的相为 D + B + C。熔体 O_{10}冷却过程液相点、固相点的变化可表示如下：

液相变化：$O_{10} \xrightarrow{L\to D} E(L_E=D+B+C)$

固相变化：$D \longrightarrow O_{10}$

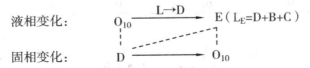

O_{11}点：位于 D 与 B 连线上、A 的初晶区以及△DBC 之内。液相冷却后，沿 $O_{11}p_2'$段移动析出 A，到达 p_2'点发生二元转熔反应：L + A = D，析出 D，直到 A 消耗完毕。之后液相沿 $p_2'e_3$ 段移动析出 D，到达 e_3 点发生二元共熔反应：L = D + B，不断析出 D + B，结晶结束于 e_3 点，最终组成的相为 D + B。

熔体 O_{11}冷却过程液相点、固相点的变化可表示如下：

液相变化：$O_{11} \xrightarrow{L\to A} p_2' \xrightarrow{L\to D} e_3(L=D+B)$

固相变化：$A \longrightarrow D \longrightarrow O_{11}$

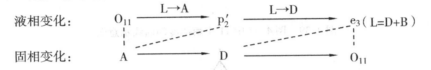

O_{12}点：位于界线 e_3E 上以及△DBC 之内。液相冷却后，达到熔体的熔化温度开始析出固体，通过 O_{12}作界线 e_3E 切线，切线与 BD 交点 $O_{12}^{\ 1}$即为刚析出的固体组成点；继续降温，该过程中，液相中不断析出固相 B + D，液相组成沿 $O_{12}E$ 段移动，刚到达 E 点时，析出的固相组成点是由 E 和 O_{12}连线延长与 BD 线产生的交点 $O_{12}^{\ 2}$；继续降温，液相成分保持于 E 点，产生三元共熔反应：L = D + B + C，液相中不断析出 D + B + C，直到液相全部凝固，最终凝固产生的固相组成位于 O_{12}点。

熔体 O_{12}冷却过程液相点、固相点的变化可表示如下：

液相变化：$O_{12} \xrightarrow{L\to B+D} E(L=D+B+C)$

固相变化：$O_{12}^{\ 1} \longrightarrow O_{12}^{\ 2} \longrightarrow O_{12}$

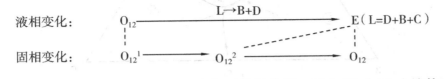

对于界线 e_2p、e_1E、pE 上的熔体结晶冷却可类似分析。图 4.37 中 11 个熔体冷却过程的冷却结晶曲线如图 4.39 所示。

图 4.37 中的 Be_1Ee_3B、Ce_2pEe_1C 区域内熔体冷却过程物相变化较为简单，可比照简单共熔型相图内的熔体进行分析。

(6)生成一个不稳定三元化合物的三元系相图

图 4.40 为生成一个不稳定三元化合物的三元系相图，三元化合物组成点用 D 表示，其液相面为 $E_1E_2pE_1$，组成点不在其初晶区(Ⓓ)内，因此 D 是一个不稳定三元化合物。

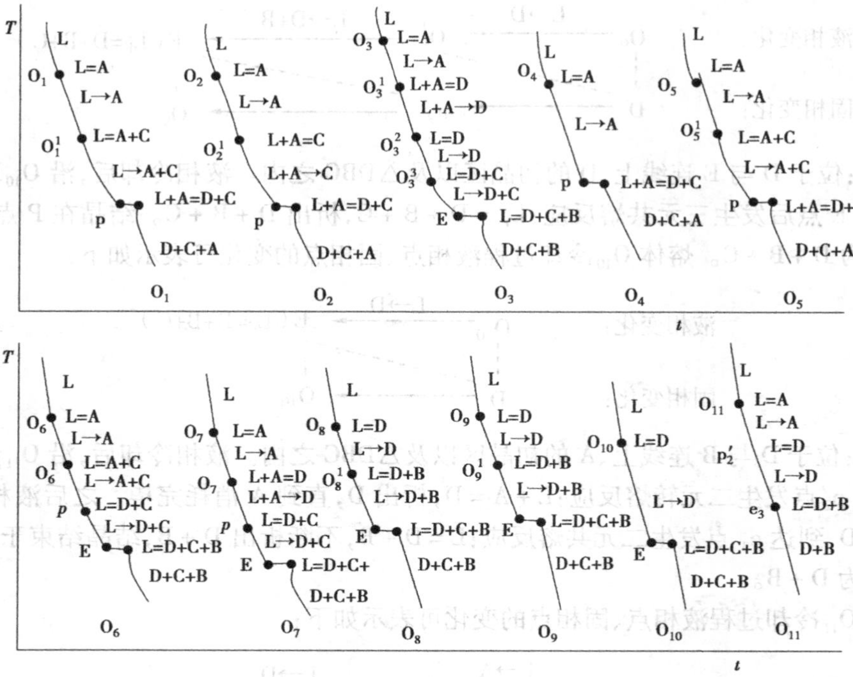

图 4.39　图 4.37 中 11 个熔体冷却曲线示意图

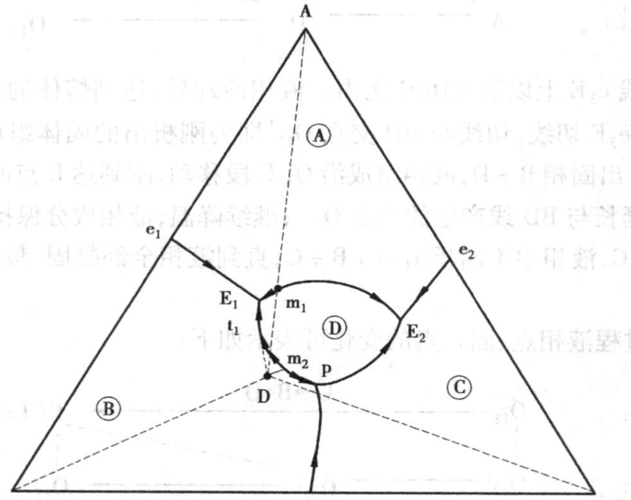

图 4.40　生成一个不稳定三元化合物的三元系相图

图 4.40 中，曲面 $e_1E_1E_2e_2Ae_1$、$e_1E_1pe_3Be_1$、$e_2E_2pe_3Ce_2$ 分别 A、B、C 的初晶面，分别用Ⓐ、Ⓑ、Ⓒ表示。三角形三条边为 A-B 系、B-C 系和 A-C 系简单共晶型二元相图。

界线 E_1E_2 与其连线 AD 交于 m_1，因此 m_1 为 E_1E_2 线上温度最高点。m_1 将 E_1E_2 分为 m_1E_1、m_1E_2 两条二元共熔线，相平衡反应为：L = A + D。界线 pE_2 为二元共熔线，相平衡反应为：L = C + D。界线 pE_1 与其连线 BD 延长线交于 m_2，因此 m_2 为 pE_1 线上温度最高点。由切线规则全面分析界线 pE_1 后发现，界线 pE_1 中 E_1t_1 段具有二元共熔性质、t_1m_2 段和 m_2p 均具有二元转熔性质，前一段线上的平衡反应为：$L=B+D$，后两段线上的平衡反应为：$L+B=D$。

E_1、E_2 为三元共熔点，p 为三元转熔点，相平衡反应分别为：$L_{E1}=A+B+D$、$L_{E2}=A+C+D$、$L_p+B=C+D$。e_1、e_2、e_3、m_1 均为二元共晶点，其中，m_1、m_2 又可称为鞍心点。

相图中出现了 E_1、E_2、p 三个无变点，因此，可将 A-B-C 三元相图划分为 A-B-D 系、A-C-D 系、B-C-D 系 3 个子三元系相图。

(7)具有一个液相分层区的相图

液相的分层现象在三元系中也常出现。图 4.41 为液相分层类相图。由图可见，此类相图的主要特点是存在一个液相分层现象，其余为一个普通的简单三元共晶相图。图 4.41 中，A-C、B-C 完全互溶，A-B 间部分互溶，形成两共存液相 L_1、L_2。随第三组分 C 的加入，不互溶范围逐渐减小，最后消失，出现上临界点 k，k_0-k 线是各个温度下液相分层消失的上下临界点的连线，温度高于 k_0 点温度时，液相不分层，温度低于 k 点温度时，液相也不分层。在三角形面上形成的一个向内扩展的曲面锥形体，是 A-B-C 三元系在液相时形成的两个有限互溶的液相 L_1、L_2 的共存区，其外则是 L_1 或 L_2 的单相区。平行于底面的等温面 k 与锥形曲面的交线在底面的投影线为 akb(弧形区)。

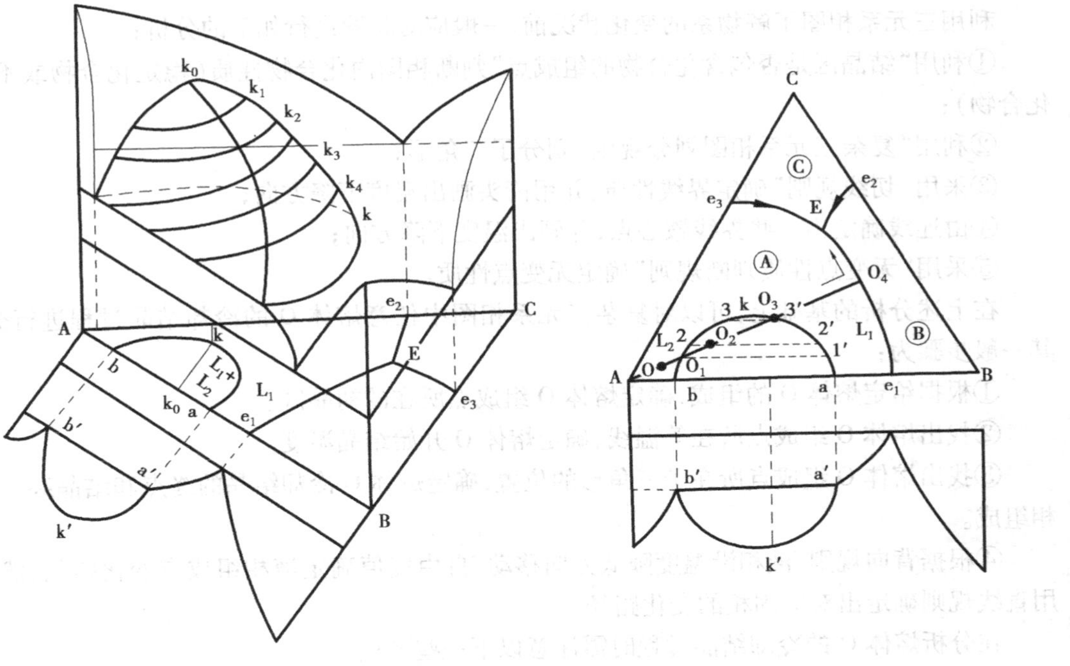

图 4.41　具有液相分层的三元系相图

图 4.41 中，处于初晶区 A 的熔体 O 冷却至熔体 O 的熔化温度前，保持液相。冷却至熔体 O 的熔化温度后液相中不断析出 A，这一过程保持降温至 O_1(液相分层线与 A 和 O 连线延长线交点)温度，相平衡反应：L→A，自由度 $f=3-2+1=2$。

降温至 O_1 点温度时，产生分层两液相 L_1、L_2，体系中同时存在平衡反应：$L_{01}=L_1+L_2$、$L=A$，平衡共存的相包括：L_1、L_2、A，自由度 $f=3-3+1=1$。

从 O_1 点温度降温到 O_3 点温度过程中，同样产生分层两液相 L_1、L_2，液相 L_1 组成沿 $O_1$3 曲线变化,液相 L_2 组成沿 O_11' 曲线变化。体系中同时发生相变化反应:$L_{O1} \to L_1 + L_2$、$L \to A$,共存的相仍包括 L_1、L_2、A,自由度 $f=3-3+1=1$。其间产生的分层两液相 L_1、L_2、固相 A 质量可根据直线规则确定。如降温至 O_2 点温度,设液相总质量、液相 L_1、L_2、固相 A 质量分别为 m_l、m_{l1}、m_{l2}、m_S,其中 $m_l = m_{l1} + m_{l2}$,由直线规则可得:

$$\frac{m_l}{m_S} = \frac{\overline{OA}}{\overline{OO_2}}, \frac{m_{l1}}{m_{l2}} = \frac{\overline{2O_2}}{\overline{2'O_2}}$$

从 O_3 点温度降温到 O_4 点温度过程中,不断析出 A,相变化反应:$L \to A$,自由度 $f=3-2+1=2$。

降温至 O_4 点温度时,液相中析出 A-B 二元共晶,相平衡反应:$L_{O4} = A + B$,自由度 $f=3-3+1=1$。

从 O_4 点温度降温到 E 点温度过程中,液相中不断析出 A-B 二元共晶,相变化反应:$L \to A + B$,自由度 $f=3-3+1=1$。

降温至 E 点温度时,液相中析出 A-B-C 三元共晶,相平衡反应:$L_E = A + B + C$,自由度 $f=3-4+1=0$。液相最终消失于 E 点。在低于 E 点温度降温过程,体系物相保持为 A + B + C。

4.4.5 三元系相图分析基本步骤及方法

利用三元系相图了解物系的变化状况前,一般应对相图进行如下的分析:

①利用“结晶区是否包含化合物的组成点”判断相图内化合物性质(稳定化合物或不稳定化合物);

②利用“复杂三元系相图划分规则”划分子三角形;

③采用“切线规则”确定界线性质,并用箭头画出温度下降方向;

④由连线确定出一些界线鞍心点,并画出温度下降方向;

⑤采用“无变点性质判断规则”确定无变点性质。

在上述分析的基础上,可以对复杂三元系相图中任意熔体 O 的冷却结晶过程进行分析,其一般步骤为:

①根据给定熔体 O 的组成,确定熔体 O 组成点所在的初晶区。

②找出熔体 O 组成点所在等温线,确定熔体 O 开始结晶温度。

③找出熔体 O 组成点所在子三角形的位置,确定熔体 O 冷却结晶的终点和结晶终了的固相组成。

④根据背向规则、液相沿温度降低方向移动、自由度值确定液相组成点变化路径,然后采用直线规则确定出对应固相的变化路径。

在分析熔体 O 的冷却结晶过程时需注意以下一些要点:

①液相总是沿温度降低方向移动。液相组成点、原始物系点及固相组成点在一条直线上,且原始物系点必位于液相组成点及固相组成点之间,它们之间质量关系服从“直线规则”。

②液相成分点变化路径是从原始物系点开始,终于所在子三角形对应的三元无变点。液相组成点和固相组成点变化路径不一样,但两者是首尾相接的。

③固相成分点变化路径是从初晶区的初晶相开始,终于原始物系点。

④物系冷却凝固后的相组成是由所在的子三角形的三个顶点相组成,其质量关系遵守“直线规则”和“重心规则”。

⑤当转熔反应：L + S1 = S2 结束时，液相又有剩余，但初晶 S1 先于液相 L 已耗尽，那么当 L + S1 = S2 结束后，结晶过程会延续在 S2 的初晶区内进行，即发生 L→S2 变化，液相中析出固相 S2，结晶终于三元无变点，这一现象称为“穿相区现象”。发生“穿相区现象”的冷却过程中，液相组成点变化路线为原始物系点与 S2 组成点连线在 S2 初晶区的延长线。

凡位于 S1 初晶区内 S2 对应的组成点与转熔点 P 连线右上侧的物系点，在结晶过程中都会出现这种穿相区现象。

［例 4.3］ 图 4.42 为一不完全的 A-B-C 三元系相图，请补全该图并分析图中 X 点的冷却过程。

解 分析图 4.42 可知，A-B、B-C 均为简单共熔（共晶）型二元相图，A-C 为生成中间化合物（不稳定化合物）的二元相图，据此补全的 A-B-C 三元系相图示意图如图 4.43 所示。其中，D 为不稳定化合物、p′p 线为二元转熔线，e_1p、e_2E 和 e_3E 均为二元共熔线，温度降低方向用箭头在图中标出。

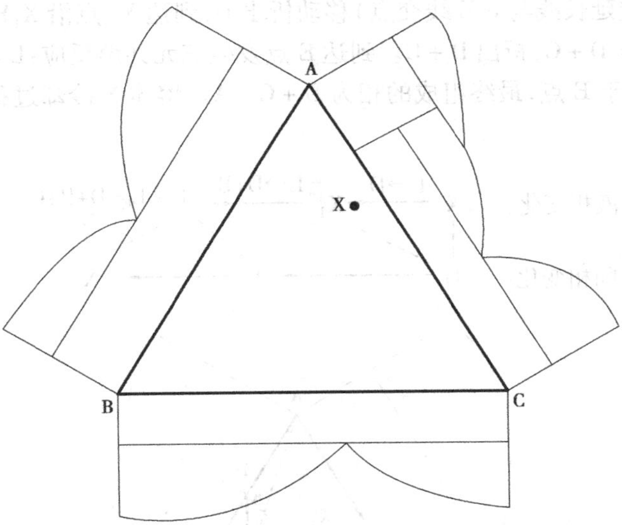

图 4.42 ［例 4.3］用 A-B-C 三元系图

熔体 X 组成点位于初晶区 A、子三角形 BCD 中，因此冷却过程中，熔体 X 首先析出固体 A，最终冷却终点在 E 点。液相冷却后，沿 XX_1 线段向 X_1 点（AX 连线延长线与 p′p 线交点）移动析出 A，到达 X_1 点沿 X_1X_2 线段向 X_2 点（DX 连线延长线与 p′p 线交点）移动，发生二元转熔反应：L + A→D，消耗 A 析出 D，直到 X_2 点 A 消耗完毕。之后液相沿 X_2X_3 线段向 X_3 点（DX 连线延长线与 pE 线交点）移动，发生变化：L→D，析出 D。到达 E 点发生三元共熔反应：L = D + B + C，不断析出 D + B + C，结晶结束于 E 点，最终组成的相为 D + B + C。

熔体 X 冷却过程液相点、固相点的变化可表示如下：

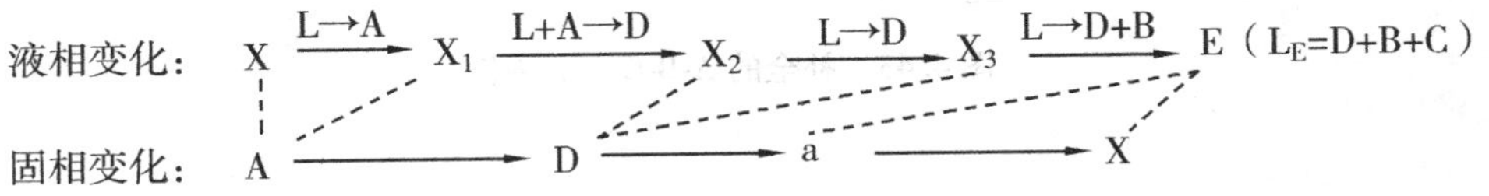

熔体 X 冷却过程的冷却曲线如图 4.44 所示。

[例 4.4]　如图 4.45 所示的 A-B-C 三元系相图,虚线为温度 T 时的等熔化温度线。试求:

①标出温度降低的方向。

②作出温度 T 下的等温截面图。

③分析组成为 X 的熔体的冷却过程,并计算熔体 X 降温刚至遇到的第一个界线时产生的液相和固相质量之比。

④示意地画出 A-B、B-C 二元系相图。

解　①温度降低方向用箭头标示,如图 4.46 所示。

②利用接界规则得到温度 T 下的等温截面,结果如图 4.47 所示。

③熔体 X 冷却过程变化路线如图 4.46 所示。X 组成点位于初晶区 D、子三角形 ACD 中,因此冷却过程中,熔体 X 首先析出的固体是 A,最终冷却终点在 E 点。液相冷却后,沿 XX_1 线段向 X_1 点(DX 连线延长线与 e_3E 线交点)移动析出 D,到达 X_1 点沿 X_1E 线段向 E 点移动,发生二元共熔反应:L = D + C,析出 D + C。到达 E 点发生三元共熔反应:L = D + C + A,不断析出 D + C + A,结晶结束于 E 点,最终组成的相为 D + C + A。熔体 X 冷却过程液相点、固相点的变化可表示如下:

液相变化:　X $\xrightarrow{L\to D}$ X_1 $\xrightarrow{L\to D+B}$ E (L_E=D+B+C)

固相变化:　D ⟶ a ⟶ X

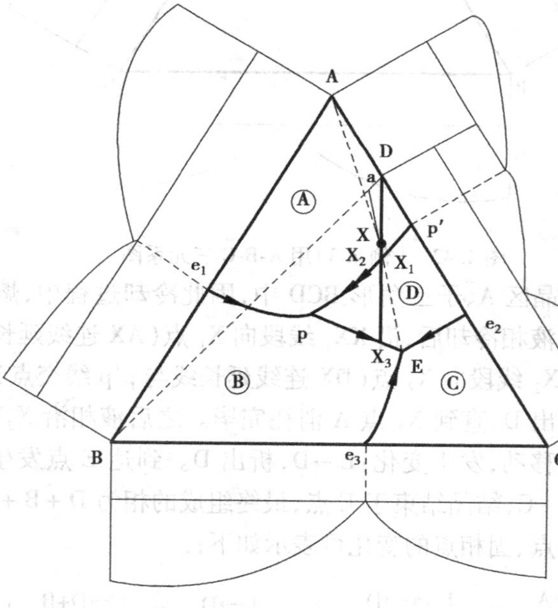

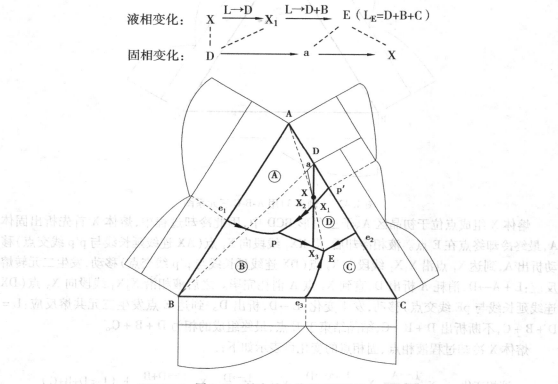

图 4.43　补全的 A-B-C 三元系图

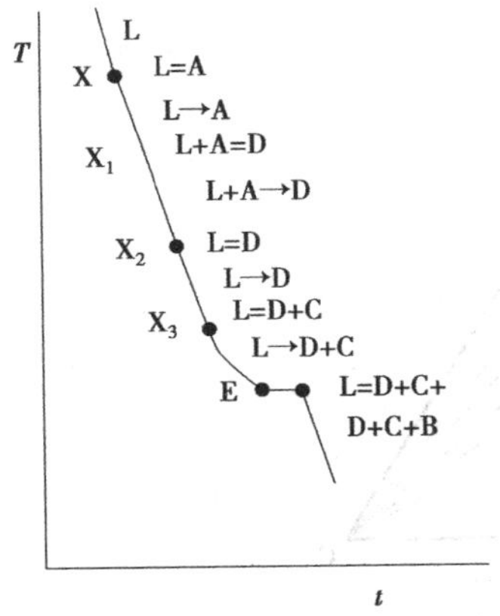

图 4.44 熔体 X 冷却曲线

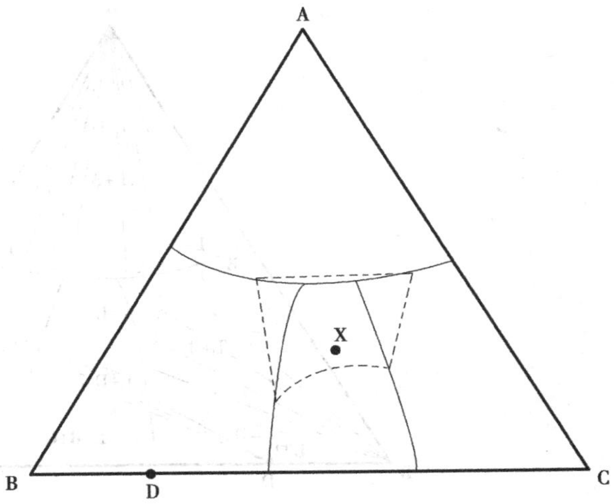

图 4.45 A-B-C 三元系图

熔体 X 降温刚至遇到的第一个界线为 e_3E 线，产生的液相组成点为 X_1，固相组成点为顶点 D。根据直线规则，则液相 X_1 质量 m_1 与固相 D 质量 m_S 之比等于 DX 线段长与 XX_1 线段长之比，由图量出 DX 线段长与 XX_1 线段长≈4.6，则 m_1∶m_S≈4.6。

④三角形 ABC 中 AB 边上只出现一个二元共晶点 e_1，则 A－B 二元系为简单共晶型二元系，其相图示意于图 4.48 中。

三角形 ABC 中 BC 边上含化合物 D，其组成点不在其初晶区内，为一个不稳定化合物。据此可知 B-C 二元系为生成一个不稳定二元化合物的二元相图，再结合 D 组成点、转熔点 p′以及二元共晶点 e_3 可画出 B-C 二元系相图，结果一并示意于图 4.48 中。

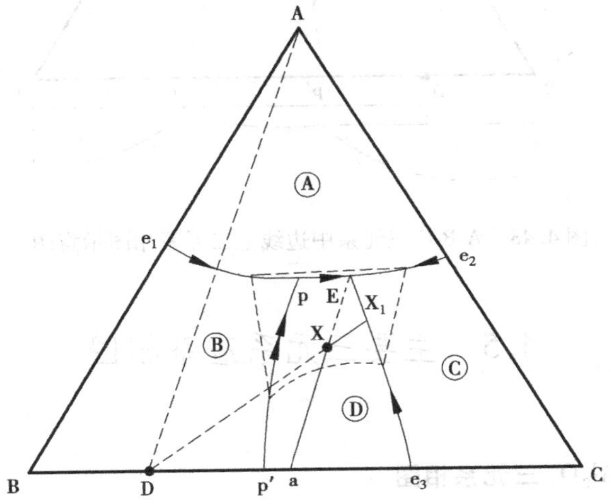

图 4.46 A-B-C 三元系中熔体 X 冷却过程

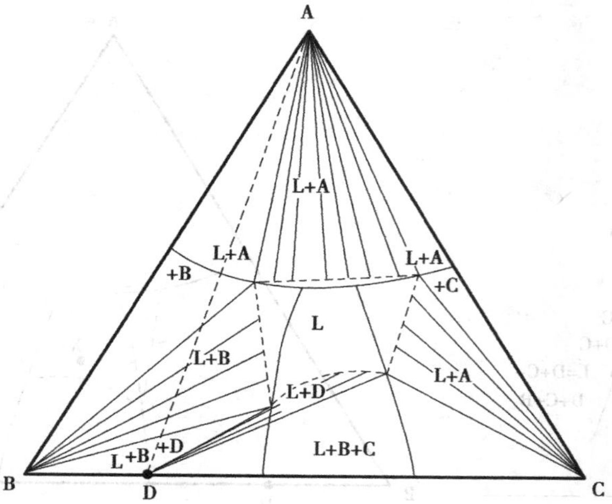

图 4.47　A-B-C 三元系等温截面图

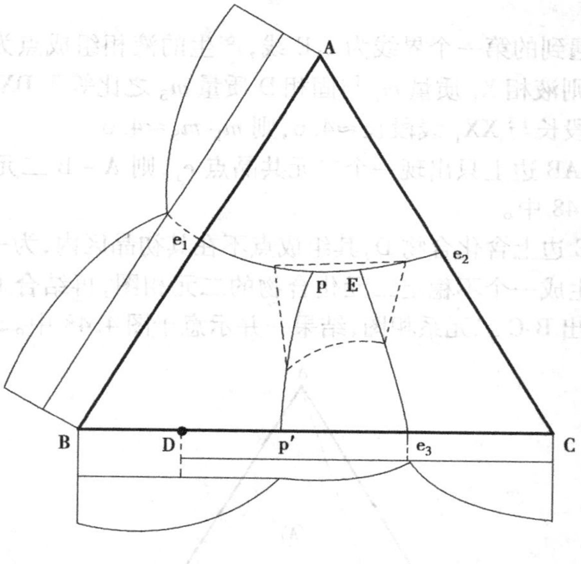

图 4.48　A-B-C 三元系中边线上二元系相图示意图

4.5　主要三元系渣系相图

4.5.1　CaO-SiO_2-Al_2O_3 三元系相图

CaO-SiO_2-Al_2O_3 三元系相图如图 4.49 所示。

图 4.49 中，有 $CaO\cdot SiO_2$（CS）、$2CaO\cdot SiO_2$（C_2S）、$12CaO\cdot 7Al_2O_3$（$C_{12}A_7$）、$CaO\cdot Al_2O_3$（CA）、$CaO\cdot 2Al_2O_3$（CA_2）等 5 个二元稳定化合物，$3CaO\cdot 2SiO_2$（C_3S_2）、$3CaO\cdot SiO_2$（C_3S）、$3CaO\cdot Al_2O_3$（C_3A）、$CaO\cdot 6Al_2O_3$（CA_6）、$3Al_2O_3\cdot 2SiO_2$（A_3S_2）等 5 个二元不稳定化合物和 $CaO\cdot$

$Al_2O_3 \cdot 2SiO_2$（CAS_2 钙斜长石）、$CaO \cdot Al_2O_3 \cdot 2SiO_2$（$C_2AS$ 铝方柱石）两个三元稳定化合物。靠近 SiO_2 顶角的 CaO-SiO_2 边有一个液相分层区，它是 CaO-SiO_2 二元系中的液相分层区发展而来的。随 Al_2O_3 的含量增加，该区范围大为缩小。当 $\omega(Al_2O_3)$ 达到约 3% 时，液相分层区消失。

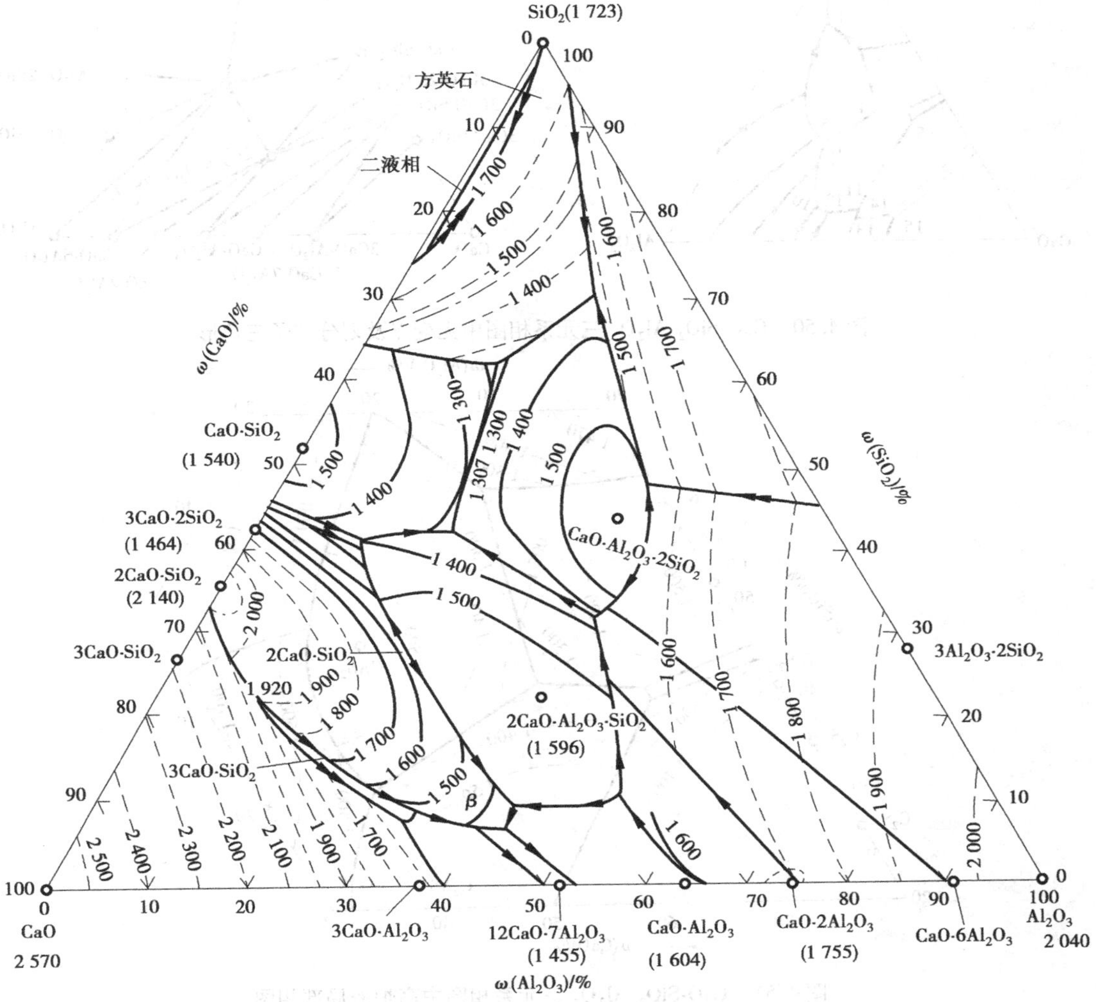

图 4.49 CaO-SiO_2-Al_2O_3 三元系相图

由图 4.49 可见，体系中有 8 个三元共晶点和 7 个三元转熔点，将此 15 个无变点连接起来，可将原复杂三元系相图划分为 15 个子三角形，结果如图 4.50 及表 4.1 所示。

图 4.49 中化合物旁的数字表示化合物的熔化温度，单位为℃。

此相图在硅酸盐的相变理论及工业上有很重要作用，利用这个相图可以确定各种硅酸盐材料的配制、烧制温度和熔化温度，以及在冷却过程中的物相及其性能变化，以及为获得重要性能的材料，制订控制措施等。在高炉冶炼中，综合考虑炉渣碱度、黏度、熔化温度等物理化学性质要求，能确定出高炉炉渣在 CaO-SiO_2-Al_2O_3 三元系相图中所处范围，如图 4.51 所示。高炉渣中还有少量能降低炉渣熔点的其他氧化物，如 MnO、MgO 等组分存在，其熔点比相图中确定得低些。

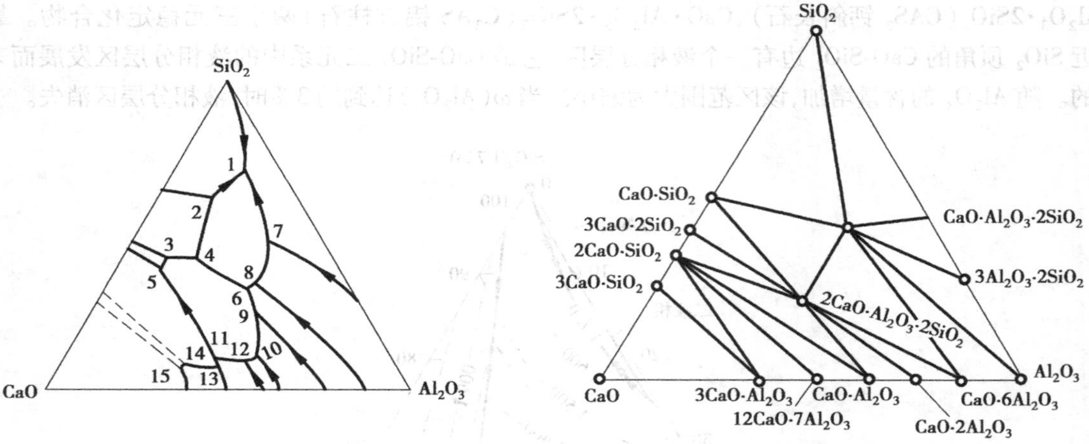

图 4.50 CaO-SiO_2-Al_2O_3 三元系相图中无变点及划分的子三角形

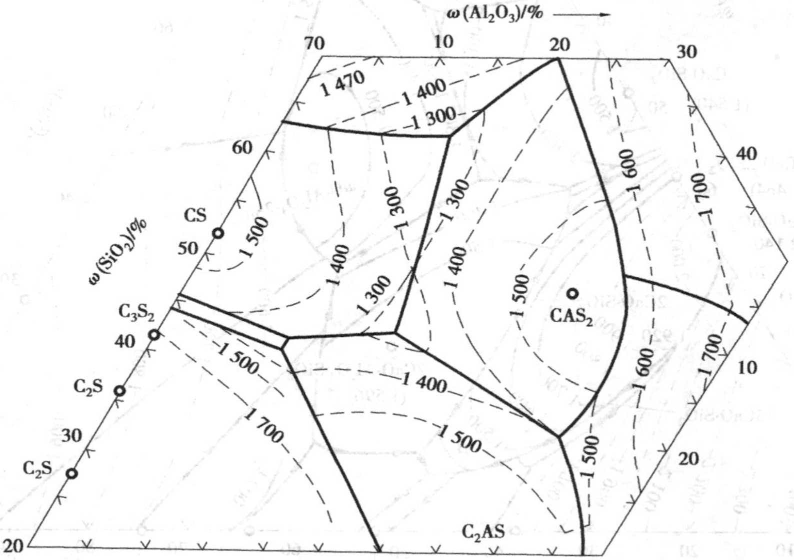

图 4.51 CaO-SiO_2-Al_2O_3 三元系相图中高炉渣局部相图

表 4.1 CaO-SiO_2-Al_2O_3 系相图中的分三角形、无变量点及相平衡关系等

无变量点编号	子三角形	相平衡关系	类 别	温度/℃
1	S-CAS_2-A_3S_2	$L_1 = S + A_3S_2 + CAS_2$	三元共熔点	1 345
2	S-αCS-CAS_2	$L_2 = S + \alpha CS + CAS_2$	三元共熔点	1 170
3	C_2AS-C_3S_2-αCS	$L_3 = C_2AS + C_3S_2 + \alpha CS$	三元共熔点	1 380
4	αCS-CAS_2-C_2AS	$L_4 = \alpha CS + CAS_2 + C_2AS$	三元共熔点	1 310
5	C_3S_2-$\alpha' C_2S$-C_2AS	$L_5 + \alpha' C_2S = C_3S_2 + C_2AS$	三元转熔点	1 315
6	CA_6-CAS_2-CAS_2	$L_6 = CA_6 + CAS_2 + CAS_2$	三元共熔点	1 380

续表

无变量点编号	子三角形	相平衡关系	类 别	温度/℃
7	$A-A_3S_2-C_2AS$	$L_7 + A = A_3S_2 + C_2AS$	三元转熔点	1 512
8	$A-CA_6-CAS_2$	$L_8 + A = CA_6 + CAS_2$	三元转熔点	1 495
9	$CA_6-CA_2-CAS_2$	$L_9 + CA_2 = CA_6 + CAS_2$	三元转熔点	1 475
10	$CA_2-CA-CAS_2$	$L_{10} = CA_2 + CA + CAS_2$	三元共熔点	1 505
11	$C_{12}A_7-CA-\alpha'C_2S$	$L_{11} = C_{12}A_7 + CA + \alpha'C_2S$	三元共熔点	1 335
12	$CA-\alpha'C_2S-CAS_2$	$L_{12} + CAS_2 = CA + \alpha'C_2S$	三元转熔点	1 380
13	$C_{12}A_7-C_3A-\alpha'C_2S$	$L_{13} = C_{12}A_7 + C_3A + \alpha'C_2S$	三元共熔点	1 335
14	$C_3A_7-C_3S-\alpha'C_2S$	$L_{14} + C_3A = C_3A_7 + \alpha'C_2S$	三元转熔点	1 455
15	$C-C_3S-C_3A_7$	$L_{15} + C = C_3S + C_3A_7$	三元转熔点	1 470

4.5.2 $CaO-SiO_2-FeO$ 渣系相图

$CaO-SiO_2-FeO$ 渣系的相图(见图 4.52)是在与金属铁液平衡条件下绘制出的,是碱性炼钢炉渣的基本相图,同时也是有色冶金,如炼铜、炼锡炉渣的相图。

图 4.52 中,有 $2CaO \cdot SiO_2(C_2S)$、$CaO \cdot SiO_2(CS)$、$2FeO \cdot SiO_2(F_2S)$3 个稳定二元化合物,$3CaO \cdot 2SiO_2(C_3S_2)$、$3CaO \cdot SiO_2(C_3S)$2 个不稳定二元化合物和一个稳定的三元化合物:铁钙橄榄石 $CaO \cdot FeO \cdot SiO_2$(CFS,熔点 1 213 ℃);共有 9 个初晶面;有两条晶型转变线:方英石 = 鳞石英、$aC_2S = a'C_2S$;一个液相分层区;共有 12 个相区。

图 4.52 中,低熔点区域是在 C_2S 和 FeO 形成的低于 1 300 ℃的共晶体,以及 C_2S 和 CFS、F_2S 形成的低熔点固溶体附近。

图 4.53 为 $CaO-SiO_2-FeO$ 渣系 1 400 ℃的等温截面图,用它可确定一定温度下相平衡的关系及相的组成。

图 4.53 中显示了 12 个相区。如等温面仅与某组分的液相面相交,则出现由该组分(固相)与其液相面交线(液相)构成的二相区,而与该组分平衡的液相可由绘制结线确定,如图中 1、3、5、7、9、11 等相区。

利用 $CaO-SiO_2-FeO$ 渣系等温截面图可分析炼钢造渣过程,如加入的石灰在熔渣中的溶解过程及氧化铁量对熔渣状态变化的影响。

在吹炼过程中,渣中 $\omega(\sum FeO)$ 的增加是促使石灰块加速造渣的关键所在,由图 4.54 可见,$\sum \omega(FeO)$ 能显著地降低 C_2S 初晶区液相面的温度,有利于 C_2S 壳层的破坏。

一般转炉吹炼的初期渣位于图 4.54 中 A 区,而终渣成分要求达到 B 区。但由 A 区变到 B 区,炉渣成分可沿图中所示的 1 和 2 两种途径变化。

当炉渣中 $\sum \omega(FeO)$ 增加缓慢时,炉渣成分将沿途径 1 到达 B 区,这就要通过 C_2S 二相区,渣中有 C_2S 固相存在,黏度比较大,处于返干状态,不利于磷、硫的除去。

当渣中 $\sum \omega(FeO)$ 增加得比较快时,熔渣成分则在液相区内沿途径 2 到达 B 区,熔渣黏度比较小,有利于快速除去磷、硫。

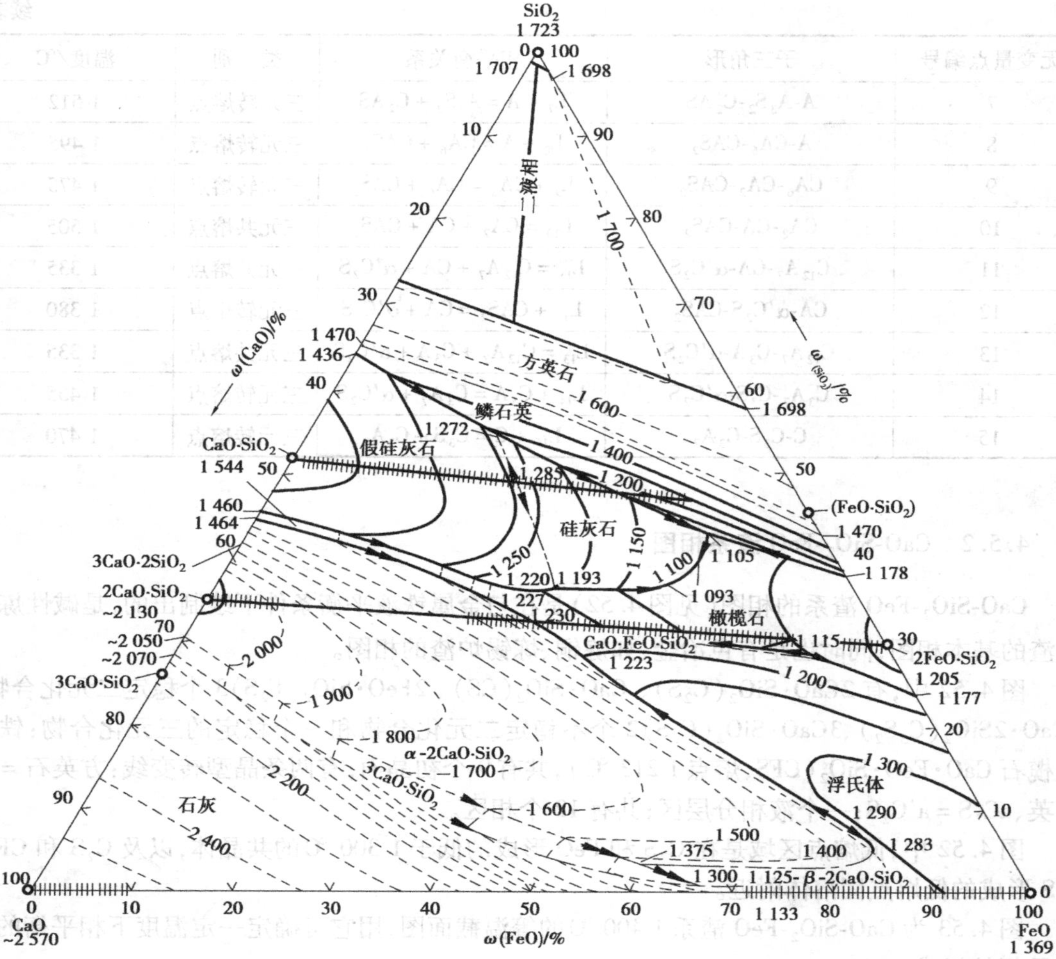

图 4.52　Cao-SiO_2-FeO 渣系的相图

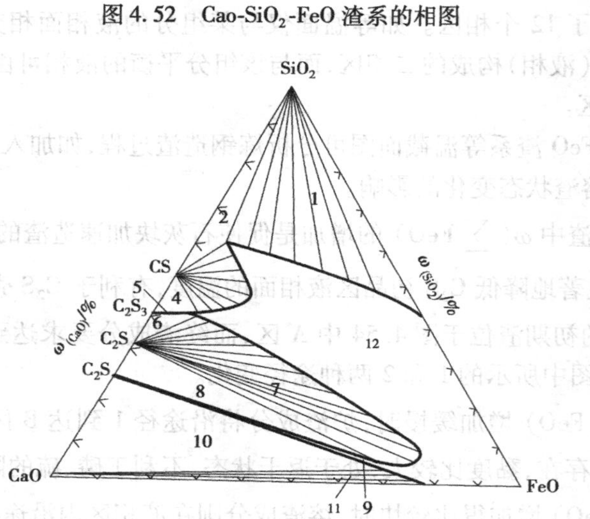

图 4.53　CaO-SiO_2-FeO 渣系 1 400 ℃的等温截面图

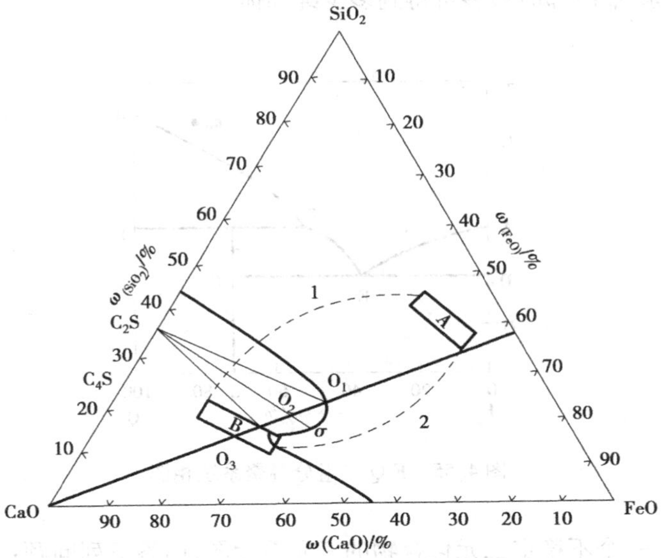

图 4.54　CaO-SiO$_2$-FeO 渣系等温截面图

可见,熔渣中 $\sum \omega(\mathrm{FeO})$ 的增加速率直接影响到石灰块的溶解速率以及熔渣的状态和性质。

复习思考题

1. 解释:相图,自由度,相律,液相线,稳定化合物(同分化合物或一致熔融化合物),不稳定化合物(异分化合物,或不一致熔融化合物),二元共析(共熔)转变,二元转熔(包晶)转变,三元共析(共熔)转变,三元转熔(包晶)转变。

2. 写出二元相图、三元相图的主要构成。

3. 简单二元共晶相图有何特点?(绘图说明)

4. 简单三元共晶相图有何特点?(绘图说明)

5. 什么是相图的杠杆规则(或直线规则)?

6. 浓度三角形基本规则(基本性质、基本特点)有哪些?

7. 指出图 4.2 中各标号线的名称。

8. 图 4.55 为 F-Q 二元相图,试进行下面的分析与计算:

(1)该相图属于哪一类型相图?

(2)20gF 和 80gQ 组成物系 a_0,根据图计算物系 a_0 由 t_1 分别降温至 t_2、t_3 时形成的体系自由度数以及产生的各平衡物相的质量。

(3)分析物系 a_0 由 t_1 降至室温过程的物相变化,并定性绘出 a_0 点对应的混合物降温过程的冷却曲线。

(4)试计算物系 a_0 降温刚至 t_P 温度时对应形成的体系中一些物相质量为多少?

(5)估算该物系 a_0 冷却时最多可得到多少纯固体 C。

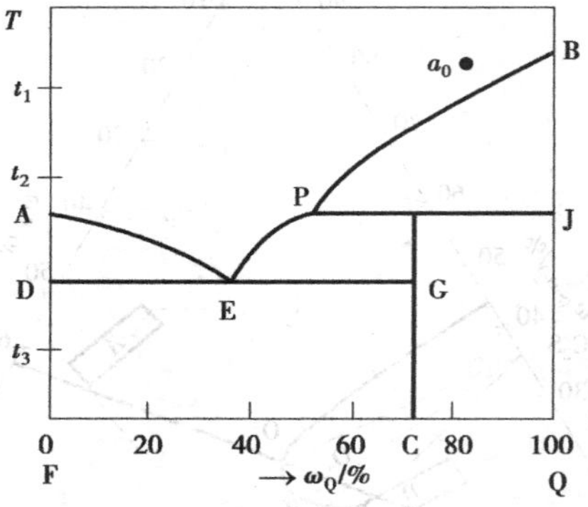

图 4.55　F-Q 二组分凝聚系统相图

9. 作图题:

图 4.56 是具有一个不稳定二元化合物的三元系相图,回答下列问题:

(1)指出 P、E 点的性质,并写出该点的相平衡关系;

(2)分析成分为 g 点(位于 DP 线以上区域)的体系在温度降低过程中液相和固相的变化,并在图中标出结晶路线。

(3)g 体系点在三元共晶反应刚开始进行的时刻,体系中固相、液相所占比例分别为多少?固相包括哪几个组分?每个组元占固相量的比例为多少?(可以用线段表示)

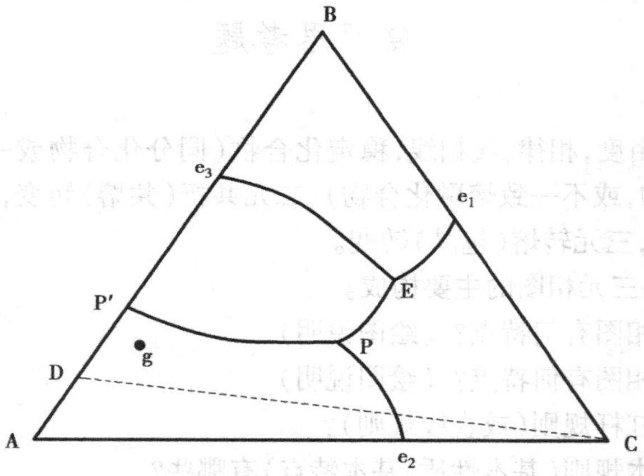

图 4.56　具有一个不稳定二元化合物的 A-B-C 三元相图

10. 选择题:

(1)$C_{12}A_7$ 是(　　　　)的缩写。

A. $12CaO \cdot 7Al_2O_3$　B. $2CaO \cdot Fe_2O_3$　C. $Fe_2O_3 \cdot SiO_2$　D. $4CaO \cdot P_2O_5$

(2)C_2S 是(　　　　)的缩写。

A. $2CaO \cdot Fe_2O_3$　B. $2CaO \cdot SiO_2$　C. $CaO \cdot 2Al_2O_3$　D. $4CaO \cdot P_2O_5$

5 冶金熔体结构及性质

学习内容：

冶金熔体的基本特点，各种冶金熔体的结构及其理论，金属熔体的物理性质，元素在铁液中的溶解，熔渣的物理性质，熔渣的化学性质等。

学习要求：

- 了解各种冶金熔体的结构及其理论，利用相图读取熔体的熔化温度、黏度。
- 理解金属熔体的物理性质、熔渣的物理性质、熔渣的化学性质。
- 掌握熔渣酸碱性、氧化性，黏度影响因素、熔渣表面性质和界面性质、化学性质。

冶金熔体是在冶金过程高温下呈熔融态的物质的总称，包括金属熔体、熔渣、熔锍和熔盐。熔锍在性质上更接近于金属熔体，熔盐是炉渣的一种特殊形式。在火法冶金的冶炼和铸锭过程中，许多物理化学反应都与金属熔体和熔渣的物理化学性质有密切的关系。例如炼钢过程中的脱碳、脱磷、脱硫和脱氧反应，铸锭过程中各种元素的偏析和非金属夹杂物的排除等，均与钢液中参与该反应的元素的浓度和活度有密切的关系，同时也与钢液的黏度、表面张力和各元素在钢液中的扩散性等有关。因此，研究熔体的物理化学性质对冶金过程十分重要。由于高温熔体本身的复杂性和高温下的实验研究比较困难，至今对它们的物理化学性质的研究还很不够，很多数据差别较大，还有许多问题尚待进一步研究。本章主要介绍金属熔体的结构，金属熔体的物理性质，各种元素在金属熔体中的溶解度和相互作用，熔渣的结构，熔渣的物理性质，熔渣的化学性质等。

5.1 金属熔体

5.1.1 金属熔体结构

在冶金过程中，金属熔体的温度一般只比其熔点高 100～150 ℃，在这种情况下，金属熔体的性质和结构是与固体相近的，金属熔化时体积增加很少(通常只有3%左右)、物质在熔化时的熔化潜热和熵变比蒸发和升华时的潜热及相应的熵变要小得多、金属在熔化时的热容量变化不大以及X射线衍射法研究金属熔体的结构等事实也可以证明。

纯金属原子结构的二维模型如图5.1所示，在固体中是远距有序（晶体中的原子在晶体整个体积内、三维方向上以一定距离呈周期而重复有序的方式排列），在熔化时原子间的平均距离有所增加，并且形成较多的空隙和空穴使自由体积增加，在过热度不高的温度下金属熔体具有准晶态的结构，即近距有序、远距无序。实际液体性质更接近于固态。

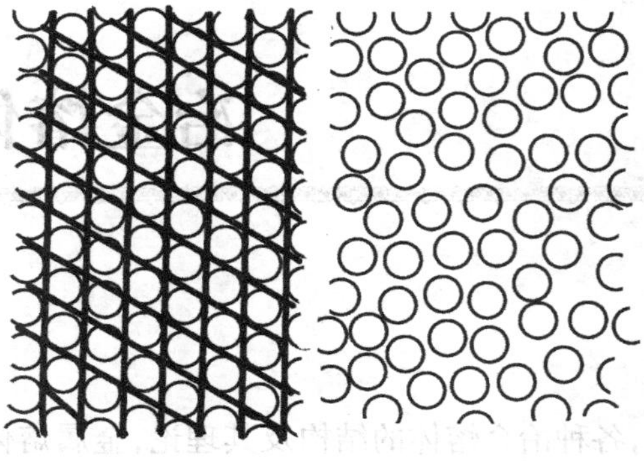

(a)固态　　(b)液态

图5.1　纯金属的原子排列(二维模型)

5.1.2　金属熔体的物理性质

金属熔体的物理性质与冶炼和铸锭过程中发生的各种现象和进行的各种反应有密切的关系，而且也是研究熔融状态的结构、各种原子之间相互作用力大小的重要依据。

(1)密度

金属熔体的密度是研究熔融状态结构和计算黏度及表面张力等所必需的物性值，另一方面，它也是阐明金属与熔渣、非金属夹杂物的分离与夹杂物上浮等有关现象的重要性质。测定熔融金属的密度，通常用阿基米德法、气池最大压力法和悬浮熔化法等。但由于高温实验的困难性，各测定值仍有较大的差别。

对熔态钢铁，密度约为7.0 g/cm^3，铝密度约为2.7 g/cm^3，镁密度约为1.55 g/cm^3。

纯金属熔体的密度和其原子半径及排列方式有关，原子半径大的其密度均比较小。

熔融合金的密度与其组成相关，不同的添加元素会对合金密度产生不同的影响。如对Fe，其1 550 ℃附近时密度为7.0 g/cm^3，其他合金元素对其密度的影响大致如下：加入Al、Mn、P、S、Si和V等元素，能使熔融铁合金的密度减小；加入Co、Cu和Ni等元素，能使其密度增大。

(2)熔点

金属的熔点是确定冶炼和浇铸温度的重要根据，其值的高低在一定程度上反映金属中基本质点之间作用力的大小，质点间的作用力越大，其熔点就越高，而原子体积的大小也在一定程度上表征了键的牢固程度。所以金属熔点的高低与原子体积的大小有密切关系。

不同金属熔点不同，纯铁为1 538 ℃，工业纯铁为1 530 ℃，镍为1 453 ℃，铜为1 083 ℃，铅为327.5 ℃。铁中溶有其他元素后，使铁原子之间的作用力减弱，因此铁的熔点就下降。各元素使纯铁熔点降低的程度，决定于加入元素的浓度、原子量和凝固时该元素在熔体与析出的固体之间的分配。各元素使纯铁熔点的降低值ΔT可用式(5.1)计算。

$$\Delta T = \frac{1\ 020}{M_j} \times ([\%j]_{(l)} - [\%j]_{(s)}) \tag{5.1}$$

式中，M_j 为溶质元素 j 的原子量，而$[\%j]_{(l)}$和$[\%j]_{(s)}$分别为元素 j 在液态和固态铁合金中的质量百分含量。元素 j 在固态和液态铁合金中的含量之比，可以近似地看作常数，即$[\%j]_{(l)}$和$[\%j]_{(s)} = K$（称为分配系数），则式(5.1)可以写成：

$$\Delta T = \frac{1\ 020}{M_j} \times \{([\%j]_{(l)}(1 - K)\} \tag{5.2}$$

根据式(5.2)计算的铁中熔入1%各种元素时使铁的熔点降低值 ΔT 列于表5.1。

表5.1　某些元素对铁的熔点降低值

元素	Al	B	C	Cr	Co	Cu	Mn	Mo	Ni	Si	O	P	Si	S	Ti	W	V
ΔT	5.1	100	90	1.8	1.7	2.6	1.7	1.5	2.9	6.2	65	28	6.2	40	17	<1	1.3

炼钢生产中必须知道各种钢的熔点，并以此为根据再结合生产实际条件来确定合适的浇铸温度和出钢温度。因钢中含有多种元素，需要利用表5.1的数据，按下式确定钢的熔点的近似值：

$$T_f = 1\ 538 - \sum \Delta T \times [\%j] \tag{5.3}$$

式中，ΔT 是钢中某元素含量增加1%时使铁的熔点降低值；$[\%j]$是钢中某元素的质量百分含量，1 538 ℃是纯铁的熔点。

［例5.1］　计算滚珠轴承钢GCr15SiMn的熔点，其化学成分如下：

化学成分	C	Si	Mn	Cr	P	S
%	1.0	0.5	1.0	1.5	0.02	0.01

解　各元素的 ΔT 值可从表5.1中查得。钢中气体(O,N,H)因它们的含量较低，可以不单独计算，一般认为它们能使铁的熔点降低约2 ℃，而它们与其他元素在一起又能综合降低熔点约5 ℃，这样钢中气体能使铁的熔点降低约7 ℃，则

$$T_f = 1\ 538 - (90 \times 1.0 + 6.2 \times 0.5 + 1.7 \times 1.0 + 1.8 \times 1.5 + 28 \times 0.02 + 40 \times 0.01 + 7)$$
$$= 1\ 538 - 105 = 1\ 433(℃)$$

由表5.1可知，碳是降低铁熔点的最显著的元素。碳素钢在冶炼终点时，钢中其他元素含量很低，其熔点主要决定于含碳量，这样也就可以根据熔点快速地确定其含碳量。现在国内外在炼钢生产中广泛应用的结晶定碳仪，就是利用迅速测定终点钢水的凝固点而确定其含碳量的。

(3)黏度

金属熔体的黏度对于冶炼和浇铸操作及产品质量等都有很大的影响。例如，扩散速度、非金属夹杂物的排除、钢锭的结晶和偏析等都与金属熔体的黏度有密切的关系。同时它也是阐明熔融铁合金结构的重要性质。测定熔融铁合金的黏度主要用黏度计旋转振动法。

黏度和金属熔体中粒子的大小、排列及结合方式有关。在合金中，由于元素原子之间会结合形成原子团，可能会对黏度产生不同影响，如Fe-C合金，随C含量不同，黏度和密度均出现非线性变化。

其他元素对熔铁黏度的影响大致为：Ni、Co、Cr 等元素对熔铁的黏度影响较小；Mn、Si、Al、P 和 S 等元素，能使熔铁的黏度下降，特别是 Al、P 和 S 等元素，很少的含量就能使熔铁的黏度大大降低；V、Nb、Ti 和 Ta 等元素，能使熔铁的黏度增大。必须注意，当熔铁中存在悬浮的固体质点如 Al_2O_3 和 Cr_2O_3 等越多，则黏度就越大。

熔融合金的黏度随温度而变化，在距熔点不远的温度范围内可表示为：

$$\eta = A_0 e^{\frac{E_\eta}{RT}} \tag{5.4}$$

式中，A_0 为常数，与熔体的性质有关；E_η 为粘滞流动活化能，与熔体的性质有关，E_η 可通过测定熔体在不同温度时的黏度，用 $1n\eta - 1/T$ 图直线斜率求出。

(4)表面张力

金属熔体的表面张力是阐明金属冶炼过程中各种界面现象所不可缺少的重要性质。例如钢液内 CO 气泡的生成和长大，脱氧产物的生成、凝聚和排除，金属与熔渣的分离和钢液的凝固等，都与钢液的表面张力有密切的关系。并且金属熔体的表面张力与其质点间的作用力大小有密切的关系，因此研究金属熔体的表面张力有助于了解金属熔体的结构。

金属熔体的表面张力与其熔点和摩尔体积有一定的关系：

$$\sigma = \frac{3.6T_f}{(M/\rho_{(1)})^{2/3}} \tag{5.5}$$

式中，M 为金属的摩尔质量；$\rho_{(1)}$ 为金属熔体的质量密度。

由式(5.5)可知，金属元素的熔点越高和摩尔体积越小，则表面张力就越大。通常，冶金熔体表面张力还与其化学键性质有密切的关系。某些冶金熔体的表面张力值列于表 5.2 中。可以看出具有强结合力的金属键熔体的表面张力值最大，共价银键熔体次之，离子键熔体再次之，而分子型熔体具有弱结合的范德华力，所以它们的表面张力都非常小，其中 H_2O 为极性分子，它的表面张力又稍大些。熔融二元硅酸盐的表面张力介于共价键熔体和离子键熔体之间，这说明熔渣中这两种形式的键都可能存在。

表 5.2　某些熔体的表面张力

类　型	液　体	温度 /℃	表面张力 /($10^{-3}N\cdot m^{-1}$)	类　型	液　体	温度 /℃	表面张力 /($10^{-3}N\cdot m^{-1}$)
金属键熔体	Fe	1 550	1 865	离子键熔体	NaCl	800	114
	Ni	1 453	1 778		CaF_2	1 500	297
	Pb	327	468		$CuCl_2$	450	92
共价键熔体	SiO_2	1 800	307	分子型液体	H_2O	20	72.8
	Al_2O_3	2 050	690		C_6H_6	20	28.9
硅酸盐熔体	$CaO\cdot SiO_2$	1 600	420		C_2H_5OH	20	22
	$MnO\cdot SiO_2$	1 570	415				
	$Na_2O\cdot SiO_2$	1 400	284				

凡是影响表面层质点力场状况的因素都会引起表面张力的变化，主要影响因素是温度和组分。温度对熔体的表面张力有较大影响，单组元熔体的表面张力一般随着温度的升高而减

小，在达到沸点时，液相和气相之间的界面消失，则表面张力为零。熔融铁合金的表面张力亦随着温度的升高而减小。在熔体中溶解某些元素后，它的表面张力也会发生变化。凡能降低表面张力的元素，便会自发地移到溶液表面，使表面浓度大于内部浓度，这时称为正吸附，并把该元素称为表面活性物质；反之，若表面浓度低于内部浓度，则相应地称为负吸附和表面不活性物质。溶质在表面层的过剩浓度 Γ 可以用吉布斯吸附等温式计算。

测定熔融合金的表面张力，可以用气泡最大压力法、卧滴法、悬滴法等。

熔融纯铁的表面张力测定值差别很大。现在可以认为在 1 550 ℃时，纯铁的表面张力约为 $(1\ 700 \sim 1\ 900) \times 10^{-3}$ N/m，表面张力的温度系数约为 $(-0.4 \sim -0.5) \times 10^{-1}\ \mathrm{N \cdot m^{-1} \cdot K^{-1}}$。溶质元素对熔铁表面张力的影响程度决定于它的性质与铁的差别，如果溶质元素的性质与铁相近，则溶质原子与铁原子之间的作用力和铁原子本身之间的作用力大体相似，对熔铁的表面张力影响较小。反之，溶质元素的性质与铁差别越大，则对熔铁表面张力的影响就越大。一般说来，金属元素对熔铁表面张力的影响较小，而非金属元素的影响就较大。碳、氯、氧和硫对熔铁表面张力的影响如图 5.2 所示。由此可见，硫和氧是很强的表面活性物质，只要含有很少量的硫和氧就使熔铁的表面张力大大下降，氮的影响小些，而碳在浓度低时影响很小。熔融铁合金中求得的硫、氧、氮和碳的表面吸附量如图 5.3 所示。

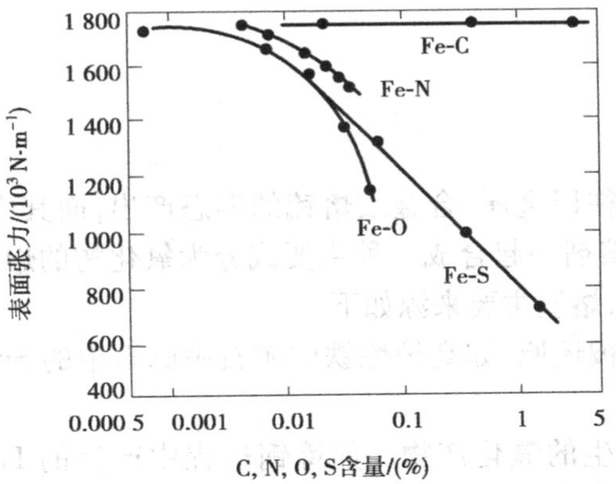

图 5.2 C、N、O、S 对熔铁表面张力的影响(1 570 ℃)

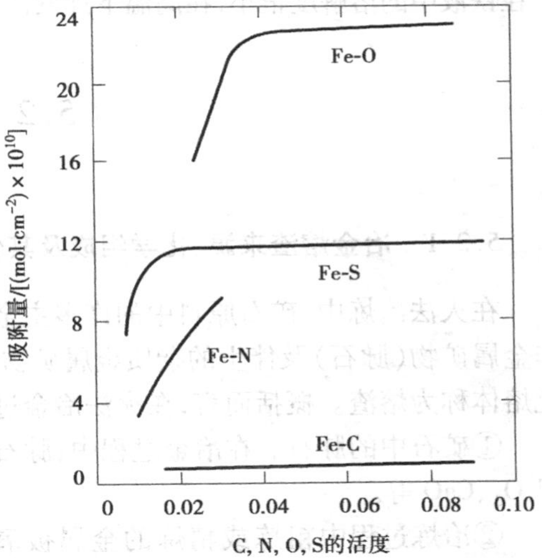

图 5.3 熔铁合金中 C、N、O、S 的表面吸附量(1 570 ℃)

5.1.3 元素在铁液中的溶解

冶金过程中的铁液中除铁以外，还溶解有其他金属和非金属元素，这些元素一方面是冶炼过程中伴随主金属元素的产生而额外产生的，这些元素有些对主金属性能有益，有些对主金属性能有害；另一方面是为了改善金属的机械性能和使金属具有特殊性能，生产中人为地向金属熔体中加入而出现的，如 Si、Mn、Cr、Ni、Co、W、Mo、V、Ti、Nb、B、Zr、Re 等。上述元素进入金属熔体中，其溶解度各不相同，为有效地利用这些元素，必须了解这些元素在铁液中的溶解情况。

各种元素在铁液中的溶解度差别较大。元素 i 在铁液中的溶解度大小与 i 原子大小 、晶格类型以及与铁原子之间的作用力有关。与铁原子半径、晶格越相近，元素 i 在铁液中的溶解度越大。可使用 r_i^0 值判定元素 i 在铁液中的溶解度大小。根据元素在铁液中的溶解度大小，可将铁液中的元素分为以下几组：

①与铁形成近似理想溶液的元素，如 Mn、Ni、Co、Cr、Mo、Nb、W 等。这些元素在元素周期表中位置与铁相近。其 $r_i^0 \approx 1$，i 能与铁无限互溶，形成置换式熔体，熔体的物性可由纯金属的物性加和求得。

②与铁形成近似规则溶液的元素，如 Cu、Al 等。这些元素在元素周期表中位置与铁较远，在铁中的溶解焓很大，Fe-i 键很强，它们与铁形成近似于规则溶液，可以应用规则溶液来计算它们形成溶液时热力学函数的变化。

③与铁形成稀溶液的元素，如 H、N 等。这些元素在铁中溶解度很小，其 r_i^0 无值，在元素周期表中位置距离铁更远，原子半径比铁小很多，常常为一些非金属元素。

④与铁形成实际溶液的元素，如 C、P、O、S、Si、Ti、V、Zr 等。C、P、O、S 等非金属元素在铁中是部分溶解，而 Si、Ti、V、Zr 等元素在一般冶炼温度下只能部分溶解，但温度提高到一定值后，再提高温度，能在铁中完全溶解。

⑤在铁液中溶解度很小的元素，如 Ca、Mg 等。这些元素在元素周期表中离铁较远，其 $r_i^0 \gg 1$，在铁液中的溶解度很小，在高温下挥发性很大，测定它们在铁液中的真实溶解度非常困难。

5.2 冶金熔渣

5.2.1 冶金熔渣来源、化学组成及其作用

在火法冶炼中，矿石原料中的许多主金属往往以金属、合金或熔锍的形态产出，而其中的非金属矿物（脉石）及伴生的杂质金属矿物则与熔剂一起合成一种主要成分为氧化物的熔体，此熔体称为熔渣。概括而言，在火法冶金过程中，熔渣主要来源如下：

①矿石中的脉石。在冶金过程中，脉石不能被还原，如高炉炼铁中矿石中脉石中的 SiO_2、Al_2O_3、CaO 等。

②冶炼过程中粗炼或精炼的金属被氧化产生的氧化产物。如炼钢过程中产生的 FeO、Fe_2O_3、MnO、P_2O_5 等。

③根据冶炼要求加入的熔剂，如 CaO、SiO_2、CaF_2 等。

④被侵蚀和冲刷下来的炉衬材料，如采用镁砖炉衬冶炼金属时，炉衬被侵蚀使渣中含 MgO。

分析来源可知，熔渣成分主要有 CaO、SiO_2、Al_2O_3、MgO、FeO、MnO、P_2O_5、Fe_2O_3 等，这些氧化物在不同的组成和温度下可以形成化合物、固溶体、溶液以及共晶体。除了氧化物外，熔渣中还可能含有 FeS、CaF_2 等盐类化合物。生产中，熔渣中还有可能夹带少量金属。熔渣具体的化学组成随冶炼方法不同而不同，钢铁冶金过程的炉渣化学组成见表 5.3，有色冶金炉渣化学组成见表 5.4。

表 5.3 钢铁冶金炉渣化学组成 单位:%

组 分	高炉渣	转炉渣	电炉氧化渣	精炼渣	电渣重熔渣
SiO_2	35~40	15~25	10~20	15~18	—
Al_2O_3	10~12	6~7	3~5	6~7	30
CaO	35~50	36~40	40~50	50~55	—
FeO	0.5~1.0	8~10	8~15	<1.0	—
MgO	1~5	5~7	7~12	0~10	—
MnO	0.5~5.0	9~12	5~10	<0.5	—
CaF_2	—	—	—	8~10	70
P_2O_5	—	1~2	0.5~1.5	—	—
S	0.3~2.4	—	—	—	—

表 5.4 有色冶金炉渣化学组成 单位:%

组 分	反射炉锍熔炼渣	冰铜转炉吹炼渣	硫化镍矿电炉造锍熔炼渣	铅鼓风炉还原渣	锌鼓风炉还原渣	锡精矿电炉渣
SiO_2	34~49	22~28	35~45	20~27	14~22	26~32
CaO	5~13	—	3~5	9~20	16~30	32~36
FeO	38~50	60~70($FeO+Fe_2O_3$)	30~50	25~30	30~42	3~5
Al_2O_3	3~7	1~5	5~10	1~4	5~9	10~20
MgO	—	0.3~0.5	5~20	—	—	—
ZnO	—	—	—	5~30	4~10	—
Cu	0.2~0.4	1.5~2.5	—	—	—	—
Ni	—	—	0.1~0.25	—	—	—
Pb	—	—	0.5~1.3	—	0.4~0.6	—
Sn	—	—	—	—	—	0.25~0.9
S	0.7~1.6	1~2	—	—	—	—

但值得注意的是:熔渣中成分尽管多,但主要由五六种氧化物组成,含量最多的氧化物一般只有三个,三者含量可达80%以上,对炉渣性质起决定性作用。大多数有色冶金熔渣的主要成分是SiO_2、FeO、CaO;高炉炼铁熔渣的主要成分是CaO、SiO_2、Al_2O_3;转炉炼钢熔渣的主要成分是CaO、SiO_2、MnO。

此外,熔渣中上述氧化物单独存在时熔点都很高(如CaO、SiO_2、Al_2O_3、MgO的熔点分别为2 570 ℃、1 713 ℃、2 050 ℃、2 800 ℃),冶金条件下很难熔化,只有它们之间相互作用形成低熔点化合物,熔渣才能熔化、才能流动。生产中配料时,加入熔剂的目的主要是调整熔渣的酸、碱性氧化物数量,以使它们达到一定比例值(即碱度值),保证熔渣中的氧化物之间形成低熔点物并能自由流动。

(1)熔渣中上述氧化物的分类

①碱性氧化物:在熔渣中能供给 O^{2-} 的氧化物,如 CaO、MnO、FeO、MgO 等。这类氧化物进入熔渣,将发生电离,以二价金属氧化物电离反应为例可表示为:$(MeO) = (Me^{2+}) + (O^{2-})$。

②酸性氧化物:在熔渣中能吸收渣中 O^{2-} 离子而形成复合阴离子的氧化物,如 SiO_2。这类氧化物进入熔渣变化行为(以 SiO_2 为例)可示意为:$(SiO_2) + 2(O^{2-}) = (SiO_4^{4-})$。

③两性氧化物:在酸性渣中能提供 O^{2-},而在碱性氧化物渣中吸收 O^{2-} 离子而形成复合阴离子的氧化物,如 Al_2O_3。

(2)常见的一些氧化物酸碱性规律

①金属元素氧化物一般表现为碱性氧化物,金属性越强,其碱性越强。

②非金属元素氧化物一般表现为酸性氧化物,非金属性越强,其酸性越强。

③同一元素具有多种价态时,其对应的一些氧化物中,元素化合价越高的氧化物越易表现为酸性,元素化合价越低的氧化物越易表现为碱性。

常见一些氧化物酸碱性由强至弱次序为:

$$CaO \quad MnO \quad FeO \quad MgO \quad CaF_2 \quad Fe_2O_3 \quad TiO_2 \quad Al_2O_3 \quad SiO_2 \quad P_2O_5$$

↑

碱性增强 ← 中性 → 酸性增强

(3)熔渣的分类

不同的熔渣所起的作用是不一样的,据在冶炼过程中的作用,熔渣一般可分为四类:

①冶炼渣(还原渣):在以矿石或精矿为原料,以粗金属或熔锍为冶炼产物的熔炼过程中生成的一种渣。其主要作用是:汇集炉料矿石或精矿中的脉石成分、燃料中的灰分以及熔剂等,与熔融的主要冶炼产物(金属、熔锍等)不相溶,两者分离,净化主要冶炼产品。

如:高炉炼铁中,铁矿石中的大量脉石成分与燃料(焦炭)中的灰分以及添加的熔剂(石灰石、白云石、硅石等)反应,形成炉渣,从而与金属铁分离。

造锍熔炼中,铜、镍的硫化物与炉料中铁的硫化物熔融在一起,形成熔锍;铁的氧化物则与造渣熔剂 SiO_2 及其他脉石成分形成熔渣。

②精炼渣(氧化渣):粗金属精炼过程的产物。其作用有:捕集粗金属中杂质元素的氧化产物,使之与主金属分离;通过调整熔渣成分氧化还原钢液,使钢液中硅、锰、铬等元素氧化或还原的硫、磷、氧等元素;吸收钢液中的非金属夹杂物;防止炉衬的过分侵蚀;覆盖钢液,减少散热和防止二次氧化和吸氢。

③富集渣:矿石冶炼过程中,某些有用成分富集在一起形成的炉渣。其主要作用为:使原料中的某些有用成分富集于炉渣中,以便在后续工序中将它们回收利用。例如,钛铁矿常先在电炉中经还原熔炼得到高钛渣,再从高钛渣进一步提取金属钛。

对于铜、铅、砷等杂质含量很高的锡矿,一般先进行造渣熔炼,使绝大部分锡(90%)进入渣中,而只产出少量集中了大部分杂质的金属锡,然后再冶炼含锡渣提取金属锡。

④合成渣:为达到一定的冶炼目的,按一定成分预先配制的渣料熔合而成的炉渣。如电渣重熔用渣、铸钢用保护渣、钢液炉外精炼用渣等,这些炉渣所起的冶金作用差别很大。如保护渣可减少熔融金属液面与大气的接触,防止其二次氧化,减少金属液面的热损失。电渣重熔渣

既可作为发热体，为精炼提供所需要的热量，又能吸收非金属夹杂物。

冶炼过程中熔渣也会起一些副作用，如熔渣对炉衬的化学侵蚀和机械冲刷，大大缩短炉子的使用寿命；炉渣带走了大量热量，增加燃料消耗；熔渣夹带金属颗粒和未被还原的有用金属氧化物，降低金属的回收率，等等。

5.2.2 熔渣结构

熔渣的性质与炉渣的结构有着内在的联系。对于熔渣的结构，由于炉渣熔化温度高，很难直接观察到，一般是通过试验结合合理假设提出的理论获得。对熔渣结构提出的看法观点代表有分子理论、离子理论和共存理论。这些理论建立了熔渣组分活度和其他热力学性质（如焓变、熵变等）的计算方法。

(1)分子理论

分子理论内容要点：

①熔渣是由电中性的分子组成的，这些分子有简单氧化物（自由态氧化物）、碱性氧化物与酸性氧化物结合形成的复杂化合物（结合态氧化物）。

自由态氧化物如：FeO、CaO、MgO、Al_2O_3、SiO_2、P_2O_5、MnO 等。

结合态氧化物如：$CaO\cdot SiO_2$、$2CaO\cdot SiO_2$、$2FeO\cdot SiO_2$、$2MnO\cdot SiO_2$、$4CaO\cdot P_2O_5$ 等。

②在一定条件下，简单氧化物与其复杂化合物分子之间的处于动态平衡。

如：$2(CaO)+(SiO_2)=\!=\!=(2CaO\cdot SiO_2)$

③分子间的作用力为范德华力，熔渣可近似看作理想溶液。

④熔渣的性质主要取决于自由态氧化物的浓度，也只有自由态氧化物才能参加与熔渣中其他组元的化学反应。

在分子理论下，熔渣中组分 i 的活度可表示为：

$$n_{i(自)}=\sum n_i-n_{i(结)}$$

$$a_{i(自)}=x_{i(自)}=\frac{n_{i(自)}}{\sum n} \tag{5.6}$$

式中，$n_{i(自)}$ 为自由态氧化物 i 的摩尔数；$n_{i(结)}$ 为结合态氧化物 i 的摩尔数；$\sum n_i$ 为氧化物 i 在自由态和结合态下的摩尔数之和；$\sum n$ 为所有氧化物（包括自由态和结合态）的摩尔数总和。

［例 5.2］熔渣成分（w_B）：CaO38.1%、$SiO_2$27.8%、FeO13.5%、MgO14.8%、$P_2O_5$0.6%、MnO5.2%。假设渣中有复合化合物 $4CaO\cdot P_2O_5$、$4CaO\cdot 2SiO_2$ 存在且不发生离解，MgO、MnO 与 CaO 视为同等性质的碱性氧化物，试用分子理论求 CaO 及 FeO 的活度。

解 100 g 渣中氧化物的物质的量 n_B(mol)为：

组分	CaO	SiO_2	FeO	MgO	P_2O_5	MnO
n_B	0.680	0.463	0.188	0.370	0.004	0.073

MgO、MnO 与 CaO 视为同等性质的碱性氧化物时，则

$$CaO\text{ 的总物质的量}=0.680+0.370+0.073=1.123(\text{mol})$$

熔渣中氧化物的动态平衡反应：

$$4(CaO)+2(SiO_2)=\!=\!=(4CaO\cdot 2SiO_2)$$

$$4(CaO)+(P_2O_5)=\!=\!=(4CaO\cdot P_2O_5)$$

因此，渣中实际各氧化物的物质的量为：

$n(SiO_2)=0$　$n(P_2O_5)=0$　$\sum n(CaO)=1.123-2\times0.463-2\times0.004=0.189(mol)$

$n(FeO)=0.188(mol)$　$n(4CaO\cdot 2SiO_2)=0.463/2=0.232(mol)$　$n(4CaO\cdot P_2O_5)=0.004(mol)$

$$\sum n=n(SiO_2)+n(P_2O_5)+n(MgO+MnO+CaO)+n(FeO)+n(4CaO\cdot 2SiO_2)+n(4CaO\cdot P_2O_5)=0.613(mol)$$

则熔渣中 CaO、FeO 的活度为：

$$a(CaO)=x(CaO)=\sum n(CaO)/\sum n=0.189/0.613=0.308$$

$$a(FeO)=x(FeO)=n(FeO)/\sum n=0.188/0.613=0.307$$

分子理论能简单、定性地解释渣钢间的反应。化学热力学研究的对象是分子间的反应，分子理论可直接引用化学热力学中的定律。但不能解释高温熔渣的电化学现象，不能从本质上解释组成与性能之间的关系，假设的复杂化合物是没有根据的。

(2)离子理论

离子理论是在对熔渣的 X 射线、导电、电解、相界面上电位突跃等分析的基础上建立起来的。

人们提出的离子理论代表有完全离子溶液模型和正规离子溶液模型等。

1)完全离子溶液模型

完全离子溶液模型内容要点：

①熔渣完全由离子组成，其内不出现电中性质点。

②离子最邻近者仅是异号离子且所有同号不同的离子与周围异号离子作用力是相等的，它们在渣中分布是统计无序的，混合焓变为0。

③完全离子熔渣可视为由正负离子分别组成的两个理想溶液的混合溶液。

完全离子溶液模型关于熔渣中 A_mB_n 活度 $a_{A_mB_n}$ 的计算式可表示为：

$$x_{A^{n+}}=\frac{n_{A^{n+}}}{\sum n_{A^{n+}}}\qquad x_{B^{m-}}=\frac{n_{B^{m-}}}{\sum n_{B^{m-}}}$$

$$a_{A_mB_n}=(x_{A^{n+}})^m\cdot(x_{B^{m-}})^n \tag{5.7}$$

式中，$x_{A^{n+}}$、$n_{A^{n+}}$ 为 A_mB_n 中阳离子 A^{n+} 的摩尔分数及其物质的量；$\sum n_{A^{n+}}$ 为熔渣中所有阳离子摩尔数之和；$x_{B^{m-}}$、$n_{B^{m-}}$ 为 A_mB_n 中阴离子 B^{m-} 的摩尔分数及其物质的量；$\sum n_{B^{m-}}$ 为熔渣中所有阴离子摩尔数之和。

利用式(5.7)计算一定组成的熔渣中氧化物的活度，需要了解氧化物在熔渣中转变成离子的行为。氧化物在熔渣中转变成何种离子取决于其中阳离子的性质。按照聚合物理论，熔体中的阳离子可分为变网离子和成网离子。电荷小、半径大、电离势小的阳离子(如 Ca^{2+}、Na^+ 等)极化力较弱，与 O^{2-} 以一定距离并列成离子键(即以简单阳离子形式)存在，对应的氧化物能向熔渣中引入 O^{2-}，能使熔渣中复杂网络结构的复合阴离子解体。此类阳离子称为变网离子，对应氧化物称为形成网状结构的氧化物。电荷大、半径小、电离势强的阳离子(如 Si^{4+}、P^{5+}、Al^{3+} 等)有很高的极化能力，能使 O^{2-} 受到极化，阳离子与 O^{2-} 之间的共价键程度很高，能促进复合阴离子的形成，复合阴离子呈网状结构，此类阳离子称为成网离子，对应的氧化物称为形成网状结构的氧化物。

碱性氧化物（属于变网离子的氧化物，如 CaO、MnO 等）以及 CaF_2、CaS 等形成熔渣时，出现电离反应：$CaO = Ca^{2+} + O^{2-}$，$MnO = Mn^{2+} + O^{2-}$，$CaF_2 = Ca^{2+} + 2f^{-}$，$CaS = Ca^{2+} + S^{2-}$。

酸性氧化物（属于成网离子的氧化物，如 SiO_2、P_2O_5 等）形成熔渣时，吸收 O^{2-} 形成复合阴离子。SiO_2 能形成一系列的硅氧复合阴离子 $Si_xO_y^{z-}$，其最简单的结构是 SiO_4^{4-}；P_2O_5 能形成一系列的磷氧复合阴离子 $P_xO_y^{z-}$，其最简单的结构是 PO_4^{3-}。

成网离子形成的复合阴离子结构往往比较复杂，如硅氧复合阴离子 $Si_xO_y^{z-}$ 通常具有岛状、组群状、链状、层状和架状 5 种形式的结构，如图 5.4 所示，图中黑圈代表 Si^{4+}、白圈代表 O^{2-}。

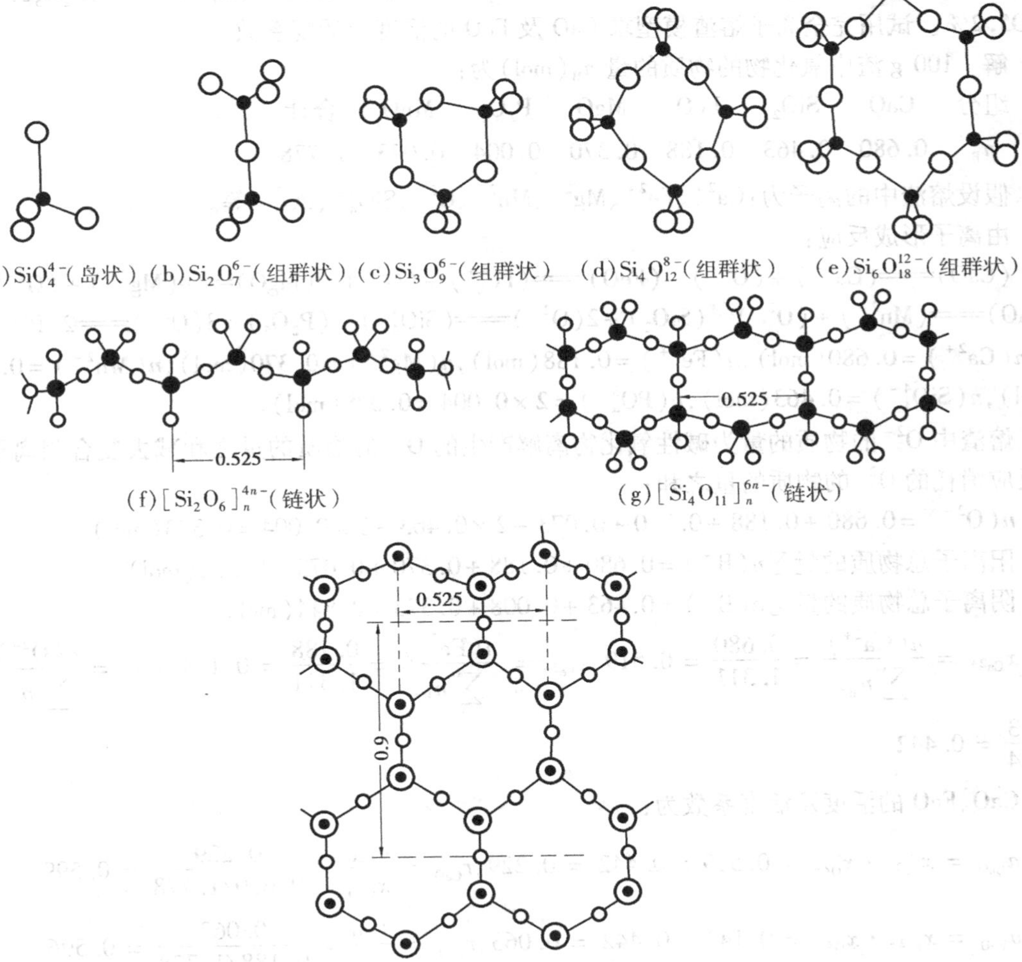

(a) SiO_4^{4-}（岛状）(b) $Si_2O_7^{6-}$（组群状）(c) $Si_3O_9^{6-}$（组群状）(d) $Si_4O_{12}^{8-}$（组群状）(e) $Si_6O_{18}^{12-}$（组群状）

(f) $[Si_2O_6]_n^{4n-}$（链状）　(g) $[Si_4O_{11}]_n^{6n-}$（链状）

(h) $[Si_4O_{10}]_n^{4n-}$（层状）

图 5.4　硅氧复合阴离子结构示意图

图5.4中,连接两个硅氧四面体、与两个 Si^{4+} 离子相连的氧称为桥氧,表示为 O^0 或 Si-O-Si。此外,在硅酸盐熔渣中连接一个 Si^{4+} 离子与一个金属阳离子的氧称为非桥氧,用 O^- 或 Si-O-Me 表示;只与金属阳离子相连,而不与 Si^{4+} 离子相连的氧称为自由氧,用 O^{2-} 或 Me-O-Me 表示。由图5.4可见,随着桥氧数(O/Si 比值)减少,硅氧复合阴离子 $Si_xO_y^{z-}$ 逐渐复杂。

碱度改变会影响熔渣中简单离子和复杂阴离子的浓度。增加渣的碱度,即相对增加渣中碱性氧化物含量时,有利于碱性氧化物电离,使渣中 O^{2-} 浓度增大;降低渣的碱度,即相对增加渣中酸性氧化物含量时,消耗 O^{2-} 有利于复合阴离子形成。

熔渣中复合阴离子能发生离解与聚合,如:$(Si_2O_7^{6-})+(SiO_4^{4-})=(Si_3O_{10}^{8-})+(O^{2-})$,渣中加入碱性氧化物时,复合阴离子将发生离解。

Al^{3+}、Fe^{3+} 等离子在碱性渣中通常表现为成网离子,对应呈现较简单的复合阴离子为 AlO_2^-、FeO_2^- 等,而在酸性渣中表现为变网离子,以 Al^{3+}、Fe^{3+} 等阳离子形式存在。

[**例5.3**] 熔渣成分(w_B):CaO38.1%、$SiO_2$27.8%、FeO13.5%、MgO14.8%、$P_2O_5$0.6%、MnO5.2%。试用完全离子熔渣模型求 CaO 及 FeO 的活度及活度系数。

解 100 g 渣中氧化物的物质的量 n_B(mol)为:

组分	CaO	SiO_2	FeO	MgO	P_2O_5	MnO	合计
n_B	0.680	0.463	0.188	0.370	0.004	0.073	1.778

假设熔渣中的离子为:Ca^{2+}、Fe^{2+}、Mg^{2+}、Mn^{2+}、O^{2-}、SiO_4^{4-}、PO_4^{3-} 等。

由离子形成反应:

$(CaO)=(Ca^{2+})+(O^{2-})$ $(FeO)=(Fe^{2+})+(O^{2-})$ $(MgO)=(Mg^{2+})+(O^{2-})$

$(MnO)=(Mn^{2+})+(O^{2-})$ $(SiO_2)+2(O^{2-})=(SiO_4^{4-})$ $(P_2O_5)+3(O^{2-})=2(PO_4^{3-})$

得:$n(Ca^{2+})=0.680(mol)$,$n(Fe^{2+})=0.188(mol)$,$n(Mg^{2+})=0.370(mol)$,$n(Mn^{2+})=0.073(mol)$,$n(SiO_4^{4-})=0.463(mol)$,$n(PO_4^{3-})=2\times0.004=0.008(mol)$。

熔渣中 O^{2-} 的物质的量为碱性氧化物离解产生的 O^{2-} 的物质的量之和减去复合阴离子生成反应消耗的 O^{2-} 的物质的量之和:

$n(O^{2-})=0.680+0.188+0.370+0.073-2\times0.463-3\times0.004=0.373(mol)$

阳离子总物质的量 $\sum n(B^+)=0.680+0.188+0.370+0.073=1.311(mol)$

阴离子总物质的量 $\sum n(B^-)=0.463+0.008+0.373=0.844(mol)$

$$x_{Ca^{2+}}=\frac{n(Ca^{2+})}{\sum n_{B+}}=\frac{0.680}{1.311}=0.519,\ x_{Fe^{2+}}=\frac{n(Fe^{2+})}{\sum n_{B+}}=\frac{0.188}{1.311}=0.143,\ x_{O^{2-}}=\frac{n(O^{2-})}{\sum n_{B-}}=\frac{0.373}{0.844}=0.442$$

CaO、FeO 的活度及活度系数为:

$$a_{CaO}=x_{Ca^{2+}}\cdot x_{O^{2-}}=0.519\times0.442=0.229,\ r_{CaO}=\frac{a_{CaO}}{x_{CaO}}=\frac{0.229}{0.680/1.778}=0.599$$

$$a_{FeO}=x_{Fe^{2+}}\cdot x_{O^{2-}}=0.143\times0.442=0.063,\ r_{FeO}=\frac{a_{FeO}}{x_{FeO}}=\frac{0.063}{0.188/1.778}=0.596$$

2)正规离子溶液模型

正规离子溶液模型内容要点:

①熔渣由简单阳离子和简单阴离子 O^{2-} 组成,阴离子仅考虑 O^{2-} 一种,高价阴离子也不考

虑络离子(复合阴离子);

②阳离子静电势不相同,和 O^{2-} 混合时有热效应产生,即焓变不为0;

③阳离子无序地分布于 O^{2-} 之间,其混合熵为0。

正规离子溶液模型关于熔渣中 A_mO_n 活度的计算式为:

$$x_{A^{v+}} = \frac{v_A \cdot n_{A^{v+}}}{\sum v_A \cdot x_{A^{v+}}}$$

$$a_{A_mO_n} = (r_{A^{v+}} \cdot x_{A^{v+}})^m \tag{5.8}$$

式中,v_A 为阳离子 A^{v+} 的电荷数。

[**例 5.4**] 熔渣成分(w_B):CaO38.1%、$SiO_2$27.8%、FeO13.5%、MgO14.8%、$P_2O_5$0.6%、MnO5.2%。试用正规离子溶液模型求 1 600 ℃下 FeO 的活度及活度系数。

(已知 $\lg r_{Fe^{2+}} = \frac{1\ 000}{T}[2.18(x_{Mn^{2+}} \cdot x_{Si^{4+}}) + 5.90(x_{Ca^{2+}} + x_{Mg^{2+}})x_{Si^{4+}} + 10.50(x_{Ca^{2+}} \cdot x_{P^{5+}})]$)

解 100 g 渣中氧化物的物质的量 n_B(mol)、摩尔分数 x_B 为:

组分	CaO	SiO_2	FeO	MgO	P_2O_5	MnO
n_B	0.680	0.463	0.188	0.370	0.004	0.073
x_B	0.382	0.260	0.106	0.208	0.002	0.041

熔渣中的离子为:Ca^{2+}、Fe^{2+}、Mg^{2+}、Mn^{2+}、Si^{4+}、P^{5+}、O^{2-}。

由电离反应:

$(CaO) = (Ca^{2+}) + (O^{2-})$ $(FeO) = (Fe^{2+}) + (O^{2-})$ $(MgO) = (Mg^{2+}) + (O^{2-})$

$(MnO) = (Mn^{2+}) + (O^{2-})$ $(SiO_2) = (Si^{4+}) + 2(O^{2-})$ $(P_2O_5) = 2(P^{5+}) + 5(O^{2-})$

得:$n(Ca^{2+}) = 0.680(mol)$,$n(Fe^{2+}) = 0.188(mol)$,$n(Mg^{2+}) = 0.370(mol)$,$n(Mn^{2+}) = 0.073(mol)$,$n(Si^{4+}) = 0.463(mol)$,$n(P^{5+}) = 2 \times 0.004 = 0.008(mol)$

则 $\sum(v_A \cdot x_{A^{v+}}) = 2 \times 0.680 + 2 \times 0.188 + 2 \times 0.370 + 2 \times 0.073 + 4 \times 0.463 + 5 \times 0.008 = 4.514(mol)$

熔渣中阳离子的摩尔分数($x_{A^{v+}} = \frac{v_A \cdot n_{A^{v+}}}{\sum v_A \cdot x_{A^{v+}}}$)为:

$x_{Ca^{2+}} = 0.301$,$x_{Fe^{2+}} = 0.083$,$x_{Mg^{2+}} = 0.164$,$x_{Mn^{2+}} = 0.032$,$x_{Si^{4+}} = 0.410$,$x_{P^{5+}} = 0.009$

由 $\lg r_{Fe^{2+}} = \frac{1\ 000}{T}[2.18(x_{Mn^{2+}} \cdot x_{Si^{4+}}) + 5.90(x_{Ca^{2+}} + x_{Mg^{2+}})x_{Si^{4+}} + 10.50(x_{Ca^{2+}} \cdot x_{P^{5+}})]$ 得:

$$\lg r_{Fe^{2+}} = \frac{1\ 000}{1\ 873}[2.18 \times 0.032 \times 0.410 + 5.90 \times (0.301 + 0.164) \times 0.410 + 10.50 \times 0.301 \times 0.009] = 0.631$$

$r_{Fe^{2+}} = 4.276$

$a_{FeO} = r_{Fe^{2+}} \cdot x_{Fe^{2+}} = 4.276 \times 0.083 = 0.355$

$r_{FeO} = \frac{a_{FeO}}{x_{FeO}} = \frac{0.355}{0.107} = 3.318$

正规离子最大的优点是不涉及熔渣中复合阴离子的结构,较适宜于高碱度氧化性渣。

(3)**共存理论**

鉴于分子理论和离子理论存在的不足,人们提出了共存理论,其对炉渣的主要看法可概括为:

①熔渣由简单离子(Ca^{2+}、Mg^{2+}、Mn^{2+}、Fe^{2+}、O^{2-}、S^{2-}、F^-等)和SiO_2、硅酸盐、磷酸盐、铝酸盐等分子组成。

②简单离子和分子间有着动态平衡的关系:

$$2(Me^{2+}+O^{2-})+(SiO_2)=\!=\!=(Me_2SiO_4)$$

$$(Me^{2+}+O^{2-})+(SiO_2)=\!=\!=(Me_2SiO_3)$$

将Me^{2+}、O^{2-}同置于同一括号内的原因:

a. 不论在固态或液态下,自由的Me^{2+}、O^{2-}均能保持独立(即具有独立性)而很少结合成MeO分子。MeO的活度采用以下形式表示:

$$a_{MeO}=N_{MeO}=N_{Me^{2+}}=N_{O^{2-}} \tag{5.9}$$

式中,$N_{Me^{2+}}$、$N_{O^{2-}}$称为Me^{2+}、O^{2-}在熔渣中的作用浓度。

b. 形成Me_2SiO_4或$MeSiO_3$时需要的Me^{2+}和O^{2-}协同参加,由于协同性,水溶液中的所谓"共同离子"在熔渣中是不会起作用的。

③熔渣内部的化学反应服从质量作用定律。

利用共存理论中各种化合物的平衡热力学数据,可以计算各化合物的实际浓度即活度。

5.2.3 冶金熔渣的化学性质

与冶金过程相关的熔渣的重要化学性质包括酸-碱性、氧化-还原性、容量性等。

为了准确描述冶金中发生的反应,对于反应物和产物所处的环境,习惯上用"[ ]"表示物质在金属液中,"( )"表示物质在熔渣中,"{ }"表示物质在气相中。如铁液中的Si可表示为[Si],渣中SiO_2可表示为(SiO_2),气相中O_2可表示为{O_2}。

(1)**酸-碱性**

熔渣主要由氧化物组成,为了表示熔渣酸碱性强弱,通常采用熔渣中碱性氧化物与酸性氧化物的相对含量来表示。具体来讲,对于钢铁冶金,通常用碱度表示;对于有色冶金,习惯上用酸度表示。

炉渣的碱度是指炉渣中碱性氧化物与酸性氧化物质量分数之比值,用R表示。

常用的碱度表示如下:

①当渣中除CaO和SiO_2外的其他氧化物含量较低,或者其他碱性或酸性氧化物的含量变化不大时,通常用下式来表示:

$$R=\frac{\omega(CaO)}{\omega(SiO_2)} \tag{5.10}$$

此式简单方便,故在生产中应用最为普遍。

②对于Al_2O_3、MgO或P_2O_5含量较高的炉渣,则需要考虑Al_2O_3、MgO或P_2O_5含量的影响,故常用如下一些表达式:

$$R=\frac{\omega(CaO)}{\omega(SiO_2)+\omega(Al_2O_3)} \tag{5.11}$$

$$R=\frac{\omega(CaO)}{\omega(SiO_2)+\omega(P_2O_5)} \tag{5.12}$$

$$R = \frac{\omega(CaO) + \omega(MgO)}{\omega(SiO_2) + \omega(Al_2O_3)} \tag{5.13}$$

碱度大于1的渣是碱性渣,碱度小于1的渣是酸性渣。

炉渣的酸度是指炉渣中所有酸性氧化物中氧的质量分数之和与所有碱性氧化物中氧的质量分数之和的比值,其表达式可表示为:

$$r = \frac{\sum \omega_{O(酸性氧化物)}}{\sum \omega_{O(碱性氧化物)}} \tag{5.14}$$

除碱度、酸度外,还可用渣中O^{2-}的活度、熔渣的光学碱度来描述熔渣的酸碱性。

由熔渣结构理论可知,熔渣中的碱性氧化物,如CaO、FeO等向渣中提供自由O^{2-},而酸性氧化物与渣中O^{2-}结合为复合阴离子,或者说,碱性氧化物提高渣中O^{2-}的活度,酸性钙比物则降低渣中O^{2-}的活度。因此,可用渣中O^{2-}的活度的大小($a_{O^{2-}}$)作为熔渣酸碱性的量度。$a_{O^{2-}}$越大,则熔渣的碱性越大;反之,$a_{O^{2-}}$越小,则熔渣的酸性越大。但是,炉渣中$a_{O^{2-}}$很难单独测量,为此,人们提出了在氧化物中加入某种显示剂,然后用光学方法测定氧化物"施放电子"的能力来测定$a_{O^{2-}}$,从而确定其酸碱性,即提出了光学碱度的概念。

作为测定氧化物光学碱度的显示剂,通常采用含有$d^{10}s^2$电子结构层的Pb^{2+}的氧化物。这种氧化物中的Pb^{2+}受到光的照射后,吸收相当于电子从6s轨道跃迁到6p轨道的能量E,而$E=hv$,h为普朗克常数,v为吸收光子的频率。

当将这种含正电性很强的$d^{10}s^2$电子层结构Pb^{2+}加入到氧化物中时,氧化物中O^{2-}的核外电子受Pb^{2+}的影响会产生一种"电子云膨胀效应",从而使频率v发生变化。如以$E_{Pb^{2+}}$表示纯PbO中Pb^{2+}的电子从6s→6p跃迁吸收的能量。$E_{M^{2+}}$为氧化物MO内加入的Pb^{2+}的电子发生同样跃迁吸收的能量,则$E_{Pb^{2+}} - E_{M^{2+}}$就是由于MO中O^{2-}施放电子给Pb^{2+},Pb^{2+}的电子跃迁比其在PbO中少吸收的能量,所以,它代表了MO中O^{2-}施放电子的能力。依此类推,$E_{Pb^{2+}} - E_{Ca^{2+}}$表示CaO中加入$Pb^{2+}$后少吸收的能量。

因为CaO是炉渣中标准的碱性氧化物,所以,规定以CaO作为比较的标准来定义氧化物的光学碱度,用符号Λ表示。

$$\Lambda = \frac{E_{Pb^{2+}} - E_{M^{2+}}}{E_{Pb^{2+}} - E_{Ca^{2+}}} = \frac{hv_{Pb^{2+}} - hv_{M^{2+}}}{hv_{Pb^{2+}} - hv_{Ca^{2+}}} = \frac{v_{Pb^{2+}} - v_{M^{2+}}}{v_{Pb^{2+}} - v_{Ca^{2+}}} \tag{5.15}$$

表5.5为冶金中常见一些氧化物的光学碱度及电负性值。

表5.5 氧化物的光学碱度及电负性值

氧化物	光学碱度Λ		电负性χ	氧化物	光学碱度Λ		电负性χ
	测定值	理论值			测定值	理论值	
K_2O	1.40	1.37	0.8	Al_2O_3	0.605	0.60	1.5
Na_2O	1.15	1.15	0.9	CaO	1.00	1.00	1.0
BaO	1.15	1.15	0.9	MgO	0.78	0.80	1.2
MnO	0.59	0.6	1.5	Fe_2O_3	0.48	0.48	1.8
Cr_2O_3	0.55	0.55	1.6	SiO_2	0.48	0.48	1.8
FeO	0.51	0.48	1.8	P_2O_3	0.40	0.40	2.1
TiO_2	0.61	0.60	1.5	CaF_2		0.20	4.0

除使用光学方法测定外，还可利用氧化物中金属元素的电负性(χ)来计算光学碱度，即可采用下式计算氧化物的光学碱度。

$$\frac{1}{\Lambda} = \frac{0.74}{\chi - 0.26}$$

需要指出的是，电负性只适用于恒定价数的元素，因此，过渡元素的氧化物(如 FeO、Al_2O_3、MnO、Cr_2O_3 等)不适合采用上述方法计算光学碱度。

炉渣是由多种氧化物或其他化合物组成的，炉渣的光学碱度计算式可表示为：

$$\Lambda = \sum x_i \Lambda_i$$

$$x_i = \frac{n_O x_i'}{\sum n_O x_i'} \tag{5.16}$$

式中，Λ_i 为氧化物的光学碱度；x_i 为氧化物中阳离子的摩尔分数，它是每个阳离子的电荷中和负电荷的分数，即氧化物在渣中氧原子的摩尔分数；x_i' 为渣中氧化物的摩尔分数；n_O 为氧化物中氧原子数。对于 CaF_2，因为两个 F^- 与一个 O^{2-} 的电荷数相同，所以一个氟原子数应取 1/2，那么 CaF_2 中氟原子数应为 1。

［例 5.5］ 试计算成分(w_B) CaO44.1%、$SiO_2$45.3%、MgO4.8%、$P_2O_5$0.6%、$Al_2O_3$5.2% 熔渣的光学碱度。

解 100 g 渣中，各氧化物的物质的量 n_i 及其摩尔分数 x'_i，并进一步由 $x_i = \frac{n_O x_i'}{\sum n_O x_i'}$ 计算 x_i 得：

组 分	CaO	SiO_2	MgO	P_2O_5	Al_2O_3	合 计
n_i/mol	0.788	0.755	0.120	0.004	0.051	1.718
x_i'	0.458	0.440	0.070	0.002	0.030	1.000
x_i	0.304	0.583	0.046	0.008	0.059	1.000

查表得各氧化物的光学碱度，代入式 $\Lambda = \sum x_i \Lambda_i$ 得炉渣光学碱度为：

$$\Lambda = \sum x_i \Lambda_i$$
$$= 0.304 \times 1 + 0.583 \times 0.48 + 0.046 \times 0.8 + 0.008 \times 0.4 + 0.059 \times 0.6 = 1.744$$

(2) **氧化-还原性**

熔渣氧化性是指熔渣能向与之接触的金属液供给氧，使金属液中杂质元素氧化的能力。熔渣还原性是指熔渣能从与之接触的金属液吸收氧，使金属液发生脱氧能力。

熔渣向金属液供氧(或从金属液吸收氧)的能力取决于熔渣中氧的化学势与金属液中氧的化学势相对大小。当熔渣中氧的化学势大于金属液中氧的化学势时，此时渣具有氧化性，反之，渣具有还原性。

熔渣氧化性的表示方法。熔渣向金属液供氧的能力与渣的组成和温度有关。熔渣的氧化性一般以能向金属液中提供氧的熔渣中组分的含量(严格来说，由于渣不是理想溶液，应该用组分的活度)表示。钢铁冶金中，渣中各种氧化物中 FeO 的稳定性最差，FeO 能溶解于铁液中，即 FeO 向渣中供氧可能性最大，因此，用渣中 FeO 的含量或 a_{FeO} 表示熔渣的氧化性。类似，炼铅过程中熔渣的氧化-还原能力采用 $a_{(PbO)}$ 表示；粗铜熔炼过程中，熔渣的氧化-还原能力采用 $a_{(Cu_2O)}$ 表示。

钢铁冶炼过程中，熔渣中 FeO 向金属液供氧过程可表示为：$(FeO)═══[Fe]+[O]$

实际上，熔渣中铁的氧化物是以 FeO 和 Fe_2O_3 两种不同的形式存在的，它们之间存在如下的化学平衡：

$$2(FeO)+1/2O_2═══(Fe_2O_3)$$

在讨论熔渣的氧化能力时，还应考虑熔渣中 Fe_2O_3 的贡献，为此，通常将 Fe_2O_3 的含量 $(\omega_{(Fe_2O_3)})$ 折合为 FeO 的含量，以熔渣中总氧化铁的含量 $\sum\omega_{(FeO)}$ 表示熔渣的氧化性。其折合方法有两种：

1）全氧法

按 $Fe_2O_3 \rightarrow 3FeO$ kg 计算。1 kg Fe_2O_3 形成 $3\times72/160=1.35$ kg FeO，则

$$\sum\omega_{(FeO)}=\omega_{(FeO)}+1.35\omega_{(Fe_2O_3)}$$

2）全铁法

按 $Fe_2O_3 \rightarrow 2FeO$ kg 计算。1 kg Fe_2O_3 形成 $2\times72/160=0.9$ kg FeO，则

$$\sum\omega_{(FeO)}=\omega_{(FeO)}+0.9\omega_{(Fe_2O_3)}$$

全铁法比全氧法合理。因为熔渣在取样及冷却时，部分 FeO 会被氧化为 Fe_2O_3，使得全氧法的计算值偏高。

熔渣中的 Fe_2O_3 不但能提高熔渣的氧化性，还能促使熔渣从炉气中吸收氧，并能向金属液中传递氧，从而保证熔渣的氧化作用。Fe_2O_3 向熔渣传递氧的过程为：炉气中的氧能使气-渣界面上的 FeO 氧化为 Fe_2O_3，但 Fe_2O_3 在 1 873～1 973 K 的分解压为 $2.5\times10^5\sim66.5\times10^5$ Pa，比一般的冶炼条件下炉内的氧分压大，所以仅当生成的 Fe_2O_3 与渣中的 CaO 结合成铁酸钙$(CaO\cdot Fe_2O_3)$时，才能稳定存在，起到传递氧的作用，其反应为：

$$2(FeO)+1/2O_2+(CaO)═══(CaO\cdot Fe_2O_3)$$

形成的铁酸钙在熔渣-金属界面上能被金属铁还原，使金属液中氧含量增加，其反应为：

$$(CaO\cdot Fe_2O_3)+[Fe]═══[O]+3[Fe]+(CaO)$$

由上述反应可以看出，随着熔渣中 Fe_2O_3 和碱度的提高，熔渣的氧化性增强。

实际生产中如何才能判断出熔渣是具有氧化性还是具有还原性？可以根据$(FeO)═══[Fe]+[O]$反应发生方向进行判断：$(FeO)═══[Fe]+[O]$反应向右进行，能够向与之接触的金属液供给氧[O]，而使金属液内溶解元素发生氧化，此时的渣具有氧化性；反之称为还原渣。此外还可以根据 L'_O 与 L_O 比较判断熔渣氧化还原性，其中的 L_O 是指$(FeO)═══[Fe]+[O]$反应达平衡时氧在金属液-渣间的分配比，$L_O=\left(\frac{[\%O]}{a_{(FeO)}}\right)_{平}$；$L'_O$ 实际条件下的熔池中氧在金属液-渣间的分配比，$L'_O=\left(\frac{[\%O]}{a_{(FeO)}}\right)_{实}$。当 $L'_O>L_O$ 时，熔渣具有还原性；反之，熔渣具有氧化性。

（3）物质在熔渣中的溶解（容量性）

熔渣容纳或溶解对金属液有害物质（S_2、P_2、N_2、H_2 等）的能力称为熔渣的容量性。

冶金生产中对钢铁性能有害的物质如硫、磷、氮、氢或水汽等均能在熔渣中溶解，并通过熔渣向金属液传递。熔渣容纳或溶解对金属液有害物质（S_2、P_2、N_2、H_2 等）的能力称为熔渣的容

量性。这些气体是中性分子，熔渣是离子熔体，气体必须吸收电子转变为阴离子后才能进入熔渣，反应所需的电子通常是熔渣中的 O^{2-} 氧化提供的，故气体在熔渣中的溶解反应是有 O^{2-} 离子参加的电化学反应。

1）硫在熔渣中的溶解

为了确定 S_2 在熔渣中的溶解反应，首先必须确定硫在熔渣中的存在形态。研究表明，熔渣硫的形态与体系的氧分压有关。当 $P_{O_2}<0.1$ Pa 时，硫以 S^{2-} 形态存在；当 $P_{O_2}<10$ Pa 时，硫以 SO_4^{2-} 形态存在。在钢铁冶金中，实际的氧分压很低（约为 1×10^{-3} Pa），故认为熔渣中的硫 S^{2-} 存在。对应气体硫在熔渣中的溶解反应可表示为：

$$(CaO)+1/2S_2 = 1/2O_2+(CaS) \quad \Delta_r G_m^\theta = 97\ 111-5.61T(\text{J/mol})$$

或 $$(O^{2-})+1/2S_2 = 1/2O_2+(S^{2-})$$

上述反应的平衡常数 K^θ 可表示为：

$$K^\theta = \frac{a_{S^{2-}}}{a_{O^{2-}}}\left(\frac{P_{O_2}}{P_{S_2}}\right)^{1/2} = \frac{x_{S^{2-}} r_{S^{2-}}}{a_{O^{2-}}}\left(\frac{P_{O_2}}{P_{S_2}}\right)^{1/2}$$

将 $x_{S^{2-}} = \dfrac{\omega_{S^{2-}}}{32\sum n}$ 代入上式，并整理得：

$$C_S = K^\theta \frac{a_{O^{2-}}}{r_{S^{2-}}}32\sum n = \omega_{S^{2-}}\left(\frac{P_{O_2}}{P_{S_2}}\right)^{1/2} \tag{5.17}$$

式中，C_S 称为熔渣的硫容量，能用来表示熔渣容纳硫（S_2）的能力，C_S 越大，表明熔渣容纳 S_2 的能力越大；$a_{O^{2-}}$ 为渣中 O^{2-} 的活度；$\omega_{S^{2-}}$ 为渣中 S^{2-} 的质量分数；$r_{S^{2-}}$ 为渣中 S^{2-} 的活度系数；P_{O_2} 和 P_{S_2} 分别为气相中氧和硫的分压；$\sum n$ 为熔渣所有组分的物质的量之和。

由式（5.17）可以看出，熔渣硫容量随 K^θ（决定于温度）、$a_{O^{2-}}$ 的增大或 $r_{S^{2-}}$ 的减小而增大。因此，影响渣硫容量的热力学因素主要有：温度、熔渣的碱度、熔渣的组成等。

铁液中的硫在熔渣中的溶解反应：

$$(O^{2-})+[S] = [O]+(S^{2-}) \qquad C'_S = K^\theta \frac{a_{O^{2-}}}{r_{S^{2-}}}32\sum n = \omega_{S^{2-}}\frac{a_{[O]}}{a_{[S]}} \tag{5.18}$$

式中，C'_S 称为铁液中的硫在熔渣中的硫容量。

2）磷在熔渣中的溶解

熔渣磷存在的形态与体系的氧分压也有关。1 873 K 时，当 $P_{O_2}>1\times10^{-12}$ Pa 时，磷以 PO_4^{3-} 形态存在，磷在渣中的溶解反应为：

$$1/2P_{2(g)}+3/2(O^{2-})+5/4O_2 = (PO_4^{3-})$$

$$K^\theta = \frac{a_{PO_4^{3-}}}{P_{P_2}^{1/2}P_{O_2}^{5/4}a_{O^{2-}}^{3/2}} = \frac{x_{PO_4^{3-}} r_{PO_4^{3-}}}{P_{P_2}^{1/2}P_{O_2}^{5/4}a_{O^{2-}}^{3/2}} = \frac{\omega_{PO_4^{3-}} r_{PO_4^{3-}}}{M_{PO_4^{3-}}\sum n\cdot P_{P_2}^{1/2}P_{O_2}^{5/4}a_{O^{2-}}^{3/2}}$$

$$C_{PO_4^{3-}} = \frac{K^\theta a_{O^{2-}}^{3/2}}{r_{PO_4^{3-}}} = \frac{\omega_{PO_4^{3-}} r_{PO_4^{3-}}}{M_{PO_4^{3-}}\sum n\cdot P_{P_2}^{1/2}P_{O_2}^{5/4}} \tag{5.19}$$

1 873 K 时，当 $P_{O_2}<1\times10^{-13}$ Pa 时，磷以 P^{3-} 形态存在，磷在渣中的溶解反应为：

$$1/2P_{2(g)}+3/2(O^{2-}) = (P^{3-})+3/4O_2$$

$$K^{\theta}=\frac{a_{P^{3-}}P_{O_2}^{3/4}}{P_{P_2}^{1/2}a_{O^{2-}}^{3/2}}=\frac{x_{P^{3-}}r_{P^{3-}}P_{O_2}^{3/4}}{P_{P_2}^{1/2}a_{O^{2-}}^{3/2}}=\frac{\omega_{P^{3-}}r_{P^{3-}}P_{O_2}^{3/4}}{M_{P^{3-}}\sum n\cdot P_{P_2}^{1/2}P_{O_2}^{5/4}a_{O^{2-}}^{3/2}}$$

$$C_{P^{3-}}=\frac{K^{\theta}a_{O^{2-}}^{3/2}}{r_{P^{3-}}}=\frac{\omega_{P^{3-}}P_{O_2}^{3/4}}{M_{P^{3-}}\sum n\cdot P_{P_2}^{1/2}}\tag{5.20}$$

在不同气氛下，磷在渣中的存在形式不同。在氧化气氛下，磷以 PO_4^{3-} 形态存在；在还原气氛下，以 P^{3-} 形态存在。

铁液中的磷在熔渣中的溶解反应为：

$$[P]+5/2[O]+3/2(O^{2-})=\!=\!=(PO_4^{3-})$$

$$K^{\theta}=\frac{a_{PO_4^{3-}}}{a_{[P]}a_{[O]}^{5/2}a_{O^{2-}}^{3/2}}=\frac{x_{PO_4^{3-}}r_{PO_4^{3-}}}{a_{[P]}a_{[O]}^{5/2}a_{O^{2-}}^{3/2}}=\frac{\omega_{PO_4^{3-}}r_{PO_4^{3-}}}{M_{PO_4^{3-}}\sum n\cdot a_{[O]}^{5/2}a_{O^{2-}}^{3/2}}$$

$$C_{PO_4^{3-}}=K^{\theta}\frac{a_{O^{2-}}^{3/2}}{r_{PO_4^{3-}}}=\frac{\omega_{PO_4^{3-}}}{M_{PO_4^{3-}}\sum n\cdot a_{[P]}a_{[O]}^{5/2}}\tag{5.21}$$

式中，$C_{PO_4^{3-}}$、$C_{P^{3-}}$ 称为熔渣的磷酸盐容量或磷化物容量，即磷容量，能用来表示熔渣容纳磷的能力，$C_{PO_4^{3-}}$、$C_{P^{3-}}$ 越大，则熔渣容纳磷的能力越大。

3）H_2（或 H_2O）在熔渣中的溶解

干燥的氢气在熔渣中几乎不溶解，但是以水蒸气 H_2O 形式存在的氢则可大量溶解于熔渣中。如 $P_{H_2O}=(0.2\sim0.3)\times10^5$ Pa 时，熔渣吸收的水蒸气可达 0.04% ~0.4%。

H_2O 在熔渣中的形态与渣的碱度有关，可用下列反应式给出：

酸性渣中　$H_2O_{(g)}+(\vdots\text{Si-O-Si}\vdots)=\!=\!=2(\vdots\text{Si-OH})$

碱性渣中　$H_2O_{(g)}+2(SiO_4^{4-})=\!=\!=(Si_2O_7^{6-})+2(OH^-)$

强碱性渣中　$H_2O_{(g)}+(O^{2-})=\!=\!=2(OH^-)$

溶解于渣中的 OH^- 通过反应：$(OH^-)+[Fe]=\!=\!=2[H]+2(O^{2-})+2(Fe^{2+})$ 进入金属液中，从而使氢量增加。

4）N_2 在熔渣中的溶解

N_2 在酸性渣和碱性渣中均能溶解，其反应如下：

碱性渣中　$1/2N_2+3/2(O^{2-})=\!=\!=(N^{3-})+3/4O_2$

酸性渣中　$1/2N_2+(\vdots\text{Si-O-Si}\vdots)=\!=\!=2(\vdots\text{Si-N-Si}\vdots)=2(N^{3-})+1/2O_2$

在氧化性和中性气氛中，N_2 在硅酸盐熔渣中溶解度不高(0.001% ~0.01%)。因为在氧化性渣中，$\omega_{(FeO)}$ 高，表面活性物 FeO 占据了气-渣界面上的活性点，减少了氮溶解前需进行吸附的活性点，所以氧化渣能很好地阻隔炉气中的氮与金属液的作用。

在 C、CO、H_2 和 NH_3 等还原性气氛下，氮在熔渣中的溶解度比较大，特别是在 CaC_2 含量高的电炉渣中，氮可以大量地溶解。

当有碳存在时，氮在渣中的溶解可用下述反应来描述：

$$1/2N_2+3/2(O^{2-})+3/2C=\!=\!=(N^{3-})+3/2CO$$

$$1/2N_2+3/2(O^{2-})+3/2C=\!=\!=(CN^-)+1/2CO$$

因此，在有碳存在时，渣中的氮以 N^{3-} 或 CN^- 形式存在，其含量多少与熔渣的碱度有关。随着碱度的增大，熔渣中 CN^- 的含量增大，N^{3-} 的含量减小。

5.2.4　冶金熔渣的物理性质

冶金熔渣的物理性质包括熔化性、密度、黏度、表面性质和界面性质、导热性、导电性、组元的扩散等，它们直接关系到冶金过程能否顺利进行和技术经济指标是否符合要求。冶金工作者应对熔渣性质有所认识，应掌握组成-性质图和计算熔渣性质的方法，以了解已知熔渣是否满足冶炼要求，或由所要求的性质来选择合理的炉渣成分。

(1)**熔化性**

它是指熔渣熔化的难易程度，可用熔化温度和熔化性温度等表示。一定组成的熔渣没有固定的熔点，从开始熔化到完全熔化是在一定范围内完成的。炉渣的熔化温度是指炉渣加热时由固态完全转变为均匀液态或冷却时液相中开始析出固相时的温度。

熔化温度是冶金过程制订温度制度的重要依据，其值可通过实验（如：热分析法、半球点法等）测定，或通过相图中液相线或液相面温度确定。熔渣的熔化温度一般为 1 100 ~ 1 400 ℃。

熔渣的熔化温度主要与组成有关。图 5.5 为 CaO-FeO-SiO_2 等熔化温度图。由等熔化温度可以看出，等温线上的熔渣组成不同，或组成不同的熔渣具有相同的熔化温度。根据等熔化温度可估计一定组成的熔渣的熔化温度。

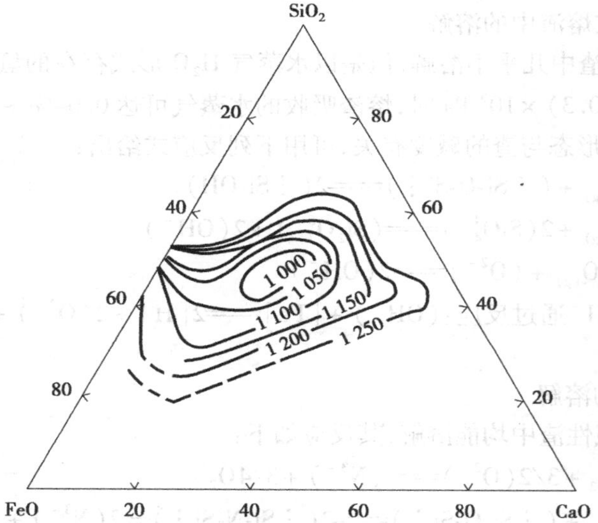

图 5.5　CaO-FeO-SiO_2 等熔化温度图

黑色金属以及一些有色金属需采用火法冶炼，为降低其冶炼过程能源的消耗，应尽可能采用较低的熔化温度，为此，需要在熔渣中加入助熔剂。这里的助熔剂是指加入后能使炉渣熔点显著降低但又对冶炼过程无不利影响的物质，如 CaF_2、Na_2O、Na_2CO_3 等。

熔渣的熔化性温度是指熔渣加热过程中，从不能流动转变为能自由流动时的温度。熔渣达到熔化温度时并不一定能自由流动。冶金生产中一般要求熔渣熔化后必须具有良好的流动性，因此，可实现熔渣自由流动，冶金生产中制订熔渣温度制度一般应高于熔渣的熔化性温度。实际炉渣的熔化性温度可通过测定熔渣的黏度与温度关系获得。

(2)**密度**

冶金生产中，金属熔体往往分散在熔渣中，熔渣密度的大小直接影响冶金过程中金属与熔渣的分离。金属的密度与熔渣的密度差越大,金属与熔渣分离效果越好。生产实践中,通常要求金属(或熔锍)与熔渣间的密度差不小于 1 500 kg/m^3,以保证金属与熔渣实现良好的分离。

熔渣密度与组成有关。当熔渣中含有较多质量较大的物质(如 PbO、FeO、Fe_3O_4、ZnO 等)时,其密度较大;反之,有较多质量较小的物质(SiO_2、CaO 等)时,其密度较小。熔渣密度常为 2 500 ~4 000 kg/m^3。

由于高温测定难度较大,固态渣熔化后密度变化较小,可近似采用固态熔渣的密度。固态渣的密度 ρ 可采用下式计算:

$$\frac{1}{\rho} = \sum \frac{\omega_{MeO}}{\rho_{MeO}} \tag{5.22}$$

式中,ω_{MeO}、ρ_{MeO} 为熔渣中 MeO 的质量分数和密度。

熔渣密度 ρ 与温度也有关,具有如下关系式:

$$\rho_T = \rho_m - \alpha(T - T_m) \tag{5.23}$$

式中,ρ_T 为熔渣在某一温度 T 时的密度;ρ_m 为熔渣熔化温度 T_m 时的密度中 MeO 的质量分数和密度;α 与熔体性质有关的常数。

(3)**黏度**

流速不同的两液层间的内摩擦系数称为黏度,其单位为:帕·秒(Pa·s)、泊(P)。1 Pa·s = 10 P。流动性好的渣黏度 <0.50 Pa·s,稠渣黏度为 1.5 ~2.0 Pa·s。实验表明,流速不同的两液层间的内摩擦(F)与其接触面积(S)和流速差值(dv)成正比,与两液层间距离(dx)成反比,可用下式表示:

$$F = \eta S \frac{dv}{dx} \tag{5.24}$$

式中,比例系数 η 称为黏度系数。

黏度与渣和金属间的传质和传热速度有密切关系,它直接影响着渣金属间的反应速度和炉渣传热的能力。过黏的渣使熔池不活跃,冶炼不能顺利近行;过稀的渣易喷溅,严重侵蚀炉衬耐火材料,降低炉子使用寿命,故冶金熔池应有合适的黏度,以保证产品的质量和良好的技术经济指标。

黏度与流动性互为倒数,黏度越小,渣流动性越好,反之,渣流动性越差。

熔渣黏度与温度、组成、渣相中出现的未熔质点等因素有关。

1)温度对黏度的影响

熔渣的黏度随温度的升高而降低,大多数熔渣的黏度与温度的关系遵守阿累尼乌斯关系式:

$$\eta = A_\eta e^{\frac{E_\eta}{RT}} \tag{5.25}$$

式中,A_η 为常数;E_η 为粘流活化能。

炉渣黏度与温度关系可用图 5.6 示意。由图 5.6 可见,A 成分渣在受热达到 a 点温度后,黏度下降很快,其黏度-温度关系曲线转折明显,对应的转折点温度称为熔化性温度;当温度高于 a 点后,曲线变得较平缓,温度对黏度影响不大。一般碱性渣属于这种情况,取样时这类熔渣的渣滴不能拉成长丝,渣样断口呈石头状,因而称为短渣或石头渣。B 成分渣受热后,黏度逐步下降,其黏度-温度关系曲线上没有明显的转折点,一般常取曲线上 45°直线与黏度-温度曲线切点 e 对应的 b 为熔化性温度。酸性渣一般属于此类渣,取样时这类熔渣的渣滴能拉成长丝,渣样断口呈玻璃状,因而称为长渣或玻璃渣。

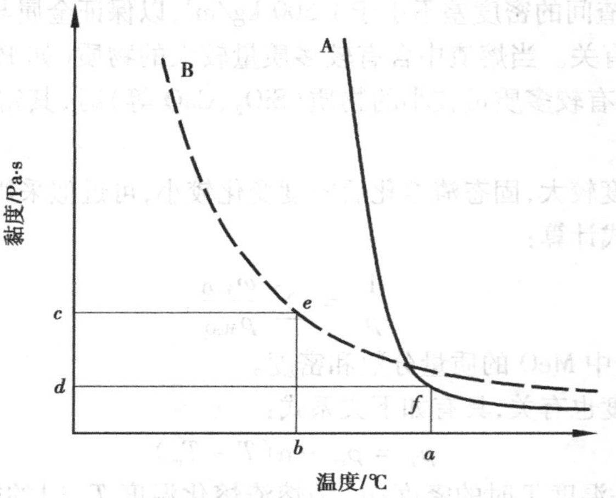

图 5.6　熔渣黏度与温度的关系

A—碱性渣;B—酸性渣

2)成分对黏度的影响

熔渣的黏度随成分改变而改变,应用等黏度图可以分析成分对熔渣黏度的影响。

①熔渣酸碱性的影响。均匀熔渣中,随熔渣碱度降低,渣中复合阴离子结构变得复杂,渣黏度增大。在温度不变的情况下,对于酸性渣,如果提高碱度(或增加碱性氧化物含量),熔渣中 O^{2-} 的数量会提高,从而使原酸性渣中的复合阴离子离解成较简单结构,从而降低酸性渣的黏度。

②Al_2O_3 的影响。Al_2O_3 含量不大的碱性渣,且渣中 CaO 量保持不变时,随 Al_2O_3 含量增加,渣的黏度几乎保持不变;Al_2O_3 含量较高的酸性渣,渣中 CaO 量保持不变时,随 Al_2O_3 含量增加,渣的黏度降低。

③MgO 的影响。$CaO\text{-}SiO_2\text{-}MgO\text{-}Al_2O_3$ 渣系中,$R \approx 1.1$,$w(Al_2O_3)=6\%$ 时,$w(MgO)$ 从 3% 增加到 12%,炉渣熔点显著提高,黏度降低很小;$R \approx 0.7$,MgO 能够使硅氧络离子解体,并能与 SiO_2、Al_2O_3 形成一系列低熔点复合化合物,从而使炉渣熔点、黏度显著降低;MgO 一般控制在 6% ~10%,否则三元碱度过高,形成高熔点方镁石,使渣黏度增大。

④MnO 的影响。MnO 在 $CaO\text{-}SiO_2\text{-}MgO\text{-}Al_2O_3$ 渣系中能生成低熔点的锰镁橄榄石,MnO 可以降低炉渣的黏度、提高过热度,使熔渣在很宽的温度范围内保持均匀液相。

⑤TiO_2 的影响。高炉渣中 TiO_2 显示酸性,TiO_2 以 $TiSiO_3^{2-}$(Ti^{4+} 取代 $Si_xO_y^{z-}$ 中的部分 Si^{4+})或 TiO_3^{2-} 出现,但不形成巨大的网状络离子,因此黏度处于正常范围;当 $w(TiO_2)>20\%$ 时,TiO_2 还原能形成高熔点 TiC(3 140 ℃)、TiN(2 930 ℃)及 Ti(CN),形成高度弥散的固相物,与熔渣具有很好的润湿性,熔渣黏度很大。

⑥$Na_2O(K_2O)$ 的影响。$R<1$ 时,Na_2O 和 K_2O 进入 $CaO\text{-}SiO_2$ 渣系后,能与 SiO_2 及 CaO 形成一系列低熔点的复杂化合物,降低炉渣熔点和黏度。配制连铸保护渣及精炼渣时,常用苏打作助熔剂。

⑦CaF_2 的影响。CaF_2 能与 CaO 生成低共晶,促使 CaO 熔于渣,同时 CaF_2 中的 F^- 可取代熔渣中硅氧复合阴离子中 O^{2-},促使硅氧复合阴离子离解成结构较简单的硅氧复合阴离子,使

熔渣黏度降低。CaF_2 不论是对酸性渣还是碱性渣都具有大幅度降低渣黏度的作用。

对冶金生产来说,熔渣黏度的稳定性极其重要。所谓熔渣黏度的稳定性,是指一定温度下熔渣成分在一定范围内变化时,黏度不急剧变化;或者说当渣组成一定时,温度变化而黏度变化很小。为了顺利地进行冶炼,希望渣黏度稳定性好。在熔渣等黏度图中,等黏度线靠得很近的区域表明熔渣稳定性很差。

(4)**表面性质和界面性质**

熔渣-金属液间的界面张力不仅影响到界面反应的进行,而且影响到熔渣与金属的分离、金属液中夹杂物的排出、反应中新相核的形成、熔渣的起泡性、金属的乳化、熔渣对耐火构料的侵蚀等。

1)熔体的表面性质

表面一般是指凝聚相(液体或固体)与气体之间的界面。液体的表面张力与液体中的质点结合状态有直接的关系,质点之间键的强度越大,液体的表面张力也越大。金属键的物质(如液态金属)的表面张力最大,一般为 1 ~2 N/m;离子键物质(如熔盐、炉渣)的表面张力次之,一般为 0.2 ~0.8 N/m;分子键物质(如水、乙醇)的表面张力最小,通常小于 0.1 N/m。

①液体的表面张力与温度有关系。在一定温度下,纯液体有确定的表面张力,随着温度的升高,原子的热运动加强,位于液体内部的质点与液体表面上的质点间的相互作用力减弱,所以表面张力减小。当温度升高到临界温度时,汽—液相界面消失,液体的表面张力为零,对于大多数液体而言,其表面张力与温度都可用约特沃斯方程表示:

$$\sigma\left(\frac{M}{\rho}\right)^{2/3} = K(T_C - T) \tag{5.26}$$

式中,σ 为表面张力;M 为液体的摩尔质量;ρ 为液体的密度;M/ρ 为液体的摩尔体积;T_C 为临界温度;K 为常数,液态金属的 $K=6.4\times10^{-8}$ J/K,熔融 NaCl 的 $K=4.8\times10^{-8}$ J/K。

②表面张力与熔体成分有关。铁液中主要元素对其表面张力的影响如图 5.7 所示。由图 5.7 可见,O、S、N、Mn 等会显著降低铁液的表面张力,Si、Cr、C、P 等的影响较小,Ti、V、Mo 等几

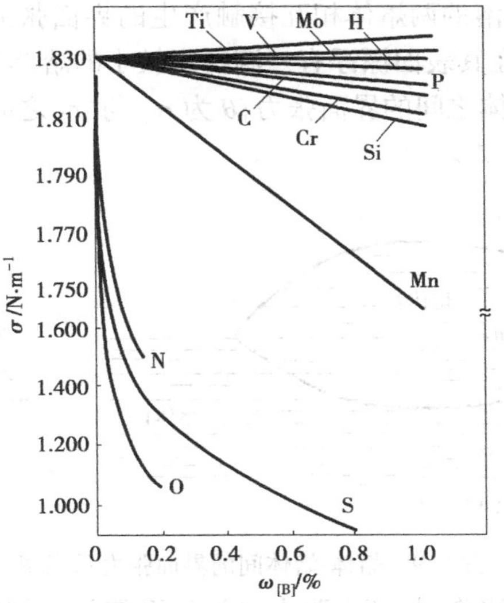

图 5.7 铁液中主要元素对其表面张力的影响

乎没有影响。能明显导致熔剂表面张力降低的物质称为表面活性物质，相反，能导致熔剂表面张力明显增大的物质称为表面非活性物质（表面惰性物质）。

当氧化物共熔形成熔体时，熔体的表面张力随着表面张力低的氧化物的加入而不断降低。离子键分数高的氧化物有较高的表面张力，相反，离子键分数低的氧化物有较低的表面张力，形成复合阴离子的氧化物能显著降低熔渣表面张力，在熔渣中易排出至熔渣表面。一定组成的熔渣，其表面张力可按下式计算：

$$\sigma = \sum (\sigma_B x_B) \tag{5.27}$$

式中，σ_B 为熔渣中组分 B 的表面张力；x_B 为熔渣中组分 B 的质量分数。

2）熔体的界面张力

当两凝聚相（液-固，液-液）接触时，相界面的质点间出现的张力称为界面张力。

熔体与固体材料接触并置于气相中时，固相的表面张力为 σ_1，熔体的表面张力为 σ_2，固相与熔体间的界面张力为 σ_{12}，如图 5.8 所示。当各相的状态不变，三个张力达到平衡时，三个张力之间满足如下关系：

$$\sigma_{12} = \sigma_1 - \sigma_2 \cos\theta \tag{5.28}$$

式中，θ 称为熔体与固体之间的润湿角或接触角，能用来量度熔体对固体材料的润湿程度。当 $\theta < 90°$ 时，熔体对固体的润湿性好，θ 越小表明熔体对固体的润湿性越好；$\theta = 0°$ 时，熔体完全润湿固体材料；$\theta > 90°$ 时，熔体对固体的润湿性差；$\theta = 180°$ 时，固体材料完全不被熔体润湿。

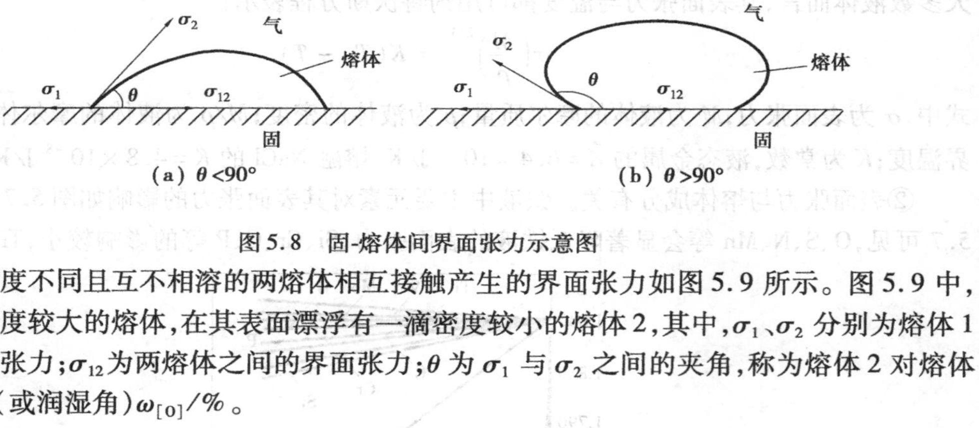

图 5.8　固-熔体间界面张力示意图

两种密度不同且互不相溶的两熔体相互接触产生的界面张力如图 5.9 所示。图 5.9 中，熔体 1 为密度较大的熔体，在其表面漂浮有一滴密度较小的熔体 2，其中，σ_1、σ_2 分别为熔体 1 和 2 的表面张力；σ_{12} 为两熔体之间的界面张力；θ 为 σ_1 与 σ_2 之间的夹角，称为熔体 2 对熔体 1 的接触角（或润湿角）$\omega_{[O]}/\%$。

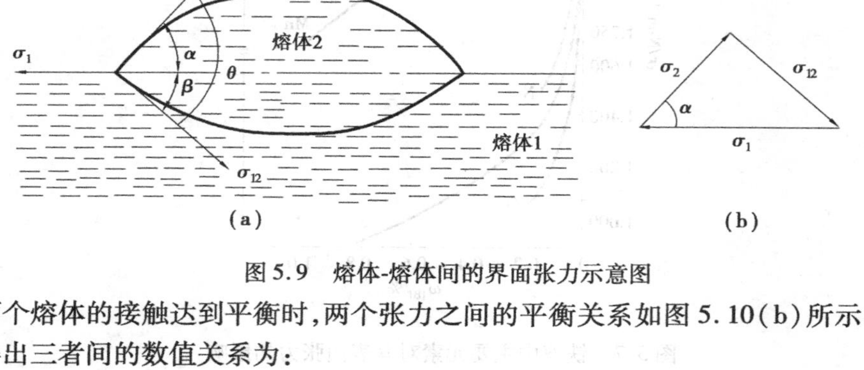

图 5.9　熔体-熔体间的界面张力示意图

当两个熔体的接触达到平衡时，两个张力之间的平衡关系如图 5.10(b) 所示。根据余弦定理可得出三者间的数值关系为：

$$\sigma_{12} = \sqrt{\sigma_1^2 + \sigma_2^2 - 2\sigma_1\sigma_2\cos\alpha} \tag{5.29}$$

当 α 很小时，式(5.29)可简化为：

$$\sigma_{12} = \sigma_1 - \sigma_2 \tag{5.30}$$

熔渣-金属液间的界面张力一般为0.2～10 N/m，其值对冶炼过程中金属的收得效率有较大的影响。若二者间的界面张力太小，则金属易分散于熔渣中，造成金属的损失；只有当二者间的界面张力足够大时，分散在熔渣间的金属微滴才会聚集长大并沉降下来，从而与熔渣分离。

熔渣和金属液的界面张力与熔渣和金属液的组成及温度有关。图5.10反映了熔渣-铁液间的界面张力与铁液氧含量的关系。可以看出，铁液中的微量氧含量的增加都会导致界面张力的急剧下降，这是由于铁液中氧的存在使得铁液与熔渣的界面结构趋于接近，降低了表面质点所受作用力的不对称性。

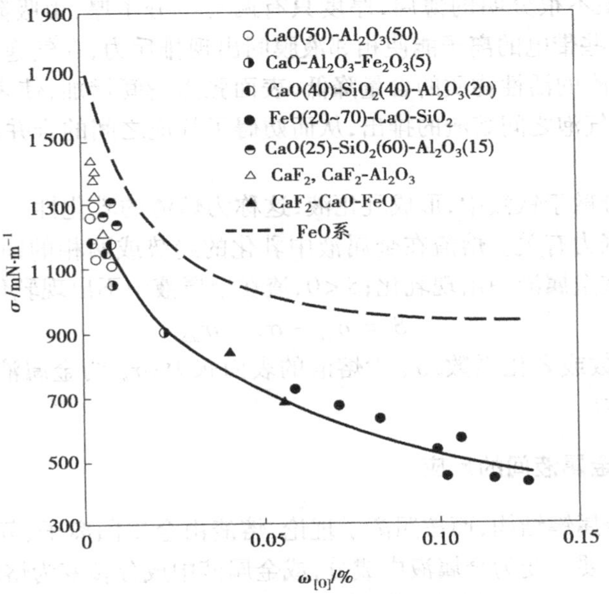

图5.10 熔渣-铁液间的界面张力与铁液氧含量的关系

影响金属液界面张力的元素可分为三类：一是不转入渣相中的元素，如C、W、Mo、Ni等对界面张力基本无影响；二是能以氧化物形式转入渣中的元素，如Si、P、Cr、Mn等能降低界面张力，因为它们能形成络离子，成为渣中表面活性成分；三是表面活性很强的元素，如O、S降低界面张力作用很强烈，即使它们的含量很低，所起的作用也很大，远超过酸性氧化物带来的作用。

影响界面张力的熔渣组分可分为两类：一是不溶解于金属液中的熔渣成分，如 SiO_2、CaO等不会引起界面张力明显变化；二是能分配在熔渣与金属液中的组分，如FeO、FeS、MnO等能明显降低界面张力，因为这些组分中的非金属元素能进入金属液中，使金属液和熔渣的界面结构趋于相近，降低了表面质点力场的不对称性，特别是进入金属液中的氧对界面张力的降低起着决定性的作用。

(5)熔渣的起泡性和乳化性

进入熔渣内的不溶解气体(金属-熔渣间反应产生的气体或从外界吹入的气体)被分散在

其中形成无数小气泡时，熔渣的体积膨胀，形成被液膜分隔的密集排列的气孔状结构，称为熔渣起泡性。泡沫渣虽能增大气-渣-金属液间反应界面及速率，但它的导热性差，在某些条件下恶化了熔渣对金属的传热。在转炉冶炼中，泡沫渣能引起炉内渣-钢喷溅及从炉门喷出，并发生黏附氧枪头等问题。

泡沫渣的形成与熔渣的起泡能力及泡沫稳定性有关。进入熔渣的高能量气体被分散成许多小气泡、气-渣两相接触面积大。若熔渣的表面张力大时，体系的吉布斯表面自由能很高，在热力学上是非稳定态，气泡趋于自动合并而排出，使泡沫消失。但若熔渣含有大量的表面活性物、熔渣的表面张力小，体系处于能量较低的状态，渣中的气泡能暂时稳定存在，形成泡沫渣。泡沫渣多出现在碱度低的熔渣内，悬浮在熔渣中的固相粒子使渣变稠，高黏度的渣能有效地阻止气泡运动及互相合并，使泡沫渣稳定，所以非均匀相熔渣比均匀相的熔渣易于起泡；熔渣内各气泡之间的分隔膜的结构和性质决定了气泡的稳定性。这种分隔膜是熔渣和气体之间的表面相。它是一个界限不很分明的薄层，厚度只有两三个分子厚，由吸附的离子（特别是络离子）及分子组成。这些带电的离子能使相邻液膜间出现排斥力，在气泡内压的作用下，液膜被拉长，单位面积上吸附的活性物质的含量降低，表面张力瞬间增加，使表面积收缩。于是熔渣向此处流动，阻碍了气泡之间熔渣的排出，从而妨碍了气泡之间的合并而使气泡的寿命增长，这称为楔压效应。

熔渣以液珠状分散于铁液中，形成乳化液，这称为熔渣的乳化性。它主要与熔渣、金属液的表面张力及界面张力有关。熔渣在金属液中乳化的趋势或两相的铺展性可采用式（5.31）计算判定，$S>0$，渣在金属液中出现乳化；$S<0$，渣在金属液中不出现乳化。

$$S = \sigma_m - \sigma_S - \sigma_{mS} \tag{5.31}$$

式中，S 称为铺展系数或乳化系数；σ_S 为熔渣的表面张力；σ_m 为金属液的表面张力；σ_{mS} 为熔渣-金属液的界面张力。

5.2.5 熔渣与金属液间的反应

由于金属液为金属键结构，而按照离子理论，熔渣由金属阳离子、复合阴离子和氧离子等组成。熔渣中组分若要转变为金属液中成分，或金属液中成分转变为熔渣的成分时，会有带电质点（离子和电子）在两相之间转移，熔渣与金属液之间会发生一定的电化学反应。例如转炉炼钢过程中，金属液中的 Mn 氧化，金属液中的 Mn 成为带正电荷的 Mn^{2+} 并向熔渣中转移，使熔渣表面带过剩的正电荷，金属液表面有过剩的负电荷，形成双电层。但由于整个体系为电中性，同时熔渣中有 Fe^{2+} 向金属液转移，形成一个极性相反的另一双电层。相应的电化学反应为：

$$[Mn] = (Mn^{2+}) + 2e$$
$$(Fe^{2+}) + 2e = [Fe]$$
$$\overline{[Mn] + (Fe^{2+}) = (Mn^{2+}) + [Fe]}$$

上述反应过程可用图 5.11 示意。

类似地，可写出熔渣-金属液间的其他电化学反应：

渣中的氧向金属液的转移　$(O^{2-}) + (Fe^{2+}) = [O] + [Fe]$

金属液中 C 的氧化　$[C] + (O^{2-}) + (Fe^{2+}) = [Fe] + CO$

金属液中硅的氧化　$[Si] + 4(O^{2-}) + 2(Fe^{2+}) = (SiO_4^{4-}) + [Fe]$

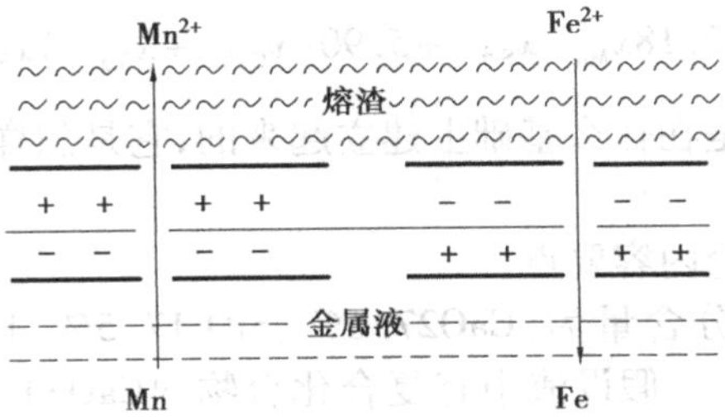

图 5.11　熔渣-金属液间的电化学反应示意图

金属液中硫的氧化　　　$[S]+(O^{2-})═══(S^{2-})+[O]$

金属液中磷的氧化　　$2[P]+8(O^{2-})+5(Fe^{2+})═══(PO_4^{3-})+5[Fe]$

注意：书写熔渣-金属液之间的电化学反应时，熔渣的组分用相应的离子表示，复合阴离子转移或形成时，只有其中的金属或准金属离子才参与电荷数的改变，而 O^{2-} 无变化，仅起分离或结合的作用；金属液中的元素用原子表示。

复习思考题

1. 解释概念：熔体的熔化温度，熔体的熔化性温度，熔体的黏度，熔体的表面张力，熔体的界面张力，熔体的润湿角，熔渣碱度，氧化物的光学碱度，渣的过剩碱度，熔渣的氧化性、还原性，熔渣的容量性，熔渣的硫容，熔渣的磷容。

2. 简述熔渣黏度的定义、单位及一般采用的测定方法。

3. 试画出酸性渣和碱性渣黏度和温度关系曲线，并解释造成曲线变化的原因。

4. 钢铁冶炼过程中熔渣氧化性为什么采用 FeO 量表示，而不采用氧化物量表示？

5. 钢铁冶炼过程中熔渣氧化—还原性如何判断？

6. 写出炉渣硫容表达式，分析影响炉渣硫容的因素。

7. 写出氧化物的光学碱度式、熔渣光学碱度式、过剩碱度计算式。

8. 写出炉气中氧通过渣层向钢液的传递过程。

9. 熔渣的化学性质主要有哪些？

10. 碱性氧化物、酸性氧化物、两性氧化物有何区别？

11. 冶金过程中熔渣的作用有哪些？

12. 写出熔渣的完全离子溶液模型内容要点。

13. 已知温度 $T=1\ 873$ K，熔渣成分：FeO12.02%，MnO8.84%，CaO42.68%，MgO14.97%，$SiO_2$19.34%，$P_2O_5$2.15%。试用完全离子溶液模型计算不引入活度系数和引入活度系数时，FeO 的活度及活度系数。

原子量：Fe56，O16，Mn55，Ca40，Mg24，Si28，P31。

引入离子活度系数：$\lg(r_{Fe^{2+}}r_{O^{2-}})=1.5\sum x_{SiO_4^{4-}}-0.17$

14. 写出熔渣的正规离子溶液模型内容要点。

15. 某炉渣成分 ω_B 为：FeO15%，MnO10%，CaO40%，MgO10%，$SiO_2$20%，$P_2O_5$5%。试用正规离子溶液模型计算 FeO 的活度。

（已知：$\lg r_{Fe^{2+}}=\frac{1\ 000}{T}[2.18x_{Mn^{2+}}x_{Si^{4+}}+5.90(x_{Ca^{2+}}+x_{Mg^{2+}})x_{Si^{4+}}+10.5x_{Ca^{2+}}x_{P^{5+}})$

16. 正规离子溶液模型是在什么基础上建立起来的，它是怎样处理所用的基本溶液的热力学参数的？

17. 写出熔渣的分子理论内容要点。

18. 熔渣成分及质量百分含量为：CaO27.6%、$SiO_2$17.5%、FeO29.3%、$Fe_2O_3$5.2%、MgO 9.8%、$P_2O_5$2.7%、MnO7.9%。假设渣中有复合化合物：$4CaO \cdot P_2O_5$、$4CaO \cdot 2SiO_2$、$CaO \cdot Fe_2O_3$存在且不发生离解，MgO、MnO 与 CaO 视为同等性质的碱性氧化物，试用分子理论求 CaO 及 FeO 的活度。

19. 写出下列离子反应式：

(1)(FeO)═══[FeO]

(2)$C+(SiO_2)$═══[Si]+2CO

(3)2[P]+4(CaO)+5(FeO)═══$(4CaO \cdot P_2O_5)$+5[Fe]

(4)(Fe_2O_3)+[Fe]═══3(FeO)

20. 为什么在脱硫反应的热力学计算中要引入硫容量？说明熔渣硫容量与分配比的关系。

6

化合物生成-分解反应及碳氢的燃烧反应

学习内容：

化合物生成-分解反应概念，化合物生成-分解反应热力学分析，氧势图，碳酸盐的分解，可燃气体的燃烧反应，固体碳的燃烧反应及热力学分析。

学习要求：

- 了解 H_2、CO、C 三类燃烧反应及水煤气反应热力学特点、化合物生成-分解反应热力学分析。
- 理解 C 气化反应热力学特点、氧势图及固体碳的燃烧反应及其燃烧反应体系气相平衡计算等。
- 掌握化合物分解压、C 气化反应热力学分析、氧势图、固体碳的燃烧反应。

冶金生产过程所用的原料中含有氧化物、碳酸盐、硫化物、氯化物等，这些化合物加热到一定温度时，会分解为元素或简单化合物和一种气体，这样的反应称为化合物的分解反应，分解反应的逆反应则为化合物的生成反应。分解反应与生成反应是一个反应的两个方面，可采用下述通式表示：

$$AB_{(s)} = A_{(S)} + B_{(g)}$$

火法冶金过程中常见的化合物分解-生成反应有：

①氧化物的分解-生成反应。如 $2Cu_2O_{(S)} = 4Cu_{(S)} + O_2$，$6Fe_2O_{3(S)} = 4Fe_3O_{4(S)} + O_2$。

②碳酸盐的分解-生成反应。如 $CaCO_{3(S)} = CaO_{(S)} + CO_2$。

③硫化物的分解-生成反应。如 $2FeS_{(S)} = 2Fe_{(S)} + S_{2(g)}$。

④氯化物的分解-生成反应。如 $TiCl_{4(S)} = Ti_{(S)} + 2Cl_{2(g)}$。

研究化合物的分解-生成反应，能够判断化合物的稳定性，也能找出化合物的分解和生成一些热力学条件，因而能够表述出各种化合物在冶金生产过程中的一些行为。

6.1 氧化物的生成-分解反应

6.1.1 氧势(氧位)及其意义

对于含有氧气的体系,体系中氧气的相对化学位称为体系的氧势(氧位),氧势可表示体系氧化气氛的强弱。氧势越大,则体系的氧化气氛越强。

若体系中氧气的分压为 P_{O_2},体系的氧势 π_O 定义式为:

$$\pi_O = \mu_{O_2} - \mu_{O_2}^{\theta} = RT\ln P_{O_2},\text{J/mol} \tag{6.1}$$

式中,μ_{O_2}为体系中氧的化学势;$\mu_{O_2}^{\theta}$为体系在标准状态($P' = P^{\theta}$)下氧的化学势。

对于不同类型的氧化物,其氧势的表达式有所不同,下面对固体氧化物、生产中常见的一些气体氧化物的氧势加以说明。

6.1.2 固体氧化物的氧势

在封闭体系中,固体氧化物 M_xO_y 氧化物形成反应:$\frac{2x}{y}M_{(S)} + O_2 = \frac{2}{y}M_xO_{y(S)}$ 达到平衡时,平衡气相中氧的化学位称为固体氧化物的氧势,可用 $\pi_{O(M_xO_y)}$ 表示。注意:这里氧化物的氧势所对应的反应是按 1 mol O_2 来计算的,$\pi_{O(M_xO_y)}$ 与 $xM_{(S)} + \frac{y}{2}O_2 = M_xO_{y(S)}$ 的标准摩尔生成吉布斯自由能 $\Delta_f G_{m(M_xO_y)}^{\theta}$ 关系为:

$$\pi_{O(M_xO_y)} = \frac{y}{2}\Delta_f G_{m(M_xO_y)}^{\theta}$$

氧化物的氧势可表示为:

$$\pi_{O(M_xO_y)} = RT\ln P_{O_2},\text{J/mol} \tag{6.2}$$

式中,P_{O_2}为氧化物生成反应达平衡时平衡气相中氧分压。

对于氧化物的生成反应$\frac{2x}{y}M_{(S)} + O_2 = \frac{2}{y}M_xO_{y(S)}$,其 $\Delta_r G_m^{\theta}$ 为:

$$\Delta_r G_m^{\theta} = -RT\ln K = -RT\ln\frac{1}{P_{O_2}} = RT\ln P_{O_2} = \pi_{O(M_xO_y)} \tag{6.3}$$

由式(6.3)可知,氧化物的生成反应的标准生成吉布斯自由能变化($\Delta_r G_m^{\theta}$)与氧化物的氧势在数值上相等。因此,一方面可用氧化物标准生成吉布斯自由能变化 $\Delta_r G_m^{\theta}$ 来计算氧化物的氧势,另一方面用氧化物的氧势可判断出氧化物生成能力大小,进一步用氧化物的氧势可判断氧化物稳定性的高低。氧化物的氧势越小,其生成反应的 $\Delta_r G_m^{\theta}$ 越小,氧化物越易生成,氧化物越稳定。

同理,可定义硫化物的硫势($RT\ln P_{S_2}$)、氯化物的氯势($RT\ln P_{Cl_2}$)。用硫势可衡量硫化物的稳定性,用氯势可衡量氯化物的稳定性。其中,P_{S_2}、P_{Cl_2}分别为硫化物生成反应:$\frac{2x}{y}M_{(S)} + S_2 = \frac{2}{y}M_xS_{y(S)}$或氯化物生成反应:$\frac{2x}{y}M_{(S)} + Cl_2 = \frac{2}{y}M_xCl_{y(S)}$处于平衡时气相中的硫蒸气或氯气

的平衡分压。

6.1.3 气体氧化物的氧势

冶金生产过程中常见的气体氧化物有 CO、CO_2、$H_2O_{(g)}$ 等，它们有时共同存在于同一个体系中。这些气体组成比例改变时，会使体系的氧化还原性发生改变，从而使存在于体系中的凝聚相氧化物可能发生氧化反应或还原反应。也可以通过控制不同气体的含量，以控制体系的氧化还原性，从而控制体系中凝聚相氧化物的氧化或还原过程。

(1) CO 氧势

对于 CO 生成反应：$2C + O_2 = 2CO$ 达到平衡时，平衡气相中氧的化学位称为 CO 的氧势，可用 $\pi_{O(CO)}$ 表示，$\pi_{O(CO)} = RT\ln P_{O_2}$（其中，$P_{O_2}$ 为平衡氧分压）。

对于反应 $2C + O_2 = 2CO$，其 $\Delta_r G_m^\theta$ 为：

$$\Delta_r G_m^\theta = -RT\ln K = -RT\ln\frac{P_{CO}^2}{P_{O_2}} = RT\ln P_{O_2} - 2RT\ln P_{CO}$$

则：

$$\pi_{O(CO)} = \Delta_r G_m^\theta + 2RT\ln P_{CO}, \text{J/mol} \tag{6.4}$$

由式(6.4)可知，CO 氧势不仅与 CO 的标准生成吉布斯自由能有关，还与平衡气相中 CO 分压有关。当 $P_{CO} = 1$ 时，$\pi_{O(CO)} = \Delta_r G_m^\theta = -228\ 800 - 171.54\ T$。

(2) $CO\text{-}CO_2$ 氧势

含有 CO、CO_2 体系，其反应：$2CO + O_2 = 2CO_2$ 达到平衡时，平衡气相中氧的化学位称为 $CO\text{-}CO_2$ 的氧势，可用 $\pi_{O(CO-CO_2)}$ 表示，$\pi_{O(CO-CO_2)} = RT\ln P_{O_2}$。

对于反应 $2CO + O_2 = 2CO_2$，其 $\Delta_r G_m^\theta$ 为：

$$\Delta_r G_m^\theta = -RT\ln K = -RT\ln\frac{P_{CO_2}^2}{P_{CO}\cdot P_{O_2}} = RT\ln P_{O_2} + 2RT\ln\frac{P_{CO}}{P_{CO_2}}$$

则：

$$\pi_{O(CO-CO_2)} = \Delta_r G_m^\theta - 2RT\ln\frac{P_{CO}}{P_{CO_2}} = -561\ 900 + 170.46\ T - 2RT\ln\frac{P_{CO}}{P_{CO_2}}, \text{J/mol} \tag{6.5}$$

由式(6.5)可知，$CO\text{-}CO_2$ 氧势不仅与 $2CO + O_2 = 2CO_2$ 的标准生成吉布斯自由能有关，还与平衡气相中 $\frac{P_{CO}}{P_{CO_2}}$ 比值有关。当 $\frac{P_{CO}}{P_{CO_2}} = 1$ 时，$\pi_{O(CO-CO_2)} = \Delta_r G_m^\theta = -280\ 950 + 85.23\ T$。

(3) $H_2\text{-}H_2O_{(g)}$ 氧势

含有 H_2、$H_2O_{(g)}$ 体系，其反应：$2H_2 + O_2 = 2H_2O_{(g)}$ 达到平衡时，平衡气相中氧的化学位称为 $H_2\text{-}H_2O_{(g)}$ 的氧势，可用 $\pi_{O(H_2-H_2O)}$ 表示，$\pi_{O(H_2-H_2O)} = RT\ln P_{O_2}$。

对于反应 $2H_2 + O_2 = 2H_2O_{(g)}$，其 $\Delta_r G_m^\theta$ 为：

$$\Delta_r G_m^\theta = -RT\ln K = -RT\ln\frac{P_{H_2O}^2}{P_{H_2}\cdot P_{O_2}} = RT\ln P_{O_2} + 2RT\ln\frac{P_{H_2}}{P_{H_2O}}$$

则：

$$\pi_{O(H_2-H_2O)} = \Delta_r G_m^\theta - 2RT\ln\frac{P_{H_2}}{P_{H_2O}} = -495\ 000 + 111.76\ T - 2RT\ln\frac{P_{H_2}}{P_{H_2O}}, \text{J/mol} \tag{6.6}$$

由式(6.6)可知,H_2O 氧势不仅与 $H_2O_{(g)}$ 的标准生成吉布斯自由能有关,还与平衡气相中 $\frac{P_{H_2}}{P_{H_2O}}$ 比值有关。当 $\frac{P_{H_2}}{P_{H_2O}}=1$ 时,$\pi_{O(H_2-H_2O)}=\Delta_r G_m^\theta=-495\ 000+111.76\ T$。

6.1.4 氧势图及其应用

(1)氧势图概念

根据氧化物的氧势与生成反应吉布斯自由能 $\Delta_r G_m^\theta$ 关系、标准摩尔生成吉布斯自由能关系 $\Delta_f G_m^\theta$ 可知,大多数氧化物的氧势与温度呈线性关系,以此为基础,以温度为横坐标、氧势为纵坐标,绘制各氧化物的氧势与温度的关系得到的图称为氧化物的氧势图。常用的氧势图如图 6.1 所示,它的主要构成有:固体氧化物氧势线、CO 氧势线、$CO-CO_2$ 氧势线簇、H_2-H_2O 氧势线簇,以及绝对 0 K 线、P_{O_2} 比例尺线、$\frac{P_{CO}}{P_{CO_2}}$ 比例尺线、$\frac{P_{H_2}}{P_{H_2O}}$ 比例尺线。图 6.1 中,左边垂直线称为绝对 0 K 线;每一条斜线代表一种氧化物的氧势与温度关系线;从右向左三条线依次为:P_{O_2}、$\frac{P_{H_2}}{P_{H_2O}}$ 和 $\frac{P_{CO}}{P_{CO_2}}$ 三比例尺线,三条刻度线分别能刻画出含氧气、CO_2-C、H_2O-H_2 体系的氧势线簇。

图 6.1 中,氧势线 $\Delta_r G_m^\theta=RT\ln P_{O_2}=A+BT$,又 $\Delta_r G_m^\theta=\Delta_r H_m^\theta-T\cdot\Delta_r S_m^\theta$,因此,可将 A、B 分别看成是一定温度范围内 $\Delta_r H_m^\theta$ 和 $\Delta_r S_m^\theta$ 的平均值:$A=\Delta_r H_m^\theta$、$B=\Delta_r S_m^\theta$。从数学角度看,氧势图中直线的截距为 A,斜率为 B,因此图中各氧化物氧势线在温度为 0 K 时的截距可近似作为氧化物生成反比的平均焓变 $\Delta_r H_m^\theta$。图中氧势线的位置代表了对应元素与氧亲和力的大小,也代表了该氧化物的稳定性高低。

由式(6.1)可知,当 $T=0$ K 时,含有氧气的体系中,无论体系的 P_{O_2} 多大,其氧势 $\pi_O=0$,产生图 6.1 中 0 K 线上的 O 点。表明:无论体系的 P_{O_2} 多大,含氧气体系的氧势线均通过 O 点。因此,P_{O_2} 一定时,体系的氧势与温度的关系式可由图 6.1 中的 O 点与 P_{O_2} 刻度线上 P_{O_2} 值对应的点相连形成的直线方程确定。如当 $P_{O_2}=1\times10^{-2}$ 时,体系的氧势与温度的关系由 O 点与 P_{O_2} 刻度线上 $P_{O_2}=1\times10^{-2}$ 点相连得到。

由式(6.4)可知,当 $T=0$ K 时,含 $CO-CO_2$ 体系的 $\frac{P_{CO}}{P_{CO_2}}$ 无论多大,其氧势 $\pi_{O(CO-CO_2)}=561.9$ kJ/mol,产生图 6.1 中 0 K 线上的 C 点。表明:含 $CO-CO_2$ 的体系 $\frac{P_{CO}}{P_{CO_2}}$ 无论多大,其氧势线均通过 C 点。因此,当 $\frac{P_{CO}}{P_{CO_2}}$ 一定时,$CO-CO_2$ 体系的氧势与温度的关系可由图 6.1 中的 C 点及 $\frac{P_{CO}}{P_{CO_2}}$ 刻度线确定。如当 $\frac{P_{CO}}{P_{CO_2}}=0.01$ 时,$CO-CO_2$ 体系的氧势与温度的关系由 C 点与 $\frac{P_{CO}}{P_{CO_2}}$ 刻度线上 $\frac{P_{CO}}{P_{CO_2}}=1\times10^{-2}$ 点相连得到。推广得到 $CO-CO_2$ 体系的氧势线簇,如图 6.2 所示。

由式(6.6)可知,当 T = 0 K 时,含 H_2-H_2O 体系的 $\frac{P_{H2}}{P_{H_2O}}$ 无论多大,其氧势 $\pi_{O(H_2-H_2O)}=495$

kJ/mol，产生图 6.1 中 0 K 线上的 H 点。表明：含 H_2O-H_2 的体系 $\frac{P_{H_2}}{P_{H_2O}}$ 无论多大，其氧势线均通过 H 点。因此，当 $\frac{P_{H_2}}{P_{H_2O}}$ 一定时，H_2O-H_2 体系的氧势与温度的关系式可由图 6.1 中的 H 点与 $\frac{P_{H_2}}{P_{H_2O}}$ 刻度线上 $\frac{P_{H_2}}{P_{H_2O}}$ 值对应的点相连形成的直线方程确定。如当 $\frac{P_{H_2}}{P_{H_2O}}=10$ 时，H_2O-H_2 体系的氧势与温度的关系式由 H 点与 $\frac{P_{H_2}}{P_{H_2O}}$ 刻度线上 $\frac{P_{H_2}}{P_{H_2O}}=10$ 点相连得到。推广得到 H_2O-H_2 体系的氧势线簇，如图 6.3 所示。

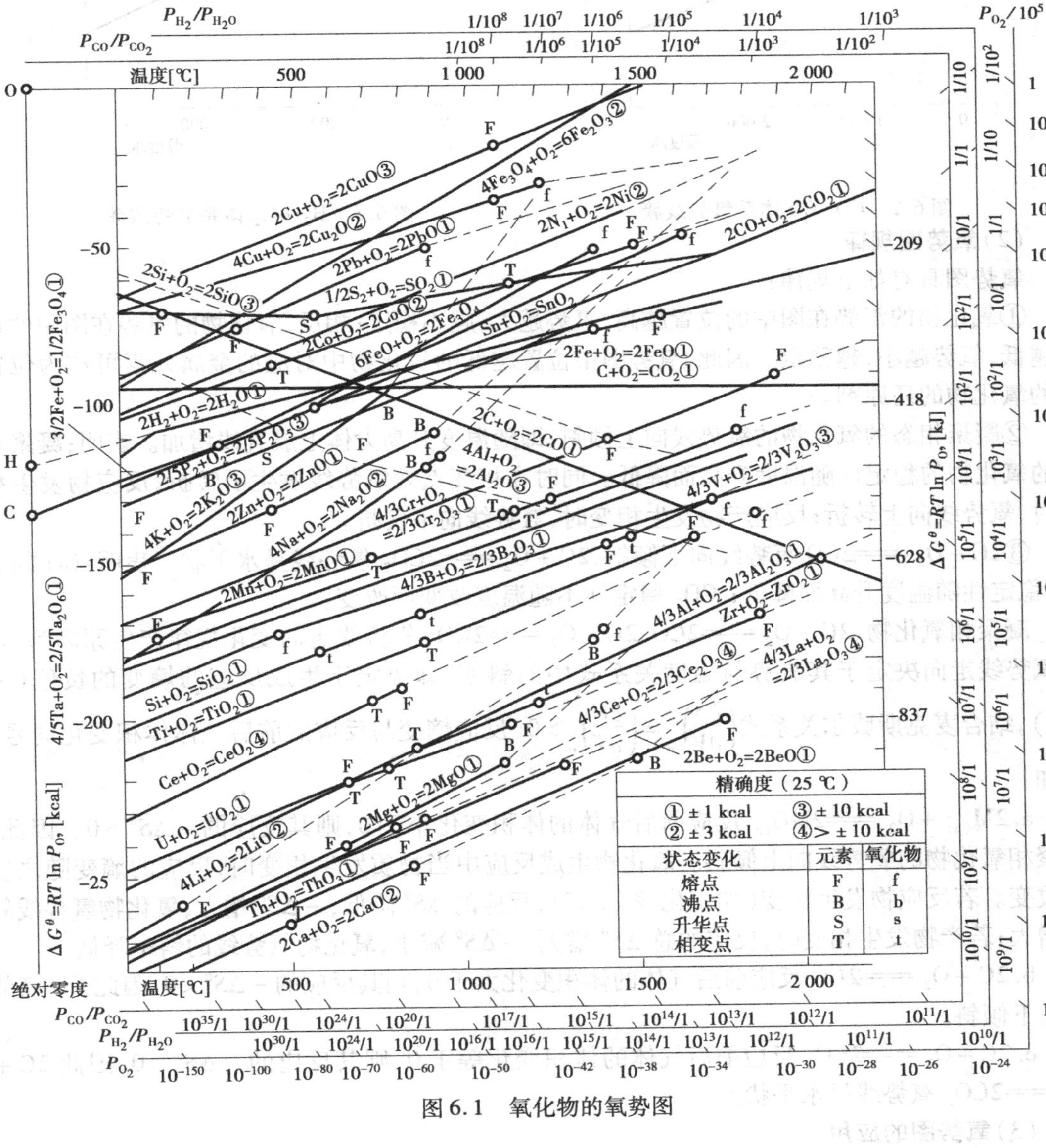

图 6.1 氧化物的氧势图

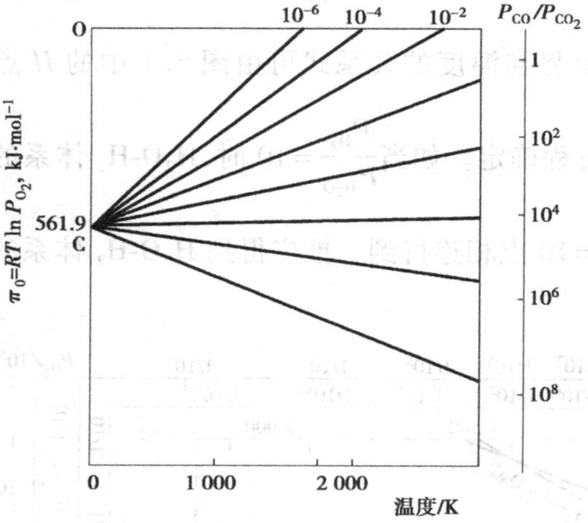

图 6.2 CO_2-CO 体系氧势线簇

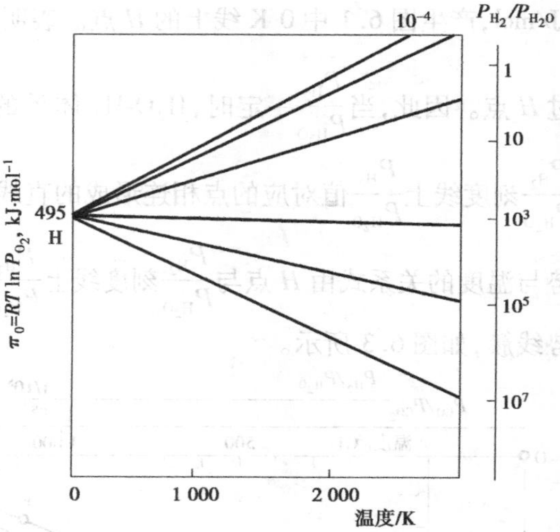

图 6.3 H_2O-H_2 体系氧势线簇

(2)氧势图规律

氧势图具有如下规律：

①氧化物的氧势在图中的位置越高，氧势越大，越不稳定；相反，氧化物的氧势在图中的位置越低，氧势越小，越稳定。因此，氧势图中位置越低的氧化物中对应的金属元素可作为位置高的氧化物的还原剂。

②凝聚相态的氧化物的氧势线向上倾斜，即随温度升高大体上成直线增加。表明：凝聚相态的氧化物的稳定性随温度升高而降低。同时在相变点处氧势线发生了转折，反应物发生相变时，氧势线向上转折；反应产物发生相变时，氧势线向下转折。

③$2C + O_2 = 2CO$ 氧势线向下倾斜，$2C + O_2 = 2CO_2$ 氧势线呈水平状。表明：CO 的氧势、稳定性随温度升高而降低；CO_2 稳定性不随温度改变而改变。

凝聚相氧化物、$2C + O_2 = 2CO$、$2C + O_2 = 2CO_2$ 氧势线走向变化规律产生原因为：根据氧势线走向决定于其氧势与温度关系式中的斜率，即决定于生成反应的熵变的负值（$-\Delta S^\theta$），结合麦克斯威尔关系式$\left(\frac{\partial S}{\partial V}\right)_T = \left(\frac{\partial P}{\partial T}\right)_V > 0$（反应熵变与反应的前后气体体积变化同号）可知：

a. $2M_{(s)} + O_2 = 2MO_{(s)}$ 反应前后气体的体积变化小于 0，则其反应的 $-\Delta S^\theta > 0$。因此，凝聚相氧化物的氧势线向上倾斜。氧化物生成反应中当物质发生相变时，反应的熵变随之发生改变。若反应物发生相变（如熔化、蒸发等），反应的 ΔS^θ 降低，$-\Delta S^\theta$ 增大，氧化物氧势线斜率增大；若产物发生相变时，反应的总 ΔS^θ 增大，$-\Delta S^\theta$ 减小，氧化物氧势线的斜率降低。

b. $2C + O_2 = 2CO$ 反应前后气体的体积变化大于 0，则其反应的 $-\Delta S^\theta < 0$，因此 CO 氧势线向下倾斜。

c. $2C + O_2 = 2CO_2$ 反应前后气体的体积变化等于 0，则其反应的 $-\Delta S^\theta = 0$，因此 $2C + O_2 = 2CO_2$ 氧势线呈水平状。

(3)氧势图的应用

氧势图的主要应用有：

1)判定氧化物的稳定性,比较不同氧化物之间的相对稳定性

冶金生产中许多情况下是反应体系温度在发生改变影响反应过程或者几种物质同时置于同一体系中进行还原反应或氧化反应时,这时需要判定反应体系中化合物的稳定性,这是确定生产工艺参数的重要依据之一。为此将要了解一定条件下几种化合物共存时,它们的相对稳定性。

氧化物的稳定性判定依据之一:氧化物的氧势。一定温度下,氧化物的氧势由对应氧势线直接读出,氧势小于0时,氧化物能稳定存在。氧势图中,氧化物的氧势越小,其氧势线位置越低,氧化物越稳定。在氧势图中,位置高的氧化物较位置低的氧化物稳定性差,在生产中易于参与反应。

2)氧化还原反应中的氧化剂、还原剂选择

根据氧化物的氧势含义不难推知,氧势图中,氧势线位置低的氧化物中的非氧元素可作为直线位置高的氧化物的还原剂,氧势线位置高的氧化物可作为位置低的氧化物中非氧元素的氧化剂。如:氧势图中 MnO 的氧势线位于 FeO 的氧势线之下,故 Mn 能作为 FeO 的还原剂。

由于大多数金属氧化物氧势线向上倾斜,而 CO 氧势线走向向下,因此,在一定条件下,C 几乎能将所有金属氧化物还原。此外,因碳来源较广、价格较低廉,冶金生产中,金属的提取往往首先考虑采用 C 作还原剂,可以说 C 是"万能"还原剂。

3)温度及含氧气氛中氧分压 P_{O_2} 一定,或含 CO-CO_2 气氛中 $\frac{P_{CO}}{P_{CO_2}}$ 一定,或 H_2-H_2O 气氛中的 $\frac{P_{H_2}}{P_{H_2O}}$ 一定的条件下氧化反应 ΔG 的计算及其氧化物稳定性的判定。

金属氧化物具有氧势,含有氧气的气相具有氧势,两者具有不同的含义。一定温度 T 时氧化物的氧势(设为 $\pi_{O(MO)}$),由氧势图中氧化物的氧势线与温度 T 线相交得到;一定温度、一定氧分压 P_{O_2}(设为 a)的气相体系的氧势,设为 π_O,由氧势图中由零绝对线上的 O 点与 P_{O_2} 刻度线氧分压为 a 刻度点形成的连线与温度 T 线相交得到。$\pi_{O(MO)}$ 与 π_O 的差值,即为温度及含氧气氛中氧分压 P_{O_2} 一定时氧化反应的 ΔG。当 $\Delta G<0$ 时,氧化物的氧势低于含有氧气体系的氧势,将发生金属氧化反应,氧化物能稳定存在;相反,当 $\Delta G>0$ 时,氧化物氧势高于含有氧气体系的氧势,氧化物不稳定,将发生分解反应。

氧化物置于含有 CO-CO_2 混合气体体系中,温度及 $\frac{P_{CO}}{P_{CO_2}}$ 一定时,类似于上述方法,可得到氧化物的氧势 $\pi_{O(MO)}$、CO-CO_2 混合气体体系的氧势(设为 π_O)。$\pi_{O(MO)}$ 与 π_O 的差值,即为温度及含有 CO-CO_2 混合气体体系 $\frac{P_{CO}}{P_{CO_2}}$ 一定时氧化反应的 ΔG。当 $\Delta G<0$ 时,氧化物的氧势低于含有 CO-CO_2 混合气体体系的氧势,将发生氧化反应,氧化物能稳定存在;相反,当 $\Delta G>0$ 时,氧化物的氧势高于含有 CO-CO_2 混合气体体系的氧势,氧化物不稳定,将发生分解反应。

氧化物置于含有 H_2-H_2O 混合气体体系中,温度及 $\frac{P_{H_2}}{P_{H_2O}}$ 一定时,氧化反应的 ΔG 计算及其氧化物的稳定性判定类似于上述方法,此处略。

[**例 6.1**] 在1 100 ℃下,FeO、SiO_2 共同置于 $\frac{P_{CO}}{P_{CO_2}}=1\times10^2$ 的 $CO+CO_2$ 混合气体中,

FeO、SiO_2 能否稳定存在？

解 由氧势图6.1中FeO、SiO_2氧势线得到，1 100 ℃下、FeO氧势约为 −330 kJ/mol、SiO_2氧势约为 −615 kJ/mol。

1 100 ℃下，含 $CO + CO_2$ 混合气体体系的氧势确定：

在氧势图中的$\frac{P_{CO}}{P_{CO_2}}$标尺上确定出$\frac{P_{CO}}{P_{CO_2}} = 1 \times 10^2$点，设为$A$点，然后连接图中$C$与$A$点，确定出 $CO + CO_2$ 混合气体的氧势线，再定出在1 100 ℃下 $CO + CO_2$ 混合气体的氧势约为 −430 kJ/mol。

含 $CO + CO_2$ 混合气体体系的氧势小于FeO氧势、大于SiO_2氧势，因此，在1 100 ℃下，FeO、SiO_2同置于$\frac{P_{CO}}{P_{CO_2}} = 1 \times 10^2$的 $CO + CO_2$ 混合气体体系中，FeO将发生分解、SiO_2能稳定存在。

此外，利用氧势图还可计算在一定温度下，氧化物分解的平衡氧分压、氧化物被CO（或H_2）还原达平衡时，平衡气相中$\frac{P_{CO}}{P_{CO_2}}$（或$\frac{P_{H_2}}{P_{H_2O}}$）值。

4）计算氧化反应$\frac{2x}{y}M_{(S)} + O_2 = \frac{2}{y}M_xO_{y(S)}$的标准生成吉布斯能（$\Delta G^\theta$）、标准焓变（$\Delta H^\theta$）、标准熵变（$\Delta S^\theta$）

由氧势图获得氧化物的氧势与温度关系，结合氧化物氧势与对应氧化反应的关系：$\Delta_r G_m^\theta = \pi_{O(M_xO_y)}$，从而可得到氧化反应：$\frac{2x}{y}M_{(S)} + O_2 = \frac{2}{y}M_xO_{y(S)}$的标准生成吉布斯能$\Delta_r G_m^\theta$，再根据$\Delta_r G_m^\theta = \Delta H^\theta - T\Delta S^\theta$可得氧化反应的标准焓变（$\Delta H^\theta$）、标准熵变（$\Delta S^\theta$）。

5）计算氧化-还原反应的开始转变温度

转变温度是冶金过相中及其重要的参数。对于氧化还原反应 $MO + A \xlongequal{} M + AO$，被还原氧化物MO与反应产物AO的氧势线相交的温度称为"选择性氧化转变温度"（反应开始温度）。由此转变温度可判断在一定温度条件下选择性氧化-还原进行的方向，也可确定在冶金条件下，升温过程中元素氧化的先后次序，由此确定工艺参数来控制冶金过程的进行。

6）计算在一定温度下氧化物MO的分解压$P_{O_2(MO)}$

氧势图中，P_{O_2}刻度线也可用来确定氧化物MO在一定温度T下的分解压值。由氧化物在温度T时的氧势线上与零绝对线上O点相连，再延长至P_{O_2}刻度线相交，相交点的P_{O_2}值即为在T时氧化物MO的分解压$P_{O_2(MO)}$。

［例6.2］ 根据图6.4，回答下列问题：

1）1 000 ℃时反应：$2M_{(S)} + O_2 \xlongequal{} 2MO_{(S)}$的$\Delta H^\theta$和$\Delta G^\theta$；

2）$MO_{(S)}$在氧压$P_{O_2} \xlongequal{} 100$ kPa的环境中开始分解温度；

3）固体碳还原$NO_{(S)}$的温度条件；

4）$M_{(S)}$还原$NO_{(S)}$的温度条件；

5）在什么温度下$MO_{(S)}$的分解压为1×10^{-3} Pa？

6）$MO_{(S)} + CO \xlongequal{} M_{(S)} + CO_2$在1 000 ℃的平衡$CO/CO_2$；

7）判断图中1 000 ℃时最稳定的氧化物。

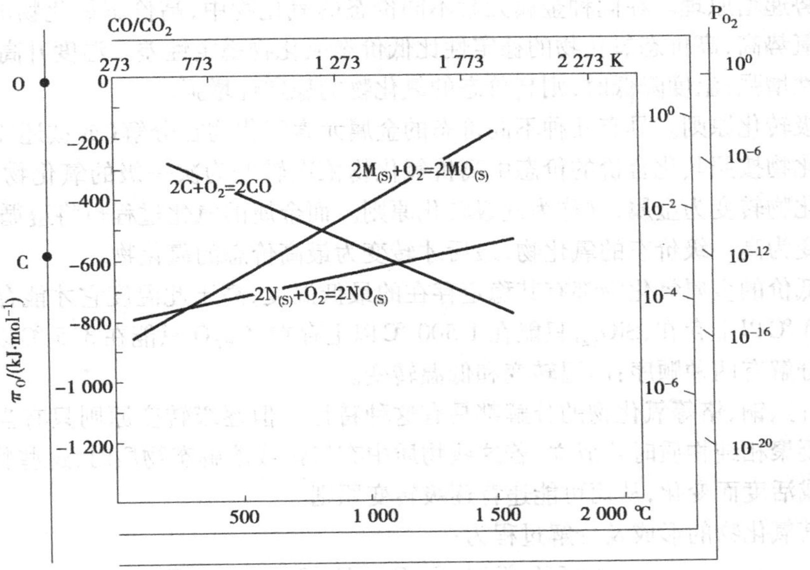

图6.4　例6.2题

解　1)求出反应 $2M_{(s)}+O_2 = 2MO_{(s)}$ 在图中直线方程为:

$\pi_{O(MO)}=\Delta G^\theta=-1\ 022.85+0.45\ T$,则 $2M_{(s)}+O_2 = 2MO_{(s)}$ 在 1 000 ℃时,$\Delta H^\theta=-1\ 022.85$ kJ/mol,$\Delta G^\theta=-1\ 022.85+0.45\times 1\ 273=450$ kJ/mol。

2) $MO_{(s)}$ 在氧压 $P_{O_2}=100$ kPa 的环境中开始分解应满足的条件为:$\pi_{O(MO)}=\pi_O$。作 $MO_{(s)}$ 氧势线与氧压为 $P_{O_2}=100$ kPa 的环境氧势线交点温度为 2 273 K = 2 000 ℃。

或 $-1\ 022.85+0.45T=8.314T\ \ln(100/100)$,得交点温度 $T=2\ 273$ K = 2 000 ℃。

3) $C_{(s)}+NO_{(s)} = N_{(s)}+CO$ 反应条件:CO 氧势≤$NO_{(s)}$氧势,即:$\pi_{O(CO)}\leqslant\pi_{O(NO)}$。由图可知:$NO_{(s)}$氧势线与 CO 氧势线相交的温度约为 1 125 ℃,则固体碳还原 $NO_{(s)}$ 的温度条件为:$T\geqslant 1\ 125$ ℃。

4) $M_{(s)}+NO_{(s)} = N_{(s)}+MO_{(s)}$ 反应条件:$MO_{(s)}$ 氧势≤$NO_{(s)}$ 氧势,即:$\pi_{O(MO)}\leqslant\pi_{O(NO)}$。由图可知:作 $NO_{(s)}$ 氧势线与 $MO_{(s)}$ 氧势线相交,交点温度为 278 ℃,则 $M_{(s)}$ 还原 $NO_{(s)}$ 的温度条件为 $T\leqslant 278$ ℃。

5)作分解压 $P_{O_2}=10^{-3}$ Pa $=10^{-8}$ 的氧势线与 $NO_{(s)}$ 氧势线相交,交点温度约为 1 350 ℃。即得:1 350 ℃时,$MO_{(s)}$ 的分解压为 1×10^{-3} Pa。

6)作 $MO_{(s)}$ 氧势线在 1 000 ℃氧势点 a(见图6.5),将 C 点与 a 点相连并延长与 CO/CO_2 标尺线相交,交点的 CO/CO_2 值为 0.000 27,即为所求。

7)作 1 000 ℃温度线,与 $NO_{(s)}$、$MO_{(s)}$、CO 分别相交于 b、a、d 三点(见图6.5),其中 b 点氧势最小,对应 $NO_{(s)}$ 最稳定。

6.1.5　氧化物分解热力学

许多金属,特别是过渡族元素有几种价态,因此对应有几种不同价态的氧化物存在,如铁有三种价态的氧化物:FeO、Fe_3O_4 和 Fe_2O_3。具有几种不同价态的金属元素被氧化生成氧化物或其氧化物分解时具有如下规律:

①氧势递增原理。在同种金属元素不同价态的氧化物中，高价态氧化物的氧势比低价态氧化物的氧势高，高价态氧化物的稳定性比低价态氧化物稳定性差。温度升高时，低价态氧化物的稳走性增强；温度降低时，则高价态的氧化物的稳定性增强。

②逐级转化原则。具有几种不同价态的金属元素氧化物在分解（或被还原）时，通常总是由高价氧化物按照其化合价的价态由高价氧化物依次转变为次一级的氧化物，最后才由其最低价的氧化物转变为金属，这称为逐级转化原则。而金属的氧化过程也将遵循该原则，从低价态依次转变为高一级价态的氧化物，最后才转变为最高价态的氧化物。

③最低价的金属氧化物都有其稳定存在的最低温度，高于此温度它才能存在。例如，FeO只能在570 ℃以上存在，$SiO_{(g)}$只能在1 500 ℃以上存在，Cu_2O只能在375 ℃以上存在。所以氧化物的分解有两种顺序：高温转变和低温转变。

如铁、硅、铜、铬等氧化物的分解都具有这种特性。但逐级转变原则只有当各级氧化物及金属均为凝聚相纯物质时才成立，若这些物质中有气体或溶解态物质时，这些物质的化学势将随其分压或活度而变化，从而可能违背逐级转变原则。

铁及其氧化物的形成及分解过程为：

$$t<570\ ℃时，Fe_2O_3 \rightarrow Fe_3O_4 \rightarrow FeO \rightarrow Fe$$

$$t>570\ ℃时，Fe_2O_3 \rightarrow Fe_3O_4 \rightarrow Fe$$

从左至右为各铁氧化物的分解转变过程，从右至左为各铁氧化物的氧化转变过程，由此可写出相应的氧化及分解反应。

对于二价金属氧化物MO的分解反应可表示为：

$$2MO_{(S)} = 2M_{(S)} + O_2 \tag{6.7}$$

该反应达到平衡时，平衡常数$K^\theta = \dfrac{a_M^2 P_{O_2}}{a_{MO}^2} = \dfrac{1 \times P_{O_2}}{1} = P_{O_2}$，则：

$$\Delta_r G_m^\theta = -RT\ln K^\theta = RT\ln P_{O_2} \tag{6.8}$$

氧化物分解反应$2MO_{(S)} = 2M_{(S)} + O_2$在某温度下达到平衡时，产生的气体$O_2$的压力称该温度下MO的分解压，一般可用$P_{O_2(MO)}$表示。获取氧化物分解反应的$\Delta_r G_m^\theta$后，利用式(6.7)可求取氧化物的分解压$P_{O_2(MO)}$。

$P_{O_2(MO)}$是物质本身所具有的性质，在数值与分解反应的$\Delta_r G_m^\theta$具有式(6.7)的关系，表明$P_{O_2(MO)}$能用来表示氧化物分解趋势的大小（或氧化物的稳定性的大小）。分解压$P_{O_2(MO)}$越小，氧化物越难分解，氧化物越稳定。

当氧化物MO置于氧气分压为P'_{O_2}、总压为$P'_{总}$的环境中时，$\dfrac{P'_{O_2}}{P^\theta} = P_{O_2(MO)}$时，使分解反应(6.7)$\Delta_r G_m = 0$的温度称为氧化物开始分解温度$T_{开}$；$\dfrac{P'_{总}}{P^\theta} = P_{O_2(MO)}$时，使分解反应(6.7)$\Delta_r G_m = 0$的温度称为氧化物沸腾分解温度$T_{沸}$。对于反应(6.7)，有：

$$\Delta_r G_m = \Delta_r G_m^\theta + RT\ln J_a = -RT\ln P_{O_2(MO)} + RT\ln\frac{a_M^2 P'_{O_2}/P^\theta}{a_{MO}^2}$$

$$= \Delta_r G_m^\theta + RT\ln\frac{1 \times P'_{O_2}/P^\theta}{1} = -RT\ln P_{O_2(MO)} + RT\ln P'_{O_2}/P^\theta$$

可见,在一定温度下,当气相中 O_2 分压 $\frac{P'_{O_2}}{P^\theta} > P_{O_2(MO)}$ 时, $\Delta_r G_m > 0$,反应(6.7)左向进行,氧化物稳定存在;当 $\frac{P'_{O_2}}{P^\theta} < P_{O_2(MO)}$ 时, $\Delta_r G_m < 0$,反应(6.7)右向进行,氧化物分解将不能稳定存在; $\frac{P'_{O_2}}{P^\theta} = P_{O_2(MO)}$ 时, $\Delta_r G_m = 0$,反应(6.7)达到平衡状态。

同样,在一定压力下,当温度 $T < T_开$ 时,氧化物稳定存在;当温度 $T > T_开$ 时,氧化物将不能稳定存在,发生分解。

由上可知,氧化物的分解与温度和压力有关,除此之外,还会受到固态物质被加热时发生相变、互溶或溶解于第三物质及氧化物本身的分散度(粒度大小)的影响。固态物质被加热发生相变、互溶或溶解于第三物质时,参加反应的物质 MO、M 的活度不等于 1,从而使式(6.8)发生改变,也就使氧化物分解压发生变化。而随着氧化物分散度的增加,氧化物粒度减小,其表面积增大,使得氧化物的化学势增大,从而使得氧化物的分解压增大,同样条件下使得氧化物易于分解。但一般只有当使用超细粉末时才考虑氧化物粒度度对氧化物分解的影响。实际生产中,一般冶金体系的固体粉剂尺寸条件下,可不考虑分散度的影响。

氧化物分解热力学情况类似可推广应用到碳酸盐、硫化物、卤化物等化合物的分解。

[**例 6.3**] 已知反应 $Li_2CO_{3(S)} = Li_2O_{(S)} + CO_2$ 的 $\Delta_r G_m^\theta = 325\ 831 - 288.4T$, $J \cdot mol^{-1}$(1 000 ~ 1 125 K)。试求:1) $Li_2CO_{3(S)}$ 分解压与温度的关系;2)当气相 P'_{CO_2} 和总压强分别为 $0.2P^\theta$ 和 P^θ 时,计算其开始分解温度和沸腾分解温度;3)将 1 mol $Li_2CO_{3(S)}$ 置于 22.4 L 的密闭容器中控制温度为 800 ℃,求 $Li_2CO_{3(S)}$ 的分解率。

解 1)由 $\Delta_r G_m^\theta = -RT \ln K = -RT \ln P_{CO_2(Li_2CO_3)}$ 及 $\Delta_r G_m^\theta = 325\ 831 - 288.4T$,得:

$$-RT \ln P_{CO_2(Li_2CO_3)} = 325\ 831 - 288.4T$$

$$\ln P_{CO_2(Li_2CO_3)} = 34.688 - 39\ 185.929/T$$

2)由 $P_{CO_2(Li_2CO_3)} = P'_{CO_2}/P^\theta$,得:

$$34.688 - 39\ 185.929/T_开 = \ln(0.2P^\theta/P^\theta)$$

则: $T_开 = 1\ 079.564\ K = 806.564$ ℃

由 $P_{CO_2(Li_2CO_3)} = P'_总/P^\theta$,得:

$$34.688 - 39\ 185.929/T_沸 = \ln(P^\theta/P^\theta)$$

则: $T_开 = 1\ 129.652\ K = 856.652$ ℃

3) $T = 800$ ℃ $= 1\ 073$ K 下, $Li_2CO_{3(S)} = Li_2O_{(S)} + CO_2$ 达平衡时,由 $\ln P_{CO_2(Li_2CO_3)} = 34.688 - 39\ 185.929/T$,得:

$$\ln P_{CO_2(Li_2CO_3)} = 34.688 - 39\ 185.929/1\ 073$$

$$P_{CO_2(Li_2CO_3)} = 0.160, P'_{CO_2(Li_2CO_3)} = 0.160P^\theta = 0.160 \times 10^5 (Pa)$$

由 $P'_{CO_2(Li_2CO_3)} V = n_{CO_2} RT$,得:

$$0.160 \times 10^5 \times 10^{-3} = n_{CO_2} \times 8.314 \times 1\ 073$$

$$n_{CO_2} = 0.001\ 79\ mol$$

则: $Li_2CO_{3(S)}$ 的分解率 $= \frac{n_{CO_2}}{1} \times 100\% = \frac{0.001\ 79}{1} \times 100\% = 0.179\%$。

6.2　碳酸盐生成-分解反应

6.2.1　碳酸盐分解热力学

冶金生产用到的原料中常见的碳酸盐有石灰石 $CaCO_3$、菱镁矿 $MgCO_3$、白云石 $CaCO_3 \cdot MgCO_3$、菱铁矿 $FeCO_3$、菱锌矿 $ZnCO_3$ 等。碳酸盐分解反应通式为：

$$MeCO_{3(S)} \xlongequal{} MeO_{(S)} + CO_2 \tag{6.9}$$

碳酸盐分解反应(6.9)产生 CO_2 气体，分解压可表示为 $P_{CO_2(MeCO_3)}$。该类为高吸热反应。为避免影响冶金生产过程，使用碳酸盐之前先进行焙烧，使其充分分解。

$P_{CO_2(MeCO_3)}$ 与温度关系为：$-RT\ln P_{CO_2(MeCO_3)} = A + BT$，或 $\lg P_{CO_2(MeCO_3)} = A' + B'/T$，据此形成碳酸盐分解-生成反应热力学平衡图（优势区域图），如图 6.5 所示。图 6.5(a)是温度 T 为横坐标、CO_2 压力为纵坐标的碳酸盐分解压与温度关系图，图 6.5(b)是温度 T^{-1} 为横坐标、$\text{kg}P_{CO_2}$ 为纵坐标的碳酸盐分解压与温度关系图。图 6.5(a)中，曲线以上区域为 $MeCO_3$ 稳定存在区（或 $MeCO_3$ 形成区），曲线以下区域为 MeO 稳定存在区（或 $MeCO_3$ 分解区），曲线上为 $MeCO_3$ 和 MeO 共存区。原因：一定温度（如 T_1）下，曲线以上区域中环境 CO_2 分压大于曲线上 $MeCO_3$ 的分解压 $P_{CO_2(MeCO_3)}$，则反应 $MeCO_3 \xlongequal{} MeO_{(S)} + CO_2$ 向左进行，稳定生成 $MeCO_3$；曲线以下区域中环境 CO_2 分压小于曲线上 $MeCO_3$ 的分解压 $P_{CO_2(MeCO_3)}$，则反应 $MeCO_3 \xlongequal{} MeO_{(S)} + CO_2$ 向右进行，稳定生成 MeO；曲线上环境 CO_2 分压等于曲线上 $MeCO_3$ 的分解压 $P_{CO_2(MeCO_3)}$，反应 $MeCO_3 \xlongequal{} MeO_{(S)} + CO_2$ 达平衡状态。同样可分析可知，图 6.5(b)中，曲线以上区域为 $MeCO_3$ 稳定存在区，曲线以下区域为 MeO 稳定存在区。

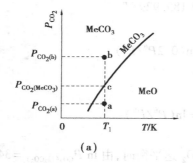

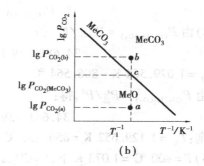

图 6.5　碳酸盐分解-生成反应热力学平衡图

在 $CaCO_3$、$MgCO_3$、$FeCO_3$ 等几种碳酸盐中，$CaCO_3$ 最不容易分解，它的开始分解温度和沸腾分解温度最高；$FeCO_3$ 等最不稳定最易分解，它的开始分解温度和沸腾分解温度最低。

6.2.2　碳酸盐分解动力学

碳酸盐的分解具有结晶化学转变的特点。其过程大致由以下三个步骤组成：

①分解过程从碳酸盐颗粒表面上的某些活性点开始，而后沿着颗粒内反应界面进行，分解形成的 CO_2 在相界面上吸附，经脱附离开相界面，形成的氧化物在原相中形成过饱的溶体：

$$MeCO_3 = (Me^{2+} \cdot O^{2-})_{MeCO_3} \cdot CO_2 = (M^{2+} \cdot O^{2-}) + CO_2$$

②氧化物新相核的形成长大。

③CO_2 脱附离开反应相界面，在其外的产物层内（MeO）内扩散和通过产物层外边界层内的外扩散。

简单而言，碳酸盐的分解过程是由界面化学反应、氧化物层的内扩散及颗粒外边界层的扩散三个环节组成。在一般条件下，颗粒外边界层的外扩散要比分解产物层的内扩散快得多，不会成为分解速率的限制步骤。因此，认为碳酸盐的分解过程由界面反应和内扩散两环节组成。下面采用准稳态原理推导碳酸盐分解的速率式。

界面化学反应速率为：

$$v = -\frac{\mathrm{d}n}{\mathrm{d}t} = 4\pi r^2 (k_+ a_{MeCO_3} - k_- a_{MeO} P_{CO_2}) = 4\pi r^2 k_+ (1 - P_{CO_2}/K^\theta) \tag{6.10}$$

式中，K^θ 为反应的平衡常数；a_{MeCO_3}、a_{MeO} 分别为 $MeCO_3$、MeO 的活度，纯物质为标准态时，$a_{MeCO_3} = a_{MeO} = 1$；r 为 $MeCO_3$ 颗粒在 t 时刻末反应部分的半径；P_{CO_2} 为反应界面处 CO_2 的分压。

CO 在产物层的内扩散速率为：

$$J = 4\pi De \frac{r_0 r}{r_0 - r}(c_{CO_2} - c^0_{CO_2}) = \frac{4\pi De}{RT}\frac{r_0 r}{r_0 - r}(P_{CO_2} - P^0_{CO_2}) \tag{6.11}$$

式中，$c^0_{CO_2}$ 为 CO_2 在气相中的浓度；c_{CO_2} 为反应界面上 CO_2 的浓度；$P^0_{CO_2}$ 为气相中 CO_2 的分压；De 为 CO_2 在固体产物层 MeO 内的活度的有效扩散系数；r_0 为 $MeCO_3$ 颗粒原始半径。

当达到稳定态时，$v = J$，得：

$$P_{CO_2} = \frac{rk_+ + \dfrac{De}{RT}\dfrac{r_0 P^0_{CO_2}}{r_0 - r}}{\dfrac{De}{RT}\dfrac{r_0}{r_0 - r} + \dfrac{rk_+}{K^\theta}} \tag{6.12}$$

将式(6.12)代入(6.10)，得：

$$v = -\frac{\mathrm{d}n}{\mathrm{d}t} = \frac{4\pi r_0 r^2 \left(1 - \dfrac{P^0_{CO_2}}{K^\theta}\right)}{\dfrac{r_0}{k_+} + \dfrac{RT(rr_0 - r^2)}{K^\theta De}} \tag{6.13}$$

设在反应过程中未反应固体的摩尔密度 ρ_n 保持不变，引入固体 $MeCO_3$ 反应速率为：

$$v_s = -\frac{\mathrm{d}n}{\mathrm{d}t} = -\frac{\mathrm{d}n}{\mathrm{d}r}\frac{\mathrm{d}r}{\mathrm{d}t} = -\frac{\mathrm{d}}{\mathrm{d}r}\left(\frac{4}{3}\pi r^3 \rho_n\right) \cdot \frac{\mathrm{d}r}{\mathrm{d}t} = -4\pi r^2 \rho_n \frac{\mathrm{d}r}{\mathrm{d}t} \tag{6.14}$$

由 $v = v_s$，得：

$$-\left[\frac{r_0}{k_+} + \frac{RT}{K^\theta De}(rr_0 - r^2)\right]\mathrm{d}r = \frac{r_0\left(1 - \dfrac{P^0_{CO_2}}{K^\theta}\right)}{\rho_n}\mathrm{d}t \tag{6.15}$$

积分式(6.15)，得：

$$\int_{r_0}^{r} -\left[\frac{r_0}{k_+} + \frac{RT}{K^\theta De}(rr_0 - r^2)\right]\mathrm{d}r = \int_0^t \frac{r_0\left(1 - \dfrac{P^0_{CO_2}}{K^\theta}\right)}{\rho_n}\mathrm{d}t \tag{6.16}$$

则

$$\frac{k_+ RTr_0}{6K^\theta}(r_0^3 + 2r^3 - 3r_0r^2) - Der_0r + Der_0^2 = \frac{k_+ Der_0(1 - \frac{P_{CO_2}^0}{K^\theta})}{\rho_n}t \tag{6.17}$$

$$r = r_0(1 - R')^{1/3} \tag{6.18}$$

式(6.18)中，R'为t时刻固体$MeCO_3$反应分数。

将式(6.18)代入式(6.15)中并整理得：

$$\frac{k_+}{6K^\theta}[3 - 2R' - 3(1 - R')^{2/3}] + \frac{De}{r_0}[1 - (1 - R')^{1/3}] = \frac{k_+ De(1 - \frac{P_{CO_2}^0}{K^\theta})}{RTr_0^2\rho_n}t \tag{6.19}$$

根据式(6.19)讨论：

①当$k_+ \ll De$时，界面反应为限制环节，式(6.17)可简化为：

$$1 - (1 - R')^{1/3} = \frac{k_+ (1 - \frac{P_{CO_2}^0}{K^\theta})}{RTr_0\rho_n}t \tag{6.20}$$

当$R' = 1$时，固体$MeCO_3$完全分解，完全分解所需时间为：

$$t_{完} = \frac{RTr_0\rho_n}{k_+ (1 - \frac{P_{CO_2}^0}{K^\theta})}$$

可见，固体$MeCO_3$颗粒完全分解的时间与颗粒原始半径成正比，这是界面反应为速率限制环节的判据。此时，随着温度的升高、粒度的减小和气相中CO_2分压的降低，分解时间缩短。

②当$k_+ \gg De$时，CO_2在固体产物层的内扩散为速率限制环节，式(6.17)可简化为：

$$3 - 2R' - 3(1 - R')^{2/3} = \frac{2De(K^\theta - P_{CO_2}^0)}{RTr_0^2\rho_n}t \tag{6.21}$$

当$R' = 1$时，固体$MeCO_3$完全分解，完全分解所需时间为：

$$t_{完} = \frac{RTr_0^2\rho_n}{6De(K^\theta - P_{CO_2}^0)}$$

可见，固体$MeCO_3$颗粒完全分解的时间与颗粒原始半径的平方成正比，这是CO_2在固体产物层的内扩散为速率限制环节的判据。此时，随着温度的升高、粒度的减小和气相中CO_2分压的降低，分解时间也将缩短。

6.3 硫化物生成-分解反应

在火法冶金的作业温度范围内，二价金属硫化物的分解-生成反应可表示为：

$$2M_{(s)} + S_2 = 2MS_{(s)} \tag{6.22}$$

如果式(6.22)中金属和金属硫化物均为纯凝聚态，则反应的$\Delta_r G_m^\theta$为：

$$\Delta_r G_m^\theta = -RT\ln K^\theta = RT\ln P_{S_2} \tag{6.23}$$

式中，$RT \ln P_{S_2}$称为硫化物的硫势，可用来衡量硫化物的稳定性。硫势越小，硫化物越稳定。

类似于氧化物的生成-分解反应情况，可计算出各种硫化物生成反应的 $\Delta_r G_m^\theta$-T 关系式，由此可求得一定温度下硫化物的分解压。将硫化物生成反应的 $\Delta_r G_m^\theta$ 与 T 关系制成图，得到硫化物的硫势图，如图 6.6 所示。硫势图的构成原理、应用方法与氧势图相似。与氧势图相比，金属硫化的顺序与金属氧化顺序大致相似，但 H_2、C 的硫势较大，因此，一般 H_2 和 C 不能作为金属硫化物的还原剂。

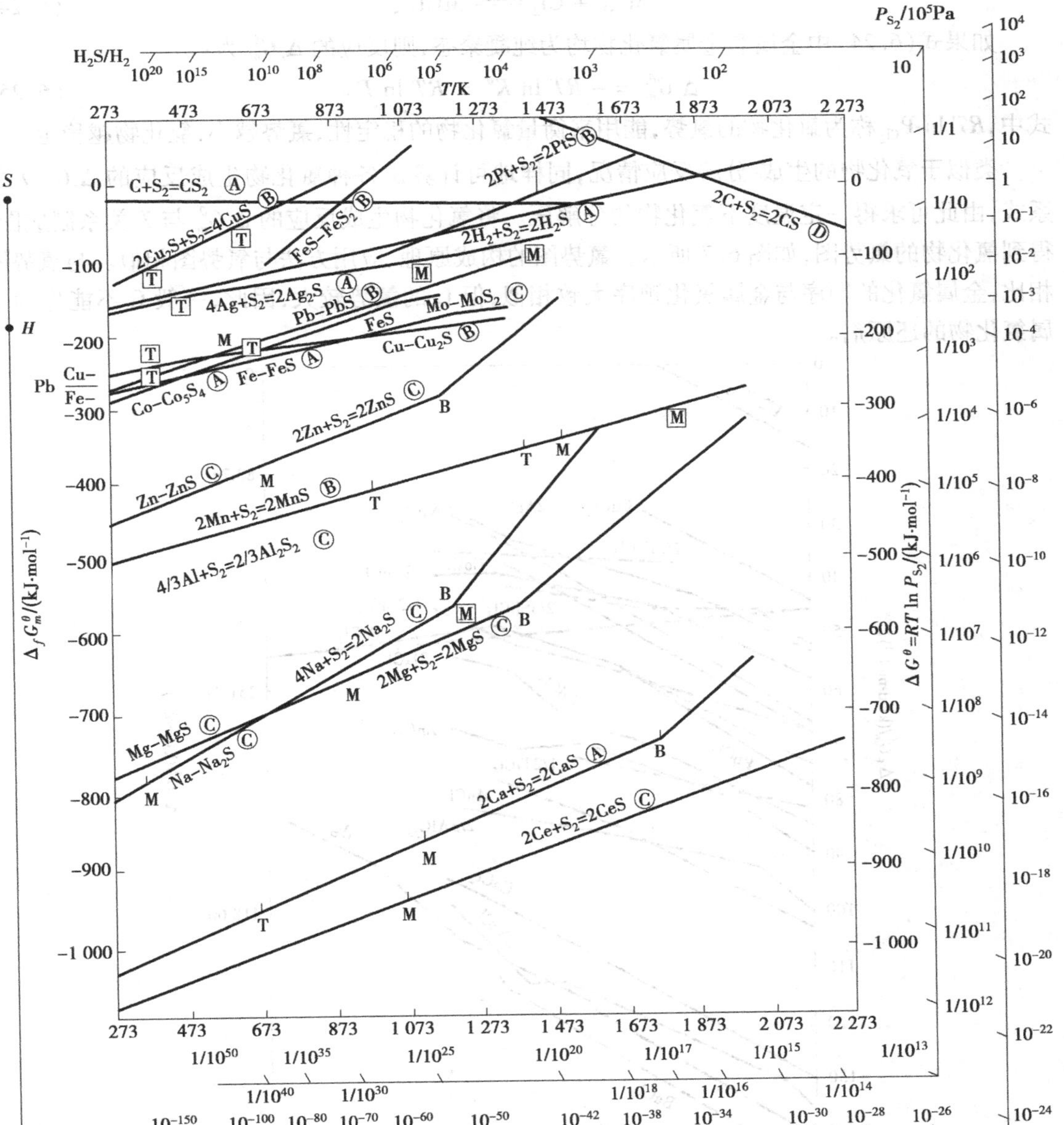

图 6.6 硫化物的硫势图

6.4　氯化物的生成-分解反应

氯的化学性质活泼,绝大多数金属都容易与氯气反应生成金属氯化物,对于二价金属化物的生成-分解反应可表示为:

$$M_{(s)} + Cl_2 \Longrightarrow MCl_{2(s)} \qquad (6.24)$$

如果式(6.24)中金属和金属氯化物均为纯凝聚态,则反应的 $\Delta_r G_m^\theta$ 为:

$$\Delta_r G_m^\theta = -RT \ln K^\theta = RT \ln P_{Cl_2} \qquad (6.25)$$

式中,$RT \ln P_{Cl_2}$ 称为氯化物的氯势,能用来衡量氯化物的稳定性,氯势越小,氯化物越稳定。

类似于氧化物的生成-分解反应情况,同样地可计算出各种氯化物生成反应的 $\Delta_r G_m^\theta$-T 关系式,由此可求得一定温度下氯化物的分解压。将氯化物生成反应的 $\Delta_r G_m^\theta$ 与 T 关系制成图,得到氯化物的氯势图,如图 6.7 所示。氯势图的构成原理、应用方法与氧势图相似。与氧势图相比,金属氯化的顺序与金属氧化顺序大致相似,但 C 的氯势较大,因此,一般 C 不能作为金属氯化物的还原剂。

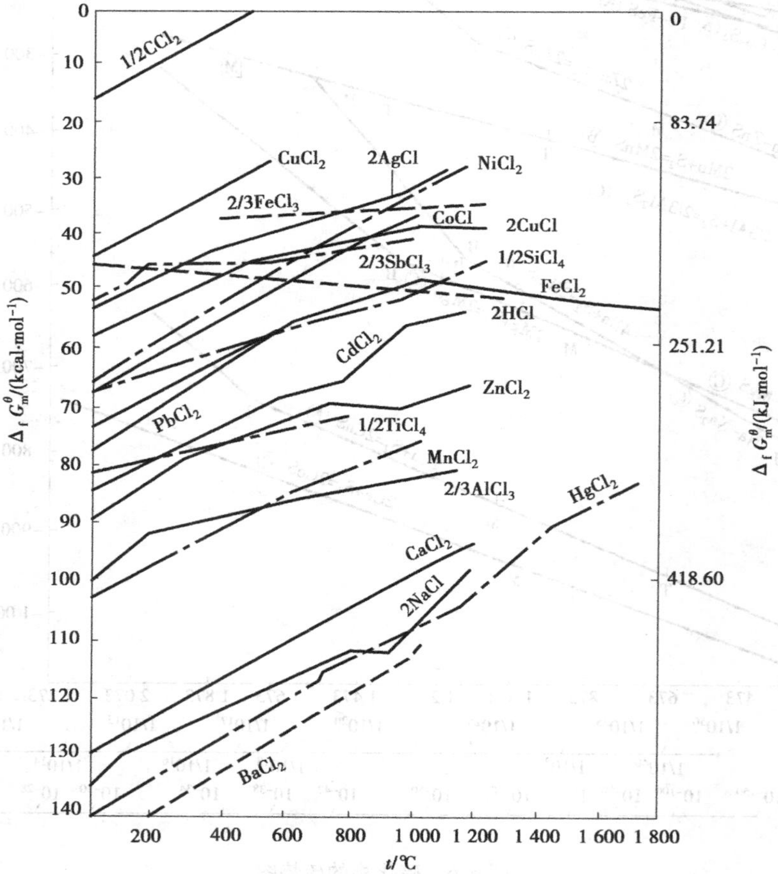

图 6.7　氯化物的氯势图

6.5 碳氢燃烧反应

火法冶金过程需要高温，其冶炼过程需要大量的热能，而燃料的燃烧是提供热能的重要手段和来源之一。燃烧反应是指燃料中的可燃成分（C、CO、H_2 和 CH_4 等）与气相中的氧气发生的氧化反应。燃烧反应中伴随热量产生，还副产一些强还原剂（如 CO），参与还原反应。因此，燃烧反应是冶金过程的重要反应之一。

研究燃烧反应的热力学，即需了解：各燃料中的可燃成分、燃烧时产生的热效应；各反应进行的可能性、最终产物；燃烧反应体系进行的限度——气相组成与温度和压力的关系及其对冶金反应可能产生的影响；平衡气相平衡组成的计算等。

6.5.1 燃烧反应的热效应

冶金燃料中常见的可燃成分有 C、CO、H_2 等，其燃烧反应主要为：

$$C_{(石)} + O_2 = CO_2,\Delta_r G_m^\theta = -395\ 350 - 0.54\ T(\text{J/mol}),\Delta_r H_{m(298\ \text{K})}^\theta = -395.350(\text{kJ/mol}) \quad (6.26)$$

$$2C_{(石)} + O_2 = 2CO,\Delta_r G_m^\theta = -228\ 800 - 171.54\ T(\text{J/mol}),\Delta_r H_{m(298\ \text{K})}^\theta = -228.800(\text{kJ/mol}) \quad (6.27)$$

$$2CO + O_2 = 2CO_2,\Delta_r G_m^\theta = -565\ 390 + 175.17\ T(\text{J/mol}),\Delta_r H_{m(298\ \text{K})}^\theta = -565.390(\text{kJ mol}) \quad (6.28)$$

$$2H_2 + O_2 = 2H_2O_{(g)},\Delta_r G_m^\theta = -495\ 000 + 111.76\ T(\text{J/mol}),\Delta_r H_{m(298\ \text{K})}^\theta = -495(\text{kJ/mol}) \quad (6.29)$$

反应(6.26)称为碳的完全燃烧反应，反应(6.27)称为碳的不完全燃烧反应，反应(6.28)称为 CO 的燃烧反应，反应(6.29)称为 H_2 的燃烧反应

由图6.1可得上述四个燃烧反应产物 CO、CO_2、H_2O 在不同温度下的相对稳定性，由图6.1可见：

①在火法冶金条件下，C、CO 和 H_2 燃烧反应的氧势负得都很大，因此，反应不可逆。反应平衡时氧气分压很低，故在考虑燃烧反应体系的平衡时，若 C 过剩，则可以不考虑体系中存在氧气，体系是一个强还原气氛。

②CO 燃烧反应与 H_2 燃烧反应的氧势线交于 810 ℃。高于该 810 ℃时，H_2 燃烧反应的氧势线低于 CO 燃烧反应的氧势线；低于 810 ℃时，H_2 燃烧反应的氧势线高于 CO 燃烧反应的氧势线。因此，温度高于 810 ℃时，H_2O 比 CO_2 稳定，H_2 的还原能力高于 CO；温度低于 810 ℃时，CO_2 比 H_2O 稳定，CO 的还原能力高于 H_2；810 ℃时，CO 和 H_2 的燃烧反应处于同时平衡状态，此时实际发生的是水煤气反应。

③在有固体 C 存在时，碳的不完全燃烧反应和 CO 的燃烧反应的氧势线交于 705 ℃。高于 705 ℃时，碳的不完全燃烧反应的氧势线低于 CO 燃烧反应的氧势线；低于 705 ℃时，碳的不完全燃烧反应的氧势线高于 CO 燃烧反应的氧势线。因此，温度高于 705 ℃时，CO 比 CO_2 稳定。故在火法冶炼条件下，高温区燃烧产物主要是 CO，只有在低温或富氧缺 C 时，才有大量的 CO_2 存在。

6.5.2 碳的气化反应及其热力学

冶金过程中伴随碳燃烧反应进行,燃烧产生的产物与固体碳相遇时可产生如下反应:

$$C_{(石)} + CO_2 =\!=\!= 2CO \tag{6.30}$$

$$\Delta_r G_m^\theta = 166\ 550 - 171\ T(\text{J/mol}), \lg K^\theta = \frac{-8\ 709.8}{T} + 8.942$$

$$K^\theta = \frac{P_{CO}^2}{P_{CO_2}} = \frac{(P \cdot \varphi_{CO(平)})^2}{P \cdot \varphi_{CO_2(平)}} = P\frac{\varphi_{CO(平)}}{\varphi_{CO_2(平)}} = P\frac{\varphi_{CO(平)}}{100 - \varphi_{CO(平)}} \tag{6.31}$$

式中,$\varphi_{CO(平)}$、$\varphi_{CO_2(平)}$分别为平衡气相中 CO、CO_2 的体积分数;P 为体系总压。

反应(6.30)称为碳气化反应,还可称为布都阿尔反应、碳的溶损反应,其逆反应称为碳的沉积反应。该反应是用固体碳作燃料及还原剂时的重要反应。

碳气化反应为吸热反应,且反应后气体物质的量大于反应前气体物质的量,因此提高温度或降低体系压力有助于碳气化反应进行。根据式(6.31)可得温度和体系总压力对碳气化反应的影响,结果绘制成图6.8。该图可称为碳气化反应热力学平衡图,也可称为 C-CO-CO_2 优势区图。图6.8 中,曲线为碳气化反应平衡 CO 浓度随温度变化曲线。由图6.8 可见:

①温度为400 ℃时,体系中平衡气相中 $\varphi_{CO(平)}$ 随温度增加而明显提高;而温度低于400 ℃时,$\varphi_{CO} \to 0$,碳不能气化,体系中几乎不存在 CO,只有 CO_2;温度高于1 000 ℃时,$\varphi_{CO} \to 100\%$,碳气化完全,体系中几乎不存在 CO_2,只有 CO。

②随着体系总压 P 增大,平衡曲线右移,开始发生碳气化反应的温度提高。

③$\varphi_{CO(平)}$一定时,体系总压 P 仅随温度变化,随着温度提高,由于碳气化为吸热反应,因此反应右向进行,而由于反应气体物质的量增加,因此总压 P 增加。

④如果某一温度下体系实际状态处于平衡线上方,即体系中实际 CO 分压(或体积分数 φ_{CO})高于平衡 CO 分压(或体积分数 $\varphi_{CO(平)}$),反应将左向进行,发生 CO 分解,碳能稳定存在。因此,平衡线上方为 CO 分解区,也是固体碳的稳定存在区;同理,平衡曲线下方区域为 CO 生成区,也是固体碳发生气化的区域。

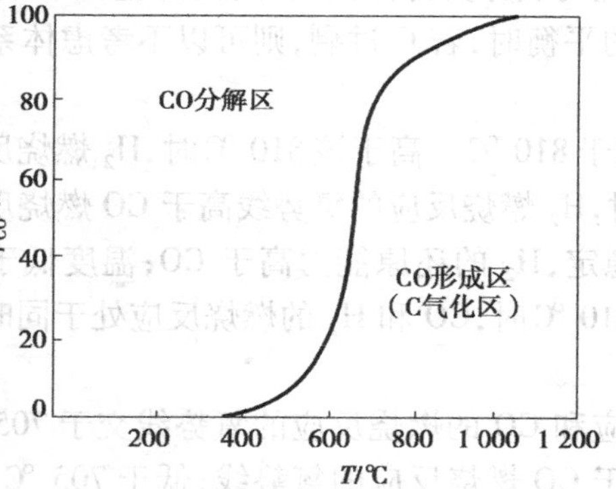

(a) P=1 atm

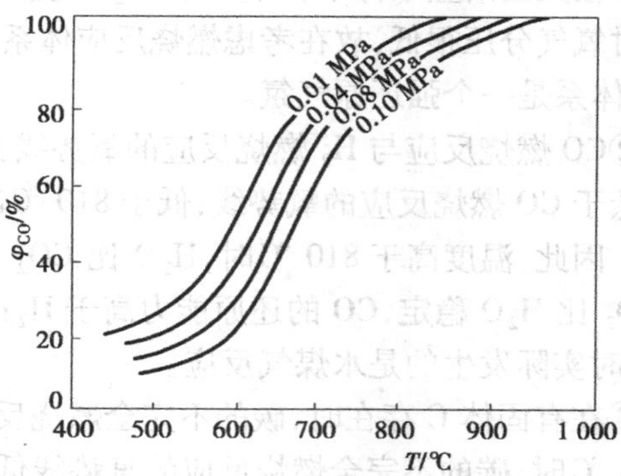

(b) P变化

图6.8 温度和体系总压力对碳气化反应的影响

6.5.3 C-H-O 体系中的反应热力学

当 C、H_2 一起参与燃烧，或者 C 在含有水气的氧气中燃烧，此时构成的体系可称为 C-H-O 体系。

C-H-O 体系中可能构成的物种有 C、CO、CO_2、H_2、H_2O、O_2，此 6 种物种间可能发生的反应有：

$$C_{(石)} + O_2 = CO_2$$

$$2C_{(石)} + O_2 = 2CO$$

$$2CO + O_2 = 2CO_2$$

$$C_{(石)} + CO_2 = 2CO$$

$$C_{(石)} + H_2O_{(g)} = CO + H_2, \Delta_r G_m^\theta = 133\ 100 - 0.141\ 63\ T(\mathrm{J/mol}), \Delta_r H_{m(298K)}^\theta = 133.1(\mathrm{kJ/mol}) \tag{6.32}$$

$$C_{(石)} + 2H_2O_{(g)} = CO_2 + 2H_2, \Delta_r G_m^\theta = 99\ 650 - 0.112\ 24\ T(\mathrm{J/mol}), \Delta_r H_{m(298K)}^\theta = 99.65(\mathrm{kJ/mol}) \tag{6.33}$$

$$CO + H_2O_{(g)} = CO_2 + H_2, \Delta_r G_m^\theta = -36\ 571 + 0.033\ 51\ T(\mathrm{J/mol}), \Delta_r H_{m(298K)}^\theta = -36.571(\mathrm{kJ/mol}) \tag{6.34}$$

$$2H_2 + O_2 = 2H_2O_{(g)}, \Delta_r G_m^\theta = -495\ 000 + 0.117\ 6\ T(\mathrm{J/mol}), \Delta_r H_{m(298K)}^\theta = -4\ 951(\mathrm{kJ/mol}) \tag{6.35}$$

碳与 H_2O 的反应，即反应(6.32)、(6.33)为强吸热反应，在固体碳过剩时，可提高气相中 H_2 和 CO 浓度，从而提高气相的还原能力。反应(6.34)为水煤气反应，为弱放热反应，温度对其影响不大。对于 C-H-O 体系，若 C 过量时，平衡氧浓度很低，可忽略，此时，体系中物种数为 C、CO、CO_2、H_2、H_2O，对应可能发生的反应就只有(6.32)、(6.33)、(6.34)和碳气化 4 个反应。

6.5.4 燃烧反应平衡气相成分计算

燃烧反应体系达到平衡时，反应体系中所有反应都同时达到平衡。体系达到平衡时，气相中各组分的浓度（或分压）保持不变。因此，气相中有几个组分，就有几个未知数。为求出各组元的浓度（或分压），则应列出相应的方程数。所需的方程可由下述几类方程建立：

(1) 平衡气相体系总压力方程

平衡气相体系中总压等于各气体分压之和：

$$P' = \sum P'_i \tag{6.36}$$

$$\frac{P'}{P^\theta} = \sum \frac{P'_i}{P^\theta} \tag{6.37}$$

式(6.27)可变换为：

$$\sum \varphi_i = 100\% \tag{6.38}$$

式(6.36)至式(6.38)中，P'为气相总压；P'_i为气相中 i 组分的分压；φ_i 为气相中 i 组分的体积分数。

(2) 平衡常数方程

在一个体系中多种物种之间可建立多个平衡反应，这些反应有些不是独立发生的，建立平衡方程数不能超过独立反应数 R,即最多能列出 R 个独立的平衡常数方程。所谓独立反应,是指不能用线性组合法从体系中其他独立反应式导出的反应。独立反应数可由下式确定:

$$独立反应数\ R = 物种数\ S - 元素数\ m$$

(3)**物质守衡方程**

反应初始状态时各元素原子的物质的量之比等于平衡时相应元素原子的物质的量之比。

[**例 6.4**] 试计算 100 kPa、1 000 ℃时,用空气燃烧固体碳(过剩)制备煤气的成分。

分析:平衡体系(包括固体、气体)中可能存在的物种有 C、CO、CO_2、O_2、N_2。由于碳过剩,则平衡体系中 O_2 很低,忽略不计。因此,实际的平衡体系中存在的物种为 C、CO、CO_2、N_2,物种数 $S=4$,元素数 $m=3$。平衡气相中实际气体有 CO、CO_2、N_2,有 3 个未知数,需要列 3 个方程。

$R=S-m=4-3=1$,体系中可建 1 个独立化学反应平衡常数方程。

建立气相总压方程,再建立 1 个质量守恒方程(如体系平衡气相中的氧氮原子数比等于初始状态中氧氮原子比)就能求出气相成分。

解 实际的平衡体系中存在的物种为 C、CO、CO_2、N_2,物种数 $S=4$,元素数 $m=3$。平衡气相中实际气体有 CO、CO_2、N_2,设它们的分压分别为 P_{CO}、P_{CO_2}、P_{N_2},体积分数分别为 φ_{CO}、φ_{CO_2}、φ_{N_2}。

平衡气相各气体分压之和等于总压($P=100/100=1$)方程:

$$P_{CO}+P_{CO_2}+P_{N_2}=1,\text{或}\ \varphi_{CO}+\varphi_{CO_2}+\varphi_{N_2}=100\%$$

由 $C_{(石)}+CO_2 = 2CO$,$\Delta_r G_m^\theta = 166\ 550-171T(\text{J/mol})$,$\lg K^\theta = \dfrac{-8\ 709.8}{T}+8.942$,得平衡常数方程为:

$$\lg\frac{\varphi_{CO}^2}{\varphi_{CO_2}}=\frac{-8\ 709.8}{1\ 000+273}+8.942$$

由体系平衡时气体中的氧氮原子数比 $\left(\dfrac{n_O}{n_N}\right)_{平衡}$ 等于初始状态体系中氧氮原子数比 $\left(\dfrac{n_O}{n_N}\right)_{初始}$,得质量守恒方程:

$$\left(\frac{n_O}{n_N}\right)_{平衡}=\left(\frac{\varphi_{CO}+2\varphi_{CO_2}}{2\varphi_{N_2}}\right)_{平衡}=\left(\frac{n_O}{n_N}\right)_{初始}=\left(\frac{2\varphi_{O_2}}{2\varphi_{N_2}}\right)_{空气}=\frac{2\times 0.21}{2\times 0.79}=\frac{21}{79}$$

联立上述压力、平衡常数和质量守恒等 3 个方程求得:

$$\varphi_{CO}=25.903\%,\ \varphi_{CO_2}=8.808\%,\ \varphi_{N_2}=65.289\%$$

复习思考题

1. 解释概念:氧势,氧化物的氧势,硫势,硫化物的硫势,氯势,氧化物的分解压,碳酸盐分解开始温度,碳酸盐的分解压,碳酸盐沸腾分解温度。

2. 氧势图走向规律如何?为什么?

3. 氧势图中一些氧化物氧势线走向为什么会发生转折?

4. 氧化物稳定性判断有哪些方法?

5. 什么是氧势递增原理?

6. 试解释金属氧势-温度关系图主要特点和用途。

7. 写出如图 6.9 所示铁氧化物分解的优势区图中各线上的反应,试分析各区域的稳定存在物是什么。

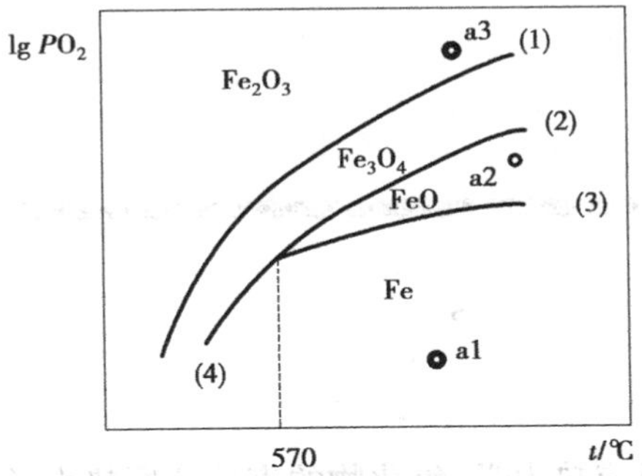

图 6.9 铁氧化物分解的优势区图

8. 在压力为 100 kPa 及 1 000 K 时,用空气/水汽 =3(体积比)的混合气体去燃烧固体碳制造煤气,试计算煤气成分。

已知:$CO_2 + H_2 \xlongequal{} CO + H_2O$, $\Delta_r G_m^\theta = 166\ 550 - 171T$(J/mol)

$CO_2 + C \xlongequal{} 2CO$, $\Delta_r G_m^\theta = 166\ 550 - 171T$(J/mol)

7

还原过程

学习内容:

氧化物的 CO、H_2 还原反应热力学,氧化物的直接还原热力学,溶液中氧化物的还原,金属热还原和真空热还原等。

学习要求:

- 理解氧化物的金属热还原、真空还原、溶液中金属氧化物的还原。
- 理解并掌握铁氧化物 CO、H_2 还原及 C 还原的热力学平衡分析;C 气化反应对铁氧化物还原的影响。

冶金生产中由矿石中的化合物(主要是氧化物)获得金属可以通过化合物热分解、还原过程等方式实现,后者是一个十分重要的方法。所谓还原过程,是指利用还原剂将中高价态化合物转变为较简单的低价态化合物或金属。对于二价态氧化物 MO,通过还原过程获得金属 M 的反应通式为:

$$MO + X \xlongequal{} XO + M \tag{7.1}$$

式中,X 为还原剂;MO 为被还原氧化物。

在化合物的还原过程中,实际上还原和氧化是同时并存的。化合物中的金属元素将被还原,其化合价向单质零价方向降低,而还原剂元素被氧化,其化合价向高价方向增加。实际生产中往往根据冶炼的最终目的,针对所研究的物质的变化过程而将一个过程称为还原过程或氧化过程,如从铁氧化物中冶炼得到铁。冶炼的主要目的是实现铁由高价态向低价态的变化,最终得到单质铁,整个过程是以还原反应为主,因此,炼铁过程为一个还原过程。

本章中的还原反应热力学条件分析等内容是化学等温方程、氧势图的具体应用,金属氧化物还原热力学平衡相关知识与前面化合物生成-分解反应热力学平衡内容相似,学习这些内容时应注意知识的通融性。

7.1 还原反应的热力学

7.1.1 还原反应的热力学条件

反应(7.1)可由下述反应线性组合得出：

$X+0.5O_2 = XO \qquad \Delta_r G^{\theta}_{m(7.2)}=0.5\pi_{O(XO)}=\Delta_f G^{\theta}_{m(XO)}$ (7.2)

$-)\ M+0.5O_2 = MO \qquad \Delta_r G^{\theta}_{m(7.3)}=0.5\pi_{O(MO)}=\Delta_f G^{\theta}_{m(MO)}$ (7.3)

$MO+X = XO+M$

$\Delta_r G^{\theta}_{m(7.1)}=0.5[\Delta_r G^{\theta}_{m(7.2)}-\Delta_r G^{\theta}_{m(7.3)}]=0.5[\pi_{O(XO)}-\pi_{O(MO)}]=\Delta_f G^{\theta}_{m(XO)}-\Delta_f G^{\theta}_{m(MO)}$

反应(7.1)自由能变化 $\Delta_r G_m$ 利用化学等温方程得：

$$\Delta_r G_m = \Delta_r G^{\theta}_m + RT\ln J_a = \Delta_r G^{\theta}_m + RT\ln\frac{a_M a_{XO}}{a_{MO}a_X} \tag{7.4}$$

当 $\Delta_r G_m \leqslant 0$ 时，还原反应能进行。由式(7.4)可见，在一定温度下，$\Delta_r G_m$ 与 $\Delta_r G^{\theta}_m$ 及参与者反应各物质的活度商 J_a 有关。

在标准状态下，$a_M=a_{XO}=a_X=a_{MO}=1$，$J_a=1$，其 $\Delta_r G^{\theta}_m$ 为：

$$\Delta_r G^{\theta}_m = 0.5(\pi_{O(XO)}-\pi_{O(MO)}) = \Delta_f G^{\theta}_{m(XO)}-\Delta_f G^{\theta}_{m(MO)} \tag{7.5}$$

式(7.5)表明，在标准状态下，或者当反应各物质的活度小对反应影响忽略不计时，XO 氧势小于被还原氧化物 MO 氧势(或 XO 稳定性高于被还原氧化物 MO 稳定性)时，还原反应才能进行。

当体系中参加反应物质的活度商不为 1 时，即在非标准状态时，则必须考虑各物质的活度对反应的影响，还原反应进行的热力学条件是：$\Delta_r G_m \leqslant 0$。

7.1.2 还原剂的选择

还原反应中的还原剂选择首先应考虑其热力学条件。对于反应(7.1)，根据上述热力学分析可知，若反应处于非标准条件下满足 $\Delta_r G^{\theta}_m<0$，或处于标准条件时满足 $\Delta_r G^{\theta}_m<0$，A 可选择为被还原氧化物的还原剂。在冶金生产中，一般 $\Delta_r G^{\theta}_m$ 绝对值很大，$RT\ln\frac{a_M a_{XO}}{a_{MO}a_X}$绝对值相对很小，则 $\Delta_r G_m \approx \Delta_r G^{\theta}_m$。据此，利用氧势图，则可直接选择金属氧化物还原反应的还原剂。

在实际生产中，选择还原剂时，除了考虑热力学条件要求外，还应考虑其他一些要求：

①还原剂 X 与 MO 中的 O 亲和力较 M 与 O 的亲和力大；

②还原反应产物 XO 与产出的金属 M 容易分离；

③还原剂 X 不污染产品，即它难与金属组成合金或化合物，即使有少量污染，但在后续的精炼过程中易于除去；

④价廉易得。

符合上述要求能用于实际生产的还原剂不多，常见的有 C、CO、H_2、Si、Al 等，其中 Si、Al 等还原剂(一般称为金属还原剂)主要用于不含碳金属及难还原金属的提取，CO、H_2 用于一些易于还原的金属的提取。C 可称为万能还原剂，只要温度条件满足，几乎所有的氧化物均可选用 C 作还原剂。但 C、CO 作还原剂会直接或间接产生 CO_2，排放于大气，对环境会产生影响。为保护环境，应开发利用清洁还原剂，如 H_2。

按照所用还原剂的不同，还原过程分为以下几类：

①用气体还原利的间接还原法。如高炉炼铁过程中低温区域用 CO 作还原剂还原金属氧化物的间接还原。

②用固体碳作还原剂的直接还原法。如高炉炼铁过程中高温区域用 C 作还原剂还原金属氧化物。生产中，固体碳一般取自于煤，如无烟煤。

③用一种与氧亲和力强的金属作还原剂的金属热还原法。如 Si、A1 等金属还原另一种金属氧化物制取另一种金属或合金。

7.2 简单氧化物被 CO/H_2 还原

7.2.1 简单金属氧化物被 CO/H_2 间接还原的热力学

CO 还原简单金属氧化物 MeO 反应通式可表示为：

$$MeO_{(S)} + CO \xlongequal{} Me_{(S)} + CO_2 \tag{7.6}$$

上述反应可由下述两个反应组成。

$$2CO + O_2 \xlongequal{} 2CO_2, \Delta_r G^{\theta}_{m(7.7)} \tag{7.7}$$

$$-)\ 2Me_{(S)} + O_2 \xlongequal{} 2MeO_{(S)}, \Delta_r G^{\theta}_{m(7.8)} \tag{7.8}$$

$$MeO_{(S)} + CO \xlongequal{} Me_{(S)} + CO_2, \Delta_r G^{\theta}_{m(7.6)} = \frac{1}{2}\left[\Delta_r G^{\theta}_{m(7.7)} - \Delta_r G^{\theta}_{m(7.8)}\right] = A + BT$$

当 MeO 和 Me 都是纯凝聚相时，压力对反应平衡无影响而不加考虑时，影响反应平衡的条件只有温度和气体成分，且反应的自由度数 $f = 3 - 3 + 1 = 1$，则平衡气相中气体浓度是温度的函数，即平衡气相中气体浓度决定于温度。

设平衡气相中的 CO、CO_2 浓度分别为 φ_{CO}、φ_{CO_2}，根据平衡常数 K^{θ}：

$$K^{\theta}_{(7.6)} = \frac{a_{Me}P_{CO_2}}{a_{MeO}P_{CO}} = \frac{1 \times \varphi_{CO_2}P_{意}}{1 \times \varphi_{CO}P_{意}} = \frac{100 - \varphi_{CO}}{\varphi_{CO}}$$

及 $\Delta_r G^{\theta}_{m(7.6)} = -RT\ln K^{\theta}_{(7.6)} = A + BT$ 得：

$$\lg\frac{100 - \varphi_{CO}}{\varphi_{CO}} = A' + \frac{B'}{T} \tag{7.9}$$

当给定 MeO 时，即可求出 A'、B'，由式(7.9)即可求出 φ_{CO} 与 T 的关系。当反应为吸热反应时，$A' > 0$，φ_{CO} 随温度升高而降低，而对放热反应，$A' < 0$，φ_{CO} 随温度升高而增大。

反应(7.6)为放热反应时，平衡气相中 φ_{CO} 与 T 的关系图(即 CO 还原 MeO 反应热力学平衡图，又称为 CO 还原 MeO 反应优势区域图)如图 7.1 所示。图 7.1 中，曲线为 CO 还原 MeO 反应平衡气相中 CO 浓度随温度变化的规律线。曲线以上区域为 Me 稳定存在区，曲线以下区域为 MeO 稳定存在区，曲线上为 Me 和 MeO 共存区。如图中 T_1 温度下，体系中 CO 浓度位于

a 点时，CO 浓度高于曲线上平衡 CO 浓度，则还原反应(7.6)向右进行，稳定生成 Me；体系中 CO 浓度位于 b 点时，CO 浓度低于曲线上平衡 CO 浓度，则还原反应(7.6)向左进行，则还原反应(7.6)向左进行，稳定生成 MeO；体系中 CO 浓度位于 c 点时，CO 浓度与曲线上平衡 CO 浓度，则还原反应(7.6)向左进行达平衡。

根据以上分析可以知道，对于 MeO 的还原，只要控制一定的还原条件，即温度和气相中的 CO 浓度，就可以使给定 MeO 的还原反应按预期的方向进行。同时，根据反应的热力学数据，还可以准确地计算反应在给定温度下的 CO 最低浓度。

类似的可以得到 H_2 还原金属氧化物的热力学，此略。

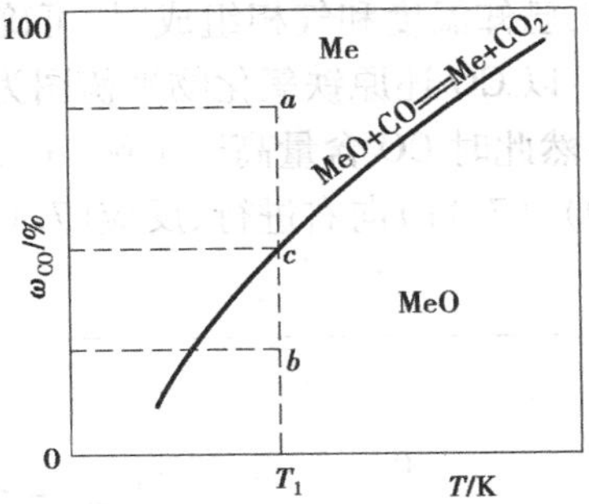

图 7.1 CO 还原 MeO 反应热力学平衡图

7.2.2 CO/H_2 还原简单铁氧化物的热力学

根据铁氧化物逐级转变规律，CO 还原铁氧化物反应：

$T<570$ ℃时，

$$3Fe_2O_{3(S)} + CO ══ 2Fe_3O_{4(S)} + CO_2, \Delta_r G^{\theta}_{m(7.10)} = -52\ 131 - 41.0\ T(\text{J/mol}) \quad (7.10)$$

$$1/4Fe_3O_{4(S)} + CO ══ 3/4Fe_{(S)} + CO_2, \Delta_r G^{\theta}_{m(7.11)} = -9\ 832 + 8.58\ T(\text{J/mol}) \quad (7.11)$$

$T>570$ ℃时，

$$3Fe_2O_{3(S)} + CO ══ 2Fe_3O_{4(S)} + CO_2, \Delta_r G^{\theta}_{m(7.10)} = -52\ 131 - 41.0\ T(\text{J/mol}) \quad (7.10)$$

$$Fe_3O_{4(S)} + CO ══ 3FeO_{(S)} + CO_2, \Delta_r G^{\theta}_{m(7.12)} = 35\ 380 - 40.16\ T(\text{J/mol}) \quad (7.12)$$

$$FeO_{(S)} + CO ══ Fe_{(S)} + CO_2, \Delta_r G^{\theta}_{m(7.13)} = -18\ 150 + 21.29\ T(\text{J/mol}) \quad (7.13)$$

H_2 还原铁氧化物反应：

$T<570$ ℃时，

$$3Fe_2O_{3(S)} + H_2 ══ 2Fe_3O_{4(S)} + H_2O, \Delta_r G^{\theta}_{m(7.14)} = -15\ 547 - 74.40\ T(\text{J/mol}) \quad (7.14)$$

$$1/4Fe_3O_{4(S)} + H_2 ══ 3/4Fe_{(S)} + H_2O, \Delta_r G^{\theta}_{m(7.15)} = 35\ 550 - 30.4\ T(\text{J/mol}) \quad (7.15)$$

$T>570$ ℃时，

$$3Fe_2O_{3(S)} + H_2 ══ 2Fe_3O_{4(S)} + H_2O, \Delta_r G^{\theta}_{m(7.10)} = -15\ 547 - 74.40\ T(\text{J/mol}) \quad (7.14)$$

$$Fe_3O_{4(S)} + H_2 ══ 3FeO_{(S)} + H_2O, \Delta_r G^{\theta}_{m(7.12)} = 71\ 940 - 73.62\ T(\text{J/mol}) \quad (7.16)$$

$$FeO_{(S)} + H_2 ══ Fe_{(S)} + H_2O, \Delta_r G^{\theta}_{m(7.13)} = 23\ 430 - 16.16\ T(\text{J/mol}) \quad (7.17)$$

从反应热效应看，CO 还原铁氧化物反应中，除反应(7.12)为吸热反应外，其余几个均为放热反应，但热效应不大，表明随温度升高，CO 还原能力下降，但影响不太大；H_2 还原铁氧化物反应中，除反应(7.14)为放热反应外，其余几个均为吸热反应，但热效应不大，表明随温度升高，H_2 还原能力有所提高。

对于上述反应，压力对反应平衡无影响，影响反应平衡的条件只有温度和气体成分，且反应的自由度数 $f=3-3+1=1$，则平衡气相中气体浓度是温度的函数。根据反应平衡常数与平衡气相成分浓度之间关系及反应的 $\Delta_r G_m^\theta$ 可得到平衡气相成分的浓度，即得到平衡 CO（或平衡 H_2）与温度关系，结果如图 7.2、图 7.3 所示。图 7.2 中 4 条曲线分别对应于反应(7.10)—(7.13)平衡 CO 浓度随温度变化规律；图 7.3 中 4 条曲线分别对应于反应(7.14)—(7.17)平衡 H_2 浓度随温度变化规律。图 7.2、图 7.3 中，A、B、C、D 四个区分别为 Fe_2O_3、Fe_3O_4、FeO、Fe 稳定存在区。以 D 区为例，体系处于 D 区条件时，Fe_2O_3、Fe_3O_4、FeO、Fe 中只能是 Fe 能稳定存在，其余依次类推。由此可推知，已知温度和气相组成时，可确定任意一种铁氧化物的转变方向和体系最终稳定存在的物质。以 CO 还原铁氧化物平衡图为例，设已知某温度下气相中 CO 含量位于图 7.2 中的 C 区内，显然此时 CO 含量高于平衡 CO 含量，而低于反应(7.14)的平衡 CO 含量，此时有利于反应(7.10)、(7.11)向右进行、反应(7.14)向左进行，因此最终稳定存在的物质落于 C 区，为 FeO。

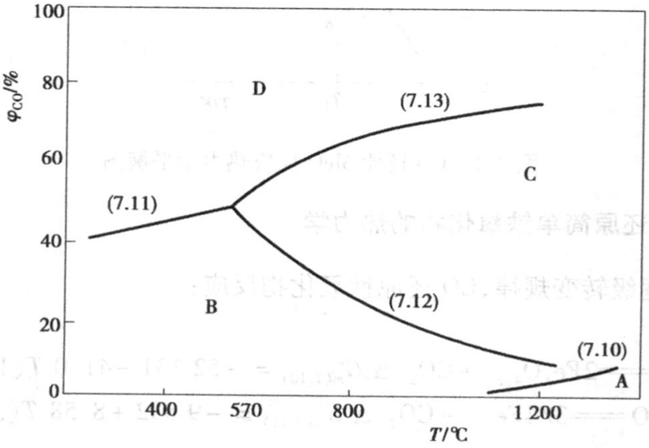

图 7.2　CO 还原铁氧化物热力学平衡图

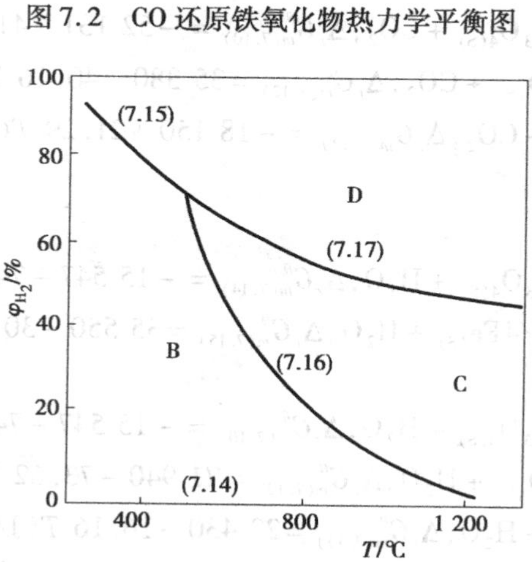

图 7.3　H_2 还原铁氧化物热力学平衡图

CO、H_2 还原铁氧化物的反应为吸热反应时，随温度升高，反应所需还原剂量降低，相应的平衡曲线向下倾斜。同理,若为放热反应,则平衡曲线向上倾斜。

根据铁氧化物还原的平衡图,只要已知温度即可由图查出对应的平衡气相组成;或已加气相平衡浓度即可由图查出对应的平衡温度。

将图7.2、图7.3置于同一图中,如图7.4所示。可以看出,CO与H_2还原铁氧化物随温度的变化规律存在差异:CO和H_2还原Fe_3O_4和FeO的两组曲线都在810 ℃相交。表明:810 ℃时,CO和H_2还原能力相同;温度高于810 ℃时,H_2还原能力比CO强;低于810 ℃时,CO还原能力比H_2强。

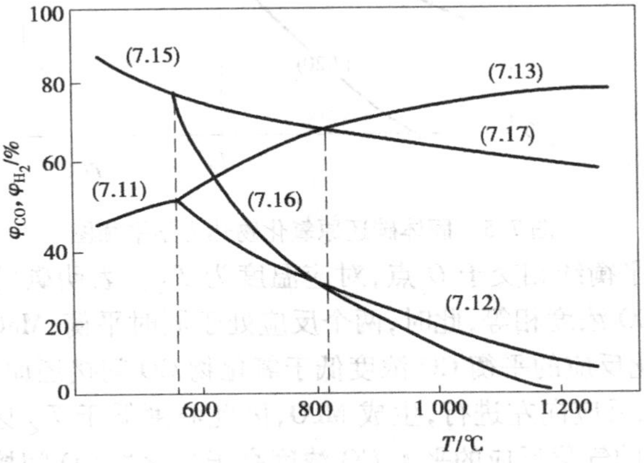

图7.4 CO和H_2还原铁氧化物热力学平衡图

7.3 简单氧化物被C还原

7.3.1 简单金属氧化物被C直接还原的热力学

用固体碳作还原剂和还原反应称为直接还原,其还原气体产物为CO。固体碳还原氧化物MeO的反应可写为:

$$2MeO_{(S)} + C_{(S)} = 2Me_{(S)} + CO_2 \quad (7.18)$$

$$MeO_{(S)} + C_{(S)} = Me_{(S)} + CO \quad (7.19)$$

在高温冶金条件下,因CO较CO_2稳定,固体碳还原氧化物的反应主要按反应(7.19)进行,只有在较低的温度下才有可能发生反应(7.18)。当有碳存在时,体系中始终存在着碳气化反应,体系中气相组分CO与CO_2的平衡含量最终取决于碳气化反应的平衡。

反应(7.19)可由碳气化反应与MeO被CO还原反应组合而成:

$$CO_2 + C = 2CO, \Delta_r G^{\theta}_{m(7.20)} \quad (7.20)$$

$$+) MeO_{(S)} + CO = Me_{(S)} + CO_2, \Delta_r G^{\theta}_{m(7.21)} \quad (7.21)$$

$$MeO_{(S)} + C = Me_{(S)} + CO, \Delta_r G^{\theta}_{m(7.19)} = \Delta_r G^{\theta}_{m(7.20)} + \Delta_r G^{\theta}_{m(7.21)} = A + BT$$

由于有碳存在时,体系中气相组分CO与CO_2的平衡含量最终取决于碳气化反应的平衡。结合上述组合过程,固体碳还原氧化物MeO的平衡可看成是由碳气化反应和CO还原氧化物的平衡叠加而成，由此得到固体碳还原氧化物 MeO 热力学平衡图，如图 7.5 所示。

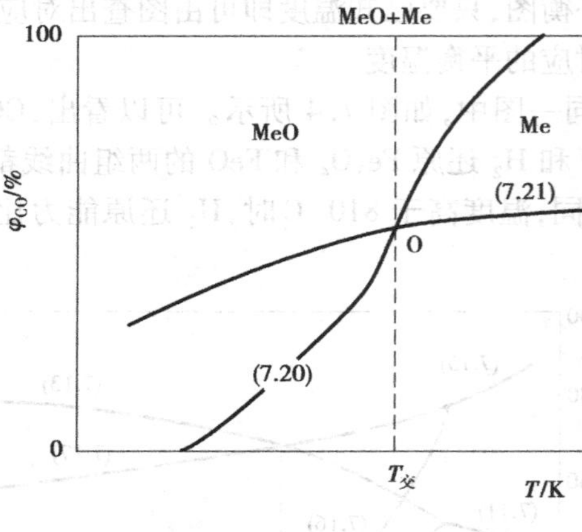

图 7.5　固体碳还原氧化物热力学平衡图

由图 7.5 可见，两平衡线相交于 O 点，对应温度为 $T_交$。表明碳的气化反应与氧化物 CO 间接还原反应的平衡 CO 浓度相等，此时，两个反应处于同时平衡，MeO、Me 及 C 平衡共存；温度低于 $T_交$ 时，碳的气化反应的平衡 CO 浓度低于氧化物 CO 间接还原反应的平衡 CO 浓度，使得氧化物 CO 间接还原反应向左进行，生成 MeO，因此温度低于 $T_交$ 区域为 MeO 的稳定存在区；温度高于 $T_交$ 时，碳的气化反应的平衡 CO 浓度高于氧化物 CO 间接还原反应的平衡 CO 浓度，使得氧化物 CO 间接还原反应向右进行，生成 Me，因此温度高于 $T_交$ 区域为 Me 的稳定存在区。$T_交$ 为固体碳还原 MeO 的开始温度。

7.3.2　简单铁氧化物被 C 直接还原的热力学

铁氧化物被 C 还原反应可写成：

$T<570$ ℃时，

$$3Fe_2O_{3(S)}+C=\!=\!=2Fe_3O_{4(S)}+CO, \Delta_r G^\theta_{m(7.10)}=120\ 000-218.46T(\text{J/mol}) \quad (7.22)$$

$$1/4Fe_3O_{4(S)}+C=\!=\!=3/4Fe+CO, \Delta_r G^\theta_{m(7.11)}=171\ 100-174.50T(\text{J/mol}) \quad (7.23)$$

$T>570$ ℃时，

$$3Fe_2O_{3(S)}+C=\!=\!=2Fe_3O_{4(S)}+CO, \Delta_r G^\theta_{m(7.10)}=120\ 000-218.46T(\text{J/mol}) \quad (7.22)$$

$$Fe_3O_{4(S)}+C=\!=\!=3FeO+CO, \Delta_r G^\theta_{m(7.12)}=207\ 510-217.62T(\text{J/mol}) \quad (7.24)$$

$$FeO_{(S)}+C=\!=\!=Fe+CO, \Delta_r G^\theta_{m(7.13)}=158\ 970-160.25T(\text{J/mol}) \quad (7.25)$$

由上述反应热效应可知，固体碳还原铁氧化物相比于 CO/H_2 间接还原，为高吸热不可逆反应，提高温度有利于提高碳的还原能力。由碳气化反应和铁氧化物的 CO 间接还原反应叠加得到碳还原铁氧化物热力学平衡图，如图 7.6 所示。图 7.6 对铁氧化物还原生产过程有重要指导意义。如利用该图可分析得到在一定条件下，用碳作还原剂时，最终体系中可能存在的物质，为得到一定的产物还原条件的控制，等等。

由碳气化反应决定最终体系中 CO、CO_2 平衡浓度可知，要实现碳还原铁氧化物，碳气化反应产生的 CO 浓度应高于铁氧化物 CO 间接还原平衡 CO 浓度。在图 7.6 中，$T>737$ ℃时，碳气化反应(7.20)平衡 CO 浓度高于所有铁氧化物 CO 间接还原的平衡 CO 浓度，则 C 能还原铁氧化物，结果稳定产生 Fe。表明：$T>737$ ℃的区域为 Fe 稳定存在区；C 作还原剂时，从铁氧化物中还原得到金属 Fe 的条件为 $T>737$ ℃。类似分析可得:675 ℃ $<T<$ 737 ℃的区域为 FeO 稳定存在区,C 作还原剂时,从铁氧化物中还原得到 FeO 的条件为 675 ℃ $<T<$ 737 ℃;$T<$ 675 ℃的区域为 Fe_3O_4 稳定存在区,C 作还原剂时,从铁氧化物中还原得到金属 Fe_3O_4 的条件为$T<$ 675 ℃;$T=737$ ℃时,C 还原所有的铁氧化物时,最终平衡共存的有 Fe、FeO;$T=675$ ℃时,C 还原所有的铁氧化物最终平衡共存的有 FeO、Fe_3O_4。

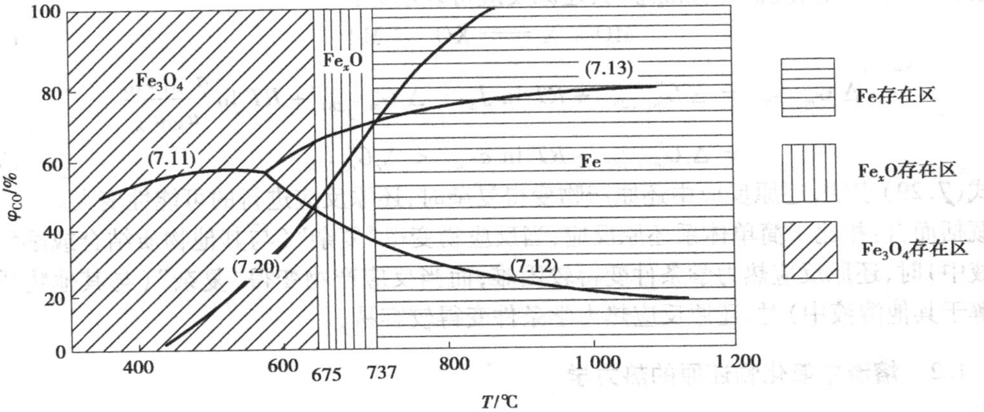

图 7.6 C 还原铁氧化物热力学平衡图

7.4 复杂体系的还原

7.4.1 复杂体系形式

上述氧化物的还原反应中,氧化物及还原非气态产物都是以“简单形式”(活度为 1,即标准态)出现。实际生产中,还原反应中的物质并不都是“简单形式”,而是呈现较复杂的形式:①反应物与其他化合物结合在一起,如高炉炼铁用的铁矿石中部分铁氧化物可能以 $FeO\cdot SiO_2$ 形式存在;②复杂反应物溶解在溶液中,如高炉炼铁过程,因还原所需温度高,铁矿石中的 MnO 被碳还原前,MnO 已溶解于熔渣中, MnO 的还原可能是溶解于熔渣中的 MnO 的还原;③还原产物溶解于溶液中,如高炉炼铁过程,铁矿石 MnO 被碳还原产生的 Mn 因能与 Fe 完全互溶,在铁液形成后 Mn 将溶解于铁液中;④还原产物与其他物质结合在一起等,如高炉炼铁过程,铁矿石 FeO 被碳还原产生的 Fe 能与 C 结合成 Fe_3C,等等。

当还原反应中的物质呈现较复杂的形式时,对应的还原反应可简称为复杂体系还原过程,与此对应的还原反应中所有的物质活度为 1 的还原反应可简称为简单体系的还原。当还原反应中的反应物或反应产物变得复杂时,它们的活度是降低的。

对于复杂体系还原反应:MO + X ══ XO + M,当反应物变得复杂时,如 MO 为结合态氧化物,设为 MO·BO,活度降低,其他物质仍为标准态,其还原反应可表示为:

$$MO\cdot BO + X = XO + M + BO \qquad (7.26)$$

$$\Delta_r G_{m(7.26)} = \Delta_r G^\theta_{m(7.26)} + RT\ln J_a = \Delta_r G^\theta_m + RT\ln\frac{a_M a_{XO} a_{BO}}{a_{MO\cdot BO}a_X}$$

$$= \Delta_r G^{\theta}_{m(7.26)} + RT\ln\frac{1}{a_{MO\cdot BO}} > \Delta_r G^{\theta}_{m(7.26)} \tag{7.27}$$

式(7.27)表明，还原反应中被还原氧化物改变为结合态时，还原反应进行的方向可能性变小。

对于复杂体系还原反应：MO + X ══XO + M，当反应产物变得复杂时，如 M 溶解于溶液中，设为[M]，其他物质仍为标准态，其还原反应可表示为：

$$MO + X = XO + [M] \tag{7.28}$$

$$\Delta_r G_{m(7.29)} = \Delta_r G^{\theta}_{m(7.28)} + RT\ln J_a = \Delta_r G^{\theta}_{m(7.28)} + RT\ln\frac{a_{[M]}a_{XO}}{a_{MO}a_X}$$

$$= \Delta_r G^{\theta}_{m(7.28)} + RT\ln a_{[M]} < \Delta_r G^{\theta}_{m(7.28)} \tag{7.29}$$

式(7.29)表明，还原反应中还原产物变得复杂时，还原反应进行的可能性变大。

概括而言：相比于简单体系还原反应，当反应物变得“复杂”(与其他物质结合或溶解于其他溶液中)时，还原反应热力学条件变得较困难，而当反应产物变得“复杂”(与其他物质结合或溶解于其他溶液中)时，还原反应热力学条件变得较容易。

7.4.2 熔渣中氧化物还原的热力学

冶金生产过程中有些氧化物是在熔渣中发生还原，同时还原得到的金属元素能溶解于金属熔体中。当用 C 作还原剂时，此类还原反应可表示如下：

$$y\mathrm{C} + (M_xO_y) = x[M] + y\mathrm{CO} \tag{7.30}$$

上述反应热力学条件分析较简单体系的还原要复杂得多。上述反应平衡常数可表示为：

$$K = \frac{a^x_{[M]}P^y_{CO}}{a_{(M_xO_y)}a^y_C} = \frac{f^x_{[M]}\omega^x_{[M](\%)}P^y_{CO}}{r_{(M_xO_y)}x_{(M_xO_y)}} \tag{7.31}$$

令

$$L_M = \frac{\omega^x_{[M](\%)}}{x_{(M_xO_y)}} \tag{7.32}$$

由式(7.31)、式(7.32)得：

$$L_M = \frac{\omega^x_{[M](\%)}}{x_{(M_xO_y)}} = K_{(7.31)}\frac{r_{(M_xO_y)}}{f^x_{[M]}P^y_{CO}} \tag{7.33}$$

式(7.33)中，L_M 称为熔渣中 MO 还原过程中，M 在金属液相和熔渣相的分配比。它可以表征还原平衡后 M 在金属相和渣相的分配情况，还可用来描述(M_xO_y)还原程度。L_M 越大，表明(M_xO_y)还原得越好，反之亦然。

利用式(7.33)分析可得，影响 M 在金属液相和熔渣相的分配比 L_M，或影响熔渣中氧化物还原的热力学因素主要有以下因素：

(1)温度

$y\mathrm{C} + (M_xO_y) = x[M] + y\mathrm{CO}$ 反应属于吸热反应，因此，温度升高，反应(7.30)平衡常数 K 增大，从而有利于提高 M 在渣-铁间的分配比 L_M。

(2)熔渣组成

$y\mathrm{C} + (M_xO_y) = x[M] + y\mathrm{CO}$ 反应中的 M_xO_y 属于碱性氧化物时，当熔渣碱度 R 提高时，$r_{(M_xO_y)}$ 提高，从而有利于提高 M 在渣-铁间的分配比 L_M；若 M_xO_y 属于酸性氧化物时，当熔渣碱

度 R 提高时，M_xO_y 与碱性氧化物结合得越牢固，$r_{(M_xO_y)}$ 降低，从而不利于提高 M 在渣-铁间的分配比 L_M，即不利于熔渣中的 M_xO_y 还原。

(3)金属熔体组成

若熔体中的组分 j 浓度减少或使 e_M^j 减少时，则[M]的活度系数 $f_{[M]}$ 随之减少，从而有利于提高 M 在渣-铁间的分配比 L_M。

(4)气相中 CO 分压 P_{CO}

气相中 CO 分压降低时，从而有利于提高 M 在渣-铁间的分配比 L_M，有利于熔渣中的 M_xO_y 还原。

生产上，通过上述热力学条件的控制，可以控制 L_M 值，从而可控制熔渣中 M_xO_y 的还原程度。

7.5 金属热还原反应的热力学

冶炼不含碳或要求碳含量很低的合金时，一般不考虑使用碳作还原剂，而应考虑金属还原剂。用与氧亲和力强的金属还原与氧亲和力较弱的金属氧化物，制取不含碳或含碳量低的金属或合金的方法称为金属热还原法。根据氧势图，能作为金属还原剂的有 Mg、Ca、Al、Ti、Si 等。生产中常见的金属还原剂有 Si、Al 等，分别称为硅热法和铝热法。对于一些稀贵金属的提取，可使用 Mg、Ca 等作为还原剂。

金属热还原反应可表示为：

$$MeX + Me' = Me + Me'X \tag{7.34}$$

式(7.34)可由下述两反应线性组合得到：

$$Me + 1/2X_2 = MeX \tag{7.35}$$

$$Me' + 1/2X_2 = Me'X \tag{7.36}$$

则

$$\Delta_r G^\theta_{m(7.35)} = \Delta_f G^\theta_{m(Me'X)} - \Delta_f G^\theta_{m(MeX)} = \frac{1}{2}(\pi_{X(Me'X)} - \pi_{X(MeX)}) \tag{7.37}$$

式中，$\Delta_f G^\theta_{m(Me'X)}$、$\Delta_f G^\theta_{m(MeX)}$ 分别为化合物 Me'X、MeX 的标准摩尔生成吉布斯能；$\pi_{X(Me'X)}$、$\pi_{X(MeX)}$ 为化合物 Me'X、MeX 的 X 势。

(1)金属热还原法中的还原剂选择

在标准状态下，$\Delta_f G^\theta_{m(Me'X)} < \Delta_f G^\theta_{m(MeX)}$，或 $\pi_{X(Me'X)} < \pi_{X(MeX)}$ 时，$\Delta_r G^\theta_{m(7.34)} < 0$，还原反应能自发进行。这是金属热还原法选择还原剂的重要依据。但对于一些复杂情况，选择还原剂还要做如下一些考虑：

①当 Me 有多种化合价态时，应以还原至最稳定化合物为标准。一般在高温下，多价态的化合物中，最低价金属化合物最稳定(如钛氧化物中，TiO 最稳定)。因此，考虑还原剂 Me'时，还原剂还原形成的产物稳定性大于被还原金属的最低价化合物的稳定性。

②当 Me 与 X 形成固溶体时，MeX 还原难度增大，这时要求还原剂还原能力更强，以使 Me 从固溶体中还原出来。

③当 MeX 与还原产物 Me'X 或与加入的熔剂形成溶液时，MeX 活度降低、还原难度增大，

这时也要求还原剂还原能力更强,以使 Me 从溶液中还原出来。

由氧势图可见,Mg、Ca、Al、Ti、Si 等金属氧化物的氧势线与其他金属氧化物氧势线大致是平行的,则由式(7.37)可推知,$\Delta_r G^{\theta}_{m(7.34)}$ 中的 $\Delta_r S^{\theta}_{m(7.34)}$ 是很小的(产物为气体的除外),因此,反应(7.34)的 $\Delta_r H^{\theta}_{m(7.34)}$ 对 $\Delta_r G^{\theta}_{m(7.34)}$ 起决定作用。

金属热还原反应的 $\Delta_r H^{\theta}_m$ 可由式(7.34)计算得到。由计算结果发现,金属热还原反应是一个高放热的反应,其中的一些金属热还原反应(如铝热法生产钛铁)时,还原反应只要点火起动后,外部不补充热量也可以使反应顺利进行,同时冶炼炉内温度能达到冶炼产品熔化及其分离的温度。

由计算得到的 $\Delta_r H^{\theta}_m$ 可进一步计算金属还原反应的单位热效应,这是金属热还原反应一个重要基础数据。这里所指的单位热效应(q)是把在 298 K 下单位质量反应物反应所产生的热量,可用来衡量金属热还原反应的热效应。其计算式为:

$$q = \frac{\Delta_r H^{\theta}_{m,298\ \mathrm{K}}}{\sum M} \tag{7.38}$$

式中,$\Delta_r H^{\theta}_{m,298\ \mathrm{K}}$ 为金属热还原反应在 298 K 时的标准焓变;$\sum M$ 为反应物的总质量。

[例 7.1] 采用金属热还原法还原 $TiCl_4$ 制备金属钛,求:

①试根据图 7.4 分析用金属热还原法还原 $TiCl_4$ 生产金属钛时,可供选用的还原剂有哪些?锰能否作为还原剂将 $TiCl_4$ 还原得金属钛?

②设还原剂为某二价金属 Me′,还原温度下还原产物 $Me'Cl_2$ 与被还原物 $TiCl_2$ 形成熔体。熔体为理想溶液,求产物 $Me'Cl_2$ 中残留的 $TiCl_2$ 量与温度的关系。

③用 Mg 作还原剂时,还原温度为 1 100 K 时,$\Delta_f G^{\theta}_{m(MgCl_2)}$ 约为 −471 100 J/mol,$\Delta_f G^{\theta}_{m(TiCl_2)}$ 约为 −340 000 J/mol,求镁作还原剂时,$MgCl_2$ 熔体中残余 $TiCl_2$ 活度。

解 ①钛有 $TiCl_4$、$TiCl_3$、$TiCl_2$ 三种氯化物,以 $TiCl_2$ 最稳定。根据图 7.4,可作为 $TiCl_2$ 还原剂的有 Mg、Na、Ca 等。锰作为还原剂还原 $TiCl_4$ 制备金属钛时,要求 $MnCl_2$ 的稳定性高于 $TiCl_2$。但在图 7.4 中,$MnCl_2$ 氯势线高于 $TiCl_2$ 氯势线,表明 $MnCl_2$ 的稳定性低于 $TiCl_2$,因此,锰不能作为还原剂将 $TiCl_4$ 还原得金属钛。

②还原反应的残余 $TiCl_2$ 量,即还原反应:$(TiCl_2) + Me' \xlongequal{} Ti + (Me'Cl_2)$ 达到平衡时的 $TiCl_2$ 的量。由题意可知,$a_{TiCl_2} = x_{TiCl_2}$,$a_{Me'Cl_2} = x_{Me'Cl_2}$,$a_{Ti} = a_{Me'} = 1$。

由:

$$Ti_{(s)} + Cl_2 = TiCl_{2(s)} \qquad \Delta_r G^{\theta}_m = \Delta_f G^{\theta}_{m(TiCl_2)} \tag{7.39}$$

$$Me' + Cl_2 = Me'Cl_{2(s)} \qquad \Delta_r G^{\theta}_m = \Delta_f G^{\theta}_{m(Me'Cl_2)} \tag{7.40}$$

$$TiCl_{2(s)} = (TiCl_2) \qquad \Delta_s G^{\theta}_m = 0 \tag{7.41}$$

$$Me'Cl_{2(s)} = (Me'Cl_2) \qquad \Delta_s G^{\theta}_m = 0 \tag{7.42}$$

式(7.40) − 式(7.39) − 式(7.41) + 式(7.42)得:

$$(TiCl_2) + Me' = Ti + (Me'Cl_2) \tag{7.43}$$

则:$\Delta_r G^{\theta}_{m(7.44)} = \Delta_r G^{\theta}_{m(7.41)} - \Delta_r G^{\theta}_{m(7.40)} - \Delta_r G^{\theta}_{m(7.42)} + \Delta_r G^{\theta}_{m(7.43)} = \Delta_f G^{\theta}_{m(Me'Cl_2)} - \Delta_f G^{\theta}_{m(TiCl_2)}$

由 $\Delta_r G_{m(7.44)} = \Delta_r G^{\theta}_{m(7.44)} + RT\ln J_{a(7.44)} = \Delta_r G^{\theta}_{m(7.44)} + RT\ln \dfrac{a_{Ti}\cdot a_{Me'Cl_2}}{a_{Me'}\cdot a_{TiCl_2}} = 0$,得:

$$\Delta_f G^{\theta}_{m(Me'Cl_2)} - \Delta_f G^{\theta}_{m(TiCl_2)} + RT\ln \frac{x_{Me'Cl_2}}{x_{TiCl_2}} = 0$$

解得：
$$\frac{x_{TiCl_2}}{x_{Me'Cl_2}}=\exp\left[\frac{\Delta_f G^{\theta}_{m(Me'Cl_2)}-\Delta_f G^{\theta}_{m(TiCl_2)}}{RT}\right]$$

③当以 Mg 为还原剂，还原反应为：

$$(TiCl_2)+Mg \xlongequal{} Ti+(MgCl_2) \tag{7.44}$$

$\Delta_r G^{\theta}_{m(7.45)}$类似于上述过程，可求得：

$$\Delta_r G^{\theta}_{m(7.45)}=\Delta_f G^{\theta}_{m(MgCl_2)}-\Delta_f G^{\theta}_{m(TiCl_2)}$$

1 100 ℃时，$\Delta_r G^{\theta}_{m(7.45)}=\Delta_f G^{\theta}_{m(MgCl_2)}-\Delta_f G^{\theta}_{m(TiCl_2)}=-471\ 100-(-340\ 000)=-131\ 100$ (J/mol)

由 $\Delta_r G_{m(7.45)}=\Delta_r G^{\theta}_{m(7.45)}+RT\ln J_{a(7.45)}=\Delta_r G^{\theta}_{m(7.45)}+RT\ln\frac{a_{Ti}\cdot a_{MgCl_2}}{a_{Me'}\cdot a_{TiCl_2}}=0$，得：

$$-131\ 100+8.314\times 1\ 100\times\ln\frac{a_{MgCl_2}}{a_{TiCl_2}}=0$$

解得：
$$\frac{a_{MgCl_2}}{a_{TiCl_2}}=1.68\times 10^6$$

由于$\frac{a_{MgCl_2}}{a_{TiCl_2}}$很大，则 $a_{MgCl_2}\gg a_{TiCl_2}$，以纯物质为标准态时，a_{MgCl_2}可视为 1，则：

$$a_{TiCl_2}=1/(1.68\times 10^6)=5.95\times 10^{-7}$$

(2)影响金属热还原法还原效果的影响

根据热力学因素对还原反应的影响分析可知，影响金属热还原法的因素主要有：

1)还原剂性质

还原剂对应产生的化合物稳定性越好，越有利于提高还原效果。

2)添加剂

凡能提高被还原物的活度，或降低生成物活度的添加剂，都有利于提高还原效果。

3)系统的压强

对反应前后有气体存在的反应，压强增大，有利于反应向气体体积减少方向进行。

7.6 真空还原

这里的"真空"，在工程上是指低于该地区大气压的稀薄气体状态。从另一角度说，"真空"是指在给定的空间内，气体分子的密度(或压强)低于该地区大气压的气体分子密度(或压强)的状态。在冶炼过程中一般是靠真空泵对冶炼容器进行抽气实现真空。通常用气体的压强来衡量真空程度，处于真空状态下的气体的压力值称为真空度。

对有气态物质存在且反应后气体体积减小的还原反应采用真空条件，以促进还原过程的操作称为真空还原。在热力学上，采用真空还原，可降低还原反应开始温度，下面进行分析。

设真空还原反应为：

$$MA_{(S)}+X_{(S)} \xlongequal{} M_{(S)}+XA_{(g)} \tag{7.45}$$

$$\Delta_r G_m=\Delta_r G^{\theta}_m+RT\ln\frac{a_M P_{XA}}{a_{MA}a_X}=A+BT+RT\ln P_{XA}$$

反应达到平衡时，$\Delta_r G_m = 0$，得反应开始温度为：

$$T_{开} = -\frac{A}{B + R \ln P_{XA}}$$

由上式可见，在真空条件下，随真空度增大，P_{XO}而降低，真空还原开始温度降低。

[**例 7.2**]　用硅还原 MgO 制取金属镁的反应为：

$$Si_{(s)} + 2MgO_{(s)} \xlongequal{} SiO_{2(s)} + 2Mg_{(g)}$$

已知 $\Delta_r G_m^\theta = 610\ 864 - 258.57T$(J/mol)

①设镁处于气体状态，求还原反应的起始温度(最低温度)与镁分压的关系；

②分别在 $P'_{Mg} = P^\theta$ 和 $P'_{Mg} = 10^{-4}P^\theta$ 条件下，求还原反应进行的最低温度，其结果说明什么问题?

解　①镁处于蒸气状态时，反应的吉布斯自由能变化：

$$\begin{aligned}\Delta_r G_m &= \Delta_r G_m^\theta + 2RT \ln(P_{Mg}) \\ &= 610\ 864 - 258.57T + 16.628T \ln(P_{Mg}) \\ &= 610\ 864 - [258.57 - 16.628 \ln(P_{Mg})]T\end{aligned}$$

令 $\Delta_r G_m = 0$，得：

$$P_{Mg} = \exp(-36\ 737.07/T + 5\ 667\ 601.91)$$

②当 $P'_{Mg} = P^\theta$ 时，$P_{Mg} = P^\theta/P^\theta = 1$，代入 $P_{Mg} = \exp(-36\ 737.07/T + 5\ 667\ 601.91)$，得：

$$T_{开1} = 2\ 362.47\ K = 2\ 089.47\ ℃$$

当 $P'_{Mg} = 10^{-4}P^\theta$ 时，$P_{Mg} = 10^{-4}P^\theta/P^\theta = 10^{-4}$，代入 $P_{Mg} = \exp(-36\ 737.07/T + 5\ 667\ 601.91)$，得：

$$T_{开2} = 1\ 483.69\ K = 1\ 210.69\ ℃$$

计算结果说明，镁蒸气压降低有助于降低还原反应开始温度。

复习思考题

1. 解释概念：直接还原，间接还原，浮士体。

2. 写出 CO、H_2、C 作还原剂还原铁氧化物的反应，它们各有何热力学特点？

3. 根据 CO 还原铁氧化物热力学平衡图(Fe-O-C 系热力学平衡图，Fe-O-C 系中铁氧化物 CO 还原优势区域图)写出 CO 还原铁氧化物热力学平衡图 7.7 中各线上的反应，试分析各区域的稳定存在物是什么。

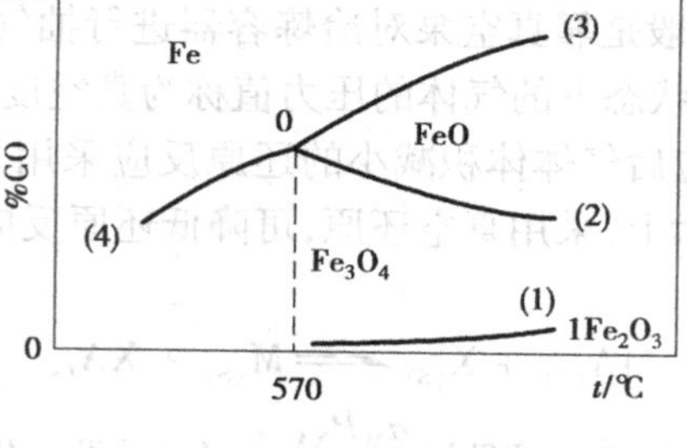

图 7.7　Fe-O-C 系热力学平衡图

4. 从热力学角度说明为什么溶解于溶液的氧化物还原较其纯氧化物困难。

5. 真空操作可降低哪一类型还原反应的开始温度？

6. 图 7.8 为 $P=1$ 时，固体碳存在时对间接还原铁的各级氧气物影响的平衡图。

(1)写出平衡曲线(1)—(5)的化学反应方程式。

(2)分析 Fe、FeO、Fe_3O_4 的稳定区，并在图中标出。

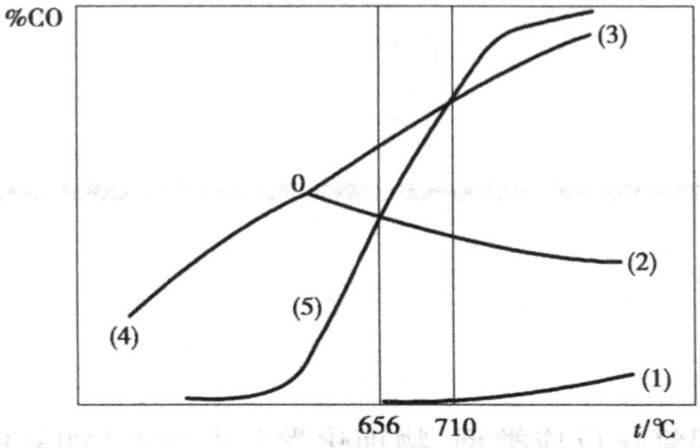

图 7.8　$P=1$ 时，固体碳存在时对间接还原铁的各级氧气物影响的平衡图

7. 什么是溶液中氧化物还原反应的元素分配比（分配常数）？其热力学影响因素主要有哪些？

8

氧化过程

学习内容：

金属液吹氧熔炼过程氧化反应类型，物理化学基本特点（如氧的传递过程），熔池中 Fe、C、Si、Mn、P、S 等元素氧化热力学，元素选择性氧化，脱 S、脱 P、脱氧热力学，去气、钢液成分调整（合金化），钢液二次精炼热力学。

学习要求：

- 了解金属液吹氧熔炼过程基本物理化学特点、吹氧熔炼中元素选择性氧化热力学、钢液二次精炼热力学；脱氧动力学，脱氧非金属夹杂物。
- 理解吹氧过程元素氧化类型、氧的传递过程、脱碳反应、硅和锰的氧化、脱磷、脱硫、脱氧等反应热力学；理解气体的溶解和去除热力学。
- 掌握脱碳、脱磷、脱硫、脱氧反应的热力学分析。

氧化-还原过程伴随着火法冶金的始终，例如硫化物的氧化、铁水中各种杂质的去除等过程都是氧化反应过程。炼钢过程是典型的氧化反应，本章将以炼钢反应为例，分析氧化反应的特点。现代的各种炼钢方法在加热方式上虽然不同，但是去除杂质的基本过程是一样的。大多数炼钢过程中去除杂质的主要手段是向熔池吹入氧气（或加入矿石）并加入石灰等材料造碱性熔渣。本章介绍的主要是在吹氧和碱性渣条件下进行的碳、硅、锰、磷、硫的氧化反应的热力学。

8.1 氧化熔炼反应的热力学原理

氧化熔炼是指利用还原剂从矿石中除去氧获得的粗金属，在氧化剂作用下，使粗金属中过多（即超过允许含量）的元素及杂质通过氧化作用分离除去的过程。以生铁（包括直接还原的海绵铁、废钢）为主要原料的氧化熔炼中，需要除去的元素和杂质可分为三类：

①在高炉中过多还原的元素，如硅、锰，特别是溶解的碳；

②对产品性能有危害的杂质元素，如 S、P 及气体（H、N）；

③在氧化过程中由氧化剂引入的氧及其伴生的夹杂物。

因此,炼钢过程中的主要反应是元素(硅、锰、碳、磷)的氧化、脱硫、去气体(H、N),脱氧及调整钢液的成分(合金化),最后把化学成分合格的钢液浇注成钢锭或连铸坯,便于轧制成材。

被除去的元素,按其排出形态的不同,又可分为两类:

①元素氧化成为凝聚态化合物,进入熔渣中被排除,而这种元素以不同的结构形态共存于熔渣-金属液间,可由反应的平衡常数导出的分配常数来讨论反应的热力学条件,以及计算出反应终了时金属液中元素的残存浓度。

②元素氧化成为气态化合物进入气相被排除,如 CO 容易排出,特别是在较低的气压(真空)下,能推动反应的进行。碳的氧化不仅能除去多余的碳,而且在炼钢中有很大的积极作用,能促进熔池的传热和传质,加速钢-渣的界面反应,并能排出溶解的气体。

现在盛行的炼钢方法主要有两种:以高炉铁水或铁浴熔融还原铁水为主要原料的氧气转炉炼钢法和以废钢为主要原料的电弧炉炼钢法。在氧气转炉炼钢法中,按照氧气吹入转炉的方式不同,分别有顶吹氧气转炉炼钢、底吹转炉炼钢、顶底复合吹炼炼钢。在电弧炉炼钢中,氧化精炼时,也大多采用了吹氧法。在这些炼钢方法的工艺中,虽然炼钢的方法和操作不同,在不同程度上有所区别,但是钢-渣间平衡的基本原理却是相同的。而且使用纯氧精炼,也不会改变炼钢过程的基本反应和其平衡状态,仅是反应的动力学上有变化。由于熔池内出现了强烈的搅拌,促使气-金属-熔渣体系趋近于平衡状态,这就使热力学的平衡计算在炼钢中有重大意义。

氧化熔炼的反应主要是在熔渣-金属液间的界面进行,可利用液-液相间反应的双模理论模型来研究这些反应的动力学。但由于这些反应是高温(1 550 ~1 650 ℃)下的电化学反应,其反应速率远大于组分在两相内的传质速率,所以两相内的传质之一往往成为整个反应过程速率的限制性环节。因此,应着重讨论传质对反应速率的影响。

8.1.1 元素氧化的类型

用于氧化精炼的氧化剂有氧、空气、含氧的气体和矿石等。例如,氧气转炉是从氧枪或喷嘴吹入的氧气;而电炉是吸入炉内的少量空气,废钢带入的铁锈和装入的铁矿石以及吹入的氧气。

当气体氧与金属液面接触时,将发生下列反应:

$$\frac{2x}{y}[M] + O_2 = \frac{2}{y}(M_xO_y) \tag{8.1}$$

或简单表示为:

$$2[M] + O_2 = 2(MO) \tag{8.2}$$

$$2[Fe] + O_2 = 2(FeO) \tag{8.3}$$

这类氧化称为直接氧化反应。即使溶解元素[M]与氧有较大亲和力,但[Fe]的氧化仍占绝大的优势。因为熔池表面铁原子数远比被氧化元素的原子数多,所以在与气体氧接触的铁液面上,瞬时即有氧化铁膜形成,再将易氧化的元素氧化形成的氧化物和熔剂结合成熔渣层。在氧化性气体的作用下,这种渣层内的 FeO 又被氧化,形成 Fe_2O_3,向渣-金属液界面扩散,在此,Fe_2O_3 还原成 FeO。这样形成的 FeO,一方面,作为氧化剂,去氧化从金属熔池中扩散到渣-金属液界面上的元素,其反应式为:

$$[M] + (FeO) = (MO) + [Fe] \tag{8.4}$$

另一方面,又按分配定律,溶解于金属液的[O]间接氧化[M]。反应式为:

$$(FeO) = [Fe] + [O] \tag{8.5}$$

$$[M] + [O] = (MO) \tag{8.6}$$

反应(8.4)和(8.6)称为间接氧化反应。

因此,熔池中作为氧化剂的氧有三种形式:气体氧 O_2,熔渣中的 FeO 及溶解于金属液中的氧[O],分别有三种氧化反应类型(8.2)、(8.4)、(8.6)。而反应(8.4)是反应(8.5)和(8.6)的组合。反应(8.2)是分析氧质量平衡及能量平衡的物量基础,而反应(8.4)及(8.6)则是熔池中元素反应热力学的条件及平衡计算的基础,因为金属液中残存元素[M]不是与 O_2,而是与(FeO)或[O]保持平衡的。

与熔渣接触的金属液中,溶解的最大氧量决定于熔渣的氧化能力。按分配定律,可由渣中 FeO 的活度确定:$[\%O] = L_O a_{FeO}$。因此,为加强元素的氧化,渣中应保持有足够量的氧化铁,并使其有较高的活度。这可向渣中直接加入铁矿石,更为有效的是直接向熔池吹入氧气。

在氧气转炉中,熔池受到了氧气流的冲击和熔池的强烈沸腾作用,在熔池上空形成了气-渣-金属液的乳化状体系,熔池的铁水以铁珠状弥散分布于其中,极大地增加了渣-金属液间的界面(0.5~1.5 m^2/kg),但其内元素的氧化仍按前述方式进行,只不过传质过程更加剧烈了。

8.1.2 炉气中的 O_2 向钢液中的传递

炼钢过程中,炉气主要通过熔渣层向钢液传递氧,如图 8.1 所示。其主要过程为气相中的氧气传递到熔渣层表面,将渣中 FeO 氧化成 Fe_2O_3,在化学势的驱动下,Fe_2O_3 在熔渣层中向渣-金属液界面进行扩散,在界面上被 Fe 还原成 FeO。FeO 按分配定律,一部分进入金属液中(即[O]溶解入金属液中),另一部分进入渣中,又向气-渣界面上扩散。

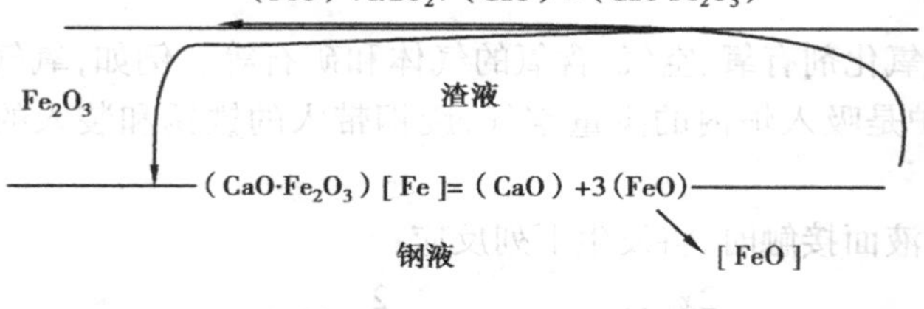

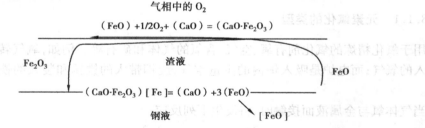

图 8.1　O_2 通过熔渣层向钢液中的传递过程示意图

8.1.3 氧化熔炼金属液中元素氧化的 ΔG^θ-T 图

氧化熔炼金属液中元素氧化的 ΔG^θ-T 图(如图 8.2 所示)是指反应[M] + [O]══(MO)的 ΔG^θ 与温度 T 之间的关系图,其中的 ΔG^θ 可由下述最基础的 4 个反应线性组合得到:

$$2M_{(S)} + O_2 = 2MO_{(S)} \tag{8.7}$$

$$M_{(S)} = M_{(l)} \tag{8.8}$$

$$M_{(l)} = [M] \tag{8.9}$$

$$O_2 = 2[O] \tag{8.10}$$

式(8.7) − 2 × 式(8.8) − 2 × 式(8.9) − 式(8.10)得:

$$2[M] + 2[O] = 2(MO) \tag{8.11}$$

$$\Delta G^\theta_{(8.11)} = \Delta G^\theta_{(8.7)} - 2\Delta G^\theta_{(8.8)} - 2\Delta G^\theta_{(8.9)} - \Delta G^\theta_{(8.10)} \tag{8.12}$$

ΔG^{θ}-T 图的应用：

①可比较铁液中元素在标准状态下氧化的顺序。

②可判断铁液中元素氧化的程度。

以图 8.2 中的 $2[Fe]+2[O]\!=\!=\!=2FeO_{(l)}$ 的 ΔG^{θ}-T 为分界线，可将铁水中元素的氧化分为两类：

a. ΔG^{θ}-T 线之上的元素在炼钢过程中不会氧化；

b. ΔG^{θ}-T 线之下的元素在炼钢过程中全部或大部分氧化。

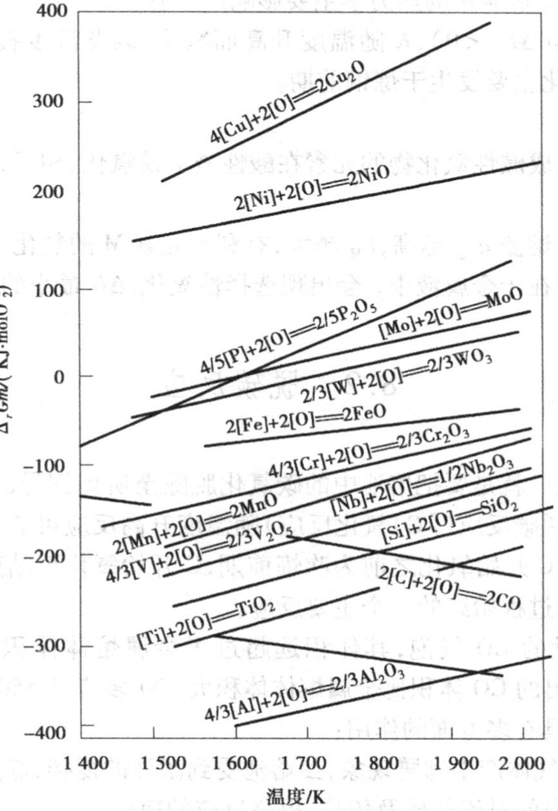

图 8.2 铁水中元素氧化的氧势图

③炼钢过程中，合金元素加入的时间及有害元素控制。

a. 炼钢过程中不被氧化的有害元素，在炼钢前应考虑加以剔除，如 Pb、Sn、Cu 等。

b. 在炼钢过程中不被氧化的，是炼钢过程所需的元素，可在入炉原料中加入，如 W、Mo、Ni 等。

c. Cr、Mn、Nb、V 等在熔炼过程中部分氧化，还原期加入。

d. Si、Ti、Al 等基本上能完全氧化，脱氧任务完成时引入，出钢时加入。

8.1.4 熔体中元素氧化的热力学条件确定

在炼钢过程中，非铁元素的氧化反应：

$$[M]+(FeO)\!=\!=\!=(MO)+[Fe] \tag{8.4}$$

其进行的热力学条件可根据等温方程确定，等温方程是：

$$\Delta G = \Delta G^{\theta} + RT\ln\frac{a_{(MO)}\cdot a_{[Fe]}}{a_{[M]}\cdot a_{(FeO)}} < 0 \tag{8.13}$$

对反应式(8.4)有：

$$L_M = \frac{x_{(MO)}}{\omega_{[M]}} = K\frac{a_{FeO}}{r_{MO}} \tag{8.14}$$

式中，K 为反应式(8.4)的平衡常数；L_M 为 M 在渣-金属液之间的分配比。

由式(8.14)可见，元素氧化的热力学主要影响因素有：

①温度。反应放热($\Delta H^{\theta}<0$)，K 随温度升高而减小，因此温度提高不利于元素的氧化。在炼钢过程中，元素氧化主要发生于炼钢前期。

②熔渣性能。

a. 熔渣酸碱性。形成碱性氧化物的元素在酸性渣下易氧化，相反，形成酸性氧化物的元素在碱性渣下易氧化。

b. 熔渣的氧化性。熔渣 a_{FeO} 越高，L_M 越大，有利于元素 M 的氧化。

③多种元素同时存在于金属液中，会出现选择性氧化，ΔG 最小的元素最先氧化。

8.2 脱碳反应

炼钢的重要任务之一就是要把熔池中的碳氧化脱除至所炼钢号的要求。由图 8.2 可见，与其他元素氧化相反，脱碳反应([C]氧化反应)随温度升高反应可能性增大。存在 C 开始被大量氧化的开始温度。C 开始氧化之前为吹炼前期，C 开始氧化至结束为吹炼中期。生产中脱碳反应是贯穿于炼钢过程始终的一个主要反应。

碳氧化能形成大量的 CO 气泡，其体积远超过了金属熔体体积的许多倍。例如，氧化 $\omega[C]=0.1\%$ 的碳，放出的 CO 体积比金属熔体体积大 100 多倍(1 550 ℃)。脱碳反应的产物 CO 气体在炼钢过程中具有多方面的作用：

①从熔池排出 CO 气体产生沸腾现象，使熔池受到激烈的搅拌，起到均匀熔池成分和温度的作用，加强整个熔池内的对流传质及传热，提高反应的速率。

②大量的 CO 气体通过渣层能产生泡沫渣和气-渣-金属三相乳化现象。

③上浮的 CO 气体有利于清除钢中气体(如[H]、[N]等)和夹杂物，从而提高钢的质量。

④CO 排出造成熔池上涨，可导致产生喷溅现象。

氧气顶吹转炉生产低碳钢时，当熔池中含碳量低于一定数值后，脱碳速度将随含碳量的降低而减小，脱碳反应成为决定转炉生产率的重要因素。

脱碳反应同炼钢中其他反应有着密切的联系。熔渣的氧化性、钢中含氧量等也受脱碳反应的影响。

8.2.1 脱碳反应热力学

(1)炼钢熔池内的脱碳反应

碳在氧气炼钢中一部分可在反应区同气体氧接触而受到氧化，反应式为：

$$2[C]+O_2 = 2CO \tag{8.15}$$

碳也能同金属中溶解氧发生反应而氧化去除,反应式为:

$$[C]+[O] = CO \tag{8.16}$$

$$[C]+2[O] = CO_2 \tag{8.17}$$

在通常的熔池中,碳大多数是按反应(8.16)进行,即熔池中碳的氧化产物绝大多数是 CO 而不是 CO_2。由反应(8.16)能确定熔炼末期钢液的平衡氧浓度。

反应(8.16)的平衡常数 K 可表示为:

$$K_C = \frac{P'_{CO}/P^\theta}{a_{[C]}a_{[O]}} = \frac{P'_{CO}/P^\theta}{f_C[\%C]f_O[\%O]} \tag{8.18}$$

式中,P'_{CO}为同熔池中[C]平衡的气相中 CO 的分压。

式(8.18)中的平衡常数与温度之间的关系的公式很多,常用的有:

$$\lg K_C = \frac{1\,160}{T} + 2.003$$

$$\lg K_C = \frac{811}{T} + 2.205$$

$$\lg K_C = \frac{1\,860}{T} + 1.643$$

上述各式的系数虽略有不同,但所得的 K 却非常相近,这表明各研究的结果是一致的。C-O 反应的平衡常数值随温度的变化不大,并且随温度的升高而略有减低的趋势。

(2)**碳氧积(m)**

为了分析炼钢过程中[C]和[O]间的关系,常将 P'_{CO}取为一个大气压,并且因为[%C]低时,f_C 和 f_O 均接近于1,则式(8.18)可简化为:

$$K = \frac{P'_{CO}/P^\theta}{a_{[C]}a_{[O]}} = \frac{P'_{CO}/P^\theta}{[\%C][\%O]} \tag{8.19}$$

式(8.19)中[%C][%O]可用 m 表示,即 $m=[\%C][\%O]$。

m 称为碳氧浓度积,是指在钢液中反应式[C]+[O]══CO 在一定条件(T、P)下达到平衡时的[%C][%O]的值。

m 值也具有化学反应平衡常数的性质。在一定温度和压力下是一个常数,而与反应物和生成物的浓度无关。实际炼钢过程中,当温度一定时,m 为一定值,各研究者测定的 1 600 ℃的 $K=318.4\sim497$,由此得出 $P'_{CO}=100$ kPa 的 $m=0.002\sim0.003$,一般取 $m=0.002\,5$。该值适合于炼钢温度(1 550~1 620 ℃)。因此,[%C]和[%O]之间具有如图 8.3 所示的等边双曲线函数的关系。

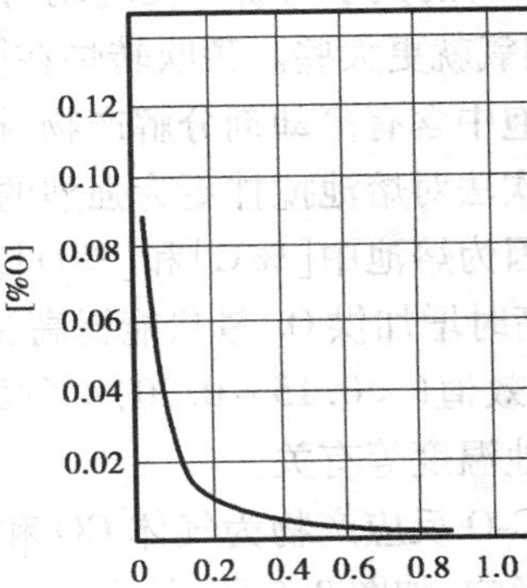

图 8.3 钢液脱碳过程中[%C]与[%O]的关系(条件:100 kPa、1 600 ℃)

实际上 m 不是一个常数。一些研究发现,m 值随[%C]的增加而减少。在不同的[%C]和温度时,m 值随[%C]的变化情况见表 8.1。

表 8.1　不同温度和含碳量的碳氧浓度积

[%C]	[%C][%O]×10³					备　注
	1 500	1 600	1 700	1 800	1 900	
0.02～0.20	1.86	2.00	2.18	2.32	2.45	有 CO_2 反应，$f_C=f_O\approx1$； 基本无 CO_2 反应，$f_C>1$，$f_O>1$
0.50	1.77	1.90	2.08	2.20	2.35	
1.00	1.68	1.81	1.96	2.08	2.25	
2.00	1.55	1.70	1.84	1.95	2.10	

m 值不守常的原因，在碳含量低时，由于反应（8.15）和反应（8.16）同时发生，生成了 CO_2；在碳含量高时，是由于活度系数不能忽略。

各钟炼钢方法中实际的熔池[O]含量都高于相应的理论含量。图 8.4 表示了氧气转炉实际的[%C][%O]与相应的理论值的比较。

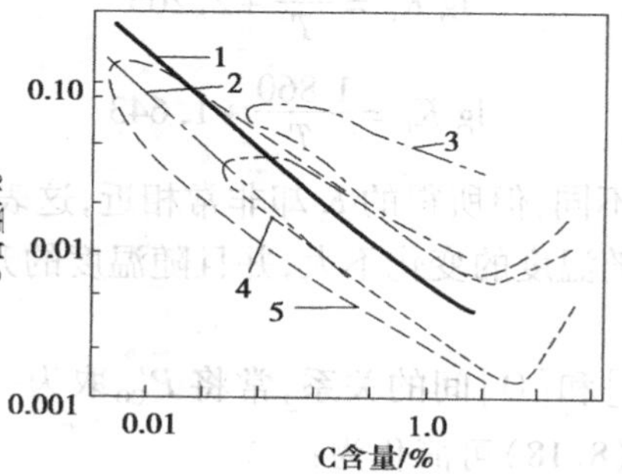

图 8.4　实际炼钢熔池的碳氧关系

1—$P'_{CO}=0.1$ MPa；2—$P'_{CO}=0.04$ MPa；3—80 tLD；4—230tQ-BOP；5—5tQ-BOP

实际熔池中的$[\%O]_{实际}$与[%C]相平衡的$[\%O]_{平衡}$值和之差称为过氧（$\Delta[\%O]$），过剩氧 $\Delta[\%O]$ 的大小与脱碳反应动力学有关。脱碳速度大，则反应接近平衡，过剩氧值较小；反之，过剩氧就更大些。顶吹转炉在 $[\%C]\approx0.03$ 时接近 $P_{CO}=0.1$ MPa 的平衡曲线。底吹转炉熔池气泡中含有冷却剂分解产物，按 $P_{CO}=0.04$ MPa 考虑，实际[%O]和平衡曲线更近，这是由于底吹法对熔池搅拌更为强烈的缘故。

正因为熔池中[%C]和[%O]基本上保持着平衡的关系，[%C]高时，[%O]低。因此，在[%C]高时增加供 O_2 量只能提高脱碳速度，而不会增加熔池中[%O]；但是要使[%C]降低到很低，有效值（$<0.15\sim0.20$）必须维持熔池中有很高的[%O]。[%C]低时，[%O]还与渣中 a_{FeO}、熔池温度等有关。

因 C-O 反应产物为气体 CO 和 CO_2，所以当温度一定时，C-O 平衡关系还要受 P_{CO} 或总压变化的影响，如图 8.5 所示。

综上所述，从热力学条件考虑，一些因素影响脱碳反应情况为：

①增大 f_C 有利于脱碳。

②增大 f_O 和[%O]有利于脱碳。炼钢中可加一些氧化剂（如矿石）入钢液，增加钢液中氧量，以降低碳含量。

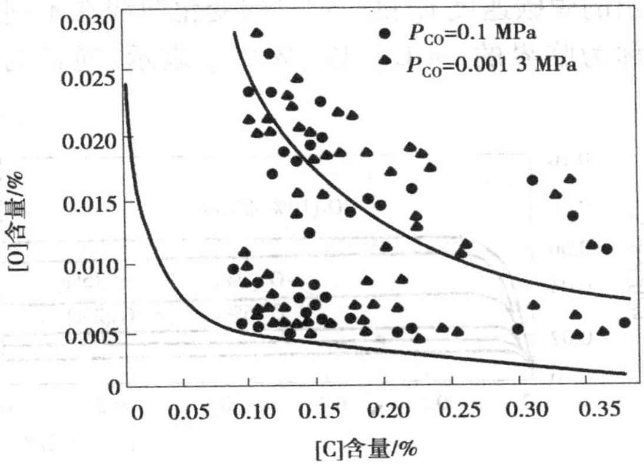

图 8.5 实际生产中压力对碳氧平衡的影响

③降低气相中 CO 的分压能使脱碳反应顺利进行。真空条件下，钢液的碳及氧浓度可进一步降低。

④温度对脱碳反应的影响不大。

8.2.2 脱碳反应的动力学条件

(1)脱碳反应组成环节

熔池中碳和氧的反应至少包括 3 个环节：

①反应物 C 和 O 向反应区扩散。

②[C]和[O]进行化学反应。

③排出反应产物(CO 或 CO + CO_2 混和物)。

当新相(气泡)能顺利生成时，哪一个环节是控制环节可由其表现活化能的大小判断。

如活化能 $E \geqslant 1\ 245$ kJ/mol，则化学反应是控制环节，整个过程处于化学动力学领域；如活化能 $E \leqslant 418$ kJ/mol，则过程受扩散控制，整个过程处于扩散领域；当活化能 E 在二者之间时，则处于扩散与化学动力学混合领域。据一些文献报导的碳氧化反应的表观活化能在 63 ~ 146 kJ/mol 之间波动，远比上述的数值低得多，因此可以认为碳氧化反应的控制环节是在扩散领域，即碳和氧向反应区扩散是整个脱碳反应速度的控制环节。在高温下，$[C] + [O] = \{CO\}$ 化学反应非常迅速，实际上是个瞬时反应。某些特殊情况下，CO 气泡成核困难时，新相生成也可能是控制脱碳的主要环节。

(2)[C]和[O]的扩散

碳氧化反应产物是气体，当钢液被熔渣层覆盖时，[C]和[O]之间的反应在钢液中早已存在的气泡界面上进行，生成的 CO 分子能立即转入气相。[C]和[O]是表面活性元素，[C]和[O]向气泡表面扩散，并吸附于气泡表面上进行化学反应。由于反应进行得很迅速，所以在气泡和钢液的相界面上二者很接近于平衡。然而在远离相界面处的[C]和[O]的浓度比气泡表面上的浓度大得多，于是形成一个浓度梯度，使[C]和[O]不断向反应区扩散。

[C]和[O]的扩散，哪一个是控制环节呢？对这个问题有几种不同的看法。较普遍的看法是：[C]高[O]低时，[O]的扩散为控制环节；[C]低[O]高时，则[C]的扩散成为控制环节。

感应炉吹氧炼钢实验得出的脱碳速度 v_C 随[%C]的变化曲线在不同的吹所氧条件下均有一拐点。拐点处的[%C]称为临界的[%C]，以$[\%C]_{临}$表示，通常为 0.10～0.07，如图 8.6 所示。

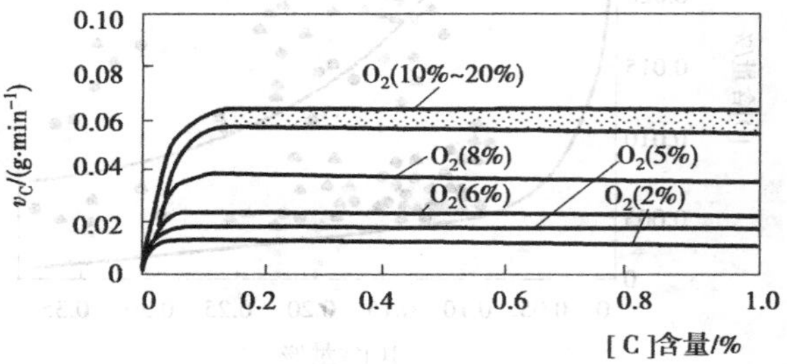

图 8.6　不同吹氧条件下脱碳速度随含碳量的变化

当金属中实际的[%C]低于$[\%C]_{临}$时，v_C 随[%C]降低而显著降低。$v_C = k[\%C]$，这时[C]的扩散速度将决定整个脱碳反应的速度；反之，当金属中$[\%C]_{实际} > [\%C]_{临}$时，$v_C \approx k[\%C] \approx K'P'_{O_2}$，[O]的扩散速度决定着整个脱碳反应的速度。因此，随着供氧量的增加，使 r_c 亦相应增大。

(3)CO 产生条件

某些情况下，析出碳氧化反应产物 CO 气泡亦可成为控制脱碳反应速度的环节。CO 在熔铁中溶解度很小，但在钢液中没有现成的气液相界面时，产生新的界面需要极大的能量，新生成的气泡越小，需要的能量越大。钢液的表面张力 $\sigma_{m\text{-}g}$ 为 1.5 N/m，设新产生的 CO 气泡核心半径为 1×10^{-9}m，则这个气泡核心所受的毛细管张力为：

$$P'_{CO} = \frac{2\sigma_{m\text{-}g}}{r_g} = 2\times1.5/10^{-9} = 3\,000(MPa)$$

实际上，CO 气泡所受到的压力还包括钢液、炉渣和炉气的静压力。

$$p_{CO} = p_{(g)} + \rho_m h_m + \rho_s h_s + 2\sigma_{m\text{-}g}/r_{(g)} \qquad (8.20)$$

式中，$P_{(g)}$为炉气压力；ρ_m、ρ_s 分别为钢、渣的密度；h_m、h_s 分别为钢、渣层的厚度。

由式(8.20)可知，在钢液内产生一个很小的 CO 气泡核心，需要克服上万个大气压的压力，因而实际上不可能生成。只有在钢液中有已经存在的气液界面时，才能减少生成气泡的阻力，使碳氧反应顺利进行。

氧气转炉炼钢，氧流在反应区和金属液直接接触，并有大量气泡弥散存于金属熔池内，所以生成 CO 气泡很顺利，这也是转炉脱碳速度很大的原因。在电炉和钢液真空处理时，金属被渣层所覆盖，最可能生成 CO 气相的地点是在炉底和炉壁的耐火材料表面上。因为从微观的角度来看，耐火材料表面是粗糙不平的，而且耐火材料与钢液的接触是非润湿性的（润湿角 θ 一般为 100°～120°）。在粗糙的界面上，总是有不少微小的细缝和坑，当缝隙很小时，由于表面张力的作用，金属不能进入。在一定的金属液深度下，金属不能进入的最大半径为：

$$r = \frac{-2\sigma_{m\text{-}g}\cos\theta}{h_m\rho_m} \times 10^{-5}(m) \qquad (8.21)$$

金属液表面张力 $\sigma_{m\text{-}g} = 1.5$ N/m，密度 $\rho_m = 7\times10^3$ kg/m³，润湿角 $\theta = 120°$，$\cos\theta = -0.5$。则由式(8.21)可算出，结果见表 8.2。

表 8.2 金属不能进入的最大半径

h_m/m	3.0	1.0	0.1
$r/(\mathrm{m}\times10^{-2})$	0.000 7	0.002 1	0.021

只要凹坑的尺寸不大于上列数值,该凹坑就能成为 CO 气泡的萌芽点。如缝隙为狭长形,其宽度 b 和 $2r$ 相等时,该缝隙也能成为 CO 气泡的萌芽点。只要凹坑和缝隙底角 α 不超过 0 ~ 180°,则气泡就可以继续发展到缝隙顶部,而不需要克服毛细管压力。以后气泡继续向上鼓起,直到形成半球形。此气泡半径上表面半径 $r_{(g)}$ 是最小值,所受毛细管压力达到最大值。再继续发展,气泡半径逐渐加大,直到脱离炉底而浮起。图 8.7 示意地表示出气泡的这种形成过程。

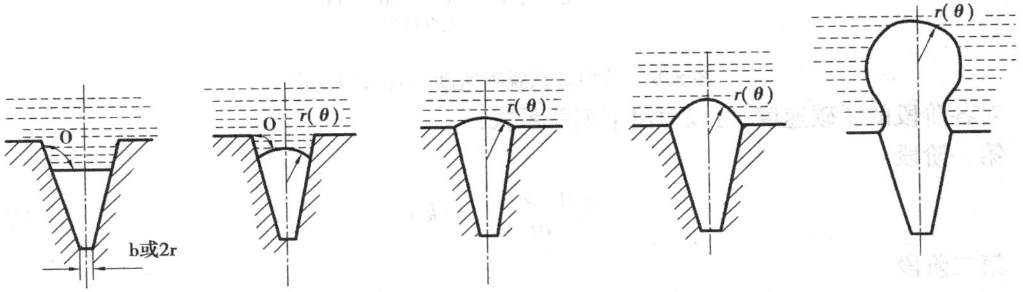

(a)坑底部气体不受毛细管压力 (b)坑底部气体受到一定的毛细管压力 (c)气体到达的面上 (d)气体鼓胀成半球形,所受毛细管压力最大 (e)即将形成气泡离开

图 8.7 气泡形成过程示意图

由于气泡在炉底上生成,在上浮过程中可以继续在界面上生成 CO 气体而加大,因而其上浮速度也越来越快。这种 CO 气泡的上浮运动是平炉和电炉炼钢池均匀搅拌的主要动力,在氧气顶吹转炉中,气泡对熔池的搅拌能力也有相当大的作用。

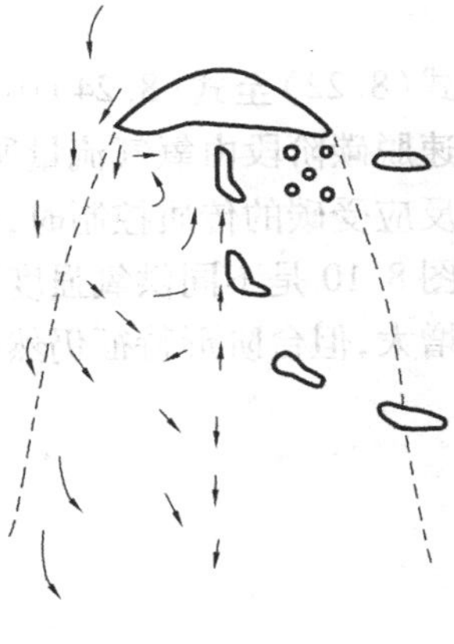

图 8.8 球冠形上浮气泡

气泡上浮过程中,随着体积的加大,形状变成扁圆形,气泡的当量直径达 1 cm 以上时,成为球冠形。由图 8.8 可见,球冠形气泡上浮引起的液流促使液体在水平和垂直方向加强混合。

上浮的 CO 气泡对于钢液中的气体来说,相当于一个小的真空室,钢水中的气体扩散到气泡中,被它带出熔池而除去。因此,脱碳沸腾是炼钢时去除气体的有效手段。在电炉氧化前期,熔池含[H]量一般都有所下降,此后沸腾减弱,含[H]量又有回升。转炉炼钢脱碳速度大,钢中含[H]量也较低。这都说明熔池沸腾对去气是很有关系的。

(4)实际熔池中脱碳速度的变化

氧气转炉吹氧时脱碳速度的变化情况如图 8.9 所示。

由图 8.9 可知,脱碳过程可分为三个阶段:吹炼初期以硅氧化为主,脱碳速度较小;吹炼中期，脱碳速度几乎为定值；吹炼后期，随金属中含碳量的减小，脱碳速度亦降低。整个脱碳过程中脱碳速度变化的曲线成为台阶形。

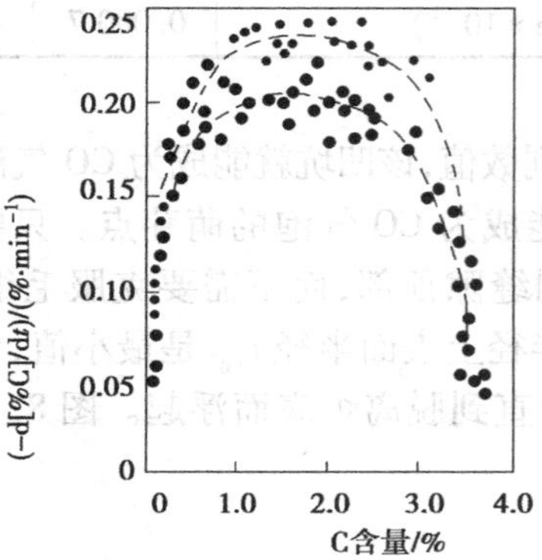

图 8.9　转炉炼钢脱碳速度随时间的变化

对各阶段的脱碳速度，可以写出下列关系式：

第一阶段

$$\frac{-\mathrm{d}[\%\mathrm{C}]}{\mathrm{d}t} = k_1 t \tag{8.22}$$

第二阶段

$$\frac{-\mathrm{d}[\%\mathrm{C}]}{\mathrm{d}t} = k_2 t \tag{8.23}$$

第三阶段

$$\frac{-\mathrm{d}[\%\mathrm{C}]}{\mathrm{d}t} = k_3 [\%\mathrm{C}] \tag{8.24}$$

式(8.22)至式(8.24)中，k_1 为决定于[Si]及熔池温度等因素的常数。t 为吹炼时间。k_2 为高速脱碳阶段由氧气流量所确定的常数，氧流量 q_{O_2} 变化时，$k_2 = k_2 q_{O_2}$；k_3 为碳含量减低后，脱碳反应受碳的传质控制时，由氧流量、枪位等确定的常数。

图 8.10 是不同供氧强度下脱碳速度曲线模型，可见随着供氧强度的增大，中期脱碳速度显著增大，但台阶形特征仍然不变。

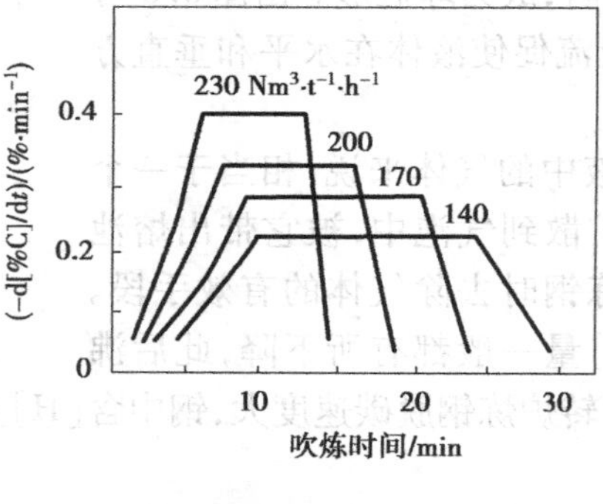

图 8.10　供氧强度、吹炼时间对脱碳速度的影响

炼钢吹炼初期，整个熔池温度低，硅、锰的含量高，硅和锰首先迅速氧化，尤其是硅的氧化抑制脱碳反应的进行，即进行硅和碳选择氧化反应：

$$(SiO_2)+2[C]=\!=\!=[Si]+2CO,\Delta G^\theta=131\ 100-73.87T \quad (8.25)$$

当熔池温度升高到一定温度后,碳才可能激烈氧化。

碳激烈氧化的阶段,脱碳速度受氧的扩散控制,供氧强度大,脱碳速度越大。

当碳含量降低到一定程度时,碳的扩散速度减小,成为反应的控制环节,脱碳速度和含碳量成正比。由于含碳量越来越降低,脱碳速度也随着渐渐降低。也有人把它写成 $d[\%C]/dt=k_3t$ 的形式。

关于第二阶段向第三阶段过渡时的碳含量$[\%C]_{临}$的问题,有种种研究和观点,差别很大。通常在试验室得出的$[\%C]_{临}$可为0.1~0.2或0.07~0.1,在实际生产中则可为0.1~0.2或0.2~0.3,甚至高达0.4~0.7,依供氧速度和供氧方式、熔池搅拌强弱和传质系数的大小而定。随着单位面积的供氧速度的加大,或熔池搅拌的减弱,$[\%C]_{临}$有所增高。

［**例8.1**］　试计算在1 600 ℃、100 kPa条件下,$x(FeO)=20\%$的熔渣下钢液的平衡碳浓度。

解　可由两种反应式进行计算。

1)
$$[C]+(FeO)=\!=\!=CO+[Fe]$$
$$\lg k^\theta=-5\ 160/187+4.74=1.985,k^\theta=96.61$$

故
$$[\%C]=P_{CO}/(k^\theta f_C a_{FeO})=1/(96.61\times0.2)=0.052$$
$$\omega[C]=0.052\%$$

式中,$f_C=1,a_{FeO}=x(FeO)=0.2,P_{CO}=1$。

2)
$$[C]+[O]=\!=\!=CO,\ [\%C]=P_{CO}/(k^\theta f_C f_O[\%O])$$
$$\lg k^\theta=1\ 168/187+2.07=2.694,k^\theta=493.9$$

$[\%O]$与熔渣的组成有关,可由$[O]+[Fe]=(FeO)$得出。

$$\lg K_O^\theta=\lg\{a_{FeO}/[\%O]\}=6\ 320/1\ 873-2.734=0.640,K_O^\theta=4.36$$
$$[\%O]=a_{FeO}/K_O^\theta=0.2/4.36=0.046$$

故
$$[\%C]=P_{CO}/(k^\theta f_C f_O[\%O])=1/(493.9\times0.046)=0.044$$
$$\omega[C]=0.044\%$$

式中,$f_C f_O=1$,本题视熔渣及Fe-C熔体为理想溶液。

［**例8.2**］　试计算1 873 K、100 kPa下,12Cr2Ni4A钢种的氧浓度。钢液的成分为$\omega[C]=0.18\%$、$\omega[Cr]=2\%$、$\omega[Ni]=4\%$。

解　这是在计算钢液中与[C]平衡的[%O],而反应$[C]+[O]=\!=\!=CO$是钢液中[%O]的决定者。

$$[C]+[O]=\!=\!=CO$$
$$\lg k^\theta=1\ 168/T+2.07=2.694,k^\theta=493.9$$
$$[\%O]=1/(k^\theta[\%C]f_C f_O)$$
$$\lg f_C=e_C^C[\%C]+e_C^{Cr}[\%Cr]+e_C^{Ni}[\%Ni]$$
$$=0.14\times0.18+(-0.024)\times2+0.012\times4=0.025\ 2,f_C=1.059$$
$$\lg f_O=e_O^O[\%O]+e_O^C[\%C]+e_O^{Cr}[\%Cr]+e_O^{Ni}[\%Ni]$$
$$=(-0.45)\times0.18+(-0.04)\times2+0.012\times4=-0.137,f_O=0.729$$

式中,由于[%O]很低,故含有[%O]的项略去。

故　$[\%O]=1/(493.9\times0.18\times1.059\times0.729)=0.0159$

$\omega[C]=0.0159\%$

8.3　锰、硅、铬的氧化

8.3.1　锰的氧化

溶解于铁液中[Mn]的氧化反应主要发生在钢渣界面上，其反应式为：

$$(FeO)=\!=\!=[Fe]+[O] \quad (8.26)$$

$$+)\ [Mn]+[O]=\!=\!=(MnO) \quad (8.27)$$

$$[Mn]+(FeO)=\!=\!=(MnO)+[Fe] \quad (8.28)$$

反应(8.26)和(8.27)在熔渣和铁液的界面上进行，因Fe与Mn对氧的亲和力相近，由于Fe的氧化，Mn氧化形成的MnO能与FeO形成共熔体，促进氧化反应的进行。

根据反应(8.28)可写出锰在渣-钢液间的平衡分配常数式，得出锰氧化的热力学条件。反应(8.28)的平衡常数为：

$$K=\frac{a_{(MnO)}}{a_{(FeO)}a_{[Mn]}}=\frac{\gamma_{(MnO)}x_{(MnO)}}{\gamma_{(FeO)}x_{(FeO)}f_{[Mn]}[\%Mn]} \quad (8.29)$$

式(8.29)中，因为Fe与Mn及MnO能与FeO的摩尔质量相近，$\frac{x_{(MnO)}}{x_{(FeO)}}\approx\frac{(\%MnO)}{(\%FeO)}$，由以上可得：

$$L_{Mn}=\frac{(\%Mn)}{[\%Mn]}=K\frac{r_{(FeO)}}{r_{(MnO)}}(\%FeO) \quad (8.30)$$

锰在熔铁中形成近似理想溶液，$a_{Mn}=[\%Mn]$。在碱性渣中，a_{MnO}较高，温度升高后锰可被还原。酸性渣中a_{MnO}很低，可使锰的氧化较为完全。

影响L_{Mn}的热力学因素有：

(1)温度

反应放热($\Delta H^{\theta}<0$)，温度越高，K越低，不利于[Mn]氧化。

(2)熔渣性质

①渣碱度R。[Mn]氧化产物MnO为碱性氧化物，随渣R提高，MnO活性提高，即[%MnO]提高，从而不利于[Mn]氧化。

②渣的氧化性。渣的氧化性提高，(%FeO)增大，L_{Mn}提高，有利于[Mn]氧化。

L_{Mn}将随炼钢的条件而变化。熔炼初期，由于温度较低，渣中FeO含量高，渣碱度低，故[Mn]激烈地氧化；到炼钢中后期，由于熔池的温度升高，渣中FeO含量降低，渣碱度升高，锰从渣中还原，到吹炼末期由于渣的氧化性提高，又使Mn重新氧化，在吹炼中[%Mn]的变化情况如图8.11所示。从图中可以看到熔池中锰的回升现象，炉渣碱度越高，熔池的温度越高，回锰的程度也越高。

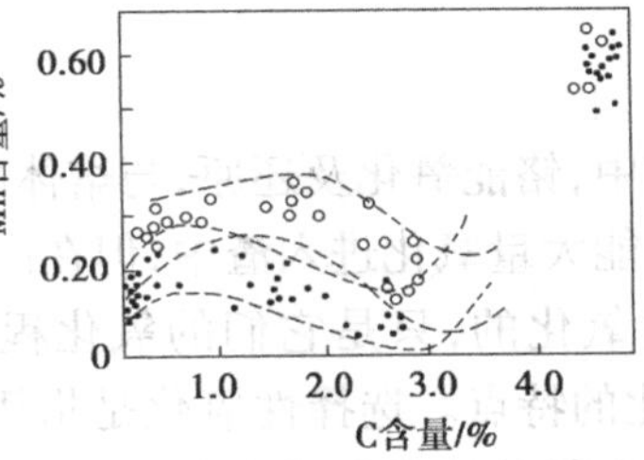

图 8.11 吹炼过程中[Mn]的变化

8.3.2 硅的氧化

Si 的氧化主要发生在钢渣界面上,其反应式为:

$$(FeO) = [Fe] + [O] \tag{8.26}$$

$$+)\ [Si] + 2[O] = (SiO_2) \tag{8.31}$$

$$[Si] + 2(FeO) = (SiO_2) + 2[Fe] \tag{8.32}$$

由平衡常数得 Si 在渣-金属液间分配比 L_{Si} 表达式为:

$$L_{Si} = \frac{x_{(SiO_2)}}{[\%Si]} = K \cdot \frac{1}{\gamma_{(SiO_2)}} \cdot a_{(FeO)}^2 \tag{8.33}$$

硅在熔铁中形成的溶液不是理想溶液,亨利定律有很大的负偏离,f_{Si}亦受熔铁中其他元素的影响。在碱性渣中,a_{SiO_2}很小;在酸性渣中,$a_{SiO_2} \approx 1$。

由式(8.33)可知,影响 L_{Si}的因素主要有:

(1)温度

反应放热($\Delta H^\theta < 0$),温度越高,K 越低,[Si]氧化能力降低。[Si]氧化主要发生于炼钢前期。

(2)熔渣性质

①渣碱度的影响。[Si]氧化产物 SiO_2 为酸性氧化物,提高渣碱度,SiO_2 活性降低,即 $\gamma_{(SiO_2)}$降低,有利于提高值 L_{Si},即有利于[Si]氧化。

②渣氧化性。提高渣氧化性,$a_{(FeO)}$提高,有利于提高值 L_{Si},即有利于[Si]氧化。

硅和锰在溶铁中均无限溶解,硅可在铁液中形成金属化合物 FeSi。在炼钢温度下,锰的蒸气压比铁高得多(相差十几倍),所以应该注意在氧流作用区的高温下锰蒸发的可能性。

在炼钢初期,熔池中[%C]高使f_{Si}增大,在碱性渣下,a_{FeO}、a_{CaO}高使 γ_{SiO_2}大为降低,所以使硅迅速氧化至微量,SiO_2 不会再发生还原反应。

有过量(FeO)存在时,[Si]氧化产物可成为$(Fe,Mn)_2SiO_4$,随着渣中 CaO 的增加,$(Fe,Mn)_2SiO_4$逐渐向 Ca_2SiO_4 转变,反应式为:

$$(Fe,Mn)_2SiO_4 + 2(CaO) = (Ca_2SiO_4) + 2(FeO \cdot MnO) \tag{8.34}$$

8.3.3　铬的氧化

Cr 和 Mn 相似，在炼钢过程中，铬能氧化及还原，与熔体的组成、温度、熔池氧化性、熔渣碱度有关。炉料中的铬在低温下，能大量氧化进入渣中，但在高温下又能被钢液中的碳还原进入钢液中。实际上，铬和碳是同时氧化的，只是它们的氧化程度随温度的升高有相反的变化，[Cr]与[C]就出现了选择性氧化的特点。选择性氧化是指用控制温度及体系压力的方法，控制金属熔体中元素的氧化，达到保留某些元素或者氧化富集某些元素的目的。在图 8.2 的氧势图中，氧势线交点温度以下，[Cr]可先于[C]氧化；而在交点温度以上，[C]可先于[Cr]氧化，能抑制[Cr]的氧化。

利用[Cr]与[C]氧化的选择性，可在用含铬废钢作炉料冶炼时，获得铬回收率高而碳质量分数低（<0.02%）的不锈钢或耐热钢。

(1)[Cr]的氧化

[Cr]氧化产物的形态与[Cr]的浓度有关，当[Cr] = 10% ~25% 时，一般认为是 Cr_2O_3，其氧化反应为：

$$2[\mathrm{Cr}] + 3[\mathrm{O}] = \mathrm{Cr_2O_{3(S)}},\ \lg K = 42\,300/T - 18.95 \tag{8.35}$$

炼高铬不锈钢中，Cr_2O_3 在渣中溶解量可视为达到饱和，故 $a_{Cr_2O_3} = 1$，则

$$\lg \frac{1}{a_{\mathrm{Cr}}^2 \cdot a_{\mathrm{O}}^3} = \frac{42\,300}{T} - 18.95$$

$$\lg a_{\mathrm{O}} = -\frac{14\,100}{T} + 6.32 - \frac{2}{3}\lg a_{\mathrm{Cr}} \tag{8.36}$$

(2)[Cr]和[C]共存时的选择氧化

[Cr]、[C]共存时，其选择性氧化反应可表示为：

$$3[\mathrm{C}] + \mathrm{Cr_2O_3} = 2[\mathrm{Cr}] + 3\mathrm{CO},\ \lg K = -\frac{38\,840}{T} + 24.95 \tag{8.37}$$

炉渣为 Cr_2O_3 饱和时，$a_{Cr_2O_3} = 1$，则

$$K = \frac{a_{\mathrm{Cr}}^2 \cdot (p_{\mathrm{CO}}/p^\theta)^3}{a_{\mathrm{C}}^3} = \frac{f_{\mathrm{Cr}}^2[\%\mathrm{Cr}]^2 \cdot (p_{\mathrm{CO}}/p^\theta)^3}{f_{\mathrm{C}}^3[\%\mathrm{C}]^3} \tag{8.38}$$

取 $a_{Cr} = 18$，由式(8.36)得到反应(8.35)达到平衡时 a_O 与温度的关系，绘制入图8.12中。根据

$$[\mathrm{C}] + [\mathrm{O}] = \mathrm{CO},\ \lg K = \lg \frac{P'_{\mathrm{CO}}/P^\theta}{a_{\mathrm{C}} a_{\mathrm{O}}} = \frac{1\,160}{T} + 3.303$$

取 $a_C = 0.05$，由上式得到反应[C] + [O]══CO 达到平衡时 a_O 与温度的关系，一并绘入图 8.12 中。

由图 8.12 可见，[Cr]、[C]氧化的 $a_O - \frac{1}{T}$ 可分 4 个区。①区：[C]和[Cr]将同时被大量氧化，此区域中的实际 a_O 值均较平衡的 a_O 值大；②区：去铬保碳区，此区中实际的 a_O 值较[Cr]氧化平衡的 a_O 值大，较[C]氧化平衡的 a_O 值小；③区：[C]和[Cr]均不能被氧化，此区中实际的 a_O 值均较[C]和[Cr]氧化平衡的 a_O 值小；④区：去碳保铬区，实际的 a_O 值较[C]氧化平衡的 a_O 大而较[Cr]氧化平衡的 a_O 小。由此可见，在具有合适的 a_O 后，去碳保铬的关键条

件是温度 T。当 $T>T_Q$ 时，能去碳保铬；当 $T<T_Q$ 时，为去铬保碳过程。

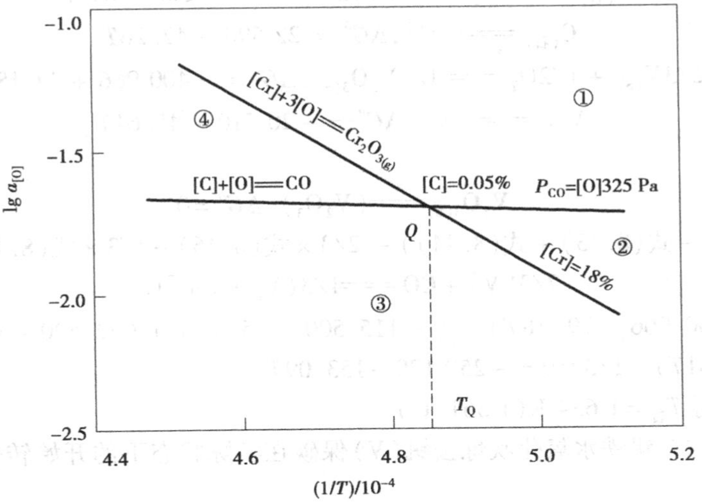

图 8.12 [Cr]、[C]选择性氧化示意图

上面定性地分析了铬氧化，下面以例题形式进行铬氧化定量计算分析。

［**例 8.3**］ 在电弧炉内用返回吹氧法冶炼不锈钢时，熔池中$[\%\mathrm{Ni}]=9$，若吹炼到终点$[\%\mathrm{C}]=0.05$ 时，且要求$[\%\mathrm{Cr}]=10$，求吹炼到终点时钢液温度为多少。假定炉内 $P'_{CO}=100$ kPa，$a_{Cr_2O_3}=1$。

解 $3[\mathrm{C}]+(\mathrm{Cr_2O_3})══2[\mathrm{Cr}]+3\mathrm{CO}$，$\lg K=-38\ 840/T+24.95$

$$K=\frac{a_{Cr}^2P_{CO}^3}{a_C^3}=\frac{f_{Cr}^2[\%\mathrm{Cr}]^2P_{CO}^3}{f_C^3[\%\mathrm{C}]^3}$$

$$\lg K=2\lg f_{Cr}+2\lg[\%\mathrm{Cr}]+3\lg P_{CO}-3\lg f_C-3\lg[\%\mathrm{C}] \tag{8.39}$$

对于 Ni-Cr 系不锈钢，只考虑钢中元素 C、Cr、Ni，则

$$\lg f_{Cr}=e_{Cr}^{Cr}[\%\mathrm{Cr}]+e_{Cr}^{C}[\%\mathrm{C}]+e_{Cr}^{Ni}[\%\mathrm{Ni}] \tag{8.40}$$

$$\lg f_C=e_C^C[\%\mathrm{C}]+e_C^{Cr}[\%\mathrm{Cr}]+e_C^{Ni}[\%\mathrm{Ni}] \tag{8.41}$$

e_{Cr}^{Cr}、e_{Cr}^{C}、e_{Cr}^{Ni}、e_C^C、e_C^{Cr}、e_C^{Ni} 在一定温度下近似为常数。1 873 K 时，$e_{Cr}^{Cr}=-0.000\ 3$，$e_{Cr}^{C}=-0.12$，$e_{Cr}^{Ni}=0.002$，$e_C^C=0.14$，$e_C^{Cr}=-0.024$，$e_C^{Ni}=0.12$。则[C]、[Cr]氧化平衡关系式为：

$$-38\ 840/T+24.95=0.074\ 1[\%\mathrm{Cr}]-0.66[\%\mathrm{C}]-0.035\ 6[\%\mathrm{Ni}]+2\lg[\%\mathrm{Cr}]-3\lg[\%\mathrm{C}]+3\lg \mathrm{P_{CO}} \tag{8.42}$$

将$[\%\mathrm{Cr}]=10$，$[\%\mathrm{C}]=0.05$，$[\%\mathrm{Ni}]=9$，$P_{CO}=100/100=1$ 代入式(8.44)中，得：

$$-38\ 840/T+24.95=0.074\ 1\times10-0.66\times0.05-0.035\ 6\times9+2\lg10-3\lg0.04+3\lg1=6.263\ 7$$

$$T=2\ 079\ \mathrm{K}(1\ 806\ ℃)$$

用同样的方法可计算出不同$[\%\mathrm{Cr}]$、$[\%\mathrm{C}]$、$[\%\mathrm{Ni}]$和 P'_{CO}时，[Cr]与[C]氧化时的转化温度 T_Q 值。

除了去碳保铬外，去碳保锰(Mn)、去钒(V)保碳(如铁水提钒)、去铌(Nb)保碳等均属于选择性氧化，它们的热力学分析可类似于去碳保铬分析。

[例 8.4] 求含钒铁水氧化吹炼去钒(V)保碳在标准状态下的开始转化温度。已知：

$$C_{(石)} + 1/2O_2 = CO, \Delta G^\theta = -115\,500 - 85.77 \quad (8.43)$$

$$C_{(石)} = [C], \Delta G^\theta = 22\,590 - 42.26T \quad (8.44)$$

$$2/3V_{(s)} + 1/2O_2 = 1/3V_2O_{3(s)}, \Delta G^\theta = -400\,966 + 79.18T \quad (8.45)$$

$$V_{(s)} = [V], \Delta G^\theta = -20\,710 - 45.61T \quad (8.46)$$

解 补充

$$V_2O_{3(s)} = (V_2O_3), \Delta G^\theta = 0 \quad (8.47)$$

由式(8.45) - 式(8.43) + 式(8.44)) - 2/3 × 式(8.46) - 1/3 × 式(8.47)，得

$$2/3[V] + CO = 1/3(V_2O_3) + [C]$$

$\Delta G^\theta = (-400\,966 + 79.18T) - (-115\,500 - 85.77) + (22\,590 - 42.26T) - 2/3 \times (-20\,710 - 45.61T) - 1/3 \times 0 = -250\,170 + 153.09T$

由 $\Delta G^\theta = 0$ 得 $T_{转} = 1\,634$ K(1 361 ℃)

[例 8.5] 求含钒铁水氧化吹炼去钒(V)保碳在实际状态下的开始转化温度。(已知条件同上)

解 对于去钒(V)保碳反应：

$$2/3[V] + CO = 1/3(V_2O_3) + [C], \Delta G^\theta = -250\,170 + 153.09T$$

$$\Delta G = \Delta G^\theta + RT\ln\frac{a_C a_{V_2O_3}^{1/3}}{a_V^{2/3}P_{CO}} = -250\,170 + 153.09T + RT\ln\frac{a_C a_{V_2O_3}^{1/3}}{a_V^{2/3}P_{CO}}$$

由 $\Delta G = 0$，得：

$$-250\,170 + 153.09T + RT\ln\frac{a_C a_{V_2O_3}^{1/3}}{a_V^{2/3}P_{CO}} = 0$$

$$T_{转} = 250\,170/(153.09 + R\ln\frac{a_C a_{V_2O_3}^{1/3}}{a_V^{2/3}P_{CO}})$$

$$= 250\,170/(153.09 + R\ln(f_C[\%C]) + 1/3R\ln(r_{V_2O_3}x_{V_2O_3}) - 2/3R\ln f_v - 2/3R\ln[\%V] - R\ln P_{CO}) \quad (8.48)$$

其中的 P_{CO} 可根据 $2C + O_2 = 2CO$ 推算，可认为 $P_{CO} = 2P_{O_2}$。

由式(8.48)可见，实际吹钒过程的转化温度，随铁水中的钒浓度升高和氧分压的增大，转化温度略有升高。随着铁液中的[V]浓度降低，即半钢中余钒含量越低，转化温度越低，保碳就越困难。因此，在脱钒到一定程度而要求半钢温度较高时，则只有多氧化一部分碳的条件下才能做到。吹钒温度实际控制在 1 340 ~ 1 400 ℃范围内。

通过转化温度的计算，可以根据工艺要求规定出适当的半钢成分，即可估计转化温度，在吹炼过程中控制过程温度不要超过次温度。根据原铁水成分及规定的半钢成分，并计算出吹炼的终点温度(转化温度)，即可作热平衡计算以估计需要的冷却剂用量。

[例 8.6] 用氧气吹炼成分为 $\omega[Si] = 1\%$、$\omega[C] = 4.5\%$ 的铁水，生成熔渣成份为 $\omega(CaO) = 55\%$、$\omega(SiO_2) = 30\%$、$\omega(FeO) = 15\%$，与熔池接触的压力为 100 kPa。试求碳开始大量氧化的温度。已知：$a(SiO_2) = 2.3 \times 10^{-2}$，$e_C^C = 0.14$，$e_C^{Si} = 0.08$，$e_{Si}^{Si} = 0.11$，$e_{Si}^C = 0.18$。

$$(SiO_2) + 2[C] = [Si] + 2CO, \Delta G^\theta = 540\,870 - 302.27T\,(J/mol)$$

解 碳开始大量氧化的热力学温度由下述反应热力学所确定。

$$(SiO_2)+2CO=\!=\!=[Si]+2CO$$

$$\Delta G=\Delta G^\theta+RT\ln\frac{a_{Si}P_{CO}^2}{a_{SiO_2}a_C^2}$$

下面求 a_{Si}、a_C：

$\lg f_{Si}=e_{Si}^{Si}[\%Si]+e_{Si}^{C}[\%C]=0.11\times1+0.18\times4.5=0.92$

$f_{Si}=8.32$

$a_{Si}=f_{Si}[\%Si]=8.32\times1=8.32$

$\lg f_C=e_C^C[\%C]+e_C^{Si}[\%Si]=0.14\times4.5+0.08\times1=0.71$

$f_C=5.13$

$a_C=f_C[\%C]=5.13\times5.13=23.085$

$$\Delta G=\Delta G^\theta+RT\ln\frac{a_{Si}P_{CO}^2}{a_{SiO_2}a_C^2}=540\ 870-302.27T+8.314T\ln\frac{8.32\times1^2}{2.3\times10^{-2}23.085^2}$$

$$=540\ 870-305.42T$$

由 $\Delta G=0$，得 $T=1\ 770.9$ K。即碳大量开始氧化温度为 1770.9 K。

8.4 脱磷反应

脱磷反应是炼钢过程的基本反应之一。对于绝大多数钢钟来说，磷是有害元素，出钢时一般要求钢水含磷量不大于 0.030%。炼钢用的铁水含磷量变化很大，一般为 0.035% ~0.1%。即使原料条件较好，炼钢过程亦有程度不同的脱磷任务。随着生产的发展，对钢质量的要求越来越高，合金钢的比例不断扩大，炉外处理技术已有很大发展，对出钢时的含磷量要求也越严格（出钢时含磷量不大于 0.01%）。在炼钢过程中，磷是一个多变的元素，在炉内既可以氧化，又可以还原，出钢时或多或少都要发生回磷现象。因此，为了有效地完成脱磷任务，掌握和控制炼钢中的脱磷反应是一项重要而复杂的工作。

溶于铁中的磷和氧作用生成 $P_2O_{5(g)}$ 或 $P_2O_{5(l)}$ 反应的标准自由能变化与平衡常数的温度关系有：

$$2[P]+5[O]=\!=\!=P_2O_{5(g)},\Delta G^\theta=-739\ 651+534.83T,\lg K=38\ 600/T-27.97 \quad (8.49)$$

$$2[P]+5[O]=\!=\!=P_2O_{5(l)},\Delta G^\theta=-703\ 703+558.66T,\lg K=36\ 800/T-27.2 \quad (8.50)$$

在炼钢温度下，上述二式的平衡常数值很小。虽然 P_2O_5 的沸点只有 864 K，因 [P] 和 [O] 相平衡的 P_2O_5 分压力很低，所以因 P_2O_5 气化而产生脱磷很困难。说明 P_2O_5 很不稳定，仅靠将含磷的熔铁氧化来生成液态或气态的 P_2O_5 而达到脱磷是根本不可能的。

在现代炼钢过程中，CaO 使磷的氧化产物 P_2O_5 稳定地存在于熔渣中，能有效地脱磷。为了表达用石灰脱磷的反应，首先必须确定反应物和生成物的形态。

磷在铁液中存在形态有 Fe_2P、Fe_3P 或 P 等。炼钢温度下稳定的是 Fe_2P，常用[P]表示。

关于 P_2O_5 在熔渣中存在的形态，因业界对熔渣结构认识不同而有不同的看法。一般认为在碱性熔渣中 CaO 和 P_2O_5 可以形成稳定的 xCaO·P_2O_5 型化合物，其中 x 为 3 或 4。高温下，3CaO·P_2O_5 比 4CaO·P_2O_5 稳定，但在碱性炼钢渣中一般看作 4CaO·P_2O_5。因此，对脱磷反应

产物可以写为 $3CaO \cdot P_2O_5$ 或 $4CaO \cdot P_2O_5$，从熔渣结构离子理论则认为是(PO_4^{3-})。

由以上所述，炼钢碱性渣下脱磷反应一般可表示为：

$$2[P] + 4(CaO) + 5(FeO) = (4CaO \cdot P_2O_5) + 5[Fe] \tag{8.51}$$

按熔渣离子溶液模型，则为：

$$2[P] + 5(Fe^{2+}) + 8(O^{2-}) = 2(PO_4^{3-}) + 5[Fe] \tag{8.52}$$

对于反应(8.51)

$$K = \frac{a_{4CaO \cdot P_2O_5}}{a_P^2 a_{CaO}^4 a_{FeO}^5} = \frac{r_{4CaO \cdot P_2O_5} x_{4CaO \cdot P_2O_5}}{f_P^2 [\%P]^2 r_{CaO}^4 x_{CaO}^4 r_{FeO}^5 x_{FeO}^5} \tag{8.53}$$

为分析方便，常以分配比 $L_P = (\%P_2O_4)/[\%P]^2$（或$(\%P_2O_4)/[\%P]$，$(\%P)/[\%P]$）表示炉渣的脱磷能力，L_P 值越大，表明炉渣的脱磷能力越强。由式(8.55)可得：

$$L_P = (\%P_2O_4)/[\%P]^2 = K(\%FeO)^5(\%CaO)^4 f_P^2 r_{FeO}^5 r_{CaO}^4 \tag{8.54}$$

式(8.54)表明，提高炉渣的脱磷能力须增大 K_P、a_{FeO}、a_{CaO}、f_P 或降低 $\gamma_{P_2O_5}$。影响脱磷反应热力学条件的因素有温度、渣氧化性、渣碱度、金属液组成等。

(1)温度的影响

脱磷是强放热反应，降低温度使 K 增大，所以较低的熔池温度有利于脱磷。

(2)碱度的影响。

CaO 是使 $\gamma_{P_2O_5}$ 降低的主要因素。增加(%CaO)达到饱和含量可以增大 a_{CaO}。增加渣中 CaO 量或石灰用量，会使($\%P_2O_5$)提高或使钢中[%P]降低，但(%CaO)过高将使炉渣变黏而不利于脱磷。

(3)渣氧化性的影响

渣的氧化性主要取决于 FeO。渣中 FeO 对脱磷反应的影响比较复杂，如图 8.13 所示。由图 8.13 可见，在其他条件一定时，一定限度内增加(FeO)将使 L_P 增大。当(%FeO)很低时，$L_P \rightarrow 0$，即渣中没有(FeO)时，不能使金属脱磷。(FeO)不仅是金属中磷的氧化剂，增加渣中(FeO)可增大 a_{FeO}，而且(FeO)能直接同 P_2O_5 结合成化合物 $3FeO \cdot P_2O_5$。

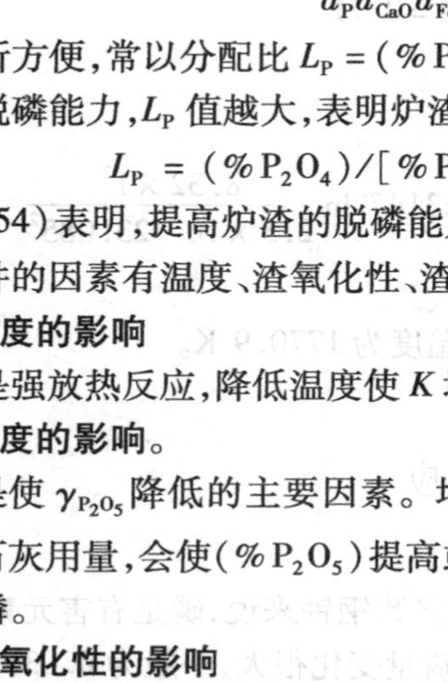

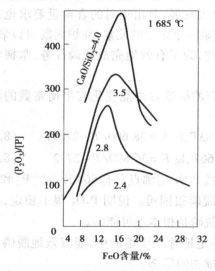

图 8.13 (FeO)对磷分配比 L_P 的影响

但因 $3FeO \cdot P_2O_5$ 在高温下不稳定，所以仅靠 $3FeO \cdot P_2O_5$ 起不到良好的脱磷效果。只有在熔池温度偏低时（如熔化期或铁水炉外处理）有部分脱磷作用。(FeO)还有促进石灰熔化的作用，但如(%FeO)过分高时将稀释(CaO)的去磷作用。因此，(%FeO)与炉渣碱度对脱磷的综合影响是：碱度在 2.5 以下，增加碱度对脱磷的影响最大；碱度为 2.5～4.0，增加(FeO)对脱磷有利；过高的(FeO)反而使脱磷能力下降。

(4)金属成分的影响

金属中存在的杂质元素将对 f_P 起一定的影响，通常在含磷的熔铁中增加 C、O、N、Si 和 S

等的含量可使f_P增加。增加 Cr 的含量使f_P减小,Mn 和 Ni 对f_P的影响不大。金属成分的影响主要在炼钢初期有一定的作用,更重要的作用是它们的氧化产物影响炉渣的性质。如铁水中含硅量过高,影响炉渣碱度而不利于脱磷;锰高使渣中(MnO)增高,有利于化渣而促进脱磷。因a_P随[%P]的降低而减小,所以[%P]越低,脱磷的效率也越低。

(5)**渣量的影响**

增加渣量可以在L_P一定时降低[%P],因增加渣量意味着稀释(P_2O_5)的浓度,从而使$3CaO \cdot P_2O_5$也相应地减小,所以多次换渣操作是脱磷的有效措施,但金属和热量的损失很大。对 100 kg 金属料作磷的衡算,可以得到磷的数量平衡关系为:

$$100 \sum P_{料} = (W_{金} + 0.437 L_P W_{渣})[\%P] \tag{8.55}$$

故金属中磷的平衡余量为:

$$[\%P] = 100 \sum P_{料} / (W_{金} + 0.437 L_P W_{渣}) \tag{8.56}$$

式(8.55)、式(8.56)中,$100 \sum P_{料}$为 100 kg 炉料中带入的磷量;$W_{金}$为金属量,kg;$W_{渣}$为渣量,kg;$0.437 = 2 \times 31/142$,是把P_2O_5换算为 P 的系数;L_P为磷在渣和金属间的分配比,$L_P = (\% P_2O_5)/[\%P]$。

由式(8.55)、式(8.56)可知,为使[%P]降低,当L_P一定时,将主要取决于$\sum P_{料}$和$W_{渣}$,即原料中磷要少,渣量要适当加大。

综上所述,为了使脱磷反应进行完全,必要的热力学条件是:炉渣的碱度较高(3~4)、氧化铁含量较高(15%~20%);较低的熔池温度;渣量要大,可利用多次放渣和造新渣除磷。

8.5 脱硫反应

对大多数钢种,硫都能使其加工性能与使用性能变坏。连铸钢种要求含硫量不大于 0.02%。理论上,当钢中含硫量达到 0.01%~0.015% 时就对钢的性能起不利的作用。对超低硫钢的一些钢种,其含硫量甚至要求在 0.001% 以下。只有含硫的易切削钢,含硫量可高达 0.1%~0.3%。

炼钢使用的金属料和渣料(主要是铁水、废钢和增碳剂)带入金属熔池中的硫量一般均高于成品钢的要求。因此,不管炼什么钢种,炼钢过程中总有不同程度的脱硫任务。

8.5.1 硫在炼钢中的热力学表现

在炼钢的温度条件下,硫元素的稳定状态是气体(硫的沸点为 718 K),但在有金属液和熔渣的情况下,硫能溶解在金属液和熔渣中。硫在熔铁中的溶解度很高,熔铁中含硫量小于 0.5% 符合亨利定律。在铁及铁碳合金中,硫是表面活性元素。硫在金属液中存在的状态有 FeS、S、S^{2-}。FeS 在熔池中发生下述反应:

$$FeS = Fe^{2+} + S^{2-}$$

越接近熔渣,这个反应越强,使在接近熔渣的金属层中大部分硫的存在状态为S^{2-}。现代炼钢中,一般用[S]代表金属液中的硫。

高温时许多硫化物在硅酸盐中有很大的溶解度，如 1 150 ℃时 CaO 在 $CaO-SiO_2$ 和 $CaO-Al_2O_3-SiO_2$ 渣系中的溶解度为 20% ~30%，由此推测 CaS 在炼钢熔渣中也有较大的溶解度。当渣中硫化物小于 10% 时，硫在熔渣中的行为符合亨利定律。早先认为在碱性渣中硫的存在形式为 CaS、FeS、MnS 等硫化物，目前则认为溶解在渣中的硫的存在形式为 S^{2-}。另外，根据同熔渣接触的气相的氧化势不同，可能有一部分成为 SO_4^{2-}。在酸性渣中，硫的存在形式为 S^{2-}。现代炼钢中，用 S^{2-} 代表熔渣中的硫。

硫是活泼的非金属元素之一，在炼钢温度下能够同很多金属和非金属元素结合成气、液相的化合物，为发展各种脱硫方法创造了有利条件。各种脱硫方法的实质都是将溶解在金属液中的硫转变为在金属液中不溶解的相，进入熔渣或经熔渣再从气相逸出。

渣与金属间反应：

$$[S]+(CaO)=\!=\!=(CaS)+[O],\Delta G^{\theta}=98\ 314-22.7T(J)$$

$$[S]+(MnO)=\!=\!=(MnS)+[O],\Delta G^{\theta}=134\ 512-33.44T(J)$$

$$[S]+(MgO)=\!=\!=(MgS)+[O],\Delta G^{\theta}=191\ 151-32.65T(J)$$

一些氧气转炉硫衡算的结果表明：在脱硫中起主要作用的是熔渣-金属间的反应，炉渣脱硫约占总脱硫量的 90%，经炉气脱硫约占 10%。下面首先分析炼钢渣与金属间的脱硫反应。

8.5.2 渣与金属间的脱硫反应

(1)脱硫反应式

碱性氧化渣的特点是有自由的(CaO)和较多的(FeO)，同时在氧化性气氛下同金属发生作用。碱性氧化渣与金属间的脱硫反应可表示为：

$$[FeS]+(CaO)=\!=\!=(CaS)+[FeO] \tag{8.57}$$

这个反应式不能解释纯氧化铁渣也能脱硫的事实，而且也不符合前述的硫在金属和熔渣中的性质。根据熔渣的离子构造，提出了下述脱硫反应式：

$$[S]+(O^{2-})=\!=\!=(S^{2-})+[O] \tag{8.58}$$

$$[S]+[Fe]=\!=\!=(S^{2-})+(Fe^{2+}) \tag{8.59}$$

考虑到金属中的硫在转移到渣的过程中，每个硫原子经过渣-金属界面时要获取两个电荷，即：

$$[S]+2e=\!=\!=(S^{2-}) \tag{8.60}$$

为保持电中性，则同时经过界面必有一些能释放电荷的元素进入渣中，如：

$$[Fe]=\!=\!=(Fe^{2+})+2e \tag{8.61}$$

将式(8.60)、式(8.61)线性组合，得式(8.59)。

将硫原子吸收的两个电子看作是渣中 O^{2-} 经过金属-渣界面时提供的，即：

$$(O^{2-})=\!=\!=[O]+2e \tag{8.62}$$

由反应(8.60)、式(8.62)得到的是式(8.58)。

因为酸性渣中没有自由的 O^{2-}，所以式(8.58)不能反映酸性渣的脱硫反应。硫在酸性渣中难以简单的 S^{2-} 形式存在，但可取代一部分 O^{2-} 成为复杂的阴离子。所以，酸性渣的脱硫作用很小，酸性渣与金属间硫的分配系数 $L_S=0.5\sim1.5$。

(2)脱硫反应的热力学影响因素

对于熔渣-金属间的脱硫反应：

$$[S] + (O^{2-}) \rule{2em}{0.4pt} (S^{2-}) + [O]$$

$$K = (a_{S^{2-}} a_O)/(a_{O^{2-}} a_S) \tag{8.63}$$

炉渣脱硫能力高低可采用分配系数 $L_S = (\%S)/[\%S]$ 表示，L_S 值越大，炉渣脱硫能力越大。

$$L_S = K a_{O^{2-}} f_S/(r_{S^{2-}} a_O) = K x_{O^{2-}} r_{O^{2-}} f_S/(f_{O^{2-}} r_{S^{2-}} [\%O]) \tag{8.64}$$

由式(8.64)可看出，在热力学上影响脱硫反应的因素有温度、炉渣成分、金属液成分等。

1）温度

脱硫是吸热反应，温度升高对脱硫是有利的，如图 8.14 所示。且高温能加快石灰的溶解和提高熔渣的流动性，获得高碱度的熔渣，对脱硫的动力学条件也有利。从热力学上来看，因为[S]→(S)的热效应不大，于 +41 800 J/mol 到 −30 000 J/mol 之间变动，温度对脱硫的影响不会很大。因此，温度的影响主要在于动力学的作用。

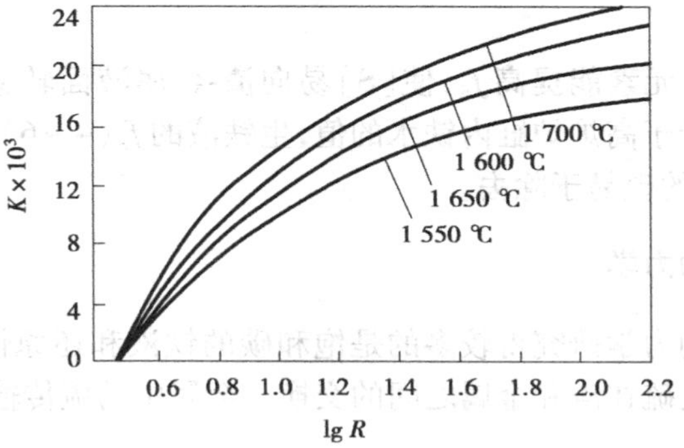

图 8.14 温度、熔渣碱度 R 对炉渣脱硫平衡常数 K 的影响

2）炉渣的组成

低氧化铁、碱性渣有利于脱硫。碱度提高，可使 $a_{O^{2-}}$ 增大及 $\gamma_{S^{2-}}$ 降低，从而提高 L_S。

由分配比 L_S 可以看出，增加 O^{2-} 浓度即提高碱度，是有利于脱硫的，这与图 8.14 所示的实验结果是一致的。但是，从图 8.14 上看不出不同碱性氧化物对脱硫影响的大小。为比较碱性氧化物的脱硫能力，将 $K = (a_{S^{2-}})[a_O]/(a_{O^{2-}})[a_S]$ 写成近似式 $K' = (N_{S^{2-}})[a_O]/(N_{O^{2-}})[a_S]$，对含有 Fe^{2+}、Ca^{2+}、Mg^{2+}、Mn^{2+} 的多元渣系按弗路德离子模型处理，结果为：

$$\lg K' = N_{Ca}^F \lg K'_{Ca} + N_{Fe}^F \lg K'_{Fe} + N_{Mn}^F \lg K'_{Mn} + N_{Mg}^F \lg K'_{Mg} \tag{8.65}$$

式中，$N_i^F = v_B n_{iv_B+} / \sum v_B n_{iv_B}$，i 为阳离子元素，$v_B$ 为 i 的电化合价。

由有关的热力学数据估算出各元素的 lg K′代入式(8.65)，结果见表 8.3。

表 8.3 碱性氧化物相对脱硫能力的影响

阳离子	Ca^{2+}	Fe^{2+}	Mn^{2+}	Mg^{2+}	Na^+
lg K′	−1.4	−1.0	−2.0	−3.5	1.63
K′	0.040	0.013	0.01	0.000 3	42.6
各元素对比	1.000	0.325	0.25	0.007 5	1 070

由表 8.3 可见，Na_2O 脱硫能力最强，一般应用它对铁水进行炉外脱硫。因 S^{2-} 的半径比

O^{2-}的半径大,所以Ca^{2+}主要集中在S^{2-}的周围,形成弱离子对,降低$\gamma_{S^{2-}}$,使L_S提高,因此,在炼钢炉内起主要脱硫作用的是CaO。

FeO带入Fe^{2+}和O^{2-},它们对脱硫有相反的作用。O^{2-}浓度增加,使L_S增大,Fe^{2+}浓度增加,则使L_S降低。(%FeO)低时,L_S才有较高的值。当(%FeO)很低(0.01%~1%)时,O^{2-}浓度改变不大,但Fe^{2+}却有很低的浓度,从而L_S有很高的值。当(%FeO)较高(>1%)时,O^{2-}及Fe^{2+}和[O]的浓度均较高,Fe^{2+}使L_S下降,而O^{2-}却使L_S上升,两者对L_S影响互为消长,使L_S变化不大。当(%FeO)继续提高(>2%~10%)时,O^{2-}比[O]对L_S的影响大,使L_S又得到提高。电弧炉炼钢有较高的L_S,因为在氧化末期扒去氧化渣后,加入石灰及萤石造"白渣",渣中加入了碳及硅铁,(%FeO)的量很低(<1%)。

另外,在氧化熔炼中,(FeO)在形成高碱度渣方面也是不可缺少的条件,它能促进碱度的提高,补偿(FeO)在脱硫作用上带来的部分负作用。

3)金属液的组成

金属液中的Si、C等元素能提高f_S,使[S]易向渣-金属液面转移。但在钢液的脱硫过程中,这些元素的浓度远低于高炉炉缸内铁水的值,生铁液的f_S(4~6)比钢液的f_S(1~1.5)大,所以生铁液的硫比钢液的硫易于除去。

8.5.3 脱硫反应动力学

目前,业界对脱硫动力学研究得较多的是饱和碳的铁液和还原性熔渣之间的反应。和其他杂质氧化不同,脱硫是硫在渣和金属之间的交换。金属中的硫传输到熔渣中,渣中硫的增加速度为:

$$\frac{W_S}{100A}\frac{d(\%S)}{dt} = k_m[\%S] - k_S(\%S) \tag{8.66}$$

在反应刚开始进行时,渣中(%S)可忽略不计,则:

$$\frac{W_S}{100A}\frac{d(\%S)}{dt} = k_m[\%S] = \frac{W_m}{100A}\left(-\frac{d[\%S]}{dt}\right) \tag{8.67}$$

式(8.66)、式(8.67)中,W_S、W_m分别为渣、金属液质量;k_m、k_S分别为S在金属液、渣中的传质系数;A为渣-金属液界面面积。

k_m、k_S与渣碱度关系如图8.15所示。由图8.15可知,k_m随CaO/SiO_2增大,表明碱度增大时脱硫速度增大。由于脱硫速度受熔渣组成的影响,可推测渣侧硫的扩散是控制环节。

$$-\frac{d[\%S]}{dt} = \frac{W_S}{W_m}\frac{d(\%S)}{dt} = \frac{\rho_S}{\rho_m}\frac{AD_S^S}{V_m\delta_S}(\%S) \tag{8.68}$$

式中,D_S^S为硫在渣中的扩散系数;ρ_S、ρ_m分别为渣、金属液密度;δ_S为渣层中硫边界层厚度;V_m为金属液体积。

在渣钢界面上,反应达到平衡:

$$(\%S)^* = L_S[\%S]$$

因此

$$-\frac{d[\%S]}{dt} = \frac{\rho_S}{\rho_m}\frac{AD_S^S}{V_m\delta_S}L_S(\%S)^* = k'_m(\%S) \tag{8.69}$$

式(8.69)说明脱硫速度和(%S)成线性关系。实验证明,脱硫速度随熔渣碱度增大而增大,由图 8.15 可见,随碱度增加,k_m 显著增大,而 k_S 由于高碱度渣变黏,反而略有下降。

据实验测定,温度对硫的传质系数有影响,其影响程度比 k_m 和 k_S 大。

用放射性同位素 S^{35} 研究硫在渣钢间传质过程,在急冷下来的渣钢界面区域进行自射线照相,如图 8.16 所示。放射强度的分布代表 S 的分布。渣侧有相当厚的一个硫扩散层存在,表明熔渣边界层的扩散是过程的控制环节。此外,碱性渣脱硫反应的活化能很低,也说明脱硫由渣层扩散所控制。

分析式(8.71)可以得出强化金属液脱硫的措施:

①增大 L_S,增强有利于脱硫的热力学因素。

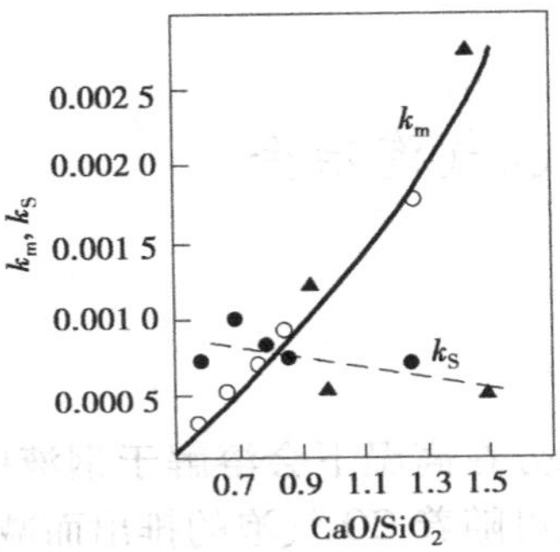

图 8.15　k_m 和 k_S 与碱度的关系

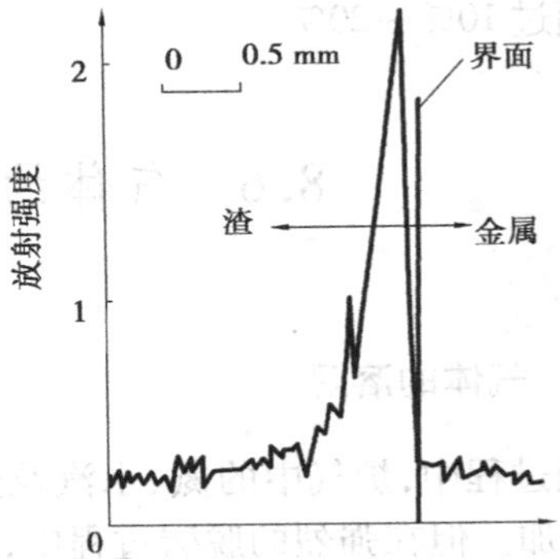

图 8.16　渣钢界面上硫的浓度分布

②提高 D_S^S,即硫在渣中的扩散系数,为此须提高温度。虽然提高温度使 δ_S 增大,但 D_S^S 随温度的增加要比 δ_S 的增加快得多。

③加强各种有利于搅拌熔池的措施均可使 δ_S 减小,D_S^S 增大,L_S 增大。

④减小(%S),采用换渣(或加大渣量)和在渣面上造成氧化性气氛,使渣中硫成为气体逸出。

⑤由(%S)$\propto N_{S^{2-}}$ 和脱硫反应的平衡可知:

$$N_{S^{2-}} = K\frac{N_{O^{2-}}[\%S]r_{O^{2-}}f_S}{[\%O]r_{S^{2-}}f_O}$$

为了增加熔渣吸收硫的数量,应当增加熔渣的碱度($N_{O^{2-}}$,$\gamma_{O^{2-}}$)和减少金属的含氧量[%O],f_O。

应指出,上面的讨论仅仅是单一脱硫反应的动力学。在钢铁生产中,脱硫反应和其他反应是同时发生的,它们之间相互影响,对此可参看耦合反应模型的描述与分析。

8.5.4　气化脱硫

溶解于铁液的硫,在强烈的氧化性气体的作用下,可被氧化成 SO_2,炼钢气化去硫反应:

$$[S] + O_2 \xlongequal{\quad} SO_2$$
$$[S] + 2[O] \xlongequal{\quad} SO_2$$

显然,铁水的硫只有直接氧化才可能变为 SO_2。

炉渣形成后,可能发生下列气化脱硫:

$$(S^{2-}) + 3/2O_2 \xlongequal{\quad} SO_2 + (O^{2-})$$

$$(S^{2-})+6(Fe^{3+})+2(O^{2-})=\!=\!=SO_2+6(Fe^{2+})$$

后一反应中，(Fe^{3+})充作氧传递的媒介：

$$6(Fe^{2+})+3/2O_2=\!=\!=6(Fe^{3+})+3(O^{2-})$$

上述反应的进行取决于熔渣内 $a_{S^{2-}}$ 和气相的氧势。$\gamma_{S^{2-}}$ 主要与碱度有关，提高碱度，则 $\gamma_{S^{2-}}$ 降低，对气化脱硫不利，但是对熔渣-钢液间的脱硫却十分有利。所以两者有一定的矛盾。

但是，炼钢过程中，炉气的氧势不高，就以氧气顶吹转炉而言，炉气的成分范围：CO_2 为 8% ~ 18%、CO 为 81% ~91%、H_2O 为 1.5% ~5%。这种混合气体的氧势比较低，实际上不能使钢液的硫氧化。因此，在氧气顶吹转炉内，仅在吹炼初期氧枪的最初反应区内才出现气化脱硫，而除去的硫不超过 10% ~20%。

8.6 气体的溶解与脱气、气泡冶金

8.6.1 气体的溶解

在炼钢过程中，炉气中的氮、水汽及炉料带入的水分在高温下会溶解于钢液中，使[H]、[N]含量增加。但在强烈的脱碳过程中，溶解的气体又可随着 CO 气泡的排出而减少，向熔池吹氩也有脱气的作用。和氧一样，氢、氮也会对钢造成不利影响，必须在冶金过程尽可能去除。

气体的脱除与气体的溶解是相反的两个过程，下面只对气体的溶解进行介绍。

钢液吸收气体（如 H、N 等）的反应可表示为：

$$X_2 = 2[X] \tag{8.70}$$

气体在钢液中的溶解度热力学关系式为：

$$[\%X] = \frac{K_X\sqrt{\dfrac{P'_{X_2}}{P^\theta}}}{f_X} \tag{8.71}$$

式(8.71)中，[%X]为气体溶解反应达到平衡时气体在钢液中的溶解度值。气体溶解度单位常用 ppm 表示，1ppm = 1×10^{-6}。

当 $f_X=1$ 时，有：

$$[\%X] = K_X\sqrt{\frac{P'_{X_2}}{P^\theta}} \tag{8.72}$$

式(8.72)为气体溶解平方根定律（西华特定律），可表述为：在一定温度下，双原子气体在金属中的溶解度[%X]与该气体的分压 P_{X_2} 的平方根成正比。

双原子气体在金属中的存在形态为原子态，对 H_2 和 N_2，有：

$$\frac{1}{2}H_2=[H],\lg K_H=-\frac{1\,905}{T}-1.591,[\%H]=K_H\sqrt{\frac{P'_{H_2}}{P^\theta}}$$

$$\frac{1}{2}N_2=[N],\lg K_N=-\frac{518}{T}-1.063,[\%N]=K_N\sqrt{\frac{P'_{N_2}}{P^\theta}}$$

由于金属中元素对氢和氮的亲和力不同，它们的存在会影响到氢和氮在金属中的溶解度，

V、Nb、Cr、Mn 和 Mo 可使氮的溶解度增大(即使 f_N 增大),而 Sn、W、Cu、Co、Ni、Si、C 则使氮的溶解度降低。对氢而言,Nb、Cr 和 Mn 使氢的溶解度增大,而 Cu、Co、Sn、A1,B 会使氢的溶解度降低。

由式(8.74)可见,气体在钢液中溶解度热力学影响因素主要有:

(1)温度

气体在钢液中溶解吸收热量,温度提高,K 提高,[%X]提高。降温有利于降低气体的溶解度。

(2)气体 X_2 的分压

气体 X_2 在气相中的分压提高,[%X]增大,降低气体的分压有利于降低气体的溶解度。

(3)金属熔体组成

金属液成分 j 的 e_X^j 越高,[%X]越小。

根据西华特定律可以看出,降低气相中氮、氢分压可以降低氮、氢在金属中的溶解量,这成为气体含量控制的一种主要手段。炼钢过程常用的有真空处理和吹入不参与反应的气体技术。

[**例 8.7**] 试计算质量百分含量组成为:0.12% C、2% Cr、4% Ni、0.5% Si、1.0% Mo 的钢液在 1 820 K 及 N_2 分压为 30 kPa 下的含氮量。已知:

$$e_N^N=0,e_N^C=0.13,e_N^{Cr}=-0.047,e_N^{Ni}=0.01,e_N^{Si}=0.047,e_N^{Mo}=-0.011$$

$$1/2N_2=[N],\lg K^\theta=-518/T-1.063$$

解 $1/2N_2=[N]$,$K^\theta=a_{[N]}/P_{N_2}^{1/2}$,$[\%N]=K^\theta P_{N_2}^{1/2}/f_N$。

$\lg K^\theta=-518/T-1.063=-518/1\ 820-1.063=-1.348$,$K^\theta=0.044\ 9$

$$\begin{aligned}\lg f_N&=e_N^N[\%N]+e_N^C[\%C]+e_N^{Cr}[\%Cr]+e_N^{Ni}[\%Ni]+e_N^{Si}[\%Si]+e_N^{Mo}[\%Moi]\\&=0\times[\%N]+0.13\times0.12+(-0.047)\times2+0.01\times4+0.047\times0.5+(-0.011)\times1.0\\&=-0.025\ 9\end{aligned}$$

$f_N=0.942$

$$P_{N_2}=\frac{P'_{N_2}}{P^\theta}=\frac{30}{100}=0.3$$

得 $$[\%N]=K^\theta P_{N_2}^{1/2}/f_N=0.049\ 9\times0.3^{1/2}/0.942=0.026$$

8.6.2 气泡冶金

气泡冶金即向金属吹入惰性气体除气。

向钢液中吹入的气体必须满足下列两个条件:其一,不参与冶金反应;其二,不溶入(或极少溶入)钢液中。具备上述条件且来源方便的气体有氩气等,这类气体称为惰性气体。

当惰性气体吹入钢液形成气泡时,其气泡中的 p_{H_2} 或 p_{N_2} 等几乎为零,这样钢液中的氢或氮,由于浓度差(或压力差)便向气泡中扩散,后随气泡一起上浮而排除。生产中希望吹入少量惰性气体而达到最佳的去气效果,称此吹入量为临界供气量。

(1)惰性气体气泡中氢或氮所占体积百分数的计算

以气泡去氢为例。因为,氢在铁液中溶解反应的平衡常数 K 与温度 T 的关系为:

$$\lg K_H=-1\ 905/T-1.591$$

当T=1 600 ℃(1 873 K)时,有:

$$\lg K_H = -2.608\ 08$$

$$K_H = 0.002\ 47$$

根据西华特定律,对于铁液而言,在温度T下,[%H]与P_{H_2}的关系为:

$$P_{H_2} = [\%H]^2(K_H)^2$$

根据道尔顿分压定律,氢气在气相中的组成X_{H_2}与其平衡分压P_{H_2}和气相总压力$P_{总}$之间的关系为:

$$P_{H_2} = X_{H_2} \cdot P_{总} \tag{8.73}$$

式中,X_{H_2}为氢气在气泡中的体积分数;$P_{总}$为气泡内总压力。

将P_{H_2}与[%H]和K_H的关系式代入式(8.73),得:

$$P_{H_2} = [\%H]^2 P_{总}/(K_H)^2$$

用类似方法可以计算出X_{N_2}值。

(2)惰性气体与被去除气体间的定量关系

假定dt时间内,惰性气体的体积用量为dV(cm^3),气泡中被去除的气体(如H_2)的分压为P_{X_2}(如p_{H_2})。该分压与铁液中被去除气体的平衡浓度(如d[%H])平衡时,惰性气体体积为dV的气泡带走的被去除气体(如H_2)的质量m_{1H}为:

$$m_{1H} = P_{H_2} 2dV/0.022\ 4(g)$$

相应在铁液中减少的被去除气体(如H_2)的质量m_{2H}为:

$$m_{2H} = W \cdot d[\%H] \times 10^6/100(g)$$

式中,W为铁液的质量,t;d[%H]/100为铁液中氢含量降低值(为金属重量的百分数)。

被带走的气体(如H_2)量与钢液中减少的被去除气体量应相等,即:

$$P_{H_2} 2dV/0.022\ 4 = -W \cdot d[\%H] \times 10^6/100 \tag{8.74}$$

将$P_{H_2} = [\%H]^2 P_{总}/(K_H)^2$代入式(8.74),并在隋性气体体积由0~V及被去除气体如H_2的浓度$[\%H]_0 \sim [\%H]_\tau$范围内积分,整理得:

$$V = 112W \cdot (K_H)^2(1/[\%H]_\tau - 1/[\%H]_0) \tag{8.75}$$

式中,$[\%H]_0$为金属液中氢的原始浓度;$[\%H]_\tau$为金属液吹入情性气体经历τ时间后氢的浓度;V为W吨金属液经过τ时间吹气后,被去除气体浓度$[\%H]_0$降到$[\%H]_\tau$所需要的惰性气体量;K_H为氢在铁液中溶解反应的平衡常数。

式(8.75)对于各种金属液吹气去气均适用,只不过对于不同合金和温度时其平衡常数K有所不同。

但是,在使用式(8.75)时,应注意下列几点:①公式求出的是标准状态下所消耗的气体体积;②求出的V是吹入气体与被去除体积之和,但因被去除气体与吹入气体相比可忽略,故把V看作吹入气体体积量;③所求的V为吹入气体体积的最小值,因为在导出该公式时是在平衡状态进行的,而实际上达不到平衡,所以实际消耗量要比计算值大。

另外,所用的吹入(携带)气体(如Ar或N_2)必须注意其纯度,否则不但不能去气,还会导致吹入(携带)气体中所含杂质(如H_2O、油)玷污钢液。

[例8.8] 将氩气吹入钢液中去除氢气,当氩气中含有0.01%水蒸气,氩气泡中的压力为15.198 7 Pa,钢水中氧含量为0.001 5%,钢液温度为1 600 ℃时,可否使钢液中氢含量降至

2×10^{-6}？

解 氩气中含有水蒸气，当吹入钢液后水将分解为氢和氧，并溶解于金属液中，其反应式为：

$$H_2O_{(g)}==2[H]+[O]$$

对于钢液来说，此反应的平衡常数与温度的关系为：

$$\lg K=\lg\frac{[\%H]^2[\%O]}{P_{H_2O}}=-10\ 850/T+8.015$$

则

$$2\lg[\%H]=\lg K-\lg[\%O]+\lg P_{H_2O}$$

当 $T=1\ 600+273=1\ 873(K)$ 时，$\lg K=2.222$，$[\%O]=0.001\ 5$，$P_{H_2O}=15.198\ 7\times0.01\%/10^5$，所以

$$2\lg[\%H]=2.222-\lg0.001\ 5+\lg(15.198\ 7\times0.01\%/10^5)$$

则 $[\%H]=4.11\times10^{-4}$

由此可见，吹入这种纯度的氩气去氢时，钢液氢气含量不能降低至 2×10^{-6}。

8.7 脱氧反应

当钢液中元素（特别是碳）被氧化到较低浓度时，钢液内就存在着较高量的氧（0.02%～0.08%）。这种饱含氧的钢液在冷却凝固时，不仅在晶界上析出 FeO 及 FeO-FeS，使钢的塑性降低及发生热脆，而且其中的[C]及[O]将继续反应，甚至强烈反应。因为其内的氧在冷却的钢液中溶解度减小，出现偏析时，毗连于凝固层的母体钢液的含氧量增高，超过了[%C][%O]平衡值，于是 CO 气泡形成，使钢锭饱含气泡，组织疏松，质量下降。因此，只有在控制沸腾或不出现沸腾时，才可能获得成分及组织合格的优质钢锭或钢坯。为此，对于沸腾钢，氧含量需降到 0.025%～0.030%；对于镇静钢，氧含量应小于 0.005%。

脱氧的目的是使氧实降低到[C]+[O]==CO 反应平衡氧浓度之下一定程度，使钢液在浇注及凝固过程中[C]+[O]==CO 不再进行或有限进行，保证钢锭组织及结构的紧密；结晶时，晶界上不生成 FeO-FeS 共熔体，避免热脆。

脱氧的主要任务有：

①把钢中氧含量降低到所需要水平，以保证凝固时得到正常的表面和不同结构类型的钢坯。

②使成品钢中非金属夹杂物含量减少、分布合适、形态适宜，以保证钢的各项性能。

③得到细晶粒结构。

向钢液中加入与氧亲和力比铁大的元素，使溶解于钢液中的氧转变为不溶解的氧化物，自钢液中排出，这称为脱氧。按氧除去方式的不同，有 3 种脱氧方法：一是沉淀脱氧法，是应用最广的脱氧方法，二是扩散脱氧法，三是真空脱氧法。

8.7.1 沉淀脱氧

(1)沉淀脱氧原理

所谓沉淀脱氧,是指将 MnFe、SiFe、Al 等脱氧剂 M 加入到钢液中溶解为[M],[M]再与钢液中[O]作用生成脱氧产物,能形核长大者可靠其与钢液比重差而上浮到渣中,实现钢液的脱氧目的。反应通式可表示为:

$$x/y[\mathrm{M}]+[\mathrm{O}]=\!=\!=1/y(\mathrm{M}_x\mathrm{O}_y)$$

$$K = a_{\mathrm{M}_x\mathrm{O}_y}^{1/y}/(a_{\mathrm{M}}^{x/y}a_{[\mathrm{O}]}) \tag{8.76}$$

炼钢过程中,$a_{\mathrm{M}_x\mathrm{O}_y}^{1/y}=1$,$f_{\mathrm{M}}\approx 1$,$f_{\mathrm{O}}\approx 1$,则 $K=1/(([\%\mathrm{M}]^{x/y}[\%\mathrm{O}])$

$$K'=1/K=([\%\mathrm{M}]^{x/y}[\%\mathrm{O}]$$

K'称为脱氧常数,它是脱氧平衡常数的倒数,等于脱氧反应达到平衡时,脱氧元素的浓度的指数与氧浓度的乘积。其值越小,则与一定量的该脱氧元素平衡的氧浓度就越小,而该元素的脱氧能力就越强。另一方面,由 $\Delta G^\theta=-RT\ln K^\theta=RT\ln K'$知,元素与氧的亲和力越强,$\Delta G^\theta$越小,脱氧反应就进行得越完全。故$K'$能用以衡量元素的脱氧能力。

对一定脱氧元素,温度一定时,K′为常数。元素的脱氧常数可由以下两种方法得出:

①直接取样测定脱氧反应达到平衡时,钢液中脱氧元素与氧的浓度。

②用由 H_2-H_2O 混合气体与钢液中脱氧元素的平衡实验测定,即可由下列反应的 ΔG^θ 组合求得:

$$x/y[\mathrm{M}]+\mathrm{H_2O_{(g)}}=\!=\!=1/y(\mathrm{M}_x\mathrm{O}_y)+\mathrm{H_2}$$

$$[\mathrm{O}]+\mathrm{H_2}=\!=\!=\mathrm{H_2O_{(g)}}$$

由脱氧常数K'可绘出在一定温度下,脱氧元素的脱氧平衡曲线,如图 8.17 所示。

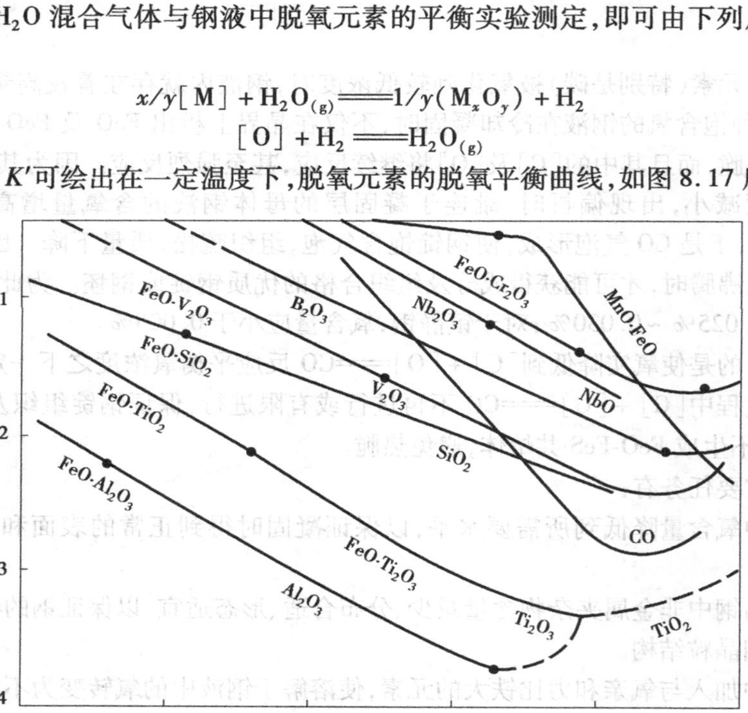

图 8.17 铁水中元素的脱氧平衡曲线(1 600 ℃)

由图 8.17 可见:

①各脱氧元素的平衡氧浓度 ω[O]随脱氧元素的平衡 ω[M]增加而减少,并在某一 ω[M]

浓度时，$\omega[O]$出现极小值。

②图中曲线位置越低的元素，脱氧产物越稳定，而该元素的脱氧能力越强，与相同量的各元素平衡的氧浓度就越低，或为了达到同样的氧浓度，强脱氧元素的平衡浓度就越低。

③脱氧产物的组成与温度及脱氧元素的平衡浓度有关。

④脱氧反应是强放热的，随着温度的降低，脱氧元素的脱氧能力增强，所以在钢液冷却及凝固过程中，就不断有脱氧反应继续进行。

脱氧产物若不能上浮去除，就会成为夹杂物。

钢液中夹杂物上浮的速度服从斯托克斯公式。

$$v = \frac{2}{9} \cdot \frac{g}{\eta} \cdot (\rho_1 - \rho_2) r^2 \tag{8.77}$$

式中，v 为夹杂物上浮的速度；g 为重力加速度；η 为钢液的黏度；ρ_1、ρ_2 为夹杂物相和钢液相的密度；r 为夹杂物小颗粒半径。

由式(8.77)可见，对一定温度下的某一钢液和某一夹杂物来说，η、ρ_1、ρ_2 为定值，式中除 r 外各项均为常数，则夹杂物的上浮速度 v 只与其半径 r 的大小有关。

优点是沉淀脱氧脱氧速度快，成本较低，操作简便，但钢凝固过程易产生氧化物夹杂。

(2)脱氧剂用量的计算

[例 8.9] 如果钢液中原来含氧量为$[O]_{初}$，用 M 沉淀脱氧后，含氧量为$[O]_{平}$。问：需要多少脱氧剂？

解 脱去氧量为 $\Delta\omega[O] = \omega[O]_{初} - \omega[O]_{平}$

$$\begin{array}{ccccc} [M] & + & [O] & = & (MO) \\ M_M & & 16 & & \\ \omega[M]_{消耗} & & \Delta\omega[O] & & \end{array}$$

则

$$\omega[M]_{消耗} = \frac{M_M \cdot \Delta\omega[O]}{16}$$

与 $\omega[O]_{平}$平衡的 M 的量为 $\omega[M]_{平}$

$$K = \frac{a_{(MO)}}{a_{[M]} a_{[O]}}, f_{[M]} \approx 1, f_{[O]} \approx 1, \omega[M]_{平} = \frac{a_{(MO)}}{K \cdot \omega[O]_{平}}$$

M 总的消耗量为：

$$\omega[M] = \omega[M]_{消耗} + \omega[M]_{平}$$

8.7.2 扩散脱氧

将脱氧剂(如 SiFe 粉、SiCa 粉等)加入炉内，置于熔渣上部，将熔渣中的(FeO)还原，使钢液中氧向渣中扩散，降低钢液中的含氧量。这种方法一般用于电炉还原期脱氧。其反应可表示为：

$$[O] + [Fe] = (FeO) \tag{8.78}$$

氧在渣-金属间的分配系数 L_O 为 $L_O = a_{FeO}/[\%O]$。一定的温度下 L_O 为常数，所以 a_{FeO} 降低时，$[\%O]$值亦降低，能实现对钢液的脱氧。

扩散脱氧法的优点是：脱氧剂直接按粉状形态加入渣中使 a_{FeO} 降低，钢液中不产生氧化物夹杂，不沾污钢液。缺点是：氧自金属相扩散到渣，脱氧动力学条件差，脱氧过程时间长。脱氧不完全,出钢时还需要沉淀脱氧。造渣之后,要封闭炉门,只有电炉采用。

8.7.3 真空脱氧

将盛钢桶置于真空室,抽真空,降低气相中 CO 分压,使反应[C] + [O]══CO 继续向右进行,从而降低钢液的含氧量。

这种方法不需加其他脱氧剂,脱氧速度快,脱氧较彻底,不产生脱氧夹杂物,能同时除去[H]、[N],但设备较昂贵。

8.7.4 复合脱氧

为了提高脱氧的效果,改变脱氧产物组成,可采用复合脱氧方式。常用的复合脱氧剂有 Si-Mn,Al-Mn-Si,Ca-Si,Si-Al-Ba,Ca-Si-Al-Ba 等。

这类复合脱氧剂脱氧后可以生成熔化温度低的更复杂的复合化合物,易聚集长大而上浮。当其中含钙时,其脱氧能力强于 Al。如 Ca-Al 复合脱氧剂脱氧后形成熔点低(约 1 420 ℃)的化合物 $12CaO \cdot 7Al_2O_3$,易于上浮。如其部分地残留在钢坯(锭)中时,因其塑性和韧性均较 Al_2O_3 高,而且呈球形(Al_2O_3 呈多棱形)存在,故不易导致钢材质量下降。

另外,能使容易挥发的钙、镁在钢中的溶解度增加;能使夹杂物形态和组成发生变化,有利于改善钢的性能。如单独用 Mn 脱氧时,易形成 MnS。尽管其熔点较高不致造成热脆现象,但 MnS 很软,在轧钢时呈条状分布,将导致横向和纵向机械性能的不均匀。当用 Ca-Mn-Si 复合脱氧剂时可克服上述缺点。

8.7.5 脱氧的动力学

整个脱氧过程主要由脱氧剂的溶解和均匀化、脱氧产物成核、脱氧产物长大、脱氧产物去除四个步骤组成。

(1)脱氧剂的溶解和均匀化

脱氧剂的溶解和均匀化需要占用一定时间,它决定于钢液流动条件或涡流搅拌程度。随着现代钢包冶金技术的发展,由于强化搅拌,为脱氧剂的溶解和均匀化创造了良好条件。一般这个步骤不会构成限制性环节 。

(2)脱氧产物成核

实际脱氧过程中由于钢液中已经存在许多异相物质,它们可以作为析出脱氧产物的核心,即非均质形核。这样在更低的过饱和度时可以析出脱氧产物。作为异相核心的物质有很多,如耐火材料砌筑的器壁;加入的铁合金中含有的氧化物;在局部高浓度区均质形核产生的氧化物颗粒,被钢液带到低浓度区作为异相核心。所以形核不可能成为脱氧速率的控制环节。

(3)脱氧产物的长大

临界尺寸的晶核生成以后,它的长大就具有分子特征。其聚合长大机理有以下几种形式:

①扩散长大;

②由于布朗运动碰撞凝聚长大;

③由于上浮速度差而碰撞凝聚长大;

④由于钢液运动而碰撞凝聚长大。

(4)**脱氧产物去除**

脱氧的重要任务之一是尽可能多地去除脱氧产物,以得到清洁的钢。钢液中的夹杂物,或者依靠质点相对于介质的运动,或者依靠金属液的对流,而转移到金属-熔渣及金属-炉衬的相界面上。

夹杂物的去除要依靠熔渣和衬壁材料的吸收,加强渣钢界面处和包壁处的搅拌有利于夹杂物的吸收。

8.8 钢液的合金化

炼钢生产中,脱氧与合金化几乎是同时进行。加入钢中的脱氧剂一部分消耗于钢的脱氧转化为脱氧产物排出钢液,多余部分则为钢液吸收起合金化作用;在冶炼高合金钢时,合金化是添加合金剂操作的主要目的 。

因合金化元素与氧亲和力不同,为减少合金化元素氧化损失,提高其合金化收得率高,不同合金元素应在炼钢不同时期以不同的方法加入。与氧的亲和力低的元素(如 Ni、Cu、Mo、Co 等)可在炼钢前随炉料一起加入或在冶炼过程加入;与氧的亲和力较强或很强的元素(如 Mn、Cr、Si、Ti、V、A1 等)都是在出炉前加入(或加在钢包中)或加到已经充分脱氧的钢中。

炼钢过程中,合金化元素加入方法有:①为了保证获得最佳的合金化过程,对于用量大的合金则以块状形式加入,如锰铁、硅铁、铬铁和镍等;②在出钢过程加到钢包中的铁合金必须粒化成使其在出炉钢流的冲击下能够溶解于钢液;③利用惰性气体作载气,将合金粉剂直接喷射到钢液内部,避免粉剂与空气或熔渣接触,扩大反应界面积,从而加速传质过程,提高元素收得率;④将合金粉剂制成包芯线可以直接喂入钢包、中间包或连铸结晶器中。

复习思考题

1. 解释概念:氧化熔炼(氧化精炼),直接氧化,间接氧化,脱氧,沉淀脱氧,扩散脱氧,真空脱氧,氧化过程中元素[M]氧化的分配比(分配常数)L_M,元素选择性氧化。

2. 氧化熔炼中氧化剂主要有哪些?氧化方式有哪几类?写出炼钢过程中杂质元素氧化反应式。

3. 写出氧化熔炼中锰在渣金属液间分配比表达式,其热力学影响因素主要有哪些?

4. 炼钢过程中碳氧化有何作用?

5. 何谓碳氧积?其影响因素有哪些?

6. 写出炼钢过程中氧化脱磷反应,并分析说明影响炉渣脱磷效果的热力学因素主要有哪些。

7. 写出炼钢过程炉渣脱硫反应。

8. 简述气体溶解定律。

9. 写出炼钢过程中炉脱硫反应,并分析说明影响炉渣脱硫效果(硫在渣-钢液间的分配比)的热力学因素有哪些。

10. 炼钢过程中碳氧化有何作用?

11. 钢液冶炼过程中脱氧方法有哪些？各有何优点、缺点？

12. 从热力学角度说明真空处理钢液对钢液脱氧有何作用。

13. 简述真空脱气原理。

14. 简述吹氩脱气原理,并导出吹氩脱氢的理论氩气消耗量方程。

15. 简述氧化熔炼中脱氧的组成环节。

9 硫化矿的火法冶金基础

学习内容：

硫化物精矿火法冶炼反应类型，硫化物生成-离解反应热力学（硫势图），Me-S-O 体系的热力学（硫化物焙烧过程氧化焙烧、硫酸化焙烧热力学），硫化矿的造锍熔炼机理，冰铜主要性质，锍的吹炼反应及其热力学。

学习要求：

- 了解硫化物精矿成分组成、硫化物精矿火法冶炼反应类型、硫化物生成-离解反应。
- 理解硫化物生成-离解反应的硫势图及其应用、硫化物焙烧过程氧化焙烧、硫酸化焙烧热力学。
- 掌握硫化矿的造锍熔炼机理、冰铜主要性质、锍的吹炼反应及其热力学。

9.1 硫化矿的热力学性质及处理方法

大多数有色金属（如铜、铅、锌、镍、钴、钼等）矿物都是以硫化物形态存在于自然界中，一些稀散金属（如锗、镓、铊等）常与铅锌硫化物共生，铂族金属又常与镍钴共生。因此，一般的硫化矿都是多金属复合矿，具有一定的综合利用价值。

硫化物中的金属一般不能由碳直接还原出来，因此，硫化物的冶炼较铁矿石冶炼还复杂，须根据硫化矿石的物理化学特性及成分来选择。从硫化矿石中提取金属的传统方法是在提取金属之前先改变其化学成分或化合物的形态。如方铅矿、闪锌矿、辉钼矿等都要在空气中进行焙烧，使其生成铅、锌、钼的氧化物，而后在下一阶段中被还原成金属。硫化铜矿的处理则采用焙烧、熔炼及吹炼方法获得粗铜。少部分硫化精矿是直接氧化熔炼得到金属，这种方法已用于 Cu、Pb 的生产。

有色金属冶炼过程中，硫化矿的处理过程比较复杂，但从硫化矿在高温下的化学反应来看，大致可归纳为以下 5 类：

$$2MeS + 3O_2 = 2MeO + 2SO_2 \tag{9.1}$$

$$MeS + O_2 = Me + SO_2 \tag{9.2}$$

$$MeS + Me'O = MeO + Me'S \tag{9.3}$$

$$MeS + 2MeO \xlongequal{\quad} 3Me + SO_2 \tag{9.4}$$

$$MeS + Me' \xlongequal{\quad} Me'S + Me \tag{9.5}$$

反应(9.1)、反应(9.2)称为金属硫化物的氧化反应，它是各种有色金属硫化矿氧化焙烧基础。反应(9.3)称为造锍反应，反应(9.4)是金属的硫化物与其氧化物的交互反应，反应(9.5)称为硫化反应。反应(9.2)是 MeS 直接氧化成金属的反应，这类金属(如 Cu)对氧和硫的亲和力都比较小，其硫化物易离解，其中的硫又很易被氧化，产生 SO_2，使金属得到还原。反应(9.3)是造锍熔炼的基本反应。MeS 中的 Me 对氧的亲和力比较大时，能使其他金属的氧化物发生硫化反应，形成硫化物的共熔体(锍)，能与矿石中的脉石分离。

9.1.1 硫化物的热分解

一些具有不同价态金属(如 Fe、Cu、Ni 等)的硫化物，其高价硫化物在中性气氛中受热到一定温度能发生如下的分解反应：

$$2MeS \xlongequal{\quad} Me_2S + \frac{1}{2}S_2 \tag{9.6}$$

式(9.6)中，分解产生的低价硫化物 Me_2S 在高温下是稳定的，在火法冶金过程中实际参加反应的是金属的低价硫化物。

由金属硫化物热分解产出的硫，在通常的火法冶金温度下都是气态硫(硫的沸点为 444.6 ℃)。在不同温度下，这种气态硫中含有 S_8、S_6、S_2 和 S，其含量变化取决于温度。在温度 800 K 以下，气态硫主要是 S_8、S_6；在高于 1 500 K 的温度时，须考虑单原子硫的存在；在火法冶金的作业温度范围内(1 000 ~ 1 500 K)主要是 S_2。

9.1.2 金属硫化物的分解-生成反应

硫化物的分解-生成反应与氧化物、碳酸盐相似，在火法冶金的作业温度范围内，二价金属硫化物的分解-生成反应可表示为：

$$2Me_{(S)} + S_2 \xlongequal{\quad} 2MeS_{(S)} \tag{9.7}$$

式(9.7)向左进行的是硫化物分解反应，如果金属和金属硫化物均为纯凝聚态，平衡时产生的硫压力称为 MeS 的分解压。

式(9.7)的平衡常数 K、分解压 P_{S_2} 与反应的 $\Delta_r G_m^\theta$ 关系为：

$$\Delta_r G_m^\theta = RT \ln K = RT \ln P_{S_2} \tag{9.8}$$

式(9.8)中，$RT \ln P_{S_2}$ 称为硫化物的硫势，可用 $\pi_{S(MeS)}$ 表示。硫化物的硫势、硫化物分解压、硫化物生成反应的 $\Delta_r G_m^\theta$ 可用来衡量硫化物的稳定性，硫化物的硫势越小，或硫化物分解压越大，或硫化物生成反应的 $\Delta_r G_m^\theta$ 越小，则硫化物越稳定。

根据式(9.8)、由硫化物生成反应的 $\Delta_r G_m^\theta$，可计算出各种硫化物的硫势，由此得到硫化物的硫势图，见图 6.6。

硫化物的硫势图 6.6 的构成原理、应用方法与氧势图相似。硫化物的硫势图与金属氧化物的氧势图相比，金属硫化的顺序与金属氧化的顺序大致相似，但 H_2、C 的硫势较大，因此，一般 H_2 和 C 不能作为金属硫化物的还原剂。

9.2　硫化物焙烧过程热力学

对硫化矿进行焙烧处理，可以获得精矿。硫化矿焙烧一般采用空气作氧化剂，气相与固相接触进行反应。气相的组成不同时，焙烧得到的产物不同。为精确控制硫化矿氧化焙烧的生产操作条件以得到所需产物，必须弄清硫化矿氧化焙烧热力学平衡条件。

9.2.1　Me-S-O 体系的热力学

分析 Me-S-O 体系的热力学时，首先应确定 Me-S-O 体系中的有效焙烧反应及热力学平衡关系式，一般按如下方法求算：

①根据可靠资料查明 Me-S-O 体系中有效存在的物质种类及其热力学性质。

②根据相律查明平衡共存的相和逐级转变原则，确定 Me-S-O 体系中可能发生的有效反应及其反应吉布斯自由能方程，并列出每个反应的平衡方程式。

氧化焙烧中物质逐级转变一般规律是：随 P_{O_2} 增大，形成的金属元素化合物的化合价依次升高。如氧化焙烧中铜的可能转变为：$Cu \rightarrow Cu_2O \rightarrow CuO \rightarrow CuO \cdot CuSO_4 \rightarrow CuSO_4$。

③根据 $\Delta_r G_m^\theta = -RT \ln K$ 的关系算出各个反应在一定温度下的 $\lg P_{S_2}$、$\lg P_{O_2}$、$\lg P_{SO_2}$、$\lg P_{SO_3}$ 之间的关系式，即直线方程式。

按照上述方法分析得到：

(1) Me-S-O 体系的 $\lg P_{SO_2}$—$\lg P_{O_2}$ 平衡图

Me-S-O 体系中的有效焙烧反应及热力学平衡关系式见表 9.1，其中，最重要的有如下 3 种类型的反应：

$$2SO_2 + O_2 \xlongequal{\quad} 2SO_3 \tag{9.9}$$

$$2MeS_{(s)} + 3O_2 \xlongequal{\quad} 2MeO_{(s)} + 2SO_2 \tag{9.10}$$

$$2MeO_{(s)} + 2SO_2 + O_2 \xlongequal{\quad} 2MeSO_{4(s)} \tag{9.11}$$

对所有 MeS 而言，反应(9.10)进行的趋势取决于温度和气相组成，但在实际的焙烧温度(773 ~ 1 273 K)下，平衡向右进行，因此反应(9.10)实际上是不可逆的，并且反应放出大量的热。

反应(9.9)、反应(9.11)是可逆的放热反应，在低温下有利于反应向右进行。

此外，还有铁酸盐型化合物的生成：

$$MeO + Fe_2O_3 \xlongequal{\quad} MeO \cdot Fe_2O_3 \tag{9.12}$$

表 9.1　Me-S-O 系中的焙烧反应及平衡关系式

编　号	反应式	平衡关系式	斜　率
(9.9)	$2SO_2 + O_2 = 2SO_3$	$\lg P_{SO_2} = -1/2 \lg P_{O_2} - 1/2 \lg K_2 + \lg P_{SO_3}$	−1/2
(9.10)	$2MeS_{(s)} + 3O_2 = 2MeO_{(s)} + 2SO_2$	$\lg P_{SO_2} = 3/2 \lg P_{O_2} + 1/2 \lg K_5$	3/2
(9.11)	$2MeO_{(s)} + 2SO_2 + O_2 = 2MeSO_{4(s)}$	$\lg P_{SO_2} = -1/2 \lg P_{O_2} - 1/2 \lg K_6$	−1/2
(9.13)	$S_2 + 2O_2 = 2SO_2$	$\lg P_{SO_2} = \lg P_{O_2} + 1/2 \lg K_1 + 1/2 \lg P_{S_2}$	1
(9.14)	$Me_{(s)} + SO_2 = MeS_{(s)} + O_2$	$\lg P_{SO_2} = \lg P_{O_2} - \lg K_3$	1

续表

编　号	反应式	平衡关系式	斜　率
(9.15)	$2Me_{(s)}+O_2 = 2MeO_{(s)}$	$\lg P_{O_2}=-\lg K_4$	–
(9.16)	$MeS_{(s)}+2O_2 = MeSO_{4(s)}$	$\lg P_{O_2}=-\lg K_7$	–

从以上焙烧反应可知，MeS 的焙烧主要产物是 MeO 或 $MeSO_4$ 及气相 SO_2、SO_3、O_2。在一定条件下，究竟形成哪种化合物？这可采用相律进行分析，或者利用在相律的基础上得到的 Me-S-O 体系热力学平衡图进行分析。

由 $\phi_{max}=C-f_{min}+2=3-0+2=5$ 可知，Me-S-O 体系中最多有 5 个相平衡共存，即 4 个凝聚相和 1 个气相共存。如果温度固定，$\phi_{max}=C-f_{min}+1=3-0+1=4$ 最多只有 3 个凝聚相和 1 个气相平衡共存，自由度 $f_{min}=0$，这意味着一特定条件点。如果该体系中，只有 1 个凝聚相和 1 个气相平衡时，$f=C-\phi+2=3-2+2=3$，此时要用 2 个组分和温度 3 个变量的三维图来表示它们的热力学平衡关系；保持温度一定，可用气相中两组分的分压来表示，常用 P_{SO_2} 和 P_{O_2} 的对数坐标来表示。据此，由表 9.1 得到图 9.1。

据各有效反应的 P_{SO_2}、P_{O_2} 与温度关系，可在 Me-S-O 系等温热力学平衡图中作出温度的影响。如对于反应(9.8)为放热反应，温度升高后，其 $\lg P_{SO_2}-\lg P_{O_2}$ 关系线将平行下移。

图 9.1 中，金属硫酸盐和金属氧化物分别存在的区域间的分界线是一直线，这些直线的斜率可以根据相应反应的化学计量（系数）关系来确定。该体系中可能存在的反应分两种类型：一种是只随 $\lg P_{O_2}$ 变化而与 $\lg P_{SO_2}$ 无关的 Me 和 MeS 的氧化反应，在图上以垂直于 $\lg P_{O_2}$ 轴的线表示其平衡位置；另一种是与 $\lg P_{SO_2}$ 和 $\lg P_{O_2}$ 的变化都有关的反应，在图上以斜线表示其平衡位置。

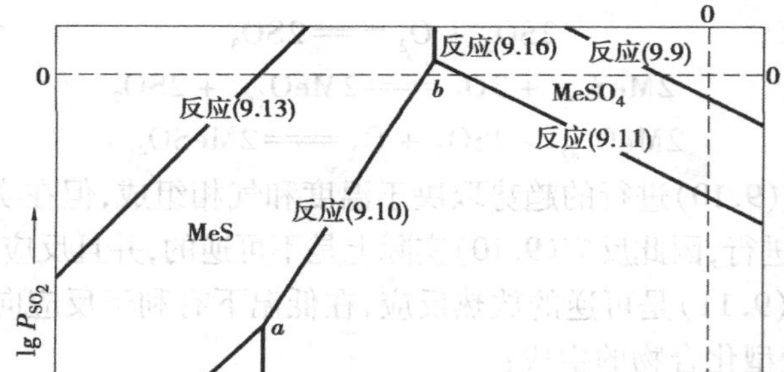

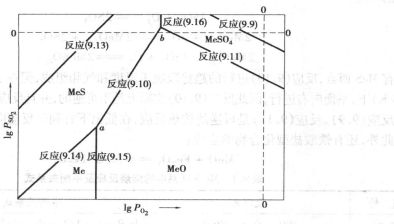

图 9.1　Me-S-O 系等温热力学平衡图

图 9.1 中，虚线表示反应(9.13)线和反应(9.9)线分别为 P_{SO_2}、P_{SO_3} 都等于 10^5 Pa 时的等压线。从其关系式可以看出：反应(9.13)恒温时，$K_{(9.13)}$ 和 $K_{(9.9)}$ 值一定，$\lg P_{O_2}$ 和 $\lg P_{SO_2}$ 之间的关系也与 S_2 和 SO_3 的分压有关。当 O_2 的分压小和 SO_2 的分压大时，S_2 的分压变大；当 $P_{S_2}>10^5$ Pa 时，线(1)便向上移动；反之，则向下移动。图中直线为上述相应各反应的二凝聚相共存的平衡线，自由度为 1。这些直线之间的面区，则是一个凝聚相稳定存在的区域，为二变量体

系。三直线的交点、零变量点，为四相平衡共存点，如图中 a 点为 3 个凝聚相 MeS、Me、MeO 与气相的平衡共存点，b 点为 3 个凝聚相 MeS、$MeSO_4$、MeO 与气相的平衡共存点。

(2) **Me-S-O 系的** $\lg P_{O_2}-\frac{1}{T}$**图**

上述 Me-S-O 体系平衡图是在温度一定的条件下，平衡气相中两组分分压对数作的图。所作的等温平衡图反映不出温度对焙烧平衡影响，而温度往往又是决定的因素。为了说明温度的影响，就必须作出不同温度下的平衡图。在现行焙烧及熔炼过程中，SO_2 或 SO_3 分压变化不大，因此可以在固定 P_{SO_2} 条件下，作出 Me-S-O 体系的 $\lg P_{O_2}-\frac{1}{T}$，其绘制方法类似于 $\lg P_{SO_2}$-$\lg P_{O_2}$图的绘制，所不同的是热力学计算部分应求出各有效反应在一定 P_{SO_2}条件下的平衡$\lg P_{O_2}$与$\frac{1}{T}$关系。

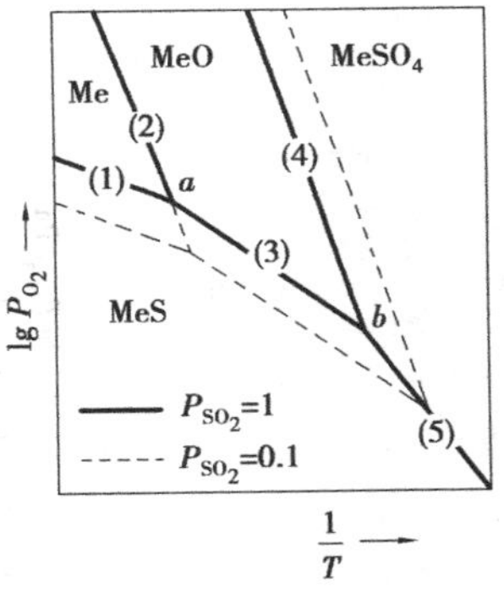

图 9.2　简单 Me-S-O 体系在一定 P_{SO_2}

简单 Me-S-O 体系在一定 P_{SO_2}条件下典型的 $\lg P_{O_2}$-$\frac{1}{T}$图如图 9.2 所示。图 9.2 中，(1)、(2)、(3)、(4)、(5)条实虚直线分别表示在 $P_{SO_2}=1$、$P_{SO_2}=0.1$ 条件下，反应 $Me_{(s)}+SO_2 = MeS_{(s)}+O_2$、$2Me_{(s)}+O_2 = 2MeO_{(s)}$、$2MeS_{(s)}+3O_2 = 2MeO_{(s)}+2SO_2$、$2MeO_{(s)}+2SO_2+O_2 = 2MeSO_{4(s)}$、$MeS_{(s)}+2O_2 = MeSO_{4(s)}$的平衡 $\lg P_{O_2}$与$\frac{1}{T}$关系线。

(3) **Me-Fe-S-O 四元系平衡图**

有色金属硫化精矿中一般含有铁，且在焙烧过程中经常生成铁酸盐，它是引起湿法和火法冶金过程中金属损失的原因之一。生成的铁酸亚铁($FeO\cdot Fe_2O_3$)也会影响熔炼过程的各项指标。焙烧过程铁酸锌的生成，使湿法提锌流程复杂化。为了解铁的影响，采用 Me-S-O 和 Fe-S-O 体系两个单一优势区图，只能用来比较多元体系中各分系相应相的稳定性，而不能用来说明各分系相互作用所产生的新相及其稳定性。为阐明这一重要的实际问题，需要研究焙烧过程中 Me-Fe-S-O 四元系平衡图。

Me-Fe-S-O 体系中，$C=4$，其 $\phi_{max}=C-f_{min}+2=4-0+2=6$，平衡体系中最多可能有六相共存。外压固定时，$\phi_{max}=C-f_{min}+1=4-0+1=5$，最多则有 5 个相平衡共存。同样可用二维图来表示其相平衡关系，如图 9.3 所示的 Zn-Fe-S-O 系的 $\lg P_{SO_3}$-$\frac{1}{T}$图。图 9.3 中，各稳定区间的分界线是一条表示有 3 个凝聚相和 1 个气相平衡时的直线，为一变系；而各区为二变系，表示两凝聚相存在的稳定区；各交点所表示的体系，其平衡分压 P_{SO_3}和温度分别都有一组定值，这些点所表示的体系叫零变系。

从图 9.3 中可明显地看出如下各区所对应的各种焙烧条件及其产物：全硫酸化焙烧—$ZnSO_4$-$Fe_2(SO_4)_3$ 或 $ZnSO_4$-$FeSO_4$ 区；选择硫酸化焙烧—$ZnSO_4$-Fe_2O_3 区；部分硫酸化焙烧—$ZnSO_4$-$ZnFe_2O_4$ 或 $ZnO\cdot 2ZnSO_4$-$ZnFe_2O_4$ 区；全氧化焙烧—ZnO-$ZnFe_2O_4$ 区；部分氧化焙烧—ZnS-$ZnFe_2O_4$ 区；选择氧化焙烧—ZnS-Fe_2O_3 或 ZnS-Fe_3O_4 区；分解焙烧—ZnS-FeS 区。因此，研究 Me-Fe-S-O 系可为各种焙烧方法提供选择最佳条件的依据。

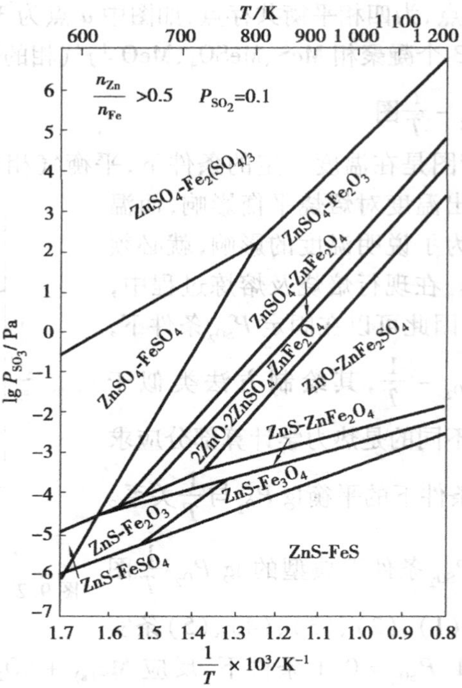

图 9.3 Zn-Fe-S-O 系 $\lg P_{SO_3}$-$\frac{1}{T}$图

9.2.2 金属硫化物氧化过程热力学分析

上述所作的 Me-S-O 体系的热力学平衡图,也称为化学位图、优势区图,在硫化矿氧化焙烧、硫酸化焙烧中常用到。利用 Me-S-O 体系的热力学平衡图,不仅让人们能够较全面、直观地了解到金属及其化合物的热力学稳定区,而且便于用来判断在给定的条件下哪些反应能否进行,或者采取哪些办法以改变热力学条件,促使反应进行。

(1)氧化焙烧的热力学条件

根据图 9.1,为生成稳定的氧化物,应将条件控制在 MeO 区(反应(9.10)、(9.15)和(9.11)平衡线与水平线所围的区域)内,即应控制较高的 $\lg P_{O_2}$值和较低的 $\lg P_{SO_2}$值。根据图 9.2,在同样的情况下,高温下稳定的是 MeO,低温下稳定的是 $MeSO_4$。因此,为完全得到金属氧化物,应控制较高的温度。

[**例 9.1**] 采用空气进行焙烧、$P_{SO_2}=10^5$ Pa 的 Cu-S-O 系等温平衡图如图 9.4 所示。根据图 9.4,试写出硫化铜矿氧化焙烧的转变顺序。Cu_2S 能否直接氧化为 CuO?一次焙烧中能直接得金属铜吗?

解 图 9.4 体现了硫化铜矿氧化焙烧过程中的合理反应过程。根据各物质存在的稳定区条件及相邻转变规律可知,硫化铜矿氧化焙烧的转变顺序为 $Cu_2S \rightarrow Cu \rightarrow Cu_2O \rightarrow CuO \rightarrow CuO \cdot CuSO_4 \rightarrow CuSO_4$。图 9.4 中,$Cu_2S$ 与 CuO 稳定存在区不相邻,Cu_2S 不能直接氧化为 CuO。图 9.4中,Cu_2S 与 Cu 稳定存在区相邻,表明准确控制硫位和氧位,在一次焙烧中直接得金属铜也是可行的。

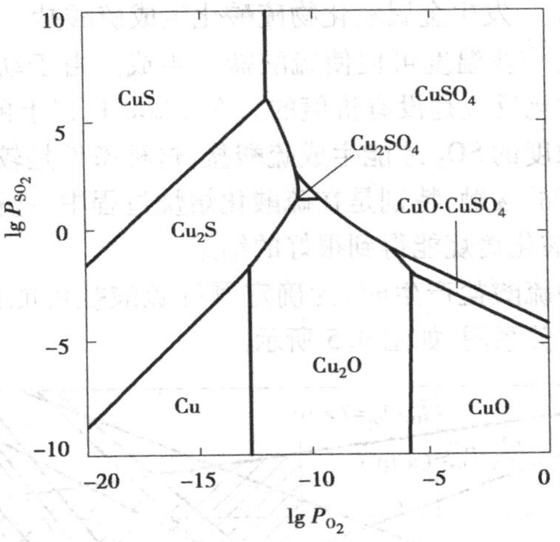

图 9.4　Cu-S-O 系等温平衡图

(2)**硫酸化焙烧的热力学条件**

由 Me-S-O 系平衡图可知,$MeSO_4$ 的稳定区与 MeS 稳定区和 MeO 稳定区相邻,存在下列平衡反应:

$$MeS_{(s)} + 2O_2 = MeSO_{4(s)} \tag{9.17}$$

$$MeO_{(s)} + SO_2 + \frac{1}{2}O_2 = MeSO_{4(s)} \tag{9.18}$$

表明 $MeSO_4$ 可由 MeS 直接氧化,或者 MeO 与 SO_2、O_2 反应来生成。根据 Me-S-O 系平衡图进一步可找出生成金属硫酸盐的温度和气相组成范围。

反应(9.18)称为金属氧化物硫酸化反应。生产中,金属氧化物硫酸化反应的条件,可由如下反应的平衡条件确定:

$$MeO_{(s)} + SO_3 = MeSO_{4(s)} \tag{9.19}$$

$$SO_2 + \frac{1}{2}O_2 = SO_3 \tag{9.20}$$

在一定温度和总压下,金属氧化物硫酸化反应的条件可通过比较反应(9.19)中 SO_3 分压(金属硫酸盐分解压 $P_{SO_3(MeSO_4)}$)和反应(9.20)SO_3 分压(可视为炉气中 SO_3 实际分压 $P_{SO_3(炉气)}$)作出判断。

一定温度和总压下,炉气中 SO_3 实际分压 $P_{SO_3(炉气)}$ 可通过如下平衡气相成分计算法得到:

$$SO_2 + \frac{1}{2}O_2 = SO_3, \Delta G^{\theta} = -94\ 558 + 89.37T(\mathrm{J/mol}) \tag{9.21}$$

$$RT \ln K = -\ln \frac{P_{SO_3}}{P_{SO_3}P_{O_2}^{1/2}} \tag{9.22}$$

$$P_{SO_2} = 2P_{O_2} \tag{9.23}$$

$$P_{SO_3} + P_{SO_2} + P_{O_2} = P_{总} \tag{9.24}$$

联立式(9.22)、式(9.23)、式(9.24),解出 P_{SO_3},即 $P_{SO_3(炉气)}$。

由式(9.22),得:

$$P_{SO_3} = P_{SO_3(炉气)} = K_{(9.24)} \cdot P_{SO_2} \cdot P_{O_2}^{1/2} \tag{9.25}$$

当 $P_{SO_3(炉气)} \geqslant P_{SO_3(MeSO_4)}$，发生金属氧化物硫酸化生成硫酸盐。实际焙烧过程表明，焙烧炉中高含量的 SO_2 和较低的作业温度可促使硫酸盐的生成。由于动力学的原因，温度低于 600 K 时，在实际作业中，硫酸化反应是没有价值的。在 1 200 K 以上的高温时，在实际作业中，要求气相中必须保持较高浓度的 SO_2 才能生成硫酸盐，这种条件是较难实现的。焙烧过程中，要求炉气与焙烧物料有良好的接触，特别是在硫酸化焙烧过程中，这种接触更为重要。工业实践证明，在沸腾炉中进行硫酸化焙烧能得到很好的结果。

当体系中可能有多种硫酸盐产生时，为确定哪种硫酸盐可能稳定存在，需要认识 $MeSO_4$ 标准生成自由能与温度的关系图，如图 9.5 所示。

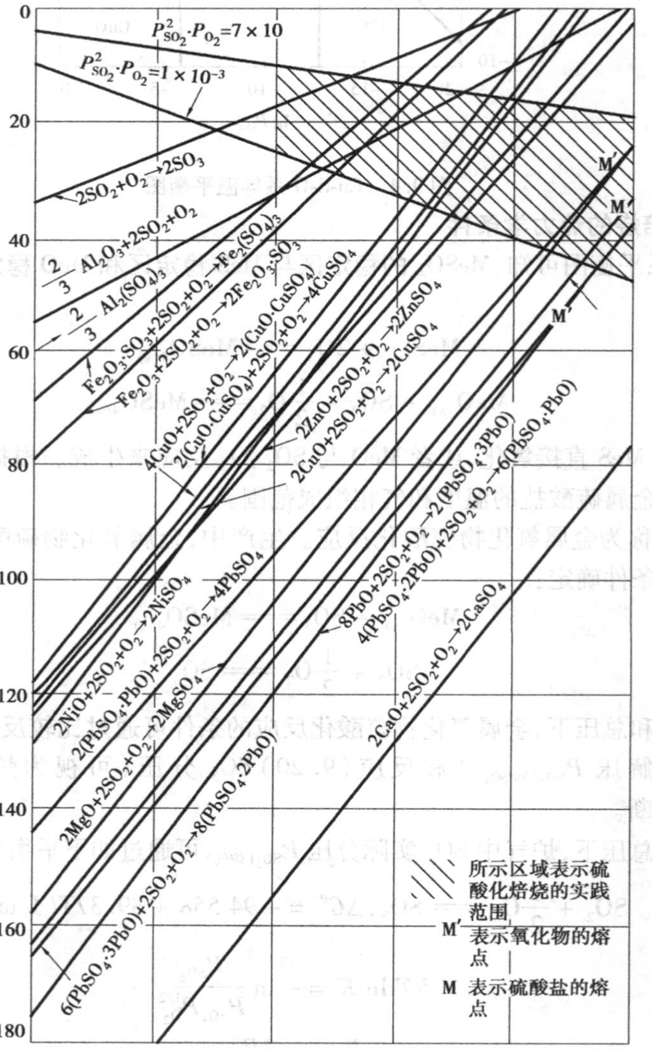

图 9.5　金属氧化物硫酸化反应的 ΔG^θ-T 图

由图 9.5 可知，在一般情况下，生成硫酸盐的吉布斯自由能图是由反应 $2MeO + 2SO_2 + O_2$

$==2MeSO_4$ 表示的一组几乎相互平行的直线所组成；几乎所有硫酸盐的生成趋势随温度升高而减弱，分解趋势加大。

9.3 硫化矿的造锍熔炼及锍的吹炼

造锍熔炼是目前世界上广泛采用的生产工艺。现代造锍熔炼是在1 150～1 250 ℃的高温下，使硫化铜精矿和熔剂在熔炼炉内进行熔炼。炉料中的铜、硫与未氧化的铁形成液态冰铜（铜锍）。冰铜是在熔炼过程中产生的重金属硫化物为主的共熔体，是熔炼过程的主要产物之一，是以 Cu_2S-FeS 系为主并溶解少量其他金属硫化物（如 Ni_3S_2、Co_3S_2、PbS、ZnS 等），贵金属（Au、Ag），铂族金属，Se、Te、As、Sb、Bi 等元素及微量脉石成分的多元系混合物。炉料中的 SiO_2、Al_2O_3、CaO 等成分与 FeO 一起形成液态炉渣。炉渣是以 $2FeO \cdot SiO_2$（铁橄榄石）为主的氧化物熔体。铜锍与炉渣基本互不相溶，且炉渣的密度比锍的密度小，从而达到分离。

随着资源的不断开发利用，硫化铜矿含铜量越来越低，其精矿品位有的低到只含铜10%左右，而含铁量可高达30%以上。如果经过一次熔炼就把金属铜提取出来，必然会产生大量含铜高的炉渣，造成铜的损失。因此，为了提高铜的回收率，工业上往往先进行富集，使铜与一部分铁及其他脉石等分离。一般采用氧化富集，使一些非铜金属硫化物氧化成为氧化物汇集于渣中。

造锍熔炼过程的主要物理化学变化包括水分蒸发、高价硫化物分解、硫化物直接氧化、造锍反应、造渣反应。

9.3.1 金属硫化物氧化及其吉布斯自由能图

金属硫化物氧化反应：

$$2MeS_{(s)} + O_2 == 2MeO_{(s)} + S_2, \Delta G^{\theta}_{(9.26)} \tag{9.26}$$

可按

$$2Me_{(s)} + O_2 == 2MeO_{(s)}, \Delta G^{\theta}_{(9.27)} \tag{9.27}$$

$$2Me_{(s)} + S_2 == 2MeS_{(s)}, \Delta G^{\theta}_{(9.28)} \tag{9.28}$$

[式(9.27) − 式(9.28)]/2 得到，则 $\Delta G^{\theta}_{(9.26)} = (\Delta G^{\theta}_{(9.27)} - \Delta G^{\theta}_{(9.28)})/2 = A + BT$，由此绘制出金属硫化物氧化的吉布斯自由能与温度关系图，如图9.6所示。在大多数情况下，由于 Me 氧化反应的熵变小，所以图9.6中的直线几乎呈一条水平线，只是铜、铅、镍等例外。

用图9.6能判断金属对硫和氧的稳定性大小，进一步可以预见 MeS-MeO 之间的复杂平衡关系。例如，FeS 氧化的 ΔG^{θ} 比 Cu_2S 的 ΔG^{θ} 更负，于是反应：$Cu_2O + FeS = Cu_2S + FeO$ 向右进行。在实际氧化熔炼生产中，按下式反应：

$$Cu_2O_{(l)} + FeS_{(l)} == Cu_2S_{(l)} + FeO_{(l)} \tag{9.29}$$

$$\Delta G^{\theta} = -146\ 440 + 19.2T(\mathrm{kJ \cdot kg^{-1} \cdot mol^{-1}})$$

当 $T = 1\ 473$ K，$K = 10^{4.2}$。

以上计算所得的平衡常数值很大，这说明 Cu_2O 几乎完全被硫化进入冰铜。因此，铜的硫化物原料（如 $CuFeS_2$）进行造锍熔炼，只要氧化气氛控制得当，保证有足够的 FeS 存在，就可使铜完全以 Cu_2S 的形态进入冰铜。这是氧化富集过程的理论基础。

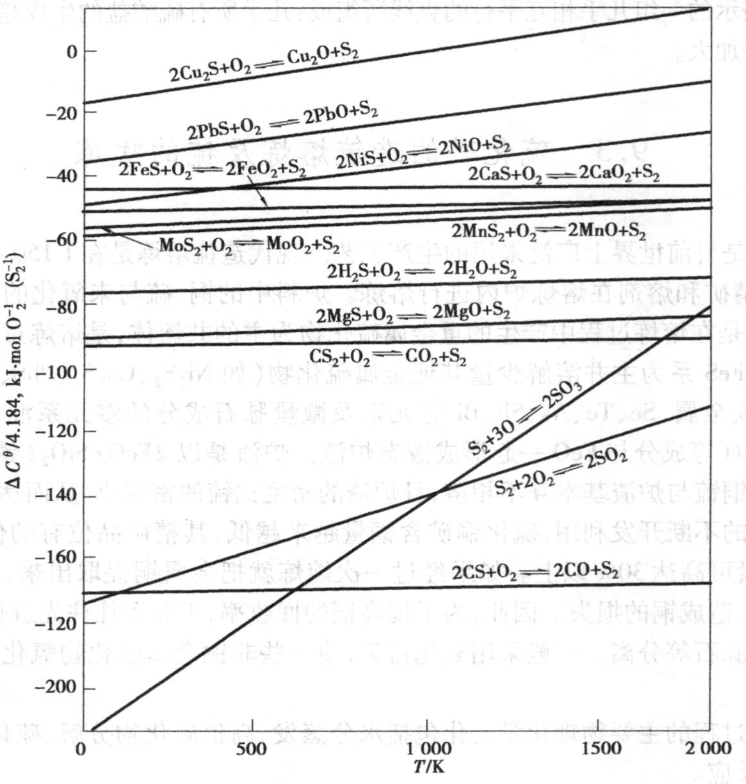

图 9.6　金属硫化物氧化的吉布斯自由能与温度关系图

9.3.2　锍的形成

造锍过程可以说就是几种金属硫化物之间的互熔过程。

造锍过程中，未经焙烧或烧结处理的生精矿或干精矿中含有较多的高价硫化物，在熔炼炉内熔化之前会发生热分解，主要反应有：

$$FeS_2 = FeS + 1/2S_2$$

300 ℃开始，560 ℃激烈进行，在 680 ℃时，分解压 $P_{S_2} = 69.06$ kPa；

$$4CuFeS_2 = 2Cu_2S + 4FeS + S_2$$

550 ℃开始；

$$2CuS(s) = Cu_2S(s) + 1/2S_2$$

400 ℃开始，600 ℃激烈反应。

$$2CuO = Cu_2O + 1/2O_2$$

在 1 105 ℃时，分解压 $P_{O_2} = 101.32$ kPa。产物 Cu_2O 是较为稳定的化合物，在冶炼温度下（1 300 ~ 1 500 ℃）是不分解的；

$$2Cu_3FeS_3 = 3Cu_2S + 2FeS + 1/2S_2$$

800 ℃开始。

另一类热分解反应是碳酸盐的分解：

$$CaCO_3 = CaO + CO_2$$

在 910 ℃，$P_{CO_2}=101.32$ kPa；

$$MgCO_3 = MgO + CO_2$$

在 640 ℃时，$P_{CO_2}=101.32$ kPa。

上述反应产生的 S_2 遇 O_2 转变为 SO_2 随炉气逸出。而铁的一部分以 FeS 形式与 Cu_2S 结合，其余的进入炉渣。

在现代强化熔炼炉中，炉料往往很快地进入高温强氧化气氛中，高价硫化物、一些低价化合物等还会被直接氧化。

高价硫化物的直接氧化：

$$2CuFeS_2 + 5/2O_2 = Cu_2S \cdot FeS + FeO + 2SO_2$$

$$2FeS_2 + 11/2O_2 = Fe_2O_3 + 4SO_2$$

$$3FeS_2 + 8O_2 = Fe_3O_4 + 6SO_2$$

$$2CuS + O_2 = Cu_2S + SO_2$$

低价化合物的氧化反应：

$$2FeS_{(l)} + 3O_{2(g)} = 2FeO_{(s)} + 2SO_{2(g)}$$

$$10Fe_2O_{3(s)} + FeS_{(l)} = 7Fe_3O_{4(s)} + SO_{2(g)}$$

$$2Cu_2S_{(l)} + 3O_2 = 2Cu_2O_{(l)} + 2SO_{2(g)}$$

$$3FeO_{(l)} + 1/2O_2 = Fe_3O_{4(s)}$$

其他有色金属硫化物（NiS、PbS、ZnS 等）也会被氧化成相应的氧化物。

上述反应产生的 FeS 和 Cu_2O 在高温下发生下述反应：

$$FeS + Cu_2O = FeO + Cu_2S$$

在造锍熔炼温度下，稳定态的 Cu_2S 便与 FeS 形成冰铜，其反应可表示为：

$$Cu_2S + FeS = Cu_2S \cdot FeS$$

一般来说，在熔炼炉中只要有 FeS 存在，Cu_2O 就会变成 Cu_2S，进而与 FeS 形成锍。这是因为 Fe 和 O_2 的亲和力远远大于 Cu 和 O_2 的亲和力，而 Fe 和 S_2 的亲和力又小于 Cu 和 S_2 的亲和力。

在造锍过程中，产生的 FeO 与脉石氧化物造渣，反应如下：

$$2FeO + SiO_2 = 2FeO \cdot SiO_2$$

硫化物的氧化和造渣反应是放热反应。利用这些热量可以降低熔炼过程燃料消耗，甚至可实现自热熔炼。

此外，炉内的 Fe_3O_4 在高温下也能与 FeS 和 SiO_2 作用生成炉渣：

$$3Fe_3O_4 + FeS + 5SiO_2 = 5(2FeO \cdot SiO_2) + SO_2$$

利用造锍熔炼，可使原料中原来呈硫化物形态的和任何呈氧化物形态的铜几乎都以稳定的 Cu_2S 形态富集在冰铜中，而部分铁的硫化物优先被氧化生成的 FeO 与脉石造渣。由于锍的比重较炉渣大，且两者互不溶解，从而达到使之有效分离的目的。镍和钴的硫化物和氧化物也具有上述类似的反应，因此，通过造锍过程便可使铜、镍、钴等金属成为锍这个中间产物产出。

9.3.3 冰铜的主要性质

(1)熔点

冰铜的熔点与成分有关，为 900～1 050 ℃。Fe_2O_3 和 ZnS 在冰铜中会使其熔点升高，PbS

会使冰铜熔点降低。

(2)比重

为了加速冰铜与炉渣的分层,两者之间应尽量保持相当大的比重差。对固态冰铜的比重应介于4.6~5.55,因 Cu_2S 的比重为5.55,FeS 的比重为4.6,故冰铜的比重随其品位的增高而增大。不同含量 Cu 的工业冰铜的比重见表9.2。

表9.2 工业冰铜的比重

冰铜中 Cu 的含量/%	10.24	23.43	37.00	40.02	60.20	70.80
冰铜的比重	4.8	4.9	5.2	5.3	5.4	5.5(纯 CuS)

应当指出,相同品位的冰铜,其液体比重小于固体比重。此外,冰铜中经常含有磁性氧化铁($Fe_2O_3$5.18%)会使冰铜的比重增大。

(3)锍的导电性

锍的导电性很大,这在铜精矿的电炉熔炼中已得到利用。在熔矿电炉内,插入熔融炉渣的碳精电极上有一部分电流是靠其下的液态锍传导的,这对保持熔池底部温度起着重要的作用。熔融的金属硫化物都具有一定的比电导。对熔融 FeS 来说,其比电导达1 400 $\Omega^{-1}\cdot cm^{-1}$以上,接近于金属的比电导,熔融硫化物(FeS、PbS 和 Ag_2S)的比电导随温度的增高略有减少,这类硫化物属于金属导体的性质。熔融硫化物(Cu_2S、Sb_2S_3)的比电导随温度的增加而略有增加,这类硫化物属于半导体性质。当硫化铁加入到硫化亚铜熔体中时,其比电导便均匀地减少。由此可见,对熔融锍的比电导的测定有助于了解其组成。

(4)液态冰铜遇水爆炸

液态冰铜遇水时会发生如下反应:

$$Cu_2S + 2H_2O = 2Cu + 2H_2 + SO_2$$

$$FeS + H_2O = FeO + H_2S$$

$$3FeS + 4H_2O = Fe_3O_4 + 3H_2S + H_2$$

反应产生的 H_2 和 H_2S 与空气中氧反应而引起爆炸。

9.3.4 普通转炉空气吹炼锍的热力学

用各种火法熔炼获得的中间产物——铜锍、镍锍或铜镍锍都含有 FeS,为了去除铁和硫需要经过转炉吹炼过程,即把液体锍在转炉中鼓入空气。在1 200~1 300 ℃温度下,使其中的硫化亚铁发生氧化。在此阶段中要加入石英石(SiO_2)使 FeO 与 SiO_2 造渣,这是吹炼除铁过程,从而使铜锍由 $x\text{FeS}\cdot y\text{Cu}_2\text{S}$ 富集为 Cu_2S、镍锍由 $x\text{FeS}\cdot y\text{Ni}_3\text{S}_2$ 富集为镍高锍 Ni_3S_2、铜镍锍由 $x\text{FeS}\cdot y\text{Cu}_2\text{S}\cdot z\text{Ni}_3\text{S}_2$ 富集为 $y\text{Cu}_2\text{S}\cdot z\text{Ni}_3\text{S}_2$(铜镍高锍)。这是吹炼的第一阶段。对镍锍和铜镍锍的吹炼只有一个周期,即只吹炼到获得镍高锍为止。对铜锍来说,还需要进行第二阶段的吹炼,即 Cu_2S 吹炼成粗铜的阶段,其原因分析如下:

铜锍的成分主要是 FeS、Cu_2S,此外还有少量的 Ni_3S_2 等,它们与吹入的氧(空气中的氧)作用首先发生如下反应:

$$2/3Cu_2S_{(l)} + O_2 = 2/3Cu_2O_{(l)} + 2/3SO_2,\Delta G^\theta = -256\ 898 + 81.17T(\text{J/mol}) \quad (9.30)$$

$$2/7Ni_3S_{2(l)} + O_2 = 6/7NiO_{(s)} + 4/7SO_2,\Delta G^\theta = -337\ 230 + 94.06T(\text{J/mol}) \quad (9.31)$$

$$2/3FeS_{(l)} + O_2 \longequal 2/3FeO_{(l)} + 2/3SO_2, \Delta G^\theta = 303\ 340 + 52.68T(\text{J/mol}) \quad (9.32)$$

从反应(9.30)—(9.31)的ΔG^θ可判断以上3种硫化物发生氧化的顺序为：$FeS \rightarrow Ni_3S_2 \rightarrow Cu_2S$，表明：铜锍中的FeS优先氧化成FeO，然后与炉中的SiO_2作用生成$2FeO \cdot SiO_2$炉渣而除去。在Fe氧化时，Cu_2S也将有小部分被氧化而生成Cu_2O。所形成的Cu_2O按下列反应进行：

$$Cu_2O_{(l)} + FeS_{(l)} \longequal FeO_{(l)} + Cu_2S_{(l)}, \Delta G^\theta = -69\ 664 - 42.76T(\text{J/mol}) \quad (9.33)$$

$$2Cu_2O_{(l)} + Cu_2S_{(l)} \longequal 6Cu_{(l)} + SO_2, \Delta G^\theta = 35\ 982 - 58.87T(\text{J/mol}) \quad (9.34)$$

比较反应(9.33)与反应(9.34)的ΔG^θ可知，在有FeS存在的条件下，FeS将置换Cu_2O，使之成为Cu_2S，此时Cu_2O不会与Cu_2S作用生成Cu。只有FeS几乎全部被氧化以后，才有可能进行Cu_2O与Cu_2S作用生成铜的反应。这就在理论上说明了为什么吹炼铜锍必须分为两个阶段：第一阶段吹炼除Fe，第二阶段吹炼成Cu。

由反应：

$$1/2Ni_3S_{2(l)} + 2NiO_{(s)} \longequal 7/2Ni_{(l)} + SO_2, \Delta G^\theta = 293\ 842 - 166.52T(\text{J/mol}) \quad (9.35)$$

$$2FeS + 2NiO_{(l)} \longequal 2/3Ni_3S_{2(l)} + 2FeO_{(l)} + 1/3S_2, \Delta G^\theta = 263\ 174 - 243.76T(\text{J/mol}) \quad (9.36)$$

可知，反应(9.36)较反应(9.35)易进行。故在炼铜转炉的温度范围内，含有少量Ni_3S_2的铜锍在吹炼过程中不可能产生金属镍。可见，吹炼过程的温度维持在1 473 ~ 1 573 K，镍锍吹炼过程只能进行到获得镍高锍为止。

由反应：

$$FeS_{(l)} + 2FeO_{(l)} \longequal 3Fe_{(l)} + SO_{2(g)}, \Delta G^\theta = 258\ 864 - 69.33T(\text{J/mol}) \quad (9.37)$$

可知，在吹炼铜锍或镍锍的温度范围内，反应(9.37)不可能向右进行。因此，无论是铜锍吹炼或是镍锍吹炼，都不可能生成金属铁。铁被氧化成FeO后与SiO_2形成液态$FeO\text{-}SiO_2$渣，与此同时还将发生反应：

$$6FeO + O_2 \longequal 2Fe_3O_4 \quad (9.38)$$

在氧化熔炼温度下，反应(9.38)能向右进行，将生成难熔的磁性氧化铁，给操作带来困难，所以必须使熔体中生成的FeO迅速造渣，以使熔体中或渣相中的FeO活度保持较低，不使反应(9.38)向右进行。为使FeO在渣中的活度保持较低，除了加入过量的SiO_2外，操作过程还要求及时排渣，这样可达到氧化除铁较完全，以获得较纯的Cu_2S，然后再用空气氧化Cu_2S得到含有少量的残余硫和氧的金属铜。

存在于铜锍中的杂质锌和铅以硫化物形态存在，当吹炼时，高温下，ZnS和PbS将按下式进行反应：

$$ZnS + 2ZnO \longequal 3Zn + SO_2 \quad (9.39)$$

$$PbS + 2PbO \longequal 3Pb + SO_2 \quad (9.40)$$

反应(9.39)产生的金属锌成锌蒸气挥发。当炉气中SO_2压力高时，气态锌被氧化为ZnO，以ZnO形态随炉气逸出。

反应(9.40)中PbO在吹炼温度下易挥发随炉气逸出，也易于与造渣，故冰铜吹炼时铅可除去。

复习思考题

1. 写出有色金属矿冶炼过程中,高温下常见的化学反应。

2. 有色金属矿中硫化物的分解压、硫势分别指的是什么？两者有何用途？

3. 写出硫化铜矿造锍熔炼得到冰铜的一些主要反应。熔炼中硫化铜矿铁主要进入何种产物中？为什么？

4. 给出 Me-S-O 系热力学平衡图。结合图分析硫化矿进行硫酸化焙烧时,工艺条件如何控制。

10 粗金属的高温分离提纯过程

学习内容：

粗金属的高温提纯方法；熔析精炼、区域精炼、蒸馏精炼、硫化精炼等高温分离提纯方法的热力学。

学习要求：

- 了解粗金属的高温提纯方法、分类、蒸馏精炼、萃取精炼、硫化精炼、熔析精炼、区域精炼目的、热力学原理。
- 理解并掌握粗金属的高温提纯效果表示方法及其影响因素。

由矿石或精矿经火法冶炼得到的粗金属，常常含有一定量的杂质（一般来自金属矿石及人为加入的熔剂、反应剂、燃料等），这样的金属称为粗金属。例如粗铜含有各种杂质和金银等贵金属，其总量可达0.5%～2%；鼓风炉还原熔炼所得的粗铅含有1%～4%的杂质和金银等贵金属。粗金属中所含的杂质对金属的使用性能有不利影响必须除去，而且杂质中有较高经济价值的有价元素（如稀贵金属等）必须加以回收利用。因此，大多数粗金属都要进行精炼。

高温分离提纯主要任务是对粗金属进行精炼除杂，其精炼过程主要发生在高温下，属于一种火法冶炼。粗金属高温精炼的目的可能有以下3个：

①主要为了将杂质含量降低到规定限度以下，获得尽可能纯的金属。

②有时是为了得到某种杂质含量在允许范围内的产品，例如炼钢，特别是合金钢的生产，其目的除了脱去有害杂质以外，还要使钢液中留有各种规定量的合金元素，以便得到具有一定性能的钢材。

③有时是为了回收利用某些粗金属中所含杂质中有较高经济价值的有价元素（如稀贵金属等），例如，粗铅和粗铜火法精炼回收利用金、银及其他稀贵金属等。

高温分离提纯是利用主金属与杂质的物理和化学性质的差异，形成与主金属不同的新相，将杂质富集于其中，或者将主金属全部转移至新相，而使杂质残留下来。高温分离提纯方法可分为：

①化学法：基于杂质与主金属化学性质的不同，加入某种试剂（氧化剂或硫化剂等）使之与杂质作用形成某种难溶于主金属的化合物析出或造渣，之后与主金属实现分离。根据加入

的试剂种类不同,主要有氧化精炼法和硫化精炼法。

②物理法:基于在两相平衡时杂质和主金属在两相(液-固或气-固)间分配比的不同,形成液-固两相实现分离的方法,主要有熔析与凝析精炼法和区域精炼(区域熔炼法)等;形成气-液两相实现分离的方法,有常压蒸馏精炼法和真空蒸馏精炼法。为了生产出纯度较高的冶金产品,同一精炼过程往往需要重复进行多次,或者需要几种精炼方法配合使用。前者如区域提纯和凝析精炼,后者如粗铅除铜过程,包括凝析精炼、硫化精炼等。

高温分离提纯粗金属的基本步骤有:

①用化学或物理的方法使均匀的粗金属体系变为多相(一般为二相)体系。

②用各种方法将不同的相分开,实现主体金属与杂质的分离。

根据精炼过程中平衡共存的相态种类的不同,高温分离提纯过程中构造的基本体系可分为如下三大体系:

①金属-金属体系:其精炼过程主要变化为物理变化,如熔析与凝析精炼、区域精炼等。

②金属-气体:其精炼过程主要变化为物理变化,如蒸馏精炼、真空精炼等。

③金属-炉渣:其精炼过程主要变化为化学变化,如氧化精炼、硫化精炼等。

氧化熔炼和硫化精炼提纯粗金属的基本热力学原理分别在第8、9章进行了介绍。下面介绍熔析与凝析精炼、区域精炼(区域熔炼)、蒸馏精炼、升华精炼等方法。

10.1 熔析与凝析精炼

10.1.1 熔析与凝析精炼基本原理

熔析与凝析精炼是指利用粗金属在熔化或凝固过程中,出现液相和固相(或液相和液相)不相溶时,利用粗金属中的杂质和主金属在不相溶两相间分配比的不同(杂质在两个不相溶相中的平衡浓度不同),采取一定方法使液相与固相分开,使杂质与主金属分别进入液相或固相两个不同相中,从而实现将杂质与主金属分离的过程。

熔析与凝析精炼是一种古老而常用的火法精炼方法,多用于提纯熔点较低的金属(如锡、铅、锌、锑等),以除去熔点较高并与主金属形成含量很低的二元共晶的杂质。此法利用某些杂质金属或其化合物在主金属中的溶解度随温度降低而显著减小的性质,改变温度使原来成分均匀的粗金属发生分相,形成多相体系,即液体和固体或液体和液体,而将杂质分离到一种固体或液体中,达到提纯金属的目的。

根据除杂操作方式不同,熔析精炼可分为以下几种方法:

(1)降温熔析法

降温熔析法又称凝析法。它是将具有二元共晶型(见图10.1)的液态粗金属(如图10.1中 b 点组成的金属)熔体缓慢降温冷却到稍高于共晶温度(T_g),引起一些溶解度较小的杂质或其化合物达到过饱和状态呈固体形式而析出,或浮于熔池的表面,或沉于熔池的底部。将固体与液体分离,余下的金属熔体中的杂质含量接近共晶点 a 组成,达到降低熔体中杂质含量的目的。

(2)**升温熔析法**

加热熔析与冷却凝析精炼除杂原理基本相同,所不同的是将固态粗金属加热到稍高于共晶温度。

(3)**加入添加剂的熔析法**

加入添加剂的方法又称为萃取熔析法。上述两法的精炼效果较差,有时为了强化它们的精炼作用,向粗金属熔体加入适量的添加剂,与杂质形成一种更稳定、溶解度更小的化合物而分离出来。

粗金属采用熔析与凝析精炼方法除杂的基本步骤有:

①产生不相溶多相体系:采用加热、缓冷等方法,在粗金属中产生不相溶多相体系,如液体-液体、液体-固体体系。

②不同相分离:所产生的不同两相由于比重静置分层后,如果分层为二液相,则分别放出;如果分层为固体和液体,则利用漏勺、捞渣器等使两相分离,或者使液体沿着炉底斜坡排出炉外,而固体则仍留于炉底上,从而使二相分离(如粗锡熔析除铁)。

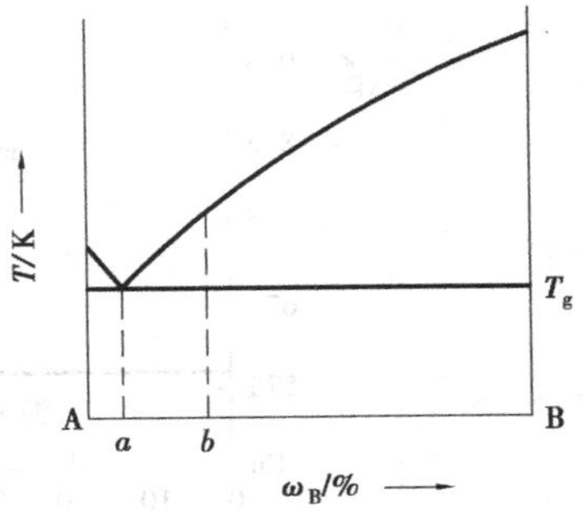

图 10.1　A-B 二元相图

熔析与凝析精炼法具有设备简单、精炼效率高等优点。

对于不同体系,熔析与凝析精炼除杂效果的好坏,可以用分配比(又称分凝比)K_0 来评价。K_0 是指在固-液平衡体系中,杂质在固相中的浓度 C_s 与其在液相中的浓度 C_l 之比,即:

$$K_0 = \frac{C_s}{C_l} \tag{10.1}$$

分配比偏离 1 的程度越大,精炼除杂效果越好。即:$K_0>1$ 时,K_0 越大,除杂效果越好;$K_0<1$ 时,K_0 越小,除杂效果越好。

10.1.2　熔析与凝析精炼应用

熔析与凝析精炼分离提纯粗金属的热力学基础是二元系相图。实际生产中,可以采用熔析与凝析精炼的二元系应该具有以下特征:

①杂质与主体金属熔点相差较大。

②共晶点(或其他三相点)组成的位置应远离杂质金属而非常接近主体金属组成点。

③共存相应该易分离,一般二者比重差别较大,而且精炼温度下液相的黏度较小。

具有上述特征并在生产中得到应用的体系有 Cu-Pb 系(粗铅除铜)、Pb-Ag 系(粗铅除银)、Zn-Fe 系(粗锌除铁)、Zn-Pb 系(粗锌除铅)、Sn-Fe(粗锡除铁)等。

[**例** 10.1]　利用图 10.2,如何将组成为 a_0(含铜大于共晶成分)的过热粗铅液中的杂质铜降低?

解　将组成为 a_0(含铜大于共晶成分)的过热粗铅液缓慢降温,并保持在稍高于 599 K (326 ℃)的共晶温度,如 330 ~ 350 ℃。此时,金属液相中析出固体铜,由于比重不同,铜以固体浮渣的形式浮于铅熔体表面,将固体铜撇去,进而能得到杂质含量较低的铅液。

粗铅熔析除铜的理论极限是 Pb-Cu 共晶组成,即 0.06%。如通过共存元素(As、Sb)的作用,实际脱铜极限可降至 0.02% ~ 0.03%。粗铅熔析除铜过程,Fe、Ni、Co、S 等也能一并被除去。

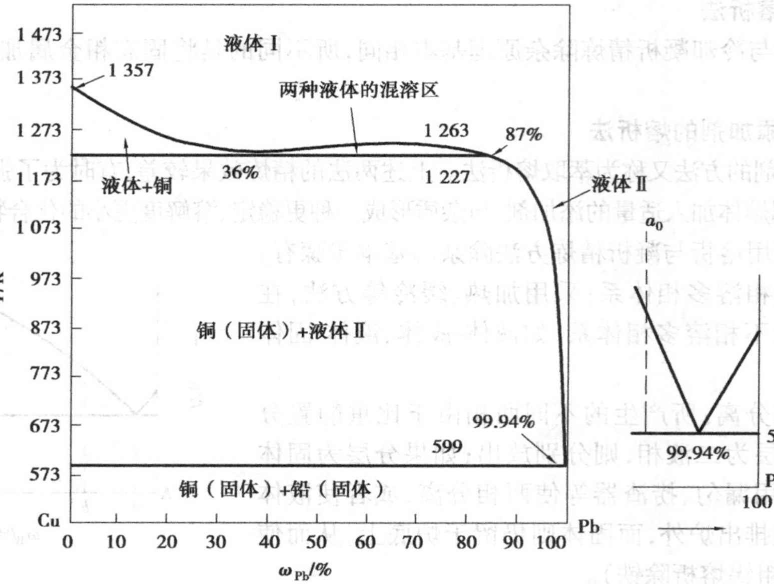

图 10.2　Pb-Cu 二元相图

10.1.3　熔析与凝析精炼除杂的影响因素

影响熔析与凝析精炼除杂的主要因素有：

(1)温度

过程温度越接近共晶温度，提纯效果越好。

(2)粗金属成分

粗金属中某些杂质的存在，可能形成溶解度更小的化合物，可提高精炼效果。如粗铅熔析除铜时，铅中的 As、Sb、Sn 能与铜形成难溶化合物，导致铜在铅中的溶解度降低。

10.2　区域精炼

区域精炼法是制取超纯金属以及某些化合物的重要方法之一，其特点是提纯精度高，在半导体领域产品纯度可达 6 ~9 个“9”。

10.2.1　区域精炼原理

区域精炼又称区域熔炼或区域提纯，其原理是利用粗金属在连续降温凝固时发生化学偏析现象，先凝固部分(固相)与后凝固部分(液相)有不同的组成，亦即杂质在固相和液相中分配比例不同，将杂质富集到固相或液相中，从而达到杂质与主金属的分离。

区域精炼效果的好坏，也可以用分配比 K_0 来评价。根据体系性质的不同，K_0 可以大于 1(见图 10.4(a))，也可以小于 1(见图 10.4(b))，其值一般为 10^{-6} ~20。K_0 越接近于 1，C_s 与 C_l 的值越相近，因而提纯的效果越差。对于杂质含量极小的金属体系，K_0 可以认为是常数。

在图 10.3 中,这相当于假定液相线和固相线是两条直线。对于极稀溶液,这个假定是正确的。不论 $K_0<1$,还是 $K_0>1$,其精炼原理相同。

下面通过二元系相图来加以说明。图 10.3 是 Me-Me′二元系相图的一部分,设组元 Me′在熔体 P 中的起始浓度为 C_0。降温时,Me′在结晶相中的浓度为 C_s,在液相中的浓度为 C_l。

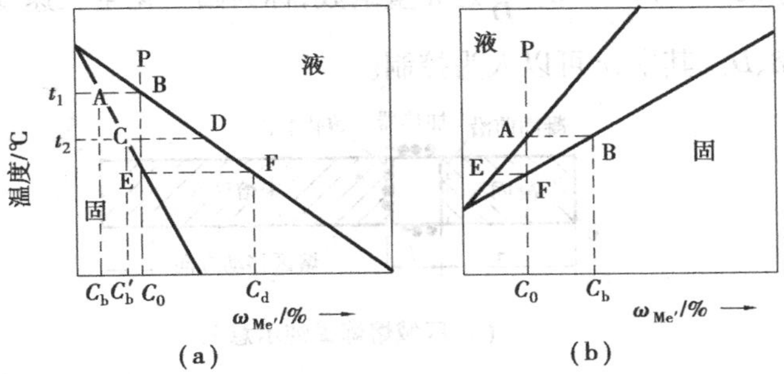

图 10.3 Me-Me′系二元相图(Me′含量极小的区域)

由图 10.3 (a)可知,当熔体 P 冷却至 t_1 温度时,$C_s=C_b$,$C_l=C_0$,且 $C_s<C_l$。体系温度继续降低,固溶体组成沿固相线 AE 变化;熔体组成沿液相线 BF 变化。此时先凝固部分(固相)与后凝固部分(液相)有不同的组成,即化学偏析。

通过进一步分析可知,在液态金属凝固过程中,杂质将发生偏析,对 $K_0<1$ 的杂质而言,其杂质在固相中的平衡浓度小于平衡液相中杂质的浓度,固相中杂质含量最少,而大部分杂质聚集在液相中,以致在最后凝固的固相中杂质的含量最高;对 $K_0>1$ 的杂质而言,则与之相反,先凝固的固相中杂质含量高,而后凝固的固相中杂质含量低。

区域精炼的要点如图 10.4(a)所示。设金属锭料中某杂质的平均浓度为 C_0,将其局部熔化一个(或数个)熔区,然后使熔区从一端慢慢地移动到另一端。移动过程中,保持熔区长度不变,当熔区从左端向右端移动时,则左端慢慢凝固,右端慢慢熔化,在左端最先凝固出来的固相中该杂质的浓度应为 K_0C_0。对于 $K_0<1$ 的杂质,K_0C_0 是小于 C_0 的,即开始凝固的部分纯度得以提高。而由于从熔区右边熔化面熔入的杂质大于熔区左边凝固面进入固相的杂质,因此,熔区中该杂质的浓度 C_l 随着熔区向右移动在不断增加,相应析出的固相杂质浓度也从左到右逐步增加(如图 10.4(b)所示)。到最后一个熔区范围内,则是定向凝固,杂质浓度急剧增加。对 $K_0>1$ 的杂质而言,由于 $K_0C_0>1$,其分布将与 $K_0<1$ 的杂质相反,将主要集中在先凝固的锭料首端。而在锭料的中部,$K_0<1$ 的杂质和 $K_0>1$ 的杂质浓度都小,纯度最高。

液相在实际的凝固过程中,并不能有足够的时间与固相达到完全平衡。因此,实际分配系数要比平衡分配系数大一些。实际分配系数称为有效分配系数,以 K 表示。在 $K\ll1$ 的情况下,熔化区通过金属锭条一次后杂质沿锭条长度的分布,可用下列方程式表达:

$$\frac{C_s}{C_0}=1-(1-K)e^{\frac{-Kx}{L}} \tag{10.2}$$

式中,K 为有效分配系数;x 为从开始端到熔区边端的距离;C_0 为杂质的初始浓度;L 为固定的熔区长度;C_s 为析出固相中杂质的浓度。

K 是区域提纯中实际起作用的常数。它反映了在区域提纯过程中,杂质在固-液两相的实际分配比。平衡分配系数与有效分布系数之间的关系为:

$$K = \frac{K_0}{K_0 + (1 - K_0)\mathrm{e}^{-\frac{v\delta}{D}}} \tag{10.3}$$

式中，v 为凝固速度（即熔区移动速度），cm/s；D 为杂质在液相中的扩散系数，$\mathrm{cm^2/s}$；δ 为杂质富集层厚度，一般为 $10^{-3} \sim 10^{-1}$ cm。$\frac{v\delta}{D}$是无量纲数，称为归一化生长速度，它包含了确定 K 值的 3 个主要参量 v、δ、D。其中，v 可以人为控制。

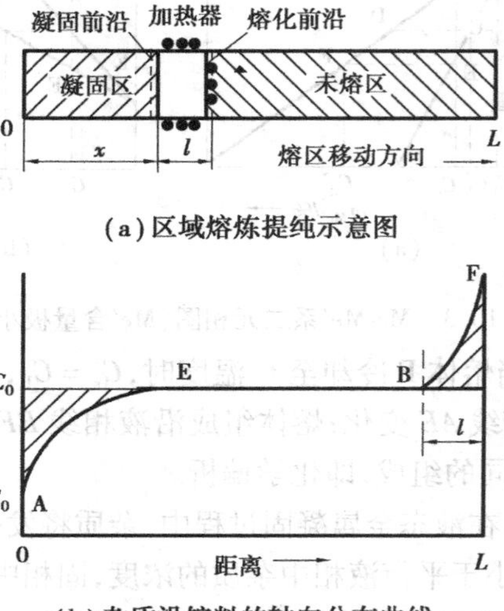

(a)区域熔炼提纯示意图

(b)杂质沿锭料的轴向分布曲线

图 10.4　区域熔炼提纯示意图和熔区一次通过锭料后杂质沿锭料轴向分布曲线

式(10.3)表明，当$\frac{v\delta}{D}=0$ 时，$K=K_0$；而$\frac{v\delta}{D}\to\infty$ 时，K 趋于其极限值 1。所以有效分配系数界于 K_0 和 1 之间，即 $K_0<K<1$。这表明实际区域提纯的精炼效果低于平衡条件下区域提纯的精炼效果。

10.2.2　影响区域精炼效果的因素

(1)区域熔炼次数

区域熔炼过程可重复进行多次，随着次数增加，提纯效果也增加，但提纯效果不能无限制增加。经过一定次数区域提纯后，杂质浓度的分布接近一“极限分布”，此极限分布曲线随具体的熔区长度及 K_0 值等因素而变。杂质的浓度（以实际浓度与起始浓度之比表示）与区域熔炼次数 n 的关系，如图 10.5 所示。

区域熔炼次数(n)越大，最终区越长，这意味着区域提纯后的锭料需要切除的部分增加，而得到的高纯产品的数量减少。

(2)熔区长度

在第一次区熔时，对 $K_0<1$ 的杂质而言，熔区长度 l 增加，则 C_s 下降，即提纯效果增加。这一规律性在前几次区熔时同样存在，即在前几次区熔时，增加熔区长度都有利于提高提纯效果。但熔区长度增加，则上述“极限分布”曲线上移，即能达到的最终纯度降低，故一般区域熔炼时，前几次提纯往往控制熔区较长，后几次则用短熔区。

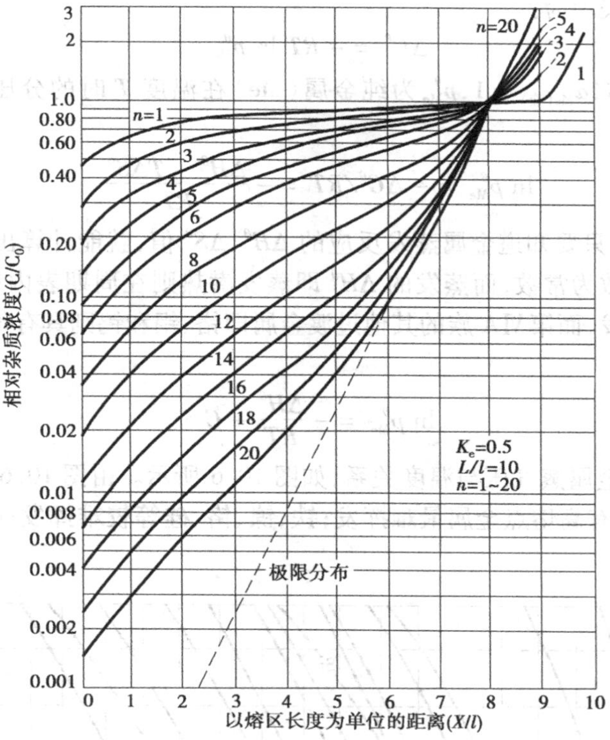

图 10.5　杂质的浓度(以实际浓度与起始浓度之比表示)与区域熔炼次数 n 的关系

(3)熔区移动速度

对于 $K_0 < 1$ 的杂质,熔区移动速度(即凝固速度)降低,使液相中的杂质扩散有充足的时间,有利于提纯效果;但速度过低,则设备生产能力低。

(4)杂质在熔区中的传质速率

除杂质的效果往往决定于杂质在熔区中的传质速率,故凡能提高传质速率的因素均能提高提纯效果。传质速率提高,加快了传质过程,可在一定程度上提高提纯效果。如采用感应加热时,熔区内液体由于电磁作用而激烈运动,加快了传质过程,相应地提纯效果较一般电阻加热时好。

10.3　蒸馏与升华精炼

10.3.1　纯金属的蒸气压及相对挥发性能

相变反应 $Me_{(l)} = Me_{(g)}$ 在一定温度 T 下达到平衡时,气相中金属 Me 的蒸气分压,称为该金属在温度 T 时的饱和蒸气压,简称蒸气压。

设金属的蒸发反应为:

$$Me_{(l)} = Me_{(g)}$$

其标准自由能可表示为:

$$\Delta G^{\theta} = -RT\ln p_{Me}^{\theta} \tag{10.4}$$

假定 Me 为纯液体,$a_{Me(液)} = 1$,p_{Me}^{θ}为纯金属(Me)在温度 T 时的分压,则式(10.4)可以写成:

$$\ln p_{Me}^{\theta} = -\Delta G^{\theta}/RT = -\frac{\Delta H^{\theta} + T\Delta S^{\theta}}{RT} \tag{10.5}$$

由式(10.5)可见,只要知道金属蒸发反应的 ΔH^{θ}、ΔS^{θ} 值,就能计算出金属的蒸气压。不同金属蒸发的 ΔS^{θ} 大致为常数,而蒸发的 ΔH^{θ} 即蒸发潜热则在周期表内周期地变化,锌、镉、汞(ⅡB 族)倾向于挥发,而第ⅥA 族的其他过渡金属即铬、钼和钨则具有很低的蒸气压。因此式(10.5)可改写成:

$$\ln p_{Me}^{\theta} = -\frac{\Delta H^{\theta}}{RT} + C \tag{10.6}$$

由式(10.6)绘制金属蒸气压与温度关系,如图 10.6 所示。由图 10.6 可见,温度升高,熔融金属蒸气压增大;稀有高熔点金属最难挥发;铁、镍、铬、硅等较难挥发;碱金属、碱土金属较易挥发。

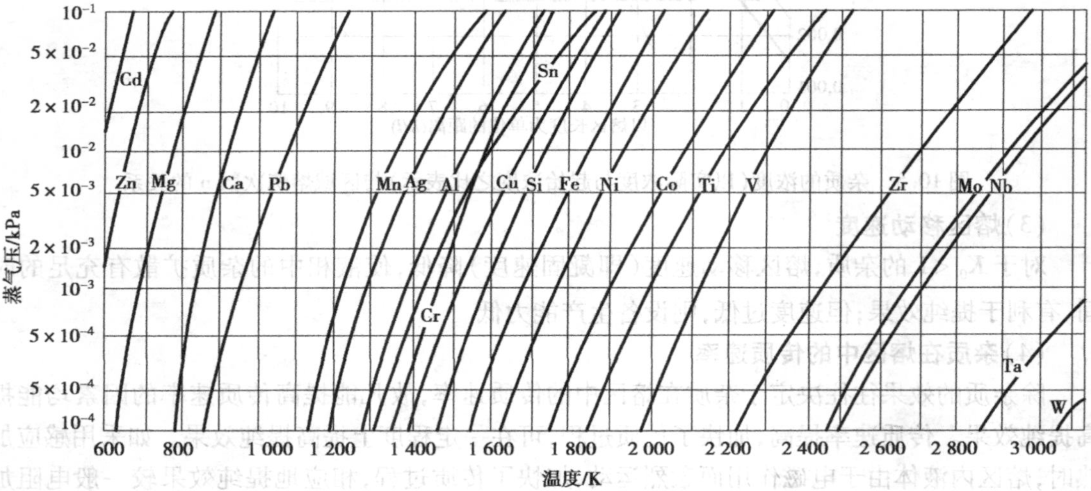

图 10.6　金属的蒸气压

10.3.2　蒸馏与升华精炼的原理

蒸馏与升华精炼是基于粗金属中杂质和主金属蒸气压的不同,在粗金属蒸发过程中,易蒸发的组分将主要进入气相,与难蒸发组分分离的过程。借助不同的蒸气压(如图 10.6 所示),低沸点金属可借助蒸馏再冷凝成纯金属的方法与更高沸点的金属分离而达到精炼的目的。

由图 10.6 可知,在同一温度下,不同金属的蒸气压相差较大。其中,蒸气压最大,沸点最低的金属是汞,而蒸气压最小、沸点最高的金属是钨。利用金属蒸气压大小的不同,即挥发能力的差异,可以进行各种金属的熔炼和精炼过程。当金属中杂质蒸气压远远大于主体金属蒸气压时,可以进行把杂质蒸发出去的蒸馏精炼,例如粗铅除锌过程;如果粗金属或矿物中主体金属的蒸气压远比杂质或脉石蒸气压高时,则可以进行把主体金属蒸发出去的蒸馏过程,例如氧化锌的还原蒸馏;如果熔体中含有非挥发性杂质,但该杂质能转化为挥发性化合物时,例如钢中的碳和铜中的硫,则可以进行氧化精炼,使其生成气体产物 CO、CO_2 和 SO_2 以除去碳和硫。

在工业生产中,对矿物或粗金属进行蒸馏熔炼,实际可行的温度在 1 000 ℃左右。因此,某些蒸气压较大、沸点低于 1 000 ℃的金属,其蒸馏冶金过程就可在大气压下进行,这种在大气压下进行的蒸馏精炼过程称为常压蒸馏精炼。例如,氧化锌的还原蒸馏,硫化汞的氧化挥发焙烧,粗锌的蒸馏精炼等。

对于那些具有无最高和最低点的二元系沸点-组成图的合金,在通常情况下,蒸气相的成分与液相的成分是不同的,蒸气相和与它成平衡的液体相比较,往往含有较多沸点较低的组元,而液体相则含有较多沸点较高的组元。这样,便有可能根据它们组成的沸点不同,采取多次连续蒸馏-精馏的方法使熔体的组元分离,如含有铅和镉的粗锌的蒸馏精炼。

含有铅和镉的粗锌在标准大气压下进行蒸馏精炼,是基于锌、铅、镉的正常沸点不同而实施的。锌的沸点为 1 180 K,铅的沸点为 1 798 K,镉的沸点为 1 040 K。如果将含有铅和镉的粗锌加热到 1 273 K,粗锌中的锌和镉就会沸腾呈蒸气状态挥发,而铅以及其他沸点较高的杂质(如铁、铜等)差不多完全呈液体状态。在温度为 1 273 K 时,铅的蒸气压为 133.32 Pa,铁和铜的蒸气压更小(分别为 133.32×10^{-4} Pa 和 133.32×10^{-6} Pa)。这样,便可实现锌、镉与铅和其他沸点较高组元的分离。

由于物质的沸点随外压的减小而降低,因此,为了在通常冶金温度下提取某些沸点较高的金属或脱除沸点较高的杂质,就须在很低的压力下,即在所谓"真空"下进行。这种在远低于大气压下进行的蒸馏精炼过程称为真空蒸馏精炼。

采用真空蒸馏能扩大精炼金属的范围。在真空下,蒸气压接近于真空压力大约 1×10^{-3} atm 的一些金属可以连续蒸馏。表 10.1 列出了各种金属的沸点以及在系统压力为 1×10^{-3} atm 时的沸点温度。可以看出,在常压下,到锌为止的金属都可以用蒸馏来精炼;而在真空蒸馏条件下,可以精炼的金属则到铅为止。

表 10.1 部分金属的熔点和沸点

金 属	熔点/℃	沸点/℃	系统压力为 10^{-3} atm 时的沸点/℃
汞(Hg)	98	892	429
锌(Zn)	420	907	477
碲(Te)	450	990	509
镁(Mg)	650	1 105	608
钙(Ca)	850	1 487	803
锑(Sb)	630	1 635	877
铅(Pb)	327	1 740	953
锰(Mn)	1 244	2 095	1 269
铝(Al)	660	2 500	1 263
银(Ag)	961	2 212	1 334

续表

金　属	熔点/℃	沸点/℃	系统压力为 10^{-3} atm 时的沸点/℃
铜(Cu)	1 083	2 570	1 603
铬(Cr)	1 850	2 620	1 694
锡(Sn)	232	2 730	—
镍(Ni)	1 453	2 910	1 780
金(Au)	1 063	2 970	1 840
铁(Fe)	1 539	3 070	1 760
钼(Mo)	2 600	4 800	3 060
铌(Nb)	2 468	4 927	—
钨(W)	3 380	5 400	3 940

10.3.3　溶液或固溶体中各组分分离效果表示方法

采用蒸馏与升华对粗金属进行精炼时，随温度升高，粗金属中的主金属与杂质往往以溶液（或固溶体）形式而进行分离。在溶液（或固溶体）中，任一组分 A 的蒸气压可表示为：

$$P_A = P_A^* a_A = P_A^* r_A x_A \tag{10.7}$$

式中，P_A 为溶液中组分 A 的蒸气压；P_A^* 为纯 A 的饱和蒸气压；a_A、r_A 为以纯物质为标准态时 A 的活度、活度系数；x_A 为溶液中 A 的摩尔分数。

采用蒸馏与升华方法对粗金属中杂质与主金属进行分离时，其精炼效果一般可采用分离系数 $\beta_{A/B}$ 表示，其定义式为：

$$\beta_{A/B} = \frac{\text{气相中 A、B 的摩尔分数之比}}{\text{溶液中 A、B 的摩尔分数之比}} = \frac{(P_A^* r_A x_A)/(P_B^* r_B x_B)}{x_A/x_B} = \frac{P_A^* r_A}{P_B^* r_B} \tag{10.8}$$

由式(10.8)可见，$\beta_{A/B}$ 与两物质饱和蒸气压的差值及 r_A、r_B 有关。当 $\beta_{A/B} > 1$ 时，A 优先进入气相，B 保留在溶液相，$\beta_{A/B}$ 越大，分离效果越好；当 $\beta_{A/B} < 1$ 时，A 保留在溶液相，B 优先进入气相，$\beta_{A/B}$ 越小，分离效果越好；当 $\beta_{A/B} = 1$ 时，不能用蒸馏法分离。

［例 10.2］　已知 Sn-Cd 合金含 $\omega_{Cd} = 1.2\%$，在 955 K 时，Cd 在 Sn 中的 $r_{Cd} = 2.26$，Cd、Sn 的饱和蒸气压分别为 33.3 kPa 和 1.3×10^{-6} Pa。求：①955 K 时，上述合金中 Cd 的蒸气压；②平衡气相中 Cd 和 Sn 的摩尔比；③$\beta_{Cd/Sn}$。

解　①Sn-Cd 合金中 Cd 的摩尔分数为：

$$x_{Cd} = (1.2/65.4)/(1.2/65.4 + 98.8/118.7) = 0.021\ 6$$

Sn-Cd 合金中 Cd 的蒸气压为：

$$P_{Cd} = P_{Cd}^* \times r_{Cd} \times x_{Cd} = 33\ 300 \times 2.26 \times 0.021\ 6 = 1\ 625.6\,(\text{Pa})$$

②Sn-Cd 合金中 r_{Sn} 可视为 1，故气相中 Cd 和 Sn 摩尔比为：

$$n_{Sn}/n_{Cd} = P_{Sn}/P_{Cd} = 1.3 \times 10^{-6} \times (1 - 0.021\ 6)/\ 1\ 625.6 = 7.82 \times 10^{-10}$$

③$\beta_{Cd/Sn} = (P_{Cd}^* r_{Cd})/(P_{Sn}^* r_{Sn}) = (33\ 300 \times 2.26)/(1.3 \times 10^{-6} \times 1) = 5.79 \times 10^{10}$

10.3.4 真空蒸馏对分离效果的影响

对于蒸发反应，类似于真空还原分析方法可以推知：真空有利于降低蒸馏温度。除此之外，使 $\beta_{A/B}$ 值向有利于分离的方向变化，即：$\beta_{A/B}>1$ 时，真空作用降低蒸馏温度使 $\beta_{A/B}$ 进一步加大；$\beta_{A/B}<1$ 时，真空作用降低蒸馏温度使 $\beta_{A/B}$ 进一步变小。现证明如下：

根据式(10.5)和式(10.7)可得：

$$\lg\frac{P_A^*}{P_B^*}=\frac{-(\Delta_{vap}H_{(A)}^\theta-\Delta_{vap}H_{(B)}^\theta)}{2.303RT}+C \tag{10.9}$$

式中，$\Delta_{vap}H_{(A)}^\theta$、$\Delta_{vap}H_{(B)}^\theta$ 为溶液中组分 A、B 的摩尔蒸发焓；C 为常数。

根据特鲁顿法则（金属的沸腾熵大致相同）：

$$\frac{\Delta_{沸}H_{(A)}^\theta}{T_{沸(A)}}\approx\frac{\Delta_{沸}H_{(B)}^\theta}{T_{沸(B)}} \tag{10.10}$$

式中，$\Delta_{沸}H_{(A)}^\theta$、$\Delta_{沸}H_{(B)}^\theta$ 为溶液中 A、B 组分的摩尔沸腾焓；$T_{沸(A)}$、$T_{沸(B)}$ 为 A、B 的沸点。

在不发生相变温度范围内，物质的摩尔蒸发焓随温度改变不大，有：

$$\Delta_{vap}H_{(A)}^\theta\approx\Delta_{沸}H_{(A)}^\theta \qquad \Delta_{vap}H_{(B)}^\theta\approx\Delta_{沸}H_{(B)}^\theta$$

则：

$$\frac{\Delta_{vap}H_{(A)}^\theta}{T_{沸(A)}}\approx\frac{\Delta_{vap}H_{(B)}^\theta}{T_{沸(B)}} \tag{10.11}$$

当 A 的正常沸点比 B 高时，由式(10.11)得：$\Delta_{vap}H_{(A)}^\theta-\Delta_{vap}H_{(B)}^\theta>0$。结合 $\beta_{A/B}$ 正比于 $\frac{P_A^*}{P_B^*}$ 以及式(10.9)可见：$\beta_{A/B}<1$；温度降低时，$\frac{-(\Delta_{vap}H_{(A)}^\theta-\Delta_{vap}H_{(B)}^\theta)}{2.303RT}$ 负值增加，$\beta_{A/B}$ 进一步减小。

当 A 的正常沸点比 B 低时，由式(10.11)得：$\Delta_{vap}H_{(A)}^\theta-\Delta_{vap}H_{(B)}^\theta<0$。结合 $\beta_{A/B}$ 正比于 $\frac{P_A^*}{P_B^*}$ 以及式(10.9)可见：$\beta_{A/B}>1$；温度降低时，$\frac{-(\Delta_{vap}H_{(A)}^\theta-\Delta_{vap}H_{(B)}^\theta)}{2.303RT}$ 正值增加，$\beta_{A/B}$ 进一步增大。

表 10.2 列出了 Pb-Zn 蒸馏时，真空对气相中锌和铅的蒸气分压及二者的分离系数的影响。由表中数据可见，蒸馏温度越低，锌与铅的分离系数越大，即温度越低，获得的铅及冷凝锌的纯度越高，铅的挥发损失越小。

表 10.2 含 1% Zn 的 Pb-Zn 熔体中 Zn 和 Pb 的蒸气分压及二者的分离系数

温度/℃	蒸气压/mmHg		分离系数
	Zn	Pb	
500	0.529	0.000 034 8	15 201
600	2.24	0.000 797	2 811
700	5.85	0.009 8	597

真空下金属熔体的蒸发过程，都是在熔体的表面上进行。这是因为金属熔体的密度大、导热性好，所以新相气泡很难在熔体内部生成。由于没有一般沸腾时气泡上升过程中产生的翻

腾现象及气泡在表面破裂时产生的飞溅，因此减少了飞溅物对蒸气的污染，从而使冷凝产物更纯净。

由于真空蒸发过程局限于金属熔体的表面层，因此为了提高蒸馏效率，要求熔体有一个大而洁净的蒸发表面。

应该指出，在真空下处理物料，要考虑到熔池耐火材料的稳定性。例如 SiO_2 和 MgO 等耐火材料，在真空下可能发生下列反应：

$$SiO_{2(S)} + 2[C] = [Si] + 2CO$$

$$SiO_{2(S)} = SiO_{(g)} + [O]$$

$$MgO_{(S)} = Mg_{(g)} + [O]$$

挥发产物的生成，不仅逐渐破坏了耐火材料，缩短了其使用寿命，而且也增加了金属熔体的含氧量和污染了气态产物，因此在实践中对于这一点应给予必要的重视。

复习思考题

1. 粗金属高温提纯精炼的目的是什么？精炼的方法有哪些？

2. 举例说明熔析精炼的原理。

3. 简述区域精炼的原理。

4. 于 350 ℃进行粗铅的加硫除铜精炼，问铅中铜可能降低到的最小含量（以质量百分数表示）为多少？已知：

$$4Cu_{(l)} + S_2 = 2Cu_2S_{(l)}, \Delta G^\theta = -317\ 566 + 101T(\text{J/mol})$$

$$2Pb_{(l)} + S_2 = 2PbS_{(l)}, \Delta G^\theta = -279\ 742 + 134.9T(\text{J/mol})$$

350 ℃下，铜在熔融铅中的饱和浓度为 0.3%（原子）。

5. 粗铜中含杂质硫，加入 O_2 使之氧化成 SO_2 除去，已知铜液中反应 $2[O] + [S] = SO_{2(g)}$ 的

$$\Delta_r G_m^\theta = -107\ 215 + 34.48T(\text{J/mol})$$

（[O]、[S]均以符合亨利定律、质量浓度为 1% 的假想溶液为标准态）。

求 1 200 ℃下，当 $\omega_{[O]}$ 保持 1%，气相 $P_{SO_2} = 101$ Pa 时，液铜中残留的硫量。

6. 已知 Sn-Cd 合金含 $\omega_{[Cd]} = 1\%$，在 955 K 时 Cd 在 Sn 中的活度系数为 2.26（纯物质为标准态），Cd 的饱和蒸气压 $P_{Cd}^* = 33.3$ kPa，Sn 的饱和蒸气压为 1.3×10^{-6} Pa。

求：(1) 955 K 时上述合金中 Cd 的蒸气压；(2) 气相中 Cd 与 Sn 的摩尔比；(3) $\beta_{Cd/Sn}$。

11 湿法分离提纯

学习内容：

金属-水系的电位-pH 图、金属-配位体-水系的电位-pH 图，浸出速率影响因素；离子沉淀法、离子交换法、溶剂萃取法净化除杂基本原理及其净化效果影响因素。

学习要求：

- 了解离子交换法、溶剂萃取法净化除杂基本原理及其净化效果影响因素。
- 熟悉离子沉淀法除杂净化热力学原理。
- 理解掌握金属-水系的电位-pH 图及其应用。

狭义上，湿法冶金是指金属矿物原料在酸性或碱性介质的水溶液中借助化学作用（如氧化、还原、中和、水解及络合等反应），进行化学处理或有机溶剂萃取、分离杂质、提取金属及化合物的过程，又称水法冶金，与传统的火法冶金同属于提取冶金或化学冶金领域。广义上，湿法冶金是指在水溶液中提取金属及其化合物、制取无机材料及处理“三废”的过程。

湿法冶金一般包括浸出、净化、沉积 3 个主要过程。通过沉积能提取金属或化合物。常用的沉积方法有电解沉积、电解精炼、置换沉积、加压氢还原等。生产中，常用电解提取法从净化液制取金、银、铜、锌、镍、钴等纯金属。20 世纪 50 年代发展起来的加压湿法冶金技术可自铜、镍、钴的含氨液中，直接用氢高压（如 180 ℃、25 atm）下还原得到金属铜、镍、钴粉，并能生产出多种性能优异的复合金属粉末，如镍包石墨、镍包硅藻土等。

现代的湿法冶金几乎涵盖了除钢铁以外的所有金属提炼，有的金属其全部冶炼工艺属于湿法冶金，但大多数是矿物分解、提取和除杂采用湿法工艺，最后还原成金属需采用火法冶炼或粉末冶金完成。湿法冶金在锌、铝、铜、铀等工业中占有重要地位，目前世界上全部的氧化铝、氧化铀、约 74% 的锌、近 12% 的铜都是用湿法生产的。

11.1 浸出的热力学

浸出是指在水溶液中利用浸出剂与固体原料作用，使有价元素变为可溶性化合物进入水溶液，杂质伴生元素进入浸出渣中，使有价元素与杂质元素分离的过程。浸出用原料一般为难以用物理选矿法处理的原矿、物理选矿得到的中矿及不合格精矿、冶金过程的中间产品等。

浸出过程中，主金属组分在酸中的溶解、溶液中金属的置换沉积、金属的电解沉积等变化有时并存，同时还伴随电子转移。

根据过程中主要发生的变化机制，浸出方法可分为：

①酸浸：用无机酸的水溶液作浸出剂的矿物浸出过程，是化学选矿中最常用的浸出方法之一。

②碱浸：用无机碱的水溶液作浸出剂的矿物浸出过程。溶剂中加碱可增加偏酸性有效成分的溶解度和稳定性。碱浸法用于浸出金属氧化物时，适于处理两性氧化物（如 Al_2O_3）以及酸性较强的氧化物（如 WO_3）。

③氨浸：以氨或氨与盐做浸出剂的浸出过程。目前，氨浸法在有色金属湿法冶金中的应用日益广泛，特别是应用于铜、镍、钴等的冶炼。

④氧浸：加入空气改变原料中矿物性质而进行的浸出过程。目前发展了加压氧浸，如加压氧浸湿法炼锌，该工艺能在提锌过程中直接富集有价金属锌、铟、锗等，其浸出率和回收率均较高。

⑤氯化浸出：用氯化剂作浸出剂使目的组分呈可溶性金属氯化物形态转入浸出液中的矿物浸出过程，常用的氯化浸出剂为盐酸、氯盐和氯气等。盐酸的反应能力比硫酸强，多数金属氯化物的溶解度比相应的硫酸盐大。根据浸出条件，盐酸浸出可分为氧化酸浸或还原酸浸，能浸出许多用稀硫酸或浓硫酸无法浸出的氧化物或含氧酸盐矿物。氯盐浸出一般采用盐酸、氯化铁和氯化钠的混合液作浸出剂。盐酸用作某些氧化矿物的浸出剂，氯化铁是许多金属硫化矿和某些低价金属化合物的浸出剂。浸出硫化铜矿时，可用氯化铜代替氯化铁作浸出剂。氯化钠主要用于提高浸出剂中的氯根浓度，使某些溶解度小的氯化物转变为络合物形态转入浸出液中。氯盐浸出主要用于处理复杂硫化矿。液氯浸出以氯气溶入水作为浸出剂。氯气为强氧化剂。在水溶液中，氯可以氯根、次氯酸、氯酸及高氯酸等形态存在，它可氧化水、金属及其他化合物。液氯浸出主要用于提取贵金属，如从阳极泥、砂金重砂、重选金精矿及含金焙砂中提取金银，也可浸出复杂硫化矿。液氯浸出时常加入盐酸和氯化钠，以提高浸出液中的氯根浓度。浸出用的氯气可由液氯、电解氯化钠或漂白粉加硫酸提供。

⑥细菌浸出：又称细菌选矿，是指利用微生物及其代谢产物氧化、溶浸矿石中某些有用组分，然后从浸出液中回收有用金属的一种化学选矿新工艺。细菌浸出目前已用于铜、铀、金等金属的湿法冶金，在煤炭、环境保护与废物利用等方面具有相当大的潜力。

生产中，为了有效回收有用成分，一般上述几种浸出方法同时使用。

矿物浸出过程中进行着许多物理化学变化，主要包括简单溶解、无价态变化的化学溶解、氧化还原反应的化学溶解、配合物生成的化学溶解等。为有效浸出矿物原料中主要组分，实现与杂质分离，这需要控制浸出过程的物理化学变化条件，使主要组分与杂质在水溶液中的性质（如稳定性）产生较大差异，从而实现主要组分与杂质分离。为确定物质在水溶液中的稳定性，需要计算浸出体系的一些热力学条件，其常用的方法有：

①电位-pH 图法：电位-pH 图指在一定的温度、电位和 pH 值条件下，体系中固、液、气及溶质组分中存在的稳定物质及其平衡的状态图。湿法冶金中体系几乎都涉及水溶液，用电位-pH 图描述水溶液-金属间作用的热力学很普遍。

②组分图法：表示溶液中某一特定组分的浓度或活度以及组分所占的比例随化学条件

(如 pH 值、电位及配位体浓度等)改变相应的变化关系图。其绘制方法类似于电位-pH 图,但一些数据需要借助计算机程序求算。

③溶液的相平衡测定:利用水溶液的吉布斯自由能模型计算体系中的溶解度。

下面介绍水溶液的电位-pH 图。

11.1.1 金属-水系的电位-pH 图

电位-pH 图,也称电势-pH 图、优势区图、稳定区图、普尔贝图,是表示体系的电极电势与 pH 关系的图,它在电化学中有很重要的意义。它相当于相平衡时的相图,是一种电化学的平衡图。现在已有数十种元素与水构成的电位-pH 图汇订成册,也有相应的计算软件可进行计算,使用十分方便。

电位-pH 图能表明反应自动进行的条件,指出物质在水溶液中稳定存在的区域和范围,能为湿法冶金的浸出、净化、电解等过程提供重要的热力学依据。

(1)电位-pH 图的计算

电位-pH 图中涉及的化学反应的类型可分为:

①有电子无 H^+ 参与的反应,如:$Fe^{2+}+2e═Fe$;

②无电子有 H^+ 参与的反应,如:$ZnO+2H^{2+}═Zn^{2+}+H_2O$;

③有电子有 H^+ 参与的氧化-还原反应,如:$Fe(OH)_3+3H^++e═Fe^{2+}+3H_2O$;

④无电子无 H^+ 参与的化学反应,如:$2Na[Ag(CN)_2]+Na_2S═Ag_2S+4NaCN$。

前三类反应都能以电位-pH 图的形式表示,其电位-pH 的计算如下:

1)有 z 个电子迁移、无 H^+ 离子参加的氧化还原反应

反应通式可表示为:

$$aA+ze=bB \tag{11.1}$$

上述氧化还原反应(A 为氧化态、B 为还原态)中,规定 H^+(氢原子)的氧化电位为零,氧化还原电对的电位与氢原子的相对电位称为电极电位,这里用 E 表示。

反应达平衡时,反应(11.1)电对的电极电位可用 Nerst 方程式为:

$$E=E^\theta-\frac{RT}{ZF}\ln\frac{a_B^b}{a_A^a}$$

$$E=E^\theta+\frac{2.303RT}{zF}\lg\frac{a_A^a}{a_B^b} \tag{11.2}$$

式中,R 为摩尔气体常数;T 为开尔文温度;F 为法拉第常数,96 500 C/mol;Z 为电极反应中的电子转移数;a_A、a_B 分别为 A、B 在溶液中的活度;E^θ、E 分别为电对的标准电极电位和实际的电极电位。

25 ℃时,

$$E=E^\theta+\frac{0.059\ 1}{z}\lg\frac{a_A^a}{a_B^b} \tag{11.3}$$

$$E^\theta=-\frac{\Delta G^\theta}{zF} \tag{11.4}$$

[例 11.1] 已知反应 $Fe^{2+}+2e═Fe$,$\Delta G^\theta_{298\ K}=20\ 300$ J/mol,试求反应的 E-pH 关系式。

解 $E^0=-\frac{\Delta G^\theta}{zF}=-\frac{20\ 300}{2\times 96\ 500}=-0.441(\mathrm{V})$

则 $E_{\frac{Fe^{2+}}{Fe}}=-0.441+\frac{0.059\ 2}{2}\lg\frac{a_{Fe^{2+}}}{a_{Fe}}$

因 $a_{Fe}=1$，则

$$E_{\frac{Fe^{2+}}{Fe}}=-0.441+0.295\ \lg a_{Fe^{2+}}$$

2)无电子迁移,有 H^+ 参加的反应

反应通式可表示为：

$$aA+nH^+=bB+cH_2O \tag{11.5}$$

$$\begin{aligned}\Delta G&=\Delta G^\theta+2.303RT\lg\frac{a_B^b}{a_A^a\cdot a_{H^+}^n}\\&=\Delta G^\theta+2.303RT\lg\frac{a_B^b}{a_A^a}+2.303nRT\cdot \mathrm{pH}\end{aligned} \tag{11.6}$$

平衡时 $\Delta G=0$,则

$$\mathrm{pH}=-\frac{\Delta G^\theta}{2.303RTn}-\frac{1}{n}\lg\frac{a_B^b}{a_A^a} \tag{11.7}$$

设 $a_A=a_B=1,T=298$ K 时，

$$\mathrm{pH}^\theta=-\frac{\Delta G^\theta}{2.303RTn} \tag{11.8}$$

式中,pH^θ 称为标准状态下的 pH。

将式(11.8)代入式(11.7),得

$$\mathrm{pH}=\mathrm{pH}^\theta-\frac{1}{n}\lg\frac{a_B^b}{a_A^a} \tag{11.9}$$

[**例 11.2**] 已知反应 $Fe(OH)_2+2H^+=Fe^{2+}+2H_2O$,$\Delta G^\theta=-11\ 183$ J/mol,试求反应的 E-pH 关系式。

解 $\mathrm{pH}^\theta=-\frac{-11\ 183}{2.303\times 8.314\times 298\times 2}=6.64$

则 $\mathrm{pH}=6.64-\frac{1}{2}\lg\frac{a_{Fe^{2+}}}{a_{Fe(OH)_2}}$,其中 $a_{Fe(OH)_2}=1$

则 $\mathrm{pH}=6.64-0.5\lg a_{Fe^{2+}}$

同理可求出 $Fe(OH)_3+3H^+=\!=\!=Fe^{3+}+3H_2O$ 的 E-pH 表达式为：

$\mathrm{pH}=1.617-\frac{1}{3}\lg a_{Fe^{3+}}$

3)有电子迁移又有 H^+ 参与的氧化还原反应

该类反应通式可表示为：

$$aA+nH^++ze=bB+cH_2O \tag{11.10}$$

类似上述过程根据 Nerst 方程式,反应(11.10)的 E-pH 表达式为：

$$E=E^\theta+\frac{2.303RT}{zF}\lg\frac{a_A^a a_{H^+}^n}{a_B^b a_{H_2O}^c}$$

由于 $a_{H_2O}=1$，则

$$E = E^\theta + \frac{2.303RT}{zF}\lg\frac{a_A^a a_{H^+}^n}{a_B^b} = E^\theta + \frac{2.303RT}{zF}\left(\lg\frac{a_A^a}{a_B^b} + n\lg a_{H^+}\right)$$
$$= E^\theta + \frac{2.303RT}{zF}\left(\lg\frac{a_A^a}{a_B^b} - n\text{pH}\right) \tag{11.11}$$

［例 11.3］ 已知反应 $Fe(OH)_2 + 2H^+ + 2e = Fe + 2H_2O$ 的 $E^\theta_{\frac{Fe(OH)_2}{Fe}} = -0.047$ V，试求反应的 E-pH 关系式。

解 对于反应：$Fe(OH)_2 + 2H^+ + 2e = Fe + 2H_2O$，$T=298$ K 时，

$$E = E^\theta - \frac{0.0591n}{z}\text{pH} + \frac{0.0591}{z}\lg\frac{a_A^a}{a_B^b}$$

由 $a_{Fe(OH)_2}=1$，$a_{Fe}=1$，$z=2$，$n=2$，$E^\theta_{\frac{Fe(OH)_2}{Fe}} = -0.047$ V，得

$$E_{\frac{Fe(OH)_2}{Fe}} = -0.047 - 0.0591\ \text{pH}$$

4）H_2O 的氧化还原反应

在一定条件下，水是稳定的，但当溶液的电位达到一定值时，就会析出氢气和氧气，从而变得不稳定，其电极反应及其 E-pH 关系式为：

阴极反应：$2H^+ + 2e = H_2$

$$E_{\frac{H^+}{H_2}} = 0.0591\ \text{pH} \tag{11.12}$$

阳极反应：$O_2 + 4H^+ + 4e = H_2O$

$$E_{\frac{O_2}{H_2O}} = 1.229 - 0.0591\ \text{pH} \tag{11.13}$$

在给定的温度和组分活度（气相分压）下，使用上述反应过程的电位 E 与水溶液 pH 的关系式，便能作出 E-pH 图。

（2）E-pH 图的绘制

湿法冶金中典型电位-pH 图有 Fe-H_2O 系电位-pH 图，Fe-H_2O 系兼有水溶液化学反应全部 4 种类型，此体系最适合用来阐述浸出反应的热力学处理的基本原理，它在腐蚀、矿物沉积和湿法冶金中都有重要的地位。下面以 25 ℃Fe-H_2O 系 E-pH 图为例介绍 E-pH 图的绘制。

1）查明在给定条件下系统中稳定存在的物种及其标准摩尔生成吉布斯自由能

25 ℃Fe-H_2O 系中稳定存在的物质及其标准摩尔生成吉布斯自由能（$\Delta_f G_m^\theta$）见表 11.1。表中，$Fe_{0.947}O$ 为方铁矿（为方便起见，可近似地用 FeO 表示）。

表 11.1 25 ℃Fe-H_2O 系各物质的 $\Delta_f G_m^\theta$/（kJ·mol^{-1}）

物 质	Fe^{2+}	Fe^{3+}	$Fe(OH)_3$	Fe_2O_3	Fe_3O_4	$Fe_{0.947}O$	$H_2O_{(l)}$	OH^-
$\Delta_f G_m^\theta$	-78.9	-4.7	-696.5	-742.2	-1 015.4	245.12	-237.13	-157.24

2）列出系统中的有效平衡反应，计算其标准吉布斯自由能

25 ℃Fe-H_2O 系中涉及的有效平衡反应及其标准吉布斯自由能列入表 11.2 中。

表 11.2　Fe-H_2O 系中的有效平衡反应及其标准吉布斯自由能

反应编号	反　应	$\Delta_r G_m^\theta/(kJ\cdot mol^{-1})$	E-pH 关系式
①	$Fe_2O_3+3H_2O=\!=\!=2Fe^{3+}+6OH^-$	500.79	$pH=-0.62-0.33\lg a_{Fe^{3+}}$
②	$Fe^{2+}+2e=\!=\!=Fe$	79.9	$E=-0.409+0.0296\lg a_{Fe^{2+}}$
③	$Fe^{3+}+e=\!=\!=Fe^{2+}$	−74.2	$E=0.769$
④	$FeO+2H^++2e=\!=\!=Fe+H_2O$	7.99	$E=-0.041-0.0592\ pH$
⑤	$Fe_3O_4+8H^++8e=\!=\!=Fe+4H_2O$	67.16	$E=-0.087-0.0592\ pH$
⑥	$Fe_3O_4+2H^++2e=\!=\!=3FeO+H_2O$	42.85	$E=-0.222-0.0592\ pH$
⑦	$3Fe_2O_3+2H^++2e=\!=\!=2Fe_3O_4+H_2O$	−41.3	$E=0.214-0.0592\ pH$
⑧	$Fe_2O_3+2H^++2e=\!=\!=2FeO+H_2O$	−14.0	$E=0.0725-0.0592\ pH$
⑨	$FeO+2H^+=\!=\!=Fe^{2+}+H_2O$	−70.91	$pH=6.21-0.5\lg a_{Fe^{2+}}$
⑩	$Fe_3O_4+8H^++2e=\!=\!=3Fe^{2+}+4H_2O$	−169.84	$E=0.88-0.0888\lg a_{Fe^{2+}}-0.237\ pH$
⑪	$Fe_2O_3+6H^++2e=\!=\!=2Fe^{2+}+3H_2O$	−126.99	$E=0.658-0.0592\lg a_{Fe^{2+}}-0.178\ pH$

3）计算各反应平衡时 E 与 pH 关系式

利用式(11.2)及表 11.2 数据得表 11.2 中反应②、③的 E-pH 关系式，列入表 11.2 中。

利用式(11.5)及表 11.2 数据得表 11.2 中反应①、⑨的 E-pH 关系式，列入表 11.2 中。

利用式(11.11)及表 11.2 数据得表 11.2 中反应④、⑤、⑥、⑦、⑧、⑩、⑪的 E-pH 关系式，一并列入表11.2中。

4）将各平衡反应及水电极反应的 E-pH 关系式作于 E-pH 图中

由步骤 3）得到的各有效反应的 E-pH 关系式、式(11.12)、式(11.13)作 25 ℃ Fe-H_2O 系 E-pH 图，如图 11.1 所示。

湿法冶金中其他典型的电位-pH 图有 Zn-H_2O 系 E-pH 关系如图 11.2 所示，Me-S-H_2O 系 E-pH 关系如图 11.3(图中两虚线间为 S 的稳定区)所示，Fe-Ni-H_2O 系 E-pH 关系如图 11.4 所示。

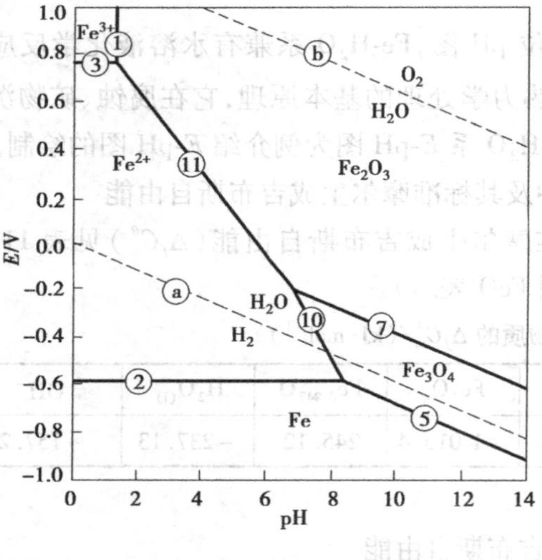

图 11.1　Fe-H_2O 系 E-pH 图
(25 ℃；Fe^{2+}、Fe^{3+} 活度均为 1)

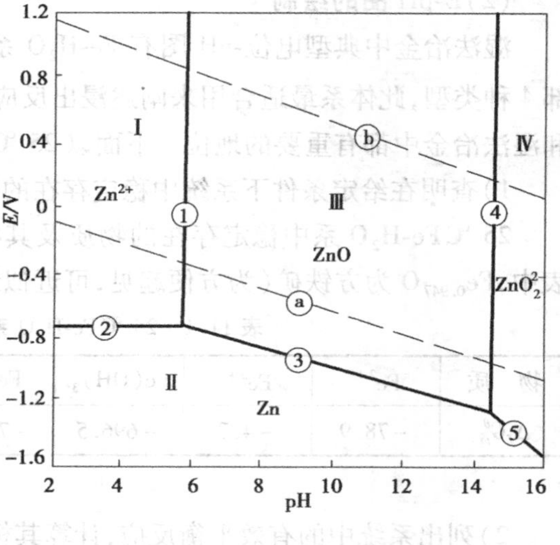

图 11.2　Zn-H_2O 系 E-pH 图
(25 ℃；Zn^{2+}、ZnO_2^{2-} 活度均为 1)

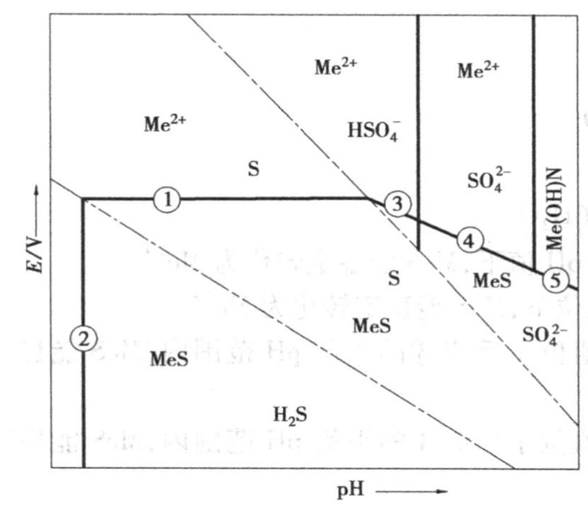

图 11.3　Me-S-H_2O 系 E-pH 图

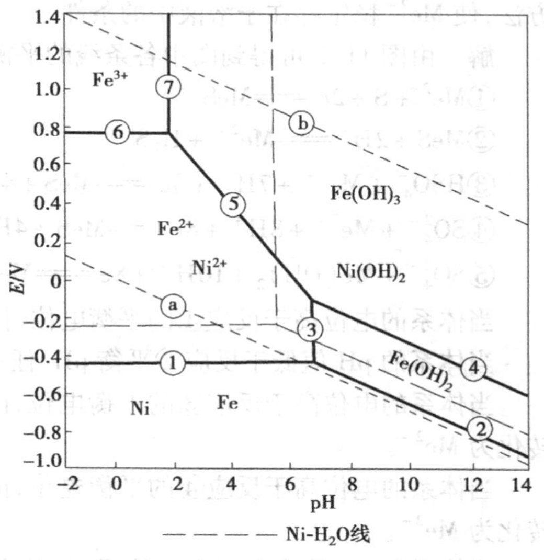

图 11.4　Fe-Ni-H_2O 系 E-pH 图

图 11.1、图 11.2、图 11.4 中ⓐ、ⓑ线分别表示电极反应(11.12)、(11.13)的 E-pH 关系。

E-pH 图具有如下特点：

①图上的直线称为平衡线，代表两侧的物质在此线上浓度相等。如果平衡一侧涉及固体，则需要规定相应溶液物种的浓度。

②无 H^+ 有电子参与的反应(即与 pH 无关而只与电位相关的反应，或不涉及 H^+ 和 OH^- 的氧化还原反应)，其平衡线在图中是水平的。无电子有 H^+ 参与的反应(即与电位无关而只与 pH 相关的反应)，如多数酸解离反应、氢氧化物的沉淀反应及氢氧化物沉淀在碱中溶解生成同价态物种的反应，其平衡线在图中是竖直的。有 H^+ 有电子参与的反应(即与 pH 及电位相关的反应)，其平衡线在图中是倾斜的。

③某物种在电位-pH 图上的位置靠近左上角，意味着它在偏酸性、氧化条件下的体系中稳定；位置靠近右下角，意味着它在偏碱性和还原性的体系中稳定。

④如果有两条平衡线相交，则电位较高的那段线所代表的平衡必然是不稳定的。

⑤一般地，平衡线的左方 pH 较低的范围内，酸性较强的物质比较稳定；平衡线的右方 pH 较高的范围内，酸性较弱的物质比较稳定。

⑥对于酸碱反应，pH 低于平衡线时，酸性态稳定；pH 高于平衡线时，碱性态稳定。

⑦对于氧化还原反应，电位高于平衡线时，氧化态稳定；电位低于平衡线时，还原态稳定。

⑧对于某一平衡反应，它在电位-pH 图中对应的平衡线的斜率可以表示为 $-0.059m/n$，m 为平衡方程式中氢离子前的系数，n 为平衡方程式中电子前的系数。如果 H^+ 与电子处在等式两侧，则 m 与 n 符号相反。

⑨对于水来说，它只有在一定的电位(与 pH 相关)的条件下才是稳定的。电位较高时，水会被氧化为氧气；电位较低时，水则会被还原为氢气。水的稳定区介于式(11.12)、式(11.13)表示的两平衡线间(在画电位-pH 图时，常以虚线表示，如图 11.1、图 11.2—图 11.4 中的ⓐ、ⓑ)。高于氧化线或低于还原线的物种在水中都是不稳定的。

[**例 11.4**]　根据 Me-S-H_2O 的 E-pH(见图 11.3)，设 Me 在溶液中为二价，分析采用浸出

方法,使 Me^{2+} 稳定存在于溶液中的条件。

解 由图 11.3 可得到图中各条线的平衡反应,如下:

①$Me^{2+} + S + 2e = MeS$

②$MeS + 2H^{+} = Me^{2+} + H_2S$

③$HSO_4^{-} + Me^{2+} + 7H^{+} + 8e = MeS + 4H_2O$

④$SO_4^{2-} + Me^{2+} + 8H^{+} + 8e = MeS + 4H_2O$

⑤$SO_4^{2-} + Me(OH)_2 + 10H^{+} + 8e = MeS + 6H_2O$

当体系的电位高于反应①的平衡电位、任一 pH 值下,MeS 能稳定转化为 Me^{2+}。

当体系的 pH 值低于反应②平衡 pH、任一电位下,MeS 能稳定转化为 Me^{2+}。

当体系的电位高于反应③的平衡电位,pH 值位于反应③的平衡 pH 范围内,MeS 能稳定转化为 Me^{2+}。

当体系的电位高于反应④的平衡电位,pH 值位于反应④的平衡 pH 范围内,MeS 能稳定转化为 Me^{2+}。

当体系的 pH 值高于反应⑤的平衡 pH,溶液无 Me^{2+}。

因此,线①③④线以上的区间为 Me^{2+} 稳定存在区。

11.1.2 金属-配位体-水系的电位-pH 图

最简单的电位-pH 图只涉及一种元素的不同氧化态与水构成的体系,但实际溶液中往往有配位体(如 Cl^{-}、CN^{-}、SO_4^{2-} 等)存在。此时溶液中除有简单离子外,还会出现配位体与金属离子形成的络离子,结果使离子形式很复杂,金属离子的活度降低,金属-配位体-水系的电位-pH 图形发生变化。络合情况越严重,图形变化越大。如 Au-H_2O 系如果变为 Au-CN^{-}-H_2O 系,由于存在反应:$Au^{2+} + 2CN^{-} = Au(CN)_2$ 而使之变为图 11.5 中虚线所示。

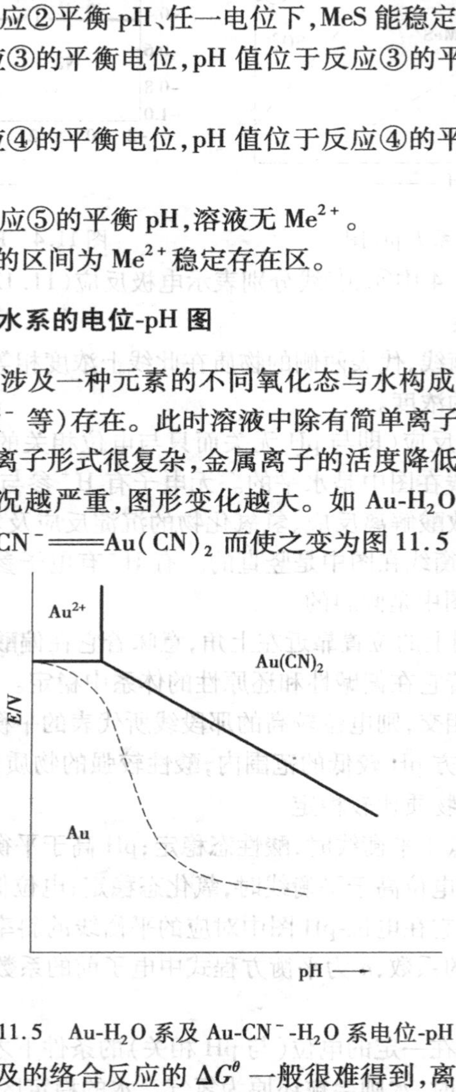

图 11.5 Au-H_2O 系及 Au-CN^{-}-H_2O 系电位-pH 图

金属-配位体-水系中涉及的络合反应的 ΔG^{θ} 一般很难得到,离子活度计算也十分烦锁,其金属-配位体-水系的电位-pH 图制作较金属-水系电位-pH 图困难,但它对于湿法冶金很重要。为了得到金属-配位体-水系的电位-pH 图,须了解溶液中络合物的分级形成平衡理论。下面以 Me-X-H_2O 系为例介绍络合物的分级形成平衡理论。

对于 $Me\text{-}X\text{-}H_2O$ 系，设其溶液中的络合物（配合物）有：MeX^{n-1}、MeX_2^{n-2}、MeX_3^{n-3}、MeX_4^{n-4}、…、MeX_n。各级络合物是分级形成的，每一级络合反应都存在平衡，表示如下：

$$Me^{n+} + X^- = MeX^{n-1}, K_1 = \frac{\omega_{MeX^{n-1}}}{\omega_{Me^{n+}}\omega_{X^-}}, \beta_1 = \frac{\omega_{MeX^{n-1}}}{\omega_{Me^{n+}}\omega_{X^-}} = K_1$$

$$MeX^{n-1} + X^- = MeX^{n-2}, K_2 = \frac{\omega_{MeX^{n-2}}}{\omega_{Me^{n-1}}\omega_{X^-}}$$

$$Me^{n+} + 2X^- = MeX^{n-2}, \beta_2 = \frac{\omega_{MeX^{n-2}}}{\omega_{Me^{n+}}\omega_{X^-}^2} = K_1K_2$$

$$MeX^{n-2} + X^- = MeX^{n-3}, K_3 = \frac{\omega_{MeX^{n-3}}}{\omega_{Me^{n-2}}\omega_{X^-}}$$

$$Me^{n+} + 3X^- = MeX^{n-3}, \beta_3 = \frac{\omega_{MeX^{n-3}}}{\omega_{Me^{n+}}\omega_{X^-}^3} = K_1K_2K_3$$

$$\vdots$$

$$Me^{n+} + nX^- = MeX_n, \beta_n = \frac{\omega_{MeX_n}}{\omega_{Me^{n+}}\omega_{X^-}^n} = K_1K_2K_3\cdots K_n \tag{11.14}$$

式中，βn 称为络合物 MeX_n 的生成稳定常数，简称稳定常数。

$$[Me]_T = [Me^{n+}]\left(1 + \sum_{i=1}^{4}\beta_i\omega_{Cl^-}^i\right) \tag{11.15}$$

式中，$[Me]_T$ 为水相中 Me 的总浓度；$[Me^{n+}]$ 为水相中 Me^{n+} 的浓度。

$$Y_o = \sum_{i=0}^{n}\beta_i(X^-)^i = 1 + \beta_1(X^-) + \beta_2(X^-)^2 + \cdots + \beta_n(X^-)^n = 1 + \sum_{i=1}^{n}\beta_i(X^-)^i \tag{11.16}$$

式中，Y_o 又称为络合度。

根据上述络合物的分级形成平衡理论，就能较方便地作出金属-配位体-水系电位-pH 图。下面以 $Pb\text{-}Cl\text{-}H_2O$ 系为例进行说明。

$Pb\text{-}Cl\text{-}H_2O$ 系中可能存在的分级络合反应及其平衡关系如下：

$$Pb^{2+} + Cl^- = PbCl^+, K_1 = \frac{\omega_{PbCl^+}}{\omega_{Pb^{2+}}\omega_{Cl^-}}, \beta_1 = \frac{\omega_{PbCl^+}}{\omega_{Pb^{2+}}\omega_{Cl^-}} = K_1$$

$$PbCl^+ + Cl^- = PbCl_2^0, K_2 = \frac{\omega_{PbCl_2^0}}{\omega_{PbCl^+}\omega_{Cl^-}}$$

$$Pb^{2+} + 2Cl^- = PbCl_2^0, \beta_2 = \frac{\omega_{PbCl_2^0}}{\omega_{Pb^{2+}}\omega_{Cl^-}^2} = K_1K_2$$

$$PbCl_2^0 + Cl^- = PbCl_3^-, K_3 = \frac{\omega_{PbCl_3^-}}{\omega_{PbCl_2^0}\omega_{Cl^-}}$$

$$Pb^{2+} + 3Cl^- = PbCl_3^-, \beta_3 = \frac{\omega_{PbCl_3^-}}{\omega_{Pb^{2+}}\omega_{Cl^-}^3} = K_1K_2K_3$$

$$PbCl_3^- + Cl^- = PbCl_4^{2-}, K_4 = \frac{\omega_{PbCl_4^{2-}}}{\omega_{PbCl_3^-}\omega_{Cl^-}}$$

$$Pb^{2+}+4Cl^- \rightleftharpoons PbCl_4^{2-},\beta_4=\frac{\omega_{PbCl_4^{2-}}}{\omega_{Pb^{2+}}\omega_{Cl^-}^4}=K_1K_2K_3K_4$$

溶液中同时存在的物种，在平衡状态下互相处于平衡，各反应平衡常数可通过实验测出，进一步能计算出各级络合物的稳定常数β_n。金属和水溶液的电位是金属和水溶液物种互相之间都处于平衡状态的电位，它们之间相互平衡，平衡电位只有一个，那么

$$E_{水溶液/Pb}=E_{Pb^{2+}/Pb}=E_{PbCl^+/Pb}=E_{PbCl^+/Pb}=E_{PbCl_2^0/Pb}=E_{PbCl^-/Pb}=E_{PbCl_4^{2-}/Pb}$$

对于反应：

$$Pb^{2+}+2e \rightleftharpoons Pb$$

$$E_{Pb^{2+}/Pb}=E^0_{Pb^{2+}/Pb}+\frac{2.303RT}{2F}\lg\omega_{Pb^{2+}} \tag{11.17}$$

式中，$\omega_{Pb^{2+}}$为 Pb-Cl-H_2O 系中未络合的 Pb^{2+}浓度，即游离的 Pb^{2+}。

由

$$\sum\omega_{Pb}=\omega_{Pb^{2+}}+\omega_{PbCl^+}+\omega_{PbCl_2^0}+\omega_{PbCl_3^-}+\omega_{PbCl_4^{2-}}$$

$$\omega_{PbCl^+}=\beta_1\omega_{Pb^{2+}}\omega_{Cl^-},\omega_{PbCl_2^0}=\beta_2\omega_{Pb^{2+}}\omega_{Cl^-}^2$$

$$\omega_{PbCl_3^-}=\beta_3\omega_{Pb^{2+}}\omega_{Cl^-}^3,\omega_{PbCl_4^{2-}}=\beta_4\omega_{Pb^{2+}}\omega_{Cl^-}^4$$

得

$$\sum\omega_{Pb}=\omega_{Pb^{2+}}\left(1+\sum_{i=1}^{4}\beta_i\omega_{Cl^-}^i\right)=\omega_{Pb^{2+}}Y_o \tag{11.18}$$

$$\omega_{Pb^{2+}}=\sum\omega_{Pb}Y_O^{-1} \tag{11.19}$$

代入式(11.17)得：

$$E_{Pb^{2+}/Pb}=E^0_{Pb^{2+}/Pb}+\frac{2.303RT}{2F}\sum\omega_{Pb}-\frac{2.303RT}{2F}\lg Y_o \tag{11.20}$$

类似式(11.20)以及 Me-X-H_2O 系中其他反应的平衡电位-pH(类似于 Me-H_2O 简单体系方法求算得到)可绘制出金属-配位体-水系(Me-X-H_2O 系)的电位-pH 图。

11.1.3 电位-pH 图的应用

(1)在一定条件下，物质的稳定性判定

电位-pH 图也可称为区位图或优势区图，图中一定的区域为某一物质稳定存在区，两区之间的线是两物质平衡反应线。如图 11.2 所示，Ⅰ区(①②两线与两坐标围成的区域)、Ⅱ区(②③两线与两坐标围成的区域)、Ⅲ区(①③④三线与水平坐标围成的区域)、Ⅳ区(④⑤两线与两坐标围成的区域)分别为 Zn^{2+}、Zn、ZnO、ZnO_2^{2-} 稳定存在区；当 Zn^{2+}、Zn、ZnO、ZnO_2^{2-} 一起进入Ⅰ区条件的水溶液中时，会发生反应：$Zn \rightleftharpoons Zn^{2+}+2e$，$ZnO+2H^+ \rightleftharpoons Zn^{2+}+H_2O$，$ZnO_2^{2-}+2H^+ \rightleftharpoons ZnO+H_2O$，$ZnO_2^{2-}+2e+4H^+ \rightleftharpoons Zn+H_2O$，最后只有 Zn^{2+}稳定存在。

(2)使用水的稳定区可判断参与过程的各种物质与溶剂(水)发生相互作用的可能性

图 11.1 中，高于ⓐ线时，则水将被分解析出 H_2，高于ⓑ线则析出 O_2，只有在ⓐ、ⓑ线之间 H_2O 才是稳定的。所有在水溶液中进行的反应，其氧化还原电势应在ⓐ、ⓑ线之间，否则将导致水分解析出 H_2 或 O_2。

(3)浸出过程的热力学条件确定

浸出以及浸出液净化和电积过程的热力学条件均可采用相应的电位-pH 图确定。

由电位-pH图可见，对金属氧化物而言，在pH较小或很大的条件下，可分别以阳离子或含氧阴离子形态溶入溶液，因此可用酸或碱浸出，但碱浸法对大多数金属氧化物而言，所需碱浓度过大（pH达15以上），不容易实现。因此，浸出金属氧化物中的有用元素时，在酸浸和碱浸两种方法中作选择时，一般考虑酸浸。

对于二价金属氧化物MeO酸浸反应：$MeO + 2H^+ \!=\!=\!= Me^{2+} + H_2O$，根据化学反应进行的条件：$\Delta G<0$（标准条件下$\Delta G^\theta<0$）及反应的电位与pH关系可知，酸浸（反应右向进行）的条件是在电位-pH图中是处于Me^{2+}稳定区内，或溶液的pH值小于平衡pH值；当$a_{Me^{2+}}=1$时，要求$pH<pH^\theta$。一些金属氧化物的pH^θ值见表11.3。

表11.3 金属氧化物的pH^θ值

氧化物	MnO	CdO	CoO	FeO	NiO	ZnO	CuO	In_2O_3	Fe_3O_4	Ga_2O_3	Fe_2O_3	SnO_2
$pH^\theta_{298\ K}$	8.98	8.69	7.51	6.8	6.06	5.8	3.95	2.52	0.89	0.74	−0.24	−2.1
$pH^\theta_{373\ K}$	6.79	6.78	5.58	—	3.16	4.35	3.55	0.97	0.04	−0.43	−0.99	−2.9
$pH^\theta_{473\ K}$	—	—	3.89	—	2.58	2.88	1.78	−0.45	—	−1.41	−1.58	−3.55

利用上述分析过程，结合表11.3可得知氧化物酸浸的一些规律：

①氧化物pH^θ越大，则氧化物越浸出。如在较低酸度下，MnO、CdO等较易浸出，而Fe_2O_3、SnO_2等较难浸出。

②具有多种化合价的金属氧化物，其低价易被浸出，而高价较难浸出。

③温度升高，金属氧化物的pH^θ降低，从热力学角度看则对浸出过程不利。

基于②，对于具有多种化合价的金属氧化物，在浸出提出金属时，需要创造一定的氧化还原条件，即衍生出了氧化浸出法和还原浸出法。

［例11.5］ 试根据Fe-Ni-H_2O系E-pH图（见图11.4），分析从Fe-Ni-H_2O溶液中浸出获得Fe^{2+}、Fe^{3+}的条件。

解 若欲获得Fe^{2+}，则需使溶液的E-pH控制在①-③-⑤-⑥围成的范围内，就要使$pH<6$。无氧化剂，由⑤线可知，$E=0$时，$pH=5.96$。若欲获得Fe^{3+}，则需使溶液的E-pH控制在⑥-⑦围成的范围内，即$E>0.770\,6$ V，$pH<1.617$。

(4)浸出液净化和电积过程的热力学条件的确定

利用电位-pH图还能分析得到浸出液净化和电积除杂的热力学条件。

［例11.6］ 试根据Fe-Ni-H_2O系E-pH图（见图11.4）写出将Ni的浸出液中的Fe^{2+}、Fe^{3+}除去措施。

解 ①调溶液$1.617<pH<6.09$，在Ni的浸出液发生如下变化：

$Fe^{3+} \rightarrow Fe(OH)_3\downarrow$

控制$pH<6.09$，否则还会发生反应：

$Ni^{2+} \rightarrow Ni(OH)_2\downarrow$　$pH=6.09$

$Fe^{2+} \rightarrow Fe(OH)_2\downarrow$　$pH>6.64$

$Fe^{2+} \rightarrow Fe(OH)_2$除去，但同时$Ni^{2+} \rightarrow Ni(OH)_2\downarrow$，$Ni^{2+}$也被除去了。

②提高氧化电位使$Fe^{2+} \rightarrow Fe^{3+}$，即添加电位大于0.8 V的氧化剂，如$Cl_2$，使电位$E=1.39$ V。

③过滤，除去$Fe(OH)_2$、$Fe(OH)_3$（即除掉了Fe^{2+}、Fe^{3+}），同时保留了Ni^{2+}。

11.2 影响浸出速率的因素

在浸出过程中，矿物颗粒表面及其一些裂隙会吸附液膜，是溶剂离子及其产物的通道，其变化过程较为复杂，可按未反应核模型进行描述，其主要组成环节有：①溶浸试剂向矿粒表面扩散；②溶浸试剂被矿物颗粒表面吸附并起化学反应；③反应生成的产物向矿粒外扩散。因此，固体矿物进行浸出除杂时，其浸出速率不仅与固体矿物的性质有关，还与扩散、界面反应等过程有关，其主要影响因素如下：

(1)搅拌强度

固体矿物浸出除杂中，稳定态或准稳定态下溶剂分子的扩散速度可用Fick定律表示为：

$$J = \frac{\mathrm{d}c}{\mathrm{d}t} = -\frac{DA}{\delta}(C_S - C) = K_D A(C - C_S) \tag{11.21}$$

式中，C、C_S 分别为某离子在浸出液中和颗粒表面的浓度，mol/L；δ 为液膜厚度，cm；D 为扩散系数，$mol \cdot cm^{-2} \cdot s^{-1}$；$A$ 为颗粒的反应表面积，cm^2；K_D 为扩散速度常数或传质速度常数。

搅拌浸出时，搅拌速度增加，液膜厚度 δ 下降，扩散速度增加，有利于浸出。但当搅拌速度增加到一定值时，矿浆的黏性会使颗粒与旋涡同步运动，搅拌就失去了降低液膜厚度 δ 的作用，同时还浪费能量、磨蚀设备。

(2)固体反应颗粒的致密度

当反应颗粒致密时，反应界面从原始固体表面向颗粒中心推进，颗粒的内部是未反应区，外部是反应区，化学反应发生在已反应区与未反应区的界面上，属于未反应核模型。由于溶剂离子需经长距离扩散才能到达反应界面，只要反应速度稍快，一般情况下，矿物的浸出速度由溶剂离子的扩散速度所控制。在这种情况下，降低矿石的粒度有利于提高浸出速度。

当矿石颗粒很疏松时，溶剂离子很容易到达反应界面。此时，矿物的浸出速度由化学反应速度所控制，增加溶剂离子的浓度，有利于提高矿物的浸出速度。

(3)浸出温度

浸出速度与浸出温度之间的关系可根据阿尼乌斯公式说明。温度提高，矿物浸出速度呈指数增加。生产中条件许可时，应尽可能提高浸出的温度，对矿物浸出有利。

(4)溶剂离子的浓度

溶剂离子向颗粒内部扩散的扩散过程一般伴随着化学反应的发生，提高浸出液中溶剂离子的浓度 C，由式(11.21)可见，有利于增加扩散速度 J，从而增加浸出速度。

(5)浸出过程的液固比

液固比增加，矿浆浓度降低，有利于搅拌降低 δ，提高浸出率，便于输送、固液分离等作业。但矿浆太稀时，如果要求保持一定的反应浓度，则药量消耗会增加，同时使浸出物的浓度降低，增大提取成本。如果矿浆太浓，即液固比太小，对离子的扩散和后续处理不利。

(6)浸出时间

浸出时间增加，浸出率增加，但到浸出后期，浸出率提高缓慢，副反应增加，单位药耗增加，设备生产能力降低，经济效益变差。

11.3 净化的热力学

为了便于沉积提取主体有价金属,在沉积前必须将某些杂质除去,以获得尽可能纯净的溶液。如提锌时,预先将锌浸出液中的铁、砷、锑、镉、钴等除至规定的限度以下;提镍时,预先将镍浸出液中的铁、铜、钴等除至规定的限度以下。这种水溶液中主体金属与杂质元素分离的过程称为水溶液的净化。

工业上经常使用的净化方法有沉淀法、有机溶剂萃取法、离子交换法等。

11.3.1 沉淀法

(1)沉淀法除杂基本原理

所谓沉淀法,就是溶液中加入沉淀剂使溶液中待沉淀的物质形成难溶化合物沉淀,从而实现主金属与杂质分离的过程。为了达到使主体有价金属和杂质彼此分离的目的,工业生产中有两种不同的做法:一是使杂质呈难溶化合物形态沉淀,而有价金属留在溶液中,这个过程称为溶液净化沉淀法;二是使有价金属呈难溶化合物沉淀,而杂质留在溶液中,这个过程称为制备纯化合物的沉淀法。

离子沉淀反应通式可表示为:

$$nA + mB = A_nB_m \downarrow \tag{11.22}$$

式中,A 为待沉淀的离子,它可能是阳离子,也可能是某种阴离子;B 为沉淀剂离子,它的电性与 A 相反。

湿法冶金过程中常见的沉淀剂离子有 OH^-、S^{2-}、CO_3^{2-}、$C_2O_4^{2-}$、$As_3O_4^{3-}$ 等,具有普遍意义的是形成难溶氢氧化物的水解法和呈硫化物沉淀的选择分离法。下面重点说明氢氧化物水解沉淀、硫化沉淀的基本原理和应用。

1)氢氧化物水解沉淀

离子沉淀法所考虑的体系有水存在,在一定条件下,水会发生如下电离反应:

$$H_2O = H^+ + OH^-$$

水离解平衡常数为:

$$K_{ap} = \frac{a_{H^+}a_{OH^-}}{a_{H_2O}} = a_{H^+}a_{OH^-} \tag{11.23}$$

$$K_{sp} = \frac{\omega_{H^+}\omega_{OH^-}}{\omega_{H_2O}} = \omega_{H^+}\omega_{OH^-} = K_w \tag{11.24}$$

式(11.23)、式(11.24)中,K_{ap}、K_{sp}分别称为活度积、溶度积;K_w 称为水的离子积。湿法冶金过程中,$K_{ap} \approx K_{sp}$。

K_w 可通过下式计算:

$$\lg K_w = -\frac{\Delta G^\theta}{2.303RT} \tag{11.25}$$

25 ℃时,水解反应的 ΔG^θ 为:

$$\Delta G^\theta = \Delta G^\theta_{H^+} + (-\Delta G^\theta_{H_2O}) = 0 + (-157.244) - (-237.129) = 79.885(kJ)$$

在25 ℃时,水离解平衡常数 K_w 为:

$$\lg K_w = -\frac{79\ 885}{2.303 \times 8.314 \times 298} \approx -14, \lg a_{H^+} + \lg a_{OH^-} = 14$$

25 ℃纯水中,$a_{H^+} = a_{OH^-}$,此时 $\lg a_{H^+} = \lg a_{OH^-} = -14/2 = -7$,$pH = -\lg a_{H^+} = 7$。

除少数碱金属的氢氧化物外,大多数金属的氢氧化物都属于难溶化合物。从物理化学的观点看来,生成难溶氢氧化物的反应都属于水解过程,金属离子水解反应可以用下列通式表示:

$$Me^{z+} + zOH^- \xlongequal{} Me(OH)_z \downarrow \tag{11.26}$$

由反应(11.26)平衡常数 K 可以推导出 Me^{z+} 水解沉淀平衡时 $\alpha_{Me^{z+}}$ 与pH的关系式:

$$\lg a_{Me^{z+}} = \lg K_{ap} - \lg K_w - z \cdot pH \tag{11.27}$$

式中,z 为阳离子 Me^{z+} 的价数;pH为溶液的酸度;K_w 为水的离子积;K_{ap} 为 $Me(OH)_z$ 的活度积,$K_{ap} = a_{Me^{2+}} a^z_{OH^-}$;在稀溶液中,$K_{ap} \approx K_{sp}$,这里 K_{sp} 是指沉淀反应达平衡时,溶液中离子 Me^{z+}、OH^- 的浓度乘积($\omega_{Me^{2+}} \cdot \omega^z_{OH^-}$)。

根据式(11.27),用 K_{sp} 代替 K_{ap},得到金属离子的平衡 $\lg c_{Me^{z+}}$ 与溶液pH关系式,进一步得到图11.6、表11.4。由式(11.27)或图11.6可见,形成氢氧化物沉淀的pH值与氢氧化物的溶度积和溶液中金属离子的活度有关;pH值越高,残留的金属离子浓度越低。

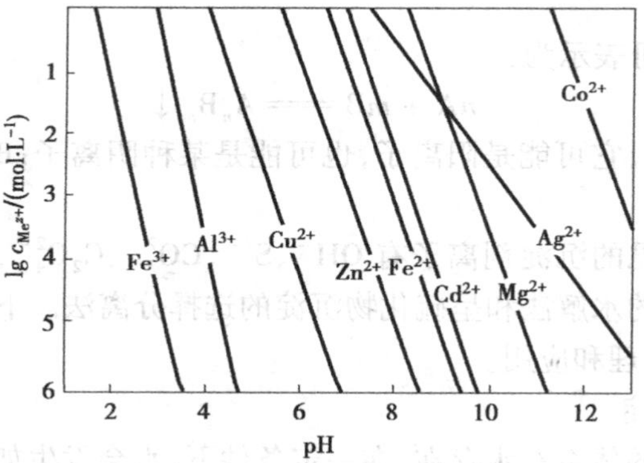

图11.6 金属离子在水溶液中沉淀的平衡浓度 $\lg c_{Me^{z+}}$ 与pH关系(25 ℃)

表11.4 25 ℃及 $c_{Me^{z+}} = 1$ mol/L 时一些金属氧化物沉淀的pH值

水解反应	溶度积 K_{sp}	平衡浓度(或溶解度)/(mol·L^{-1})	生成 $Me(OH)_z$ 的pH值
$Ti^{3+} + 3OH^- = Ti(OH)_3$	1.5×10^{-44}	4.8×10^{-12}	−0.5
$Sn^{4+} + 4OH^- = Sn(OH)_4$	1.0×10^{-56}	2.1×10^{-12}	0.1
$Co^{3+} + 3OH^- = Co(OH)_3$	3.0×10^{-41}	5.7×10^{-11}	1.0
$Sb^{3+} + 3OH^- = Sb(OH)_3$	4.2×10^{-42}	1.1×10^{-11}	1.2
$Sn^{2+} + 2OH^- = Sn(OH)_2$	5.0×10^{-26}	2.3×10^{-9}	1.4
$Fe^{3+} + 3OH^- = Fe(OH)_3$	4.0×10^{-38}	2.0×10^{-10}	1.6
$Al^{3+} + 3OH^- = Al(OH)_3$	1.9×10^{-33}	2.9×10^{-9}	3.1
$Bi^{3+} + 3OH^- = Bi(OH)_3$	4.3×10^{-33}	6.3×10^{-9}	3.9

续表

水解反应	溶度积 K_{sp}	平衡浓度(或溶解度)/(mol·L^{-1})	生成 $Me(OH)_z$ 的 pH 值
$Cu^{2+} + 2OH^- = Cu(OH)_2$	5.6×10^{-20}	2.4×10^{-7}	4.5
$Zn^{2+} + 2OH^- = Zn(OH)_2$	4.5×10^{-27}	2.2×10^{-6}	5.9
$Co^{2+} + 2OH^- = Co(OH)_2$	2.0×10^{-16}	3.6×10^{-6}	6.4
$Fe^{2+} + 2OH^- = Fe(OH)_2$	1.6×10^{-15}	0.7×10^{-5}	6.7
$Cd^{2+} + 2OH^- = Cd(OH)_2$	1.2×10^{-14}	1.2×10^{-5}	7.0
$Ni^{2+} + 2OH^- = Ni(OH)_2$	1.0×10^{-15}	1.4×10^{-5}	7.1
$Mg^{2+} + 2OH^- = Mg(OH)_2$	5.5×10^{-12}	1.1×10^{-5}	8.4
$Ti^+ + OH^- = Ti(OH)$	7.2×10^{-1}	9×10^{-1}	13.8

图 11.6 和表 11.4 可用来比较各种金属离子形成氢氧化物的顺序。当氢氧化物从含有几种化合价相同的阳离子的多元盐溶液中沉淀时,首先开始析出的是其形成 pH 值最低,即其溶解度最小的氢氧化物。在金属相同但其离子价不同的体系中,高价阳离子总是比低价阳离子在 pH 值更小的溶液中形成氢氧化物,这是由于高价氢氧化物比低价氢氧化物的溶解度更小的缘故。这是各种湿法冶金过程的理论基础之一。

实践表明,纯净的氢氧化物,只能从稀溶液中生成,而在一般溶液中常常是形成碱式盐而沉淀析出。设碱式盐为 $\alpha MeA_{z/y}\cdot\beta Me(OH)_z$,其形成反应可用下式表示:

$$(\alpha+\beta)Me^{z+} + \frac{z}{y}\alpha A^{y-} + Z\beta OH^- = \alpha MeA_{z/y}\cdot\beta Me(OH)_z \tag{11.28}$$

式中,α、β 为系数;z 为阳离子 Me^{z+} 的价数;y 为阴离子 A^{y-} 的价数。

类似地推导出下式:

$$pH = \frac{\Delta G^{\theta}_{(11.19)}}{2.303z\beta RT} - \lg K_w - \frac{\alpha+\beta}{z\beta}\lg \alpha_{Me^{2+}} - \frac{\alpha}{y\beta}\lg \alpha_{A^{y-}} \tag{11.29}$$

从式(11.29)可以看出,形成碱式盐的平衡 pH 值与 Me^{z+} 的活度($a_{Me^{2+}}$)和价数(Z)、碱式盐的成分(α 和 β)、阴离子 A^{y-} 的活度($a_{A^{y-}}$)和价数(y)有关。

25 ℃,$a_{Me^{2+}} = a_{A^{y-}} = 1$ 时形成金属碱式盐的平衡 pH 值见表 11.5。

表 11.5 25 ℃,$a_{Me^{2+}} = a_{A^{y-}} = 1$ 时形成金属碱式盐的平衡 pH 值

碱式盐化学式	碱式盐标准生成吉布斯自由能/(kJ·mol^{-1})	生成碱式盐的 pH 值
$5Fe_2(SO_4)_3\cdot Fe(OH)_3$	−820.06	<0
$Fe_2(SO_4)_3\cdot Fe(OH)_3$	−305.43	<0
$CdSO_4\cdot Cd(OH)_2$	−253.13	3.1
$2CdSO_4\cdot Cd(OH)_2$	−123.43	3.9
$ZnSO_4\cdot Zn(OH)_2$	−116.73	3.8
$ZnCl_2\cdot 2Zn(OH)_2$	−206.27	5.1
$3NiSO_4\cdot 4Ni(OH)_2$	−401.66	5.2

续表

碱式盐化学式	碱式盐标准生成吉布斯自由能/$(kJ \cdot mol^{-1})$	生成碱式盐的 pH 值
$FeSO_4 \cdot 2Fe(OH)_2$	-197.48	5.3
$CdSO_4 \cdot 2Cd(OH)_2$	-190.79	5.8

由表 11.5 可以看出，当溶液的 pH 值增加时，先沉淀析出的是金属碱式盐，即对相同的金属离子来说，其碱式盐析出的 pH 值低于氢氧化物析出的 pH 值。和氢氧化物的情况一样，三价金属的碱式盐与二价同一金属碱式盐相比较，可以在较低的 pH 值下沉淀析出。因此，为了使金属呈难溶的化合物形态沉淀，在沉淀之前或沉淀的同时，将低价金属离子氧化成更高价态的金属离子是合理的。在这方面，铁的氧化沉淀对许多金属的湿法冶金来说具有普遍意义。

湿法冶金中常用的氧化剂有 MnO_2、$KMnO_4$、H_2O_2、Cl_2、$NaClO_3$、O_2 等，它们的氧化电位顺序是 $H_2O_2 > KMnO_4 > NaClO_3 > Cl_2 > MnO_2 > O_2$。$H_2O_2$、$KMnO_4$、$NaClO_3$ 较昂贵，而 O_2 在常压条件下反应较慢，所以在锌铜湿法冶金中主要采用 MnO_2 作氧化剂，而在镍钴湿法冶金中广泛采用 Cl_2。

2)硫化沉淀

在现代湿法冶金中，以气态 H_2S 作为硫化剂使水溶液中的金属离子呈硫化物形态沉淀的方法已在工业生产中得到应用，并经实践证明是一个经济效率高的方法。这个方法主要适用于两种目的不同的场合：一种是使有价金属从稀溶液中沉淀，得到品位很高的硫化物富集产品，以备进一步回收处理；另一种是进行金属的选择分离和净化，即在主要金属仍然保留在溶液中的同时使伴生金属成硫化物形态沉淀。

除碱金属外，一般金属硫化物的溶解度都比较小，凡溶度积越小的硫化物越易沉淀析出。

下面将对硫化物的形成进行热力学分析。

硫化物在水溶液中的稳定性通常用溶度积来表示：

$$Me_2S_z \rightleftharpoons 2Me^{z+} + zS^{2-}$$

$$K_{sp}(Me_2S_z) = c_{Me^{z+}}^2 c_{S^{2-}}^z \tag{11.30}$$

溶液中的硫离子是由 H_2S 按下列两步离解而产生：

$$H_2S \rightleftharpoons H^+ + HS^-, K_1 = \frac{c_{H^+} c_{HS^-}}{c_{H_2S}}$$

$$HS^- \rightleftharpoons H^+ + S^{2-}, K_2 = \frac{c_{H^+} c_{S^{2-}}}{c_{HS^-}}$$

总反应：

$$H_2S \rightleftharpoons 2H^+ + S^{2-}, K = \frac{c_{H^+}^2 c_{S^{2-}}}{c_{H_2S}} = K_1 K_2$$

在某一温度时，设溶液中 H_2S 的饱和浓度为 c_b，则：

$$c_{H^+}^2 c_{S^{2-}} = K \cdot c_b \tag{11.31}$$

由式(11.30)和式(11.31)得到金属硫化物 Me_2S_z 沉淀的平衡 pH 值的计算式为：

$$pH = -0.5\lg(K \cdot c_b) + \frac{1}{2z}\lg K_{sp}(Me_2S) - \frac{1}{z}\lg c_{Me^+} \tag{11.32}$$

25 ℃时，$K_1 = 10^{-7.6}$、$K_2 = 10^{-14.4}$、$K = K_1 \cdot K_2 = 10^{-22}$，$c_b = 0.1$ mol/L 代入式(11.32)，得：

$$pH = 11.5 + \frac{1}{2z} \lg K_{sp}(Me_2S) - \frac{1}{z} \lg c_{Me^+} \qquad (11.33)$$

由式(11.33)可见，生成硫化物的 pH 值，不仅与硫化物的溶度积有关，而且还与温度、金属离子的浓度和离子价数有关。

某些金属硫化物在 25 ℃时的溶度积列于表 11.6 中。

表 11.6　某些金属硫化物在 25 ℃时的溶度积

金属硫化物	溶度积 K_{sp}	生成 Me_2S_z 的 pH 值	
		$a_{Me^+} = 1$	$a_{Me^+} = 10^{-4}$
FeS	1.32×10^{-17}	2.9	4.9
NiS	2.82×10^{-20}	2.25	4.25
CoS	1.80×10^{-24}	1.3	3.3
ZnS	2.34×10^{-24}	-0.4	1.6
CdS	2.14×10^{-26}	-1.55	0.45
PbS	2.29×10^{-27}	-2.45	-0.45
CuS	2.40×10^{-35}	-6.1	-4.1

当溶液的 pH 值大于平衡 pH 值、生成硫化物沉淀且采用 H_2S 作硫化剂时，反应产生更强的酸，使溶液的 pH 值下降。因此，随着过程的进行应不断加入中和剂。

控制溶液的 pH 值，可以选择性地沉淀溶度积小的金属硫化物，而让溶度积大的金属留在溶液中。例如在含镍(Ni = 1)的溶液中，用硫化法沉淀铜，从表 11.6 可知，当溶液的 pH 值为 -4.1 时，可将溶液中的 Cu^{2+} 含量降到 10^{-4} 以下，而不会造成镍的损失。

式(11.33)系数 11.5 是在 H_2S 浓度为 0.1 mol/L 的条件下推算出来的，如果溶液中 H_2S 浓度大于 0.1 mol/L，则此系数将会降低，即表明硫化物沉淀析出的 pH 值降低。

常温常压条件下，H_2S 在水溶液中的溶解度仅为 0.1 mol/L，只有提高 H_2S 的分压，才能提高溶液中 H_2S 的浓度。所以，现代湿法冶金中已发展到采用高温高压硫化沉淀过程。

温度升高，硫化物的溶度积增加，不利于硫化沉淀，但 H_2S 离解度增大，又有利于硫化沉淀，且从动力学方面考虑，提高温度可以加快反应速度。

H_2S 在水溶液中的溶解度随温度的提高而下降，但提高 H_2S 的压力，H_2S 的溶解度又能提高。

(2) **影响沉淀除杂效果的因素**

金属离子沉淀是否完全，取决于其沉淀反应达平衡时金属溶解度(也可称为金属离子沉淀残留浓度)的大小，溶解度小，沉淀完全；溶解度大，沉淀不完全。影响金属离子沉淀残留浓度的主要因素有以下几种：

1) 沉淀剂的平衡浓度、溶液的 pH 值

温度一定时，当沉淀反应达平衡后，溶度积不变。若向溶液中再加入沉淀剂，沉淀剂离子浓度增大，结果使待沉淀金属离子的残留浓度降低。但并不是所有情况下，沉淀剂离子浓度增

大,待沉淀金属离子的残留浓度都是降低的,如当沉淀剂作为配位体与待沉淀离子形成络离子进入溶液,沉淀剂离子浓度增大时,待沉淀金属离子的残留浓度有可能是增大的。

用 OH^- 作沉淀剂时,溶液 pH 值会影响金属离子沉淀残留浓度。J. 克拉格腾(Kragten)综合了一些金属沉淀残留总浓度与 pH 关系如图 11.7 所示。由图 11.7 可知,当溶液处于弱碱性或中性范围时,随沉淀剂浓度(pH)增大,金属沉淀残留浓度先是降低的;当溶液处于碱性范围时,随沉淀剂浓度(pH)增大,金属离子残留浓度增大。其主要原因是:当溶液处于弱碱性或中性范围时,金属离子以简单阳离子形式,其残留浓度服从式(11.27),即随沉淀剂浓度(pH)增大,金属离子残留浓度增大;当溶液处于碱性范围时,金属离子与 OH^- 形成各种络离子的浓度增加,金属离子残留浓度服从式(11.19),随沉淀剂浓度(pH)增大,金属离子残留浓度增大。配位剂与金属离子形成配位体,使沉淀的溶解度增大的这种现象称为配位效应。

由上可知,沉淀剂用量应合适。一般情况下,可挥发性的沉淀剂用量为其理论值量的 150% ~200% 为宜,非挥发性的沉淀剂用量为其理论值的 120% ~130% 为宜。

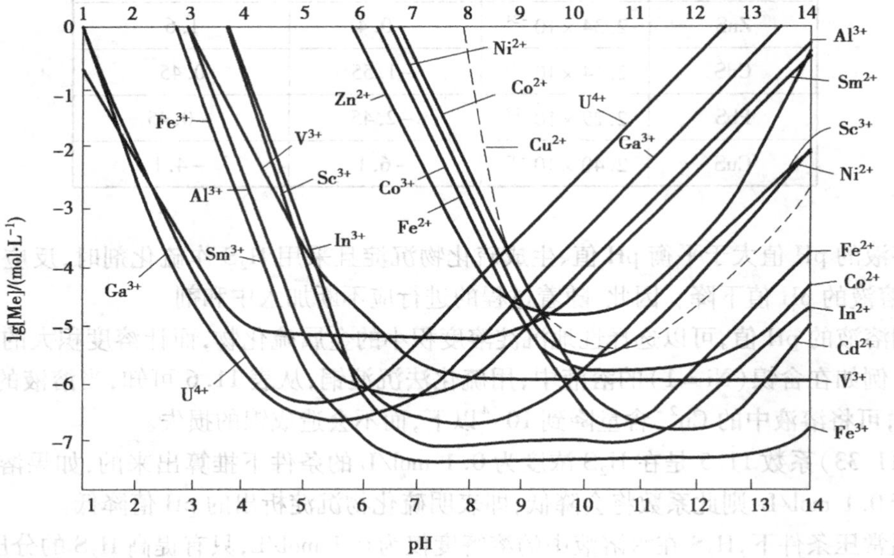

图 11.7 Me-H_2O 系平衡 lg[$\omega_{Me^{2+}}$]$_T$-pH 图

(注:[$\omega_{Me^{2+}}$]$_T$ 指溶液中残余的 Me 多种离子形态浓度之和)

2)溶液中离子价态

金属具有多种价态时,同一金属不同价态的离子的沉淀效果不同。pH 值不大时,同一金属的高价态离子比低价态离子易水解沉淀。据此,当工艺过程目的是使具有多种价态的金属离子采用水解沉淀法除去时,则可预先加氧化剂使金属离子氧化转变为高价态;相反,使具有多价态的金属离子采用水溶液浸出时,则可预先加还原剂使金属离子还原变为低价态。

3)温度

温度对金属离子沉淀效果影响较复杂。如采用水解沉淀除杂时,温度升高时,一方面使水的离解积 K_w 增大,将有利于降低待沉淀金属离子残留浓度,即能提高沉淀效果;另一方面,温度升高,沉淀物在水中溶解度增大,不利于沉淀过程。

除上述因素外,影响金属离子沉淀的因素还包括沉淀物颗粒大小、加入的溶剂种类等。小颗粒较大颗粒在溶液中与溶剂接触面积大,溶解度较大。改变溶剂种类,金属离子沉淀效果有可能发生改变。这可根据“相似相溶”分析推知。如以有机溶剂作为无机物沉淀的溶剂时,有利于降低待沉淀金属离子残留浓度。

11.3.2 离子交换法

(1)基本概念

基于固体离子交换剂与电解质水溶液接触时,溶液中的某种离子与交换剂中的同性电荷离子发生交换作用,结果使溶液中的离子进入交换剂,而交换剂中的离子转入溶液中,从而实现分离和提纯物质的方法,称为离子交换法。其使用的交换剂可分为以下两类:

1)无机离子交换剂

无机离子交换剂主要是一类铝硅酸盐晶体,如泡沸石。

2)有机离子交换剂

有机离子交换剂包括磺化煤及离子交换树脂,它是目前工业上主要的使用对象。

离子交换树脂是一种带有离子交换基团的人工合成的三维网状有机高分子固体聚合物,具有一般聚合物所没有的新功能——离子交换功能,外形一般为颗粒状,不溶于水和一般的酸、碱,也不溶于普通的有机溶剂,如乙醇、丙酮和烃类溶剂。湿法冶金中,离子交换树脂在贫溶液中的金属富集或提取、分离性质相近的元素、溶液的净化除杂以及水处理及高纯水的制备等方法得到了较好的应用。

以聚苯乙烯型阳离子交换树脂的结构(如图 11.8 所示)为例可见,树脂由以下 3 部分组成:

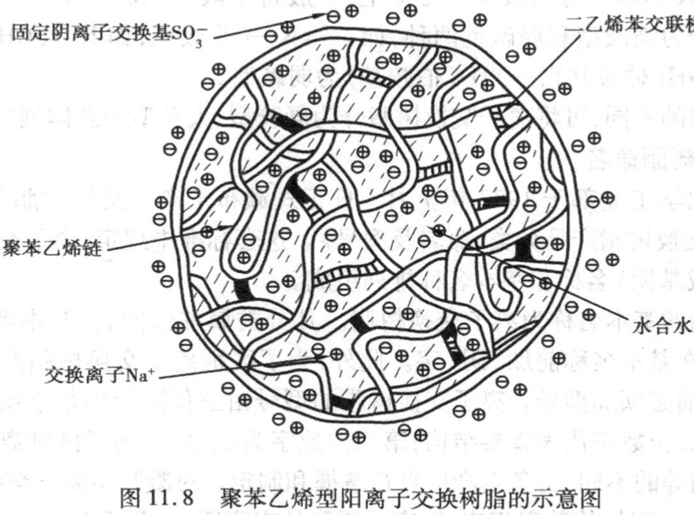

图 11.8 聚苯乙烯型阳离子交换树脂的示意图

①功能基团:固定在树脂上的活性离子基团,决定树脂的性质和交换能力。由功能基团解离出的离子能自由移动,并可与周围的其他离子互相交换。这种能自由移动的离子称为交换离子。

②高分子部分:树脂的主干,常为聚苯乙烯或聚丙烯酸酯等线状高分子化合物,它起连接

树脂功能团的作用。

③交联剂部分：树脂的骨架，决定树脂性能，通常为二乙烯苯，它将高分子部分交联起来，使之具有三度空间的网状结构。在此骨架中存在一定大小的孔隙，可允许交换的离子自由通过。树脂中的二乙烯苯交联剂所占的质量分数称为树脂的交联度。交联度高的树脂聚合得比较紧密，坚牢而耐用，密度较高，内部空隙较少，对离子的选择性较强。

利用树脂作离子交换剂来分离和提纯物质的方法称为离子交换树脂法。

如水的提纯可采用离子交换树脂法。因水中一般含有少量的 Ca^{2+}、Mg^{2+} 等阳离子和 CO_3^{2-}、Cl^- 等阴离子，先后通过装有 H^+ 型阳离子交换树脂的吸附柱和装有 OH^- 型阴离子交换树脂的吸附柱，通过反复进行如下反应，可得到纯水。

$$n\,\overline{R-H}+Me^{n+}\!=\!\!=\!\!=\overline{R_n-Me}+nH^+$$

$$n\,\overline{R-OH}+A^{n-}\!=\!\!=\!\!=\overline{R_n-A}+nOH^-$$

通过改变浓度差、利用亲和力差别等，使树脂中可交换离子与其他同类型离子进行反复交换，达到浓缩、分离、提纯、净化等目的。

(2)离子交换树脂分类

离子交换树脂的分类方法有很多种，最常用和最重要的分类方法有按交换基团的性质和按树脂的物理结构两种：

按交换基团性质的不同，可将离子交换树脂分为阳离子交换树脂和阴离子交换树脂两大类。阳离子交换树脂是指解离出阳离子并能与外来阳离子进行交换的树脂。阴离子交换树脂是指能解离出阴离子并能与外来阴离子进行交换的树脂。从无机化学的角度看，可以认为阳离子交换树脂相当于高分子多元酸，阴离子交换树脂相当于高分子多元碱。

阳离子交换树脂可进一步分为强酸型、中酸型和弱酸型 3 种。如 $R\text{-}SO_3H$ 为强酸型，$R\text{-}PO(OH)_2$ 为中酸型，R-COOH 为弱酸型。习惯上，一般将中酸型和弱酸型统称为弱酸型。阴离子交换树脂又可分为强碱型和弱碱型两种，如，$\equiv$N—(季胺碱，如 $R\text{-}N(CH_3)Cl$)为强碱型；—N(叔胺基)，=NH(仲胺基)，—NH_2(伯胺基)为弱碱型。

按其物理结构的不同，可将离子交换树脂分为凝胶型、大孔型和载体型三类。

(3)离子交换树脂命名

我国前石油化学工业部于 1977 年 7 月 1 日正式颁布了离子交换树脂的部颁标准 HG2-884-886-76《离子交换树脂产品分类、命名及型号》。这套标准中规定，离子交换树脂的全名由分类名称、骨架(或基团)名称和基本名称排列组成。

离子交换树脂的基本名称为离子交换树脂。凡分类属酸性的，在基本名称前加"阳"字；凡分类属碱性的，在基本名称前加"阴"字。此外，为了区别离子交换树脂产品中同一类中的不同品种，在全名前必须加型号。离子交换树脂的型号由三位阿拉伯数字组成。第一位数字代表产品分类；第二位数字代表骨架结构；第三位数字为顺序号，用于区别离子交换树脂中基团、交联剂、致孔剂等的不同，由各生产厂自行掌握和制定。对凝胶型离子交换树脂，往往在型号后面用"×"和一个阿拉伯数字相连，以表示树脂的交联度(质量百分数)，而对大孔型树脂，则在型号前冠以字母"D"。

各类离子交换树脂的具体编号：强酸型阳离子交换树脂为 001-099，弱酸型阳离子交换树脂为 100-199，强碱型阴离子交换树脂为 200-299，弱碱型阴离子交换树脂为 300-399，螯合型离子交换树脂为 400-499，两性型离子交换树脂为 500-599，氧化还原型离子交换树脂为 600-699。

离子交换树脂骨架分类编号：聚苯乙烯系为0，聚丙烯酸系为1，酚醛树脂系为2；环氧树脂系为3，聚乙烯吡啶系为4，脲醛树脂系为5，聚氯乙稀系为6。

(4)离子交换树脂的交换容量

交换容量是表示树脂交换能力大小的量，常以每克干树脂能交换的离子毫克当量数表示。交换容量又可分为总交换容量、操作容量、漏穿容量和全容量。

总交换容量是指单位干树脂中所含功能团上可交换离子的总摩尔数。树脂组成中，引入较多的官能团，以提高其交换容量。

操作容量是指在一定交换条件下所达到的实际交换容量。

漏穿容量是指柱上作业时，溶液中的离子开始出现流出液时，单位树脂中实际参加交换的摩尔数或克数。操作容量和漏穿容量除与树脂的功能团总量有关外，与树脂的粒度、操作条件及溶液的组成有关。

树脂除了通过功能团进行交换外，还能通过分子间吸引力（范德华力）吸引其他分子，总交换容量和分子间吸引力吸引的量称为全容量。

(5)离子交换的平衡

1)选择系数

离子交换树脂对溶液中各种离子有不同的交换能力，即对离子有选择性吸附交换。树脂对溶液中不同离子亲和力大小的差异就是离子交换选择性，它可用选择系数来表征。树脂作离子交换剂时，其反应通式可表示为：

$$z_B \overline{A} + z_A B \Longleftrightarrow z_B A + z_A \overline{B} \tag{11.34}$$

式中，$\overline{A}$、$\overline{B}$为树脂相上的离子；z_A、z_B 为 A、B 离子的价数。

当达到平衡时，其反应(11.34)平衡常数为

$$K = a_A^{z_B} \overline{a}_B^{z_A} / (\overline{a}_A^{z_B} a_B^{z_A}) \tag{11.35}$$

式中，a_A、a_B 为 A、B 离子在溶液中的活度；$\overline{a}_A$、$\overline{a}_B$ 为 A、B 离子在树脂相的活度。

改用浓度表示的平衡常数为：

$$K_c = c_A^{z_B} \overline{c}_B^{z_A} / (\overline{c}_A^{z_B} c_B^{z_A}) \tag{11.36}$$

式中，c_A、c_B 分别为 A、B 离子在溶液中的浓度；$\overline{c}_A$、$\overline{c}_B$ 分别为 A、B 离子在树脂相的浓度。

K_c 可称为树脂对 B 离子的选择系数。K_c 越大，表示树脂对 B 离子的亲和力越大、树脂对 B 离子的选择性越大。某些离子在阳离子树脂上的选择系数见表 11.7。

表 11.7　某些离子在阳离子树脂上的选择系数

阳离子	交联度		阳离子	交联度	
	8%	12%		8%	12%
Li^+	1.00	1.00	Mg^{2+}	3.29	3.51
H^+	1.27	1.47	Zn^{2+}	3.47	3.78
Na^+	1.98	2.37	Co^{2+}	3.74	3.81
NH_4^+	2.55	3.34	Cu^{2+}	3.85	4.46
K^+	2.90	4.50	Cd^{2+}	3.88	4.95
Rb^+	3.16	4.62	Ni^{2+}	3.93	4.99

续表

阳离子	交联度		阳离子	交联度	
	8%	12%		8%	12%
Cs^+	3.25	4.66	Ca^{2+}	5.16	7.27
Ag^+	8.51	22.9	Sr^{2+}	6.51	10.1
Tl^+	1.24	28.5	Pb^{2+}	9.91	18.0
UO_2^{2+}	2.45	3.34	Ba^{2+}	11.5	20.8

离子交换树脂的选择系数受离子交换树脂功能基的性质、树脂交联度的大小、溶液浓度、组成及温度等因素影响。树脂对不同离子的选择性存在一些经验规律：

①在室温下稀水溶液中，强酸型阳离子交换树脂总是优先吸附多价离子，如 $Th^{4+} > La^{3+} > Ca^{2+} > Na^+$。

②对同价离子而言，原子序数越大，选择性越高，如 $Tl^+ > Ag^+ > Cs^+ > K^+ > NH_4^+ > Na^+ > Li^+$；$Ba^{2+} > Pb^{2+} > Sr^{2+} > Ca^{2+} > Ni^{2+} > Cd^+ > Co^{2+} > Mg^{2+}$。

③在常温下用强碱性阴离子树脂处理稀溶液时，各离子的选择性次序为 $SO_4^{2-} > I^- > NO_3^- > CrO_4^{2-} > Br^- > Cl^- > OH^- > F^-$。

2)分配比、分离系数

离子交换反应达到平衡时，离子在树脂相和溶液相的浓度比称为分配比，如 $D_B = \bar{c}_B / c_B$ 为离子 B 的分配比，用它可衡量 B 离子在树脂与溶液间的分配能力，与 K_c 和浓度有关。

离子分配比之比值 $\beta_{B/A} = D_B/D_A = (\bar{c}_A/\bar{c}_B)/(c_A/c_B)$ 称为离子 B 与离子 A 的分离系数。使用它可衡量两种离子 B 与 A 的分离效果。$\beta_{B/A}$ 偏离 1 的程度越大，B 与 A 的分离效果越好。

11.3.3 有机溶剂萃取法

(1)基本概念

利用有机溶剂从与其不相混溶的溶液中把某种物质提取出来的方法称为有机溶剂萃取法，简称为溶剂萃取法。

溶剂萃取技术最早用于分析化学。二十多年前，溶剂萃取法在冶金中仅限于某些稀有金属和分析化学试验室应用。目前溶剂萃取在冶金工业上已包含：从低浓度浸出液中选择性萃取、富集有价金属；萃取分离杂质，净化有价金属溶液；相似金属元素萃取分离；从废水、废液中萃取回收有价成分或萃取浓缩有害成分等方面的应用。适用湿法处理的金属包含铜、镍、钴、锌、铀、钼、钨、钒、稀土、锆、铪、铌、钽、硼、铂族等，它既可用于常量元素的分离，又适用于痕量元素的分离与富集，如果萃取的组分是有色化合物，便可直接进行比色测定，称为萃取比色法。图 11.9 为溶剂萃取分离金属矿物与杂质的主要过程，包括萃取、洗涤和反萃取等环节。

①萃取：将含有被萃取物的水溶液与有机相充分接触，使萃取剂与被萃取物结合生成萃合物而进入有机相的过程。两相充分接触前的溶液称为萃取原液或料液。含有被萃物的有机相称为萃取液。两相充分接触后的水溶液称为萃余液。萃取剂是指与被萃物发生作用，生成一种不溶于水相而溶于有机相的有机试剂。

②洗涤：用某种水溶液（空白水相）与萃取液充分接触，使机械夹带的和某些同时进入有

机相的杂质被洗回水相的过程。洗涤中使用的水溶液称为洗涤剂。

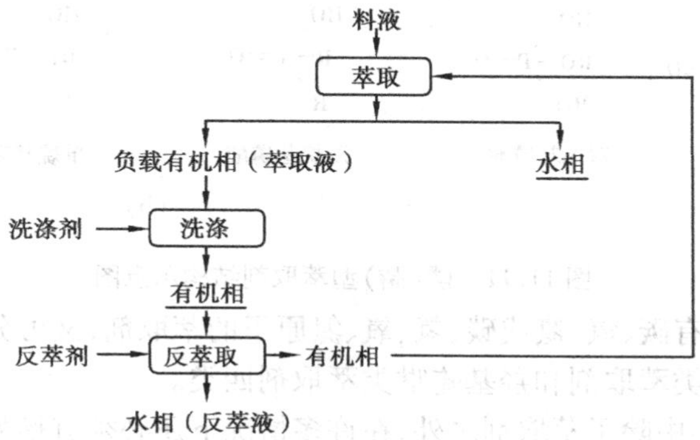

图 11.9 萃取工艺主要流程图

③反萃取：用反萃取剂使被萃取物从有机相返回水相的过程，它是萃取的逆过程。反萃取可将有机相中各个被萃组分逐个反萃到水相，使被分离组分得到分离；也可一次将有机相中被萃组分反萃到水相。反萃后经洗涤不含或少含萃合物的有机相称再生有机相，可继续循环使用。湿法冶金常用的反萃取剂主要有无机酸（如 H_2SO_4、HNO_3、HCl）及无机碱（如 NaOH、NH_4OH、Na_2CO_3）。

(2) **萃取体系**

萃取体系是由有机相和水相组成，在同一个萃取体系中两者不相溶或基本不溶。一般有机相的比重小于水相，有机相浮于水相之上。

1) 有机相（有机溶剂）组成

溶剂萃取体系的有机相由萃取剂、稀释剂、改质剂组成。

①萃取剂。萃取剂是一种能与被萃物作用生成一种不溶于水相而易溶于有机相的萃合物，从而使被萃物从水相转入有机相的有机试剂。萃合物是指萃取剂与被萃取物发生化学反应生成的不易溶于水相而易溶于有机相的化合物（通常是一种络合物）。

对萃取剂的一般要求有：至少要有一个与金属组分发生键合的官能团（如 O、N、S 等），具有较长碳链或芳环（保证易溶于有机相而难溶于水），选择性较高，化学稳定性好，不易水解，毒性小，形成的萃合物反萃容易等。

冶金工业中目前常用的萃取剂是含氧、磷、氮功能的萃取剂。

a. 含氧萃取剂：只含 C、H、O 三种元素，如醚、醇（R-OH）、酮、酸（R-COOH）、酯，结构如图 11.10 所示。

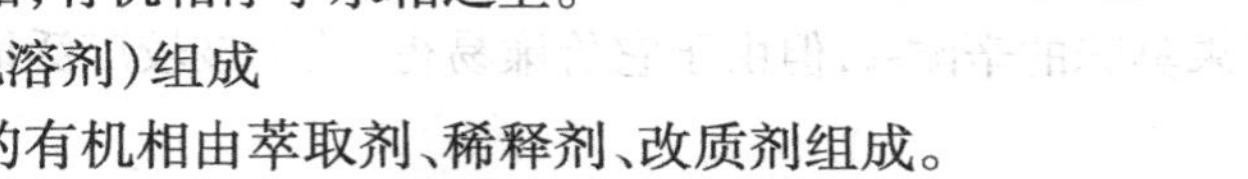

(a) 醚　　(b) 酮　　(c) 酯

图 11.10 一些含氧萃取剂的结构示意图

b. 含磷萃取剂：分子中除含有碳、氢、氧 3 种元素外，还含有磷原子，它们又分为中性磷（膦）型萃取剂（结构如图 11.11(a) 所示）和酸性磷（膦）型萃取剂（结构如图 11.11(b) 所示）。中性磷（膦）型萃取剂通过磷氧键上的氧原子发生配位作用。酸性磷（膦）型萃取剂通过羟基上的氢与金属阳离子发生交换，在高的酸度下，磷氧键上的氧原子也可参与配位。

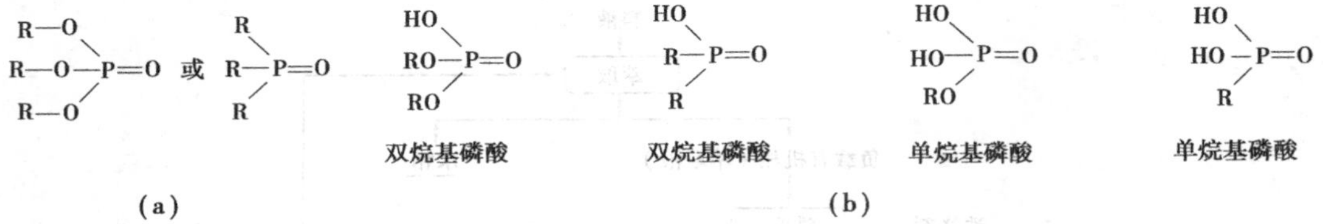

图 11.11 磷(膦)型萃取剂结构示意图

c. 含氮萃取剂：含有碳、氢、氮或碳、氢、氧、氮原子的萃取剂，又可分为胺类萃取剂、酰胺萃取剂、羟肟与异羟肟酸类萃取剂和羟基喹啉类萃取剂四类。

②稀释剂。有机相中除了萃取剂之外，在许多情况下还必须有稀释剂，而且在大部分情况下，稀释剂在有机相中占有更大的比例。

常用稀释剂的组成分为脂肪烷烃与芳香烃两大类，有些工业稀释剂常由不同比例的这两类化合物组成，有时还含有一定比例的环烷烃。

稀释剂的作用是溶解萃取剂构成连续有机相，改善有机相的物理性能，因此早期认为它们在萃取过程中是"惰性"的，然而随着研究过程的深入，人们越来越认识到稀释剂对萃取过程的重要影响。

③改质剂。改质剂又称为相调节剂、极性改善剂。加入改质剂的作用是增加有机相的极性，从而增加萃取剂与萃合物在有机相中的溶解度。常用的改质剂有高碳醇与中性磷性萃取剂，如 TBP。异癸醇及壬基酚是国外普遍采用的相调节剂，而国内却多采用仲辛醇。尽管仲辛醇中含有具有腐烂苹果臭味的辛酮-2，但由于它价廉易得，故仍被较广泛地应用。

2）水相

水相中含有被萃取物及其他杂质，以及为改善萃取效果而加入的各种添加剂，如络合剂和盐析剂等。络合剂是溶于水相且与金属离子生成各种络合物的配位体。络合剂可分为抑萃络合剂和助萃络合剂两类。抑萃络合剂能降低萃取率，因而也称掩蔽剂，对于水相中不希望被萃取的物质可加入相应的掩蔽剂来降低萃取率。相反，助萃络合剂能提高萃取率。盐析剂是溶于水相不被萃取又不与金属离子络合的无机盐。盐析剂具有水合作用，它能吸引一部分水分子，使被萃取物在水相中浓度相对增加，有利于萃取物萃取。

萃取过程中，萃取剂与被萃物发生化学反应会生成一类不溶于水而易溶于有机相的化合物，此类化合物称为萃合物，它通常是一种络合物。

（3）萃取基本原理

萃取过程的本质是根据相似相溶规则，即基于被提取物与其他杂质的亲水性与疏水性不同而分离。萃取剂不同，萃取机理不同。基于元素萃取到有机相的形式划分，萃取体系可分为：中性配合萃取体系（简单分子萃取体系）、阳离子交换萃取体系（螯合萃取体系）、离子缔合萃取体系、协同萃取体系和其他萃取体系（如高温萃取体系）。

1）中性配合萃取体系萃取机理

中性配合萃取体系具有：被萃取物在水相中以中性分子形式存在，萃取剂也是中性分子（含有适当配位基团），被萃取物与萃取剂形成中性配合物等特点。例如，TBP-煤油体系从硝酸溶液中萃取硝酸铀酰时，被萃取物形式为 $UO_2(NO_3)_2$（铀的其他形态如 UO_2^{2+}、$UO_2NO_3^+$ 等不被萃取)，萃取剂为TBP(磷酸三丁酯)，生成的中性配合物为$UO_2(NO_3)_2 \cdot 2TBP$。

按中性络合机理萃取金属离子的萃取剂有：中性含磷萃取剂，中性含氧萃取剂；中性含硫萃取剂，中性含氮萃取剂等几种。在冶金工业中广泛使用的是中性含磷萃取剂。

中性磷(膦)型萃取剂与中性金属盐生成中性萃合物时，是通过磷氧键上的氧原子发生配位作用：

$$m\left(\begin{array}{l}\text{R—O}\\ \text{R—O—P=O}\\ \text{R—O}\end{array}\right) + MeX_n = \left[\begin{array}{l}\text{R—O}\\ \text{R—O—P—O}\\ \text{R—O}\end{array}\right]_m \rightarrow MeX_n$$

2)阳离子交换萃取体系萃取机理

阳离子交换萃取体系特点主要有：萃取剂通常是既溶于水又溶于有机溶剂的有机酸，故在两相中有分配；被萃取物通常是金属阳离子，它与有机酸生成配合物或螯合物；有机酸萃取金属离子的过程可以看作是水相中的阳离子与有机酸HA中的交换反应。

萃取反应可表示为：

$$Me^{n+} + n\,\overline{HA} = \overline{MeA_n} + nH^+$$

如二烷基磷酸萃取稀土反应：

$$RE^{3+} + 3\,\overline{(HA)_2} = \overline{RE[(HA)_2]_3} + 3H^+$$

3)阴离子萃取体系萃取机理

阴离子萃取体系萃取过程主要特点有：萃取剂阴(阳)离子与被萃取物阳(阴)离子在水相中相互缔合后进入有机相。多数情况下是阳离子萃取剂与金属配阴离子形成的缔合体系；被萃取物以各种多样的形式被萃取，如形成非溶剂化配位盐，溶剂化配位盐，阴离子配合物等；离子缔合萃取平衡比较复杂，定量处理比较困难。

(4)胺类萃取体系和佯盐萃取体系的萃取反应

1)胺类萃取体系

常用胺类萃取剂为脂肪胺。胺类萃取剂萃取金属离子时，金属离子以配阴离子形式与胺生成离子缔合物，如叔胺萃取硫酸铀酰。萃取过程的反应有：

①胺盐生成反应：

$$2\,\overline{R_3N} + 2H^+ + SO_4^{2-} = \overline{(R_3NH)_2SO_4}$$

②铀络阴离子生成反应：

$$UO_2^{2+} + 2SO_4^{2-} = UO_2(SO_4)_2^{2-}$$

③阴离子交换反应：

$$\overline{(R_3NH)_2SO_4} + UO_2(SO_4)_2^{2-} = \overline{(R_3NH)_2UO_2(SO_4)_2} + SO_4^{2-}$$

④总的萃取反应：

$$2\,\overline{R_3N} + 2H^+ + 2SO_4^{2-} + UO_2^{2+} = \overline{(R_3NH)_2UO_2(SO_4)_2}$$

2)佯盐萃取体系

以乙醚萃取盐酸水溶液中的Fe^{3+}为例，萃取过程的反应有：

①水相中被萃取金属离子Fe^{3+}与阴离子Cl^-结合形成配阴离子：

$$Fe^{3+} + 4Cl^- = FeCl_4^-$$

②含氧萃取剂与进入有机相的水合H^+结合形成佯盐阳离子：

$$\overline{R_2O} + H^+ = \overline{R_2OH^+}$$

③金属配阴离子与萃取剂佯盐阳离子缔合生成佯盐：

$$\overline{R_2OH^+} + FeCl_4^- = \overline{R_2OHFeCl_4}$$

3)协同萃取体系萃取机理

上述几种萃取均是由单一萃取剂或单一萃取剂与稀释剂所组成的有机相体系。当有机相中含有两种及两种以上的萃取剂时，则成为多元萃取体系。当这种体系萃取某一物质的分配比 D_X 显著大于相同浓度下单一萃取剂分配比之和 D_Σ 时，则称此体系具有协同效应。$D_X \approx D_\Sigma$ 时，体系不具有协同效应，此时，两个萃取剂相互不发生作用，与被萃物也不生成包含两种及两种以上萃取剂的协萃络合物。$D_X < D_\Sigma$ 时，体系具有反协同效应。

协同萃取机理较复杂，一般认为是有两种及两种以上的萃取剂被萃物生成了一种更为稳定的含有两种以上配位体的可萃络合物，或生成的配合物疏水性更强，更易进入有机相中。

下面以阳离子交换萃取和性配合萃取剂 S 萃取为例，简单说明协同萃取机理。

单独阳离子交换萃取反应：

$$M^{n+} + n\,\overline{HA} = \overline{MA_n} + nH^+$$

加入中性配合萃取剂 S 后的协同萃取反应：

$$M^{n+} + n\,\overline{HA} + x\overline{S} = \overline{MA_nS_x} + nH^+$$

形成的萃合物中含有自由萃取剂 HA，加入中性萃取剂 S 后，S 取代 HA 生成更稳定或更疏水的萃合物。

(5)萃取平衡参数及萃取等温线

表征萃取平衡参数包括分配系数、分配比、萃取率、分离系数等。

1)分配系数

恒温恒压下，溶质 Me 在两个互不相溶的液相中进行分配，如果溶质在两相中存在形式相同，即其分子式相同，当分配达到平衡时，物质 Me 在两种溶剂中的活度(或浓度)比保持恒定，按分配定律可用下式表示：

$$L_{Me} = [\overline{Me}]/[Me] \tag{11.37}$$

式中，L_{Me}称为 Me 在有机相和水相中的分配系数；$[\overline{Me}]$、$[Me]$分别表示为萃取物 Me 在有机相和水相中的浓度。

分配系数 L_{Me}大的物质，易进入有机相；分配系数小的物质，易留在水相中，因而将物质彼此分离。式(11.37)称为分配定律，它是溶剂萃取的基本原理。

2)分配比

分配系数 L_{Me}仅适用于溶质在萃取过程中没有发生任何化学反应的情况。当溶质在某一相或两相中发生解离、缔合、配位或离子聚集现象时，溶质在同一相中存在多种状态，此时用分配比表示溶质在两相中的分配状况较合适。

$$D = \overline{[Me]_T}/[Me]_T \tag{11.38}$$

式中，$\overline{[Me]_T}$、$[Me]_T$ 分别表示为萃取物 Me 在有机相和水相中的总浓度。

分配比不一定是常数，它随被萃取物的浓度、水相的酸度、萃取剂种类、溶剂种类和盐析剂、温度等条件的变化而变化，通常可由实验直接测定。评价萃取时，分配比是一个比分配系数更有实用价值的参数。对于简单体系，溶质只有一个形态时，溶质在两相中的浓度都很低时，分配比与分配系数相等。

分配比 D 与分配系数 L_{Me} 之间存在一定关系。设溶液中金属离子 Me 与配位体发生系列络合反应，生成的络合物为 MeX_1、MeX_2、…、MeX_n 等。当只有 MeX_n 被萃取时，根据络合物的分级形成平衡理论式(11.15)可得：

$$[Me]_T/[Me] = \left(1 + \sum_{i=1}^{4} \beta_i \omega_{Cl^-}^{i}\right) = Y_0 \qquad (11.39)$$

当只有 MeX_n 被萃取时，有机相中 Me 浓度 $\overline{[Me]_T}$ 为：

$$\overline{[Me]_T} = L_{Me}[MeX_n] = L_{Me}\beta_n[Me][X]^n \qquad (11.40)$$

由式(11.39)、式(11.40)得：

$$D = L_{Me}[MeX_n] = L_{Me}\beta_n[X]^n/Y_0 \qquad (11.41)$$

由式(11.41)可知，在一定条件下，金属络离子在有机相和水相中的分配系数较大时，其萃取分配比也较大。

3)萃取率

对于某种物质 Me 的萃取效率大小，常用萃取率(q)来表示，它是指被萃取物 Me 在有机相中的总量与 Me 在两相中的总量之比。

$$q = \frac{\overline{[Me]_T}V_s}{\overline{[Me]_T}V_s + [Me]_T/V_s} \times 100\% = \frac{\overline{[Me]_T}}{\overline{[Me]_T} + [Me]_T V/V_s} \times 100\%$$

$$= \frac{\overline{[Me]_T}/[Me]_T}{\overline{[Me]_T}/[Me]_T + V/V_s} \times 100\% = \frac{D}{D + V/V_s} \times 100\% \qquad (11.42)$$

由式(11.42)可知，通过分配比可以计算萃取百分率。分配比越大，则萃取百分率 q 越大，萃取效率越高。

4)分离系数

在萃取中，不仅要了解对某种物质的萃取程度如何，更重要的是必须掌握当溶液中同时含有两种以上组分时，萃取之后它们之间的分离情况如何。对于 A、B 两种物质的分离程度，可用两者的分配比 D_A、D_B 的比值来表示。

$$\beta_{A/B} = D_A/D_B \qquad (11.43)$$

式中，$\beta_{A/B}$ 称为 A、B 的分离系数。D_A 与 D_B 之间相差(或 $\beta_{A/B}$ 偏离 1 的程度)越大，则两种物质之间的分离效果越好。如果 D_A 与 D_B 很接近，则 $\beta_{A/B}$ 接近于 1，两种物质难以分离。因此为扩大分配比之间的差值，必须了解各种物质在两相中的溶解机理，以便采取措施、改变条件，使欲分离的物质溶于一相，而使其他物质溶于另一相，以达到分离目的。

5)饱和容量

饱和萃取容量是指在一定萃取体系中，单位体积或单位物质的量的萃取剂对某种被萃取物的最大萃取量。一定条件下，饱和容量不受料液中金属浓度和相比影响。

6)萃取等温线(萃取平衡线)

在一定温度下，在萃取过程中，被萃取物质在两相的分配达到平衡时，以该物质在有机相的浓度和它在水相的浓度关系作图，如图 11.12 所示。这种表明有机相与水相中的金属浓度变化之间的关系曲线称为萃取等温线。一般萃取等温线形状有3种，如图11.13中Ⅰ、Ⅱ、Ⅲ线所示。

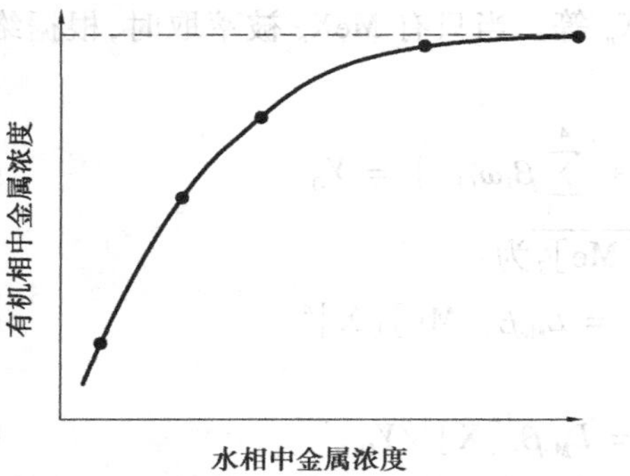

图11.12　萃取等温线

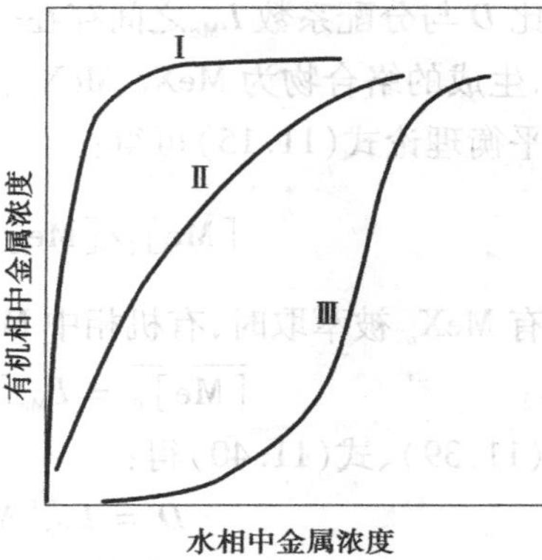

图11.13　萃取等温线形状

根据萃取等温线，可以计算出不同浓度时的分配比、判断萃取体系的效率、溶剂的最大负荷能力（饱和容量）以及确定萃取级数、推测萃合物的组成等。

饱和容量可采用等温线外切线法和饱和法进行测定。等温线外切线法是：由萃取等温曲斜率保持不变的曲线段作切线，切线对应得到的有机相所含被萃取物的量即为饱和容量，如图11.12中作虚线即得饱和容量。

饱和法是用一份有机相同数份新鲜料液相接触，直到有机相不再发生萃取作用为止，分析此时有机相所含被萃取物的量则为饱和容量。

(6)影响萃取平衡的因素

1)萃取剂浓度的影响

目标产物以及与其共存杂质的性质选择合适的有机溶剂时，可使目标产物有较大的分配系数和较高的选择性。此外，提高自由（游离）萃取剂浓度，可使分配系数提高。根据相似相溶的原理，选择与目标产物极性相近的有机溶剂为萃取剂，可以得到较大的分配系数。

2)酸度的影响

不同萃取体系中酸度的影响不同。在中性配合萃取体系中，酸度直接影响与金属形成中性盐的阴离子的浓度。阳离子交换萃取体系中H^+直接和金属离子竞争萃取剂。pH低，有利于酸性物质在有机相中的分配，有利于碱性物质在水相中的分配。

3)金属离子浓度的影响

金属离子浓度较低的情况下，对萃取几乎无影响，但当金属离子浓度很高时，会导致有机相中游离萃取剂浓度降低，从而降低分配系数。

4)盐析剂的影响

在萃取中，向水相中加入另一种无机盐使得金属分配系数上升的现象称为盐析现象。所加无机盐称盐析剂。盐析剂往往含有与被萃物相同的阴离子，加入盐析剂将产生同离子效应，使分配系数上升。

由于盐析剂的水合作用，使得水相中的一部分水成了它们的水合水，从而降低了自由水的浓度，同时也就提高了金属离子的活度，使分配系数提高。